通關升級！

史考特・羅傑斯 著　廖晨堯、李函 譯

發想創意、構建關卡、設計控制、塑造角色
的全方位遊戲設計指南

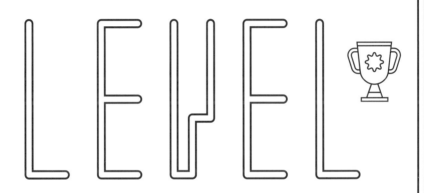

THE GUIDE TO GREAT VIDEO GAME DESIGN

SCOTT ROGERS

推薦序

——大衛・賈夫（David Jaffe），《烈火戰車》、《戰神》系列創意總監

如同魔術師揭露讓觀眾驚奇的手法，史考特・羅傑斯在《通關升級！》中揭示了製作引人入勝的電玩遊戲的訣竅。

許多遊戲設計師過去都曾嘗試寫下祕訣，但羅傑斯這本了不起的書提供了一些珍貴而重要的資訊：許多具體要素必須精密組織起來才能打造出令人投入的互動娛樂，本書先拆解了這些要素，繼而深入挖掘。

羅傑斯以輕鬆有趣的文筆和俏皮的卡通感插畫來完成偉業，而這也正是他身為遊戲設計師的能力的證明；因為最優秀的設計師總是清楚知道，無論遊戲內容多麼複雜，最重要的規則就是永遠都要讓人深受吸引。這本書和羅傑斯製作的遊戲一樣，不僅做到了這點，而且做得非常出色。

無論讀者對於遊戲製作的經驗是多是少，都會在這本份量驚人但有趣的必讀經典中得到許多樂趣和學習的機會。對於新接觸電玩遊戲的人來說，他們會很驚訝地發現，原來創造「有趣的東西」竟需要這麼多思考。而對於像我這樣幾十年來一直倚賴直覺進行遊戲設計的老鳥遊戲設計師來說也同樣驚詫，原來確實有一套方法可以解決這份工作的一團混亂。在閱讀這本書的許多時候，我心裡常想：「喔，原來是這樣才能奏效！」

請做好準備，當你翻開下一頁就會得到驚喜！我很期待能玩到你在吸收這本書蒐羅的大量知識後所創造出的遊戲！祝你好運，盡情享受！

目錄

06 第六關　遊戲 3C：攝影機……129

0 | Press Start
按下開始！

▊ 如果你和我有那麼一點相似

你在買書之前會先看第一頁。我發現如果我喜歡第一頁，我大概就會喜歡整本書。我注意到很多書在第一頁會節錄一段刺激的段落來吸引讀者的注意，像下面這樣：

那隻骷髏龍用牠的骨爪抓住直升機用力搖晃，晃得傑克牙齒打顫。艾弗琳與操作桿奮鬥，嘗試做出任何可能讓直升機掙脫那怪物牢固掌握的動作。「抓緊囉！」她的吶喊壓過引擎的哀號聲。「要掉下去了！」整個世界隨著直升機與龍的死亡華爾滋天旋地轉。傑克並不記得直升機曾用力撞擊摩天大樓、不記得墜機、不記得龍的枯骨像大雨一樣灑落、也不記得自己被拋出機身殘骸，直到艾弗琳把他搖醒。「傑克！傑克！」她說，「我們該走了！快！」「老姐，我們在趕什麼啊，那隻龍都掛了。」然後他的雙眼終於看清楚了，看到墓園的鐵門、歪七扭八的墓碑，和從土裡爬出來的喪屍。傑克心想：「糟了。我不該把那本書打開的。」

不過，我才不會運用那種廉價的招式在這一本書上。我也注意到有些書會在第一頁引用業界大老或名人的褒獎來試圖贏得讀者尊重，如下面這樣：

我在電玩業界工作二十五年所學的一切，加總起來都沒有比讀第二版《通關升級！》的第一頁所學到的還多！

——某個極為有名的遊戲設計師[1]

1　聰明如你，毫無疑問已經發現這句引文不是真的，因為世界上並沒有任何一個遊戲設計師是非常有名的……除非你把瑪利歐之父宮本茂算進去啦。啊，我應該把那句翻成日文的！

　　你顯然不需要其他人來告訴你怎麼做決定。就因為你拿起了這本書，我就已經知道你是識貨的讀者。我也看得出來你正在找尋有關創作電玩遊戲的真理，一個不拐彎抹角的真理。這本書將會告訴你設計電玩遊戲所須知的人、事、地，以及最重要的──方法。如果你對以下有興趣，那這本書正是為你而寫的：街機電玩、魔王戰、燉肉醬、死亡陷阱、人體工學、趣味、巨大九頭蛇、鬼屋、島嶼和巷弄、跳躍、殺人兔寶寶、主導動機、墨西哥披薩、非玩家角色（NPC）、單張表、提案會、任務、機械雞、智慧型炸彈、怪異三角形、無趣、暴力、打地鼠、XXX、Y軸、喪屍。

　　在我們開始討論遊戲設計之前，記住，很多方法都可以設計遊戲。只要它們能夠傳達遊戲設計師的想法，這些方式都是可行的。在這本《通關升級！》內容中看到的訣竅與技巧，是我自己設計遊戲的方法。

　　提醒一下，當我說「自己設計遊戲」，這句話把事情過度簡化了。電玩遊戲是由許許多多很有才華的人（你馬上就會認識他們）所製作出來的，如果讓你們覺得我是獨自一人完成，不僅不正確還很自大。[2]「團隊」（team）的拼法中可沒有「我」（I）。[3]

　　我協助製作的遊戲中，大多數是單人動作遊戲，所以在此版《通關升級！》中所舉的許多例子都是從這個觀點出發，因為我的思考方式就是如此。不過我也發現，在許多不同類型的遊戲之間，大部分的遊戲玩法概念是互通的。想要在你的遊戲上面套用我的建議，不管是哪一類型的遊戲，都不會太困難。

　　在我們開始前還有另一件事。如果你想要找到專門談遊戲玩法（gameplay）的那一章，省省力氣吧，因為每一個章節都與遊戲玩法有關。你應該要無時無刻都想著遊戲玩法，想著事物會如何影響玩家，就算你是在設計過場動畫、營利模式與暫停畫面也一樣。

　　既然你已經讀到這邊了，我乾脆先跟你講壞消息好了。製作電玩遊戲非常辛苦。[4]我從事電玩遊戲行業已經超過二十年，做出的遊戲已賣出數百萬套。

　　在這段時間中，我也了解到製作電玩遊戲是世界上最棒的工作，可以很刺激、很挫折、很有意義、讓人焦慮、又忙又亂、很無聊、讓人想吐，同時又純粹很有趣。

2　業界很小。仇人永遠不嫌少。做一個和善、認真的人才走得長久。
3　諷刺的是，裡面有「自我」（me）。
4　我的一位前任雇主會在晃過辦公室走道時低聲碎念：「電玩遊戲生意真的很～～～～～難做。」當時我都會嘲笑他，但現在我不再這麼做了。他是對的。

▌不，你不能搶走我的工作

在我的職涯中，我發想了一些聰明的點子，也學到了一些普世真理。為了方便，我把它們寫在每一個「關卡」（章節）的最後面。

我也學到了一些超重要的重點。因為我把它們寫成副標題還置中，你可以看出它們非常重要。我學到的第一個超重要的重點就是：

當遊戲設計師比較有趣

我很了解這件事，因為我在電玩產業的第一個工作是遊戲美術人員。[5] 在那個 16 位元的年代，遊戲美術人員利用像素畫圖。世界上確實有偉大的 16 位元藝術家存在，像是保羅‧羅伯森（Paul Robertson）與製作《越南大戰》及卡普空經典格鬥遊戲的團隊。但對我來說，利用像素作畫就像是用廁所磁磚畫圖一樣。我用像素畫出的作品就像這樣：

總之，我在「推像素」的時候，聽到隔壁區的座位傳來了刺耳的笑聲。我從隔板上看過去，看到了一群遊戲設計師正在嘻嘻哈哈，挺享受的。在這邊我要聲明一下，我並不享受推像素。我發現，「這些遊戲設計師比我開心多了！做遊戲應該要很有趣啊！我也想要開心！我也想要當遊戲設計師！」於是我採取行動，最終努力爬到了遊戲設計師的位置。在我成為了真正的遊戲設計師後，我學到了第二個超重要的重點：

5　其實他們會叫我們 pixel pusher（推像素的）還有 sprite monkey（精靈圖猴子），兩者聽起來都很可愛但都完全沒有稱讚的意思。

團隊中沒有人想要看你的遊戲設計文件

發現這件事情真是很糟糕，但是每一位遊戲設計師都必須要知道這件事。我人在這理，一位新上任的遊戲設計師帶著一份全新出爐的遊戲設計，蓄勢待發，結果沒有人想看！我能怎麼辦？

為了解決這個問題，讓我的同事讀我的設計書，我開始用插畫呈現設計書。你猜猜看發生了什麼事？我成功了！插畫將我的想法傳達給團隊成員了！自此以後，我所有的遊戲都是這樣設計的，其中不乏熱銷遊戲。這本書中有那麼多插畫的原因就出於此，如此一來你就會繼讀下去並理解書中所看到的概念。當你理解這些概念，就可以應用在自己的設計上，然後同樣成為出色的遊戲設計。

這本書是給誰看的？

當然就是你。只要你是以下其中一種人：

在職中的專業遊戲人員。坊間有許多關於電玩遊戲設計的書，但大部分都充滿了理論。我在做遊戲的時候從不曾覺得理論有多大的用處。別誤解，在遊戲開發者大會

或者那種我們遊戲設計師都會去享受紅酒和起司的活動中，理論很有用。不過當我捲起袖子在做遊戲、血噴得牆上都是的時候[6]，我需要有用、實質的建議帶領我克服任何我可能遇到的問題。

我會提到這件事情，是因為我猜正在讀這本《通關升級！》的各位當中會有資深電玩從業人員，我希望書中的各種技巧與訣竅能夠對你的日常工作發揮用處。然而這並不代表初學者用不到這本書。

我在說的就是你們這些未來的遊戲設計師。還記得我在上一頁說我曾經是個「推像素的」嗎？那個故事是有意義的。**我曾經就和你一樣**。或許你也是一位美術人員，也聽膩了遊戲設計師在另一間辦公室裡嘻嘻哈哈。或許你是程式設計師，知道自己設計的遇敵機制會比現在的豬頭負責人做的還要好。或許你是試玩員，想要努力往上爬卻不知道該怎麼做。在我想要成為電玩遊戲設計師的時候，沒有任何相關主題的書籍可讀。我們會的所有東西都是從其他遊戲設計師那邊學來的。我很幸運能有一位導師，並有機會能以遊戲設計師的身分工作。如果你兩者都沒有，也別煩惱。讀這本書吧，讓我當你的導師。而你要做的就只有聽我的建議、做好準備並在機會終於來臨時好好把握。

這本書對**學習遊戲設計的學生**來說也很不錯。在我剛開始做遊戲的時候，我沒有上任何遊戲設計的課，因為當時這種課還不存在！我只能一邊做一邊自己想像！我犯了很多錯誤。這就是為什麼我寫了這本書，讓你可以從**我的**錯誤中學習，避免它們變成**你的**錯誤。

最後，這本書是為了**任何喜愛電玩遊戲的人**而寫的。我熱愛遊戲，我熱愛玩遊戲。我熱愛製作電玩遊戲，我也熱愛讀有關遊戲的文章。假如你想要做遊戲，那你一定也要熱愛遊戲。諷刺的是，我認識一些遊戲業從業人士，他們毫不隱瞞自己不愛玩電玩的事實。對我來說這一點都不合理。你如果不愛電玩，為什麼要在電玩遊戲業工作呢？這些傻子應該閃到一旁，讓熱愛電玩的人來製作遊戲——像你這樣的人。

6　這只是個比喻。就我所知，沒有任何人曾因為做遊戲而死亡。

為什麼本書出了更新版？

我在 2009 年剛開始寫《通關升級！》的時候，遊戲業的樣貌大不相同。家用機毫無疑問的是霸主，動作控制才剛登場，臉書上的社群遊戲也才剛起步，而 app store 在前一年才剛啟用。

在遊戲業，一切都變化得非常快。沒有人預見手機遊戲會普及、營利模式的重要性大增，或獨立遊戲市場的爆發。我重讀第一版，發現有許多主題需要加入、內容需要更新、參考文獻需要修改、概念需要重新探索。我希望你會發現更新版提供足夠的新資訊吸引老顧客購買第二次，或誘使新顧客購買第一次。

至少，你一定要試試新的燉肉醬食譜。

1 | LEVEL 1 Welcome, N00bs!
第一關　歡迎，菜鳥們！

　　這一章是特別寫給初次認識遊戲與遊戲製作的讀者。我會說說遊戲是什麼、是誰在製作的，以及可以分爲哪些類型。這些都滿基礎的。假如你早就都知道了，也不是位菜鳥（n00b），[1] 你可以跳過沒關係。不過，這樣會錯過很多很不錯的東西，別怪我沒警告你喔。

　　在遊戲學術圈裡，什麼樣的東西才能被稱爲遊戲，是有許多不同定義的。有些學者堅持「遊戲必須是主觀地表現現實子集合的一個封閉正式系統」。[2] 其他學者則說遊戲必須有「玩家之間的衝突」。[3] 我覺得他們花太多力氣想要讓定義聽起來很厲害。

　　遊戲的定義通常比前面寫的簡單。哲學家伯爾納德・舒茲（Bernard Suits）寫道：「玩遊戲是爲了克服非必要障礙所自願做的努力。」[4] 這個定義滿好笑的，但對我來說還是太文謅謅了，我們找個簡單點的說法。我們來看看「對壁投接球」，你只需要一名玩家就能玩，另一名對手玩家並不存在。將球丟往牆壁，並努力不要漏接回彈的球，這活動根本不算什麼現實的隱喻，除非你的人生極度無趣。面對現實吧，有時候把球丟往牆壁回彈就單純只是把球丟往牆壁回彈而已。

1　「n00b」（菜鳥）一詞是「newbie」的縮寫，也就是遊戲或其他活動的新手。此詞在網際網路時代之前就出現了，在 MMORPG 圈受到廣泛使用。這詞不太好聽，因爲暗指此人缺乏經驗或無知（或兩者皆是）。舉個例子，只有「n00b」會需要讀註解才知道「n00b」是什麼意思！

2　"What Is a Game?" Chris Crawford in The Art of Computer Game Design, McGraw-Hill/Osborne Media, 1984.

3　"What Is a Game?" Roger Lewis in The New Thesaurus, Putnam Pub Group, 1979.

4　The Grasshopper: Games, Life and Utopia, Bernard Suits, University of Toronto Press, 1978.

　　這樣來看，玩對壁投接球也許只是在浪費時間。不過一個浪費時間的活動加上一些規則與目的，就會變成遊戲了。舉例來說，可以訂定規則：需要用右手丟球並用左手接球或不要讓球落地。勝利條件之一可以是要連續接住球十次。失敗狀態可以是違反任何規則或者勝利條件。當這些條件都滿足了，你就創造了一個遊戲。出人意料的是，雖然對壁投接球是個很單純的遊戲，但它對創作者而言已提供足夠的靈感，催生出最早的電玩遊戲之一：《雙人網球》。

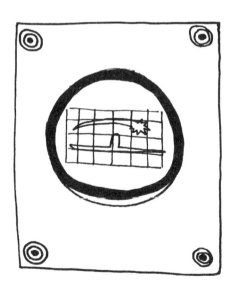

雙人網球

好，我們來問一個很基本的問題：

問：遊戲是什麼？

答：遊戲是一個活動，其中需要

　　▫ 至少一名玩家

　　▫ 規則

　　▫ 勝利或失敗條件，或者兩者都設

差不多就這樣。[5]

現在你知道遊戲是什麼了，我們就可以問：

問：電玩遊戲是什麼？

答：電玩遊戲是一個在螢幕上面玩的遊戲。

當然你也可以開始將定義變複雜並且加入有關裝置、周邊、控制方法、玩家量度、魔王戰及喪屍等條件（別擔心，我們很快就會看這些東西）。但就我的估計，遊戲的定義已經不能比這還簡單了。

對了，在這早期階段還有一件事情要考慮。遊戲需要一個明確的**目的**，玩家才知道目標是什麼。你應該要能夠快速清楚地概述遊戲的目的。如果不行的話，就有問題囉。

關於遊戲的目的，THQ 遊戲公司的前任核心遊戲執行副總（EVP of Core games），丹尼‧比爾森（Danny Bilson），有一個很不錯的原則。他說，就像以前米爾頓‧布拉德利公司（Milton Bradley）的圖板遊戲盒子正面的描述一樣，你應該要能夠概述遊戲的目的。看看這些從真實的遊戲外盒上找到的例子：

- 《海戰棋》：擊沈對手所有的船。
- 《外科手術》：成功的手術可以賺進「錢」。失誤會觸發警報聲。
- 《老鼠與起司》：玩家轉動把手帶動齒輪，導致橫桿移動並將「停車再開」的標誌推向鞋子，鞋子踢倒裝著金屬球的桶子，球滾下搖搖晃晃的樓梯掉進排雨水管中，排雨水管會讓金屬球轉向，撞上頂端裝了手掌的柱子，導致一顆保齡球從柱子上方掉下，穿過那個東東以及浴缸，落在跳水板上。保齡球的重量使得跳水員彈到空中落入水盆，導致籠子從柱子頂端落下，困住毫無防備的老鼠。

5　遊戲也應該要有趣，但這不是必要條件。嗯……我們晚點再聊這件事。

好吧，最後一個不算。重點是，你必須讓遊戲目的保持單純。說到單純的遊戲，我們花點時間，回到電玩遊戲拉開序幕之時。事情總是要有個起始點，對吧？

電玩遊戲簡史

時間來到 1950 年代。電視、3D 電影、搖滾樂就是這時開始的。電玩遊戲也是在 1950 年代發明的，只不過當時很少人玩得到，而且是在體積龐大的電腦上玩。最早的電玩遊戲程式設計師是麻省理工學院等大型學校電腦實驗室中的學生以及布魯克黑文國家實驗室（Brookhaven National Laboratory）內軍事設施的員工。早期的遊戲如《OXO》（1952）、《太空戰爭》（1962）、《巨洞冒險》（1976）等，畫面都非常單調，或甚至沒有圖像可言，遊戲畫面顯示在很小的黑白示波器螢幕上。

泰德・達布尼（Ted Dabney）與諾蘭・布希內爾（Nolan Bushnell）在猶他大學電腦室玩過《太空戰爭》後受到啟發，在 1971 年做出了《電腦太空站》，這是第一個街機電玩遊戲。這兩人之後成立了雅達利（Atari）公司。雖然街機電玩機台最早是放在酒吧中，到了 1970 年代後期，電玩遊戲專用的室內場所開始出現。

早期的街機電玩繪圖是透過向量繪圖法（利用線組成畫面）或點陣繪圖法（利用方格排列、稱為像素的點繪圖）。向量繪圖法可以繪出明亮、顯眼的圖案，如《終極

戰區》、《暴風雨》、《星際大戰》等，而點陣繪圖法則產出了卡通人物般的角色，如小精靈（Pac-Man）與大金剛（Donkey Kong）。這些早期的角色一夜之間成爲了流行文化的偶像，從卡通、T恤到流行音樂與早餐麥片，隨處可見。

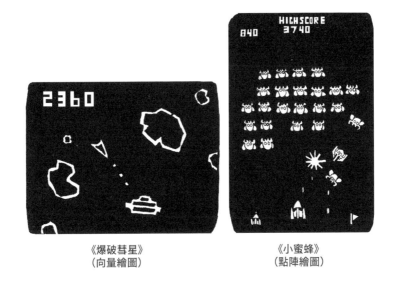

《爆破彗星》　　　　　　《小蜜蜂》
（向量繪圖）　　　　　（點陣繪圖）

　　在 1980 年代早期，電子遊樂場的街機電玩機台主要有三種型態：**直立式**（玩家遊玩時是站在機台前面）、**雞尾酒桌**（嵌入小桌子桌面的街機電玩，讓玩家可以坐著遊玩）及**駕駛艙**（精心製作、可以讓玩家靠著或坐下的機台，可進一步提升遊戲體驗）。

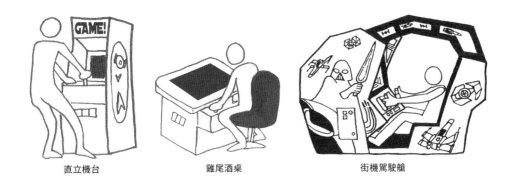

直立機台　　　　　　雞尾酒桌　　　　　　街機駕駛艙

　　1980 年代中期，電子遊樂場如雨後春筍般出現，電玩遊戲席捲了全世界。遊戲的類型與主題開始有更多的變化。同時，遊戲操控與機台也變得更精緻：有擬眞的控制器，也有以美麗圖像裝飾、設計獨特的機台。你可以在一艘兩人太空船駕駛艙中與

同伴背對背坐著玩《Tail Gunner》（Vectorbeam，1979），坐在寇克艦長的指揮椅仿製品上與克林貢人在《星際爭霸戰》中戰鬥，或「駕駛」一台會動會搖的縮小版法拉利Testarossa 在《瘋狂大賽車》中奔馳。

到了 1990 年代後期，許多街機電玩遊戲漸漸看起來像主題樂園的單人設施。有可以騎上去的賽馬、陀螺儀般轉動的模擬機以及讓玩家實際揮拳踢腳與虛擬敵手戰鬥的格鬥間。這類街機電玩中最精緻複雜的莫過於虛擬世界（Virtual World）的《BattleTech Center》。這是一種蒸汽龐克主題、最多可連線八個戰鬥駕駛艙（battle pods）[6]的街機電玩。在遊戲中，玩家駕駛巨大的虛擬機動裝甲（mech）互相對戰。但這些精緻複雜的街機電玩需要很大的空間，維護費用也非常龐大。在 1990 年代後期，家用系統的畫質已經可以媲美甚至超越大部分的街機電玩。電子遊樂場大量倒閉，電玩遊戲被更高利潤的夾娃娃機[7]以及滾球遊戲（skeeball）、打地鼠、投籃機等著重遊戲技巧的類型取代。街機電玩場所的黃金時代結束了。

不過，好點子不會被埋沒。自 90 年代末以來，電子遊樂場已演變成了社交與虛擬體驗的場域。區網遊戲中心（LAN gaming centers）結合了零售與社交空間，讓玩家可以以小時為單位遊玩電腦與家用機遊戲。許多遊戲中心升級後主打在電影院大小的場所享受大型遊戲體驗。網路咖啡廳與區網遊戲中心類似，但更注重於建立類似咖啡廳的環境。同時，所剩無幾的街機電玩製造商正在打造更壯麗的體驗。南夢宮的《死亡風暴海盜》和《脫離黑暗 4D》，與其說是街機電玩，不如說是主題樂園的黑暗探險設施。[8]

如果說街機電玩變得越來越像主題樂園設施，那主題樂園就正在變成電子遊樂

6　在 1990 年代中期，我有幸多次造訪《戰鬥機甲中心》。那些戰鬥駕駛艙對電玩遊戲玩家來說是美夢成真啊。玩家坐在快照亭大小的駕駛艙中，機甲的動作是由雙搖桿與腳踏板來操控，扳機鍵與拇指開關可以用來發射各種武器。在戰鬥駕駛艙的螢幕周圍有數組指撥開關，每一個開關在遊戲中還真的各有功能，例如啟動追蹤裝置，或將過熱武器排熱等。光是要學習所有開關的功能就要花上至少一場遊戲的時間（約半小時）。那是我人生中最真實的遊戲體驗了。

7　夾娃娃機就是在美國玩具店與超市看得到的那種有爪子的「遊戲」。就我個人來說，我寧願買樂透也不要在那種販賣機上賭運氣。這些販賣機都被做過手腳，確保你（幾乎）穩輸。不過，假如你有機會去日本，我會建議你去玩這些機台，因為你有機會贏，而且機台中常常裝著許多很酷的玩具與獎品。

8　黑暗探險設施是一種遊樂園的室內設施。玩家搭著車輛經過有動畫、音效、音樂、特效等的場景。著名的黑暗探險設施有迪士尼樂園的《加勒比海盜》（Pirates of the Caribbean）與《幽靈公館》（Haunted Mansion）以及環球影城的《MIB 星際戰警：外星人來襲》（Men in Black: Alien Attack）與神鬼傳奇《木乃伊的復仇》（Revenge of the Mummy）。

場。主題樂園的創作者正將遊樂設施變得更像遊戲，將黑暗探險設施轉變爲全感官的
街機電玩遊戲。世界各地的主題樂園如未來世界動感樂園（Futuroscope）與華納兄弟
電影世界（Warner Brother's Movie World）提供多種虛擬遊戲與互動式黑暗探險設施。
舉例來說，在迪士尼加州冒險樂園的《玩具總動員瘋狂遊戲屋》中，四人共乘臺車陸
續經過幾個超大螢幕，在螢幕上進行類似園遊會那樣的射擊競賽。玩家利用裝在車上
的玩具槍對著螢幕上的目標發射虛擬子彈。有些目標被打中時會有空氣或霧氣噴向玩
家，打造一種沈浸式的「4D」效果。隨著 Wii 版《玩具總動員瘋狂遊戲屋》家用設施
（不含空氣與霧氣）發行，現代街機電玩遊戲與家用遊戲的輪迴完整走了一圈。

開心的是，歷史學家與學者理解了電玩遊戲的影響力與重要性。世界各地都蓋起
博物館來了。例如柏林的電腦遊戲博物館（Computerspielemuseum Berlin）以及紐約
的動態影像博物館（Museum of the Moving Image）。80 年代懷舊街機電玩遊樂場正
在回歸，夜光地毯、代幣，一樣也沒少，提供玩家機會能夠再一次玩到他們最愛的老
遊戲並重遊老派家用系統上的最愛。

家用機是可以在家中使用的遊戲平台。一顆微處理器負責運作電子裝置、電子
裝置再送訊號到使用者的電視或螢幕。[9]與街機電玩遊戲機的專用控制器不同，家用機
的控制器有足夠的按鈕、扳機鍵與類比控制器，能夠遊玩各種不同的遊戲。而相較於
早期街機電玩遊戲中只能裝一款遊戲的專用主機板，家用機利用卡匣、CD、DVD 等
媒體讓玩家可以快速更換遊戲。第一台商業化家用機是美格福斯奧德賽（Magnavox
Odyssey, 1972），由遊戲先驅拉爾夫・貝爾（Ralph Baer）所製作。技術上來說，奧德
賽遠遠超越了它所屬的時代。奧德賽有類比控制器，使用可移除的 ROM 卡匣裝載遊
戲，還有一把光束槍，那是史上第一個遊戲週邊設備。從 1970 年代後期之後，有許
許多多的家用機問世。前世代較熱門或有名的家用機包含雅達利 2600 與 Jaguar，美
泰兒（Mattel）的 Intellivision，ColecoVision，任天堂娛樂系統及超級任天堂、Sega
Mega Drive（美國稱：Genesis）與 Dreamcast、3DO Interactive Player、PlayStation 3、
Xbox 360、任天堂 Wii 等。現代的家用機如 PlayStation 4、Xbox One、任天堂 Wii U、
Ouya 等持續將電玩遊戲帶入世界數以百萬計的玩家家中。

9　家用機中的一個例外是美妙的光速船（Vectrex）攜帶式遊戲系統（Smith Engineering，1982）。光速船的
　　處理器、螢幕、控制器、甚至遊戲都打包成一個獨立的可攜帶式系統。

雅達利 2600　　　　　　　任天堂娛樂系統 (NES)　　　　　　PlayStation (PSX)

　　就像街機電玩一樣，**掌上型遊戲機**擁有一個顯示器、一個處理器還有一個控制器，但全部加起來小到可以放在玩家的手上。最早的掌上型遊戲是一台主機一個專用遊戲。《賽車》用的是數位顯示，而《Game & Watch》系列（任天堂，1980）則主打較吸引人的液晶顯示器。Microvision（米爾頓‧布拉德利，1979）是最早可以換卡匣的掌上型系統之一。

　　在任天堂 DS [10] 的前輩 Game Boy（任天堂，1989）上的《俄羅斯方塊》帶領下，掌上型遊戲機起飛了。近年來，掌上型系統已經演變成非常強大的系統。Sony Play-Station Portable（PSP）的處理器可以跑得動同等於 PlayStation 1 的遊戲。從美泰兒《美式足球》的數字亮點進步到這個地步可真是飛躍性的進展。最近的系統如 Sony Vita 與任天堂 2DS 及 3DS 有各種不同的遊戲與控制方法，結合了傳統控制方法與第二螢幕、觸控控制與數位內容。

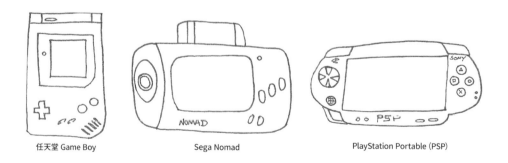

任天堂 Game Boy　　　　　　　Sega Nomad　　　　　　PlayStation Portable (PSP)

10　這不算新聞，不過任天堂 DS 在設計上與當年的 Game & Watch 系列有許多相似處。

▌遊戲的美麗新世界：手機、數位零售、觸控螢幕

　　掌上型遊戲，尤其是在**行動裝置**上，是現代人玩遊戲的主要方式。在純數位內容問世之後，你可以將一整個遊戲資料庫裝載在智慧型手機或平板上，放入口袋帶著走。以前需要螢幕、電腦，和控制器才能玩的遊戲，如今在任何時間地點都能夠玩。觸控螢幕啟發了全新的控制系統與遊戲類型。

　　手機遊戲不僅改變了我們玩遊戲的模式，也改變了製作遊戲的模式。以前需要龐大的團隊與巨額的預算才做得出來的那些遊戲，現在都是由小團隊甚至一人團隊製作。相較於家用遊戲機與電腦的遊戲，手機遊戲製作起來更快速、更低成本。遊戲玩法的核心則變成一場場短時間的關卡及重複遊玩。覺很很眼熟嗎？手機遊戲的製作過程彷彿就像早期的遊戲開發，當年的遊戲也是由小團隊甚至一個人所製作。就連遊戲的獲利模式也變了，遊戲設計成可以營利的模式，改變了創造營收的方式，開發者與發行商得到更多賺錢的機會。平心而論，手機遊戲已經永遠改變了我們玩遊戲的方式。

　　遊戲界的另一大衝擊是**數位發行**的崛起。玩家可以在任何時候透過網路購買及下載遊戲。數位遊戲平台如 Steam、Ouya、XBLA、PlayStation Store、Nintendo Store、GameStop App（前 Stardock）及 Origin 的 Client 已經提升甚至取代了家用遊戲機的功能，iTunes 與 Android 商店也能讓玩家下載遊戲到手機與平板裝置。實體存放空間不再是個問題，因為硬碟有多大，玩家就可以塞多少遊戲。當然，數位發行也導致零售商需要想方設法吸引想要照傳統方式購買遊戲的玩家，提供更划算的組合，如獨家內容的季票與值得收藏的商品。

　　在 1970 年代末，**個人電腦**（或稱 PC）成為流行，設計電玩遊戲程式與遊玩電玩遊戲都變得更普及。有一整個世代的遊戲開發者的啟蒙是窩在房間裡在 PC 上寫遊戲程式。這些早期的遊戲存放在卡式磁帶上，放進磁帶機使用，又或者是存放在軟碟片上，再插入軟碟機。早期家用遊戲機試著效仿街機電玩遊戲，而早期電腦如 Apple II 則充分運用鍵盤。鍵盤讓玩家可以輸入更多指令，並創造了獨特的遊戲類型，包含文字冒險遊戲，如 1976 年的《巨洞冒險》。由於電腦玩家可以花更多時間在玩遊戲（坐下來也比較舒服），電腦遊戲自然也需要不同的遊戲體驗。相較於街機電玩，以劇情為基礎的冒險遊戲、建築與管理遊戲、策略遊戲等提供了更長時間的遊戲體驗，也讓

消費者覺得錢花得比較有價值。我有個很清晰的回憶就是在計算我的錢換來了多少遊戲時間：一場街機電玩遊戲平均花費兩毛五，而《阿帕莎神廟》要 30 元，所以這樣我應該要可以玩多久呢？

　　隨著電腦硬體、記憶體、與儲存空間進化成 CD 與 DVD 等媒體，電腦遊戲變得更精細、更複雜、更難懂。**第一人稱射擊遊戲**（或稱 FPS）的竄起可以歸功於滑鼠控制器大受歡迎。到了 1990 年代中期，電腦就是終極的遊戲平台。有幾個遊戲類型，尤其是策略、FPS 及**大規模多人線上遊戲**（或稱 MMOs）迄今在電腦上還是非常強勢。觸控螢幕遊戲曾經只能在掌上型裝置運作，如今由於觸控螢幕在桌上型電腦或筆記型電腦上已成為標準配備，而變得更普及。

康懋達64 (Commodore 64，C64)　　　　Macintosh Plus　　　　個人電腦 (PC)

遊戲類型

　　「類型」（genre）這個詞是用來描述某種東西的種類，通常是描述書籍、電影或音樂。音樂可以是搖滾樂、福音音樂、鄉村樂。電影可以是動作片、愛情片、喜劇片。書可以是劇情、傳記、恐怖。總之，你懂的。

　　電玩遊戲也可以分成不同類型，不過這裡有點複雜。遊戲有兩類類型屬性：**故事類型**與**遊戲類型**。就像前面所舉的例子，故事類型描述的是故事的種類：奇幻、歷史、運動等等。遊戲類型則是描述玩法的種類，就像電影可以是紀錄片或藝術片一樣，差異在於遊戲的結構與玩家的互動方式。遊戲類型解釋的是玩法的部分，而不是美術或劇情。很簡單吧？我晚一點會聊故事類型，不過現在先來看看不同遊戲類型：

　　■ **動作**：動作遊戲需要的是手眼協調與技巧。動作遊戲可以做出多種風格變化，

因此是最多元化的類型之一。許多最早期的街機電玩遊戲都是動作遊戲。

- 冒險：冒險遊戲聚焦在角色（就像角色扮演遊戲一樣）、道具管理、劇情，有時也有解謎。

- 擴增實境：擴增實境（或 AR 遊戲）在遊戲玩法中融入了如相機及定位系統（GPS）等週邊裝置。

- 教育性：教育性遊戲的主要用意是教育學習，同時保持樂趣。這類遊戲的目標玩家通常是較年幼的族群。

- 派對：派對遊戲是特別爲了多人玩家而設計，以問答和技術挑戰等各種不同玩法進行競賽。

- 解謎：解謎遊戲倚賴邏輯、觀察與找出規律性。有時候這些遊戲玩起來步調緩慢而有條理，有時候則需要敏捷的手眼協調，像動作遊戲一樣。

- 節奏：節奏遊戲中，玩家要試著跟上節奏或拍子來得分。

- 嚴肅：乍看之下，嚴肅遊戲與教育性遊戲相似，只是以社會議題作爲核心。不過，這個類型更多元一些。嚴肅遊戲可以用來提供訓練、做廣告，或純粹是一種藝術的存在。

- 射擊：射擊遊戲的重點在於玩家朝著彼此發射物體。這是最受歡迎的類型之一（至少在西方國家是如此），並有許多種變化。

- 模擬：模擬遊戲的重點是創造與經營一個世界，或主題樂園，或者農場，或是一隻可愛怪物的一生。許多模擬遊戲會跨越到「玩具遊戲」的領域。這種遊戲提供發揮創意的工具，不過沒有設定輸贏條件。

- 運動：這種遊戲的基礎是包括傳統運動和極限運動等各種運動比賽。就像動作遊戲一般，這類遊戲有許多變化，從模擬現實到「夢幻」經營等。

- 策略：思考與策劃是策略遊戲的特徵。這是非常古老的遊戲類型，來源可以追溯到歷史悠久的遊戲如塞尼特（Senet）、西洋棋、圍棋、播棋等。

- 傳統：說到圖版遊戲，傳統遊戲通常（但並非一定）是以多爲實體形式的既有遊戲爲基礎。卡牌遊戲、圖板遊戲，和賭場遊戲等都屬此類。

- 模擬交通工具：玩家模擬駕駛交通工具，從開賽車到開星際戰鬥機等。這類遊戲有各種不同的風格與控制選項，讓玩家可以決定玩起來要像操作街機電玩還是要像在現實世界駕駛。

這份清單只是冰山一角！除了這些類型，你還可以在**獎勵關卡第五關**找到一大份清單，上面列出了各式各樣的次類型與混種類型，解釋之後還附上大量例子。

遊戲結合多種類型與次類型之後，就持續創造出新類型。舉例來說，《俠盜獵車手》系列將動作冒險、第三人稱射擊、賽車、模擬人生與遊樂場動作遊戲等類型集合成一個遊戲！《Tuper Tario Tros.》[11] 則完美結合《超級瑪利歐兄弟》與《俄羅斯方塊》！接下來呢？未來最受歡迎的遊戲類型會是什麼呢？沒有人知道！也許會是由你創造的！

▌ 誰做了這些東西？

就如同遊戲有許多類型，製作遊戲的專業人士也有許多種類。製作電玩遊戲的團隊稱為**開發者**或**開發團隊**，他們與電影或電視節目的製作團隊類似，都有許多創意十足的人在合作創造娛樂活動。

電玩開發史的早期，遊戲是由個人單獨完成的。最早的《波斯王子》就是例證，整個遊戲就只有一個人寫程式、設計、做動畫。[12] 他甚至還寫了遊戲的配樂！

隨著商業遊戲開發的技術變得更複雜，遊戲本來只需要兩三個程式設計師就能做，現在卻需要技術更多元的人才，遊戲創作過程最終演變成由團隊執行。繪圖性能提升之後，許多遊戲創作者缺乏能夠充分利用先進電腦運算能力的美術技能。玩家想要畫面更漂亮的遊戲，因此團隊就加入了美術專家。

最一開始，設計遊戲的人，是團隊中提出最佳遊戲點子的任何一位成員。當遊戲內容對程式設計師與美術人員來說變得太複雜，專職遊戲設計師的職位就這樣誕生了。《瑪利歐》原創者宮本茂和我都是做美術出身，再轉到遊戲設計師領域。雖然團隊成員還是可以扮演許多不同角色，專職化在大型製作團隊中很常見。

手機遊戲與獨立開發遊戲崛起之後，遊戲製作流程不再依賴大型開發團隊。越來越多遊戲是由小團隊甚至一人團隊製作。《Minecraft》、《地底尋寶》及《Tiny Wings》都是由一個人獨立製作！現在創作團隊不再需要倚賴鉅額預算與發行商，主導權又回

11　你可以在 www.newgrounds.com/portal/view/522276 玩到由 Swing Swing Submarine 製作的《Tuper Tario Tros.》。

12　這邊提到的一人團隊，就是喬登‧梅克納（Jordan Mechner）本人。

到開發者的手裡了！那主導權到底是在什麼人手上呢？這邊概略聊一下開發團隊中的不同團員。

■ 程式設計師

程式設計師利用如 C++ 與 Unity 等程式語言寫出程式碼，便可以顯示遊戲畫面與文字、開發控制系統讓玩家與遊戲互動、建立鏡頭系統讓玩家觀看世界、呈現影響玩家與遊戲世界的物理系統、撰寫出控制敵人與物件腳本的人工智慧系統等等。

程式設計師的工作可能是專門製作工具，用來協助團隊成員更有效率地開發遊戲；或者可能是寫程式去模擬現實世界的物理法則，讓水看起來擬真，或發展出角色的反向動力學[13]；甚至有可能是專做聲音工具以播放音樂和音效。

和遊戲業界中許多職位一樣，程式設計師的分工越來越精細。但不管是什麼職位，程式設計師都需要精通數學、2D 與 3D 繪圖、物理、粒子系統、使用者介面、人工智慧、輸入裝置、電腦網路等領域，永遠都非常需要這些技能。有些程式設計師能靠著接案過上不錯的生活，以「傭兵」的姿態從一個專案跳到下一個，既寫程式，也為陷入困境的團隊提供暫時的解決方案。

■ 美術人員

電玩遊戲史初期，遊戲所有的美術都由程式設計師包辦。由於早期遊戲美術都是有稜有角的多邊形構成，看起來很粗糙，我們現在稱暫時占位代用的醜陋遊戲美術設計為「程式設計師美術」。[14] 謝天謝地，後來有真正懂藝術的美術人員加入。最早開始做電玩遊戲的藝術家之一是瑪利歐和大金剛的原創者宮本茂。他利用八位元 CPU 與僅僅二位元像素（即背景元素有四色而精靈圖僅有三色）就能做出深植人心的卡通人物。

---

13 編註：反向動力學：電腦動畫與機器人學當中用以調整人體或物體的運動動作的運算模式。
14 我向正在讀這本書的程式設計師道歉，但這詞真的不是我發明的。

每個像素表現出的個性還真多！早期有一些例外，如《龍穴歷險記》及《太空王牌》，遊戲中有曾任職迪士尼的動畫師唐·布魯斯等人所操刀的精美動畫。然而這些遊戲是非常罕見的例外，因為它們是利用雷射光碟來播放影片。到後來，出現了更新、更好的硬體，配有更多記憶體與色彩深度，也能顯示更大的圖形。這意味著遊戲美術能夠做出擁有更多細節的影像、背景與角色，如精美手繪並製成動畫的《魔域幽靈》與《越南大戰》。

3D 繪圖本來僅限於電影如《電子世界爭霸戰》（Tron，迪士尼，1982）與皮克斯的動畫短片如《頑皮跳跳燈》（Luxo Jr.，1986）才會使用，當開發者越來越買得起高級電腦軟體之後，這類技術也開始出現在遊戲中。真 3D 畫面早在《終極戰區》就已經出現在街機電玩中。不過 3D 進入到家中是在 3DO 的《Crash 'n Burn》與《全食之戰》才開始的（兩者都由晶體動力〔Crystal Dynamics〕在 1993 年發行）。諸如《德軍總部 3D》及《毀滅戰士》（兩者皆為 id software 於 1993 年發行）這些即時 3D 遊戲大受歡迎，與利用預算圖產生的 3-D 畫面如《迷霧之島》與《超級大金剛》確保了 3D 畫面會一直與我們同在。

就像程式設計一樣，電玩遊戲美術也變成了分工精細的工作。概念美術設計師會利用傳統媒介與電腦來描繪遊戲中的角色、世界、敵人等長什麼樣子。概念美術只用來讓其他遊戲美術人員參考用，絕對不會用在遊戲成品中。分鏡美術人員負責描繪遊戲的過場動畫，有時候也會畫遊戲玩法的元素，最後再交給其他美術人員與動畫師。3D 建模與環境美術人員利用 Maya 與 3D Studio Max 等軟體建構角色與環境。紋理美術人員將表面紋理塗到 3D 模型與場景上。特效師結合 2D 與 3D 美術製作驚人的視覺特效。UI 美術人員負責設計在遊戲介面與抬頭顯示（HUD）會出現的圖示與元素。動畫師負責讓玩家角色動起來並且像製作動畫大作一樣製作過場動畫。

技術美術人員需要做各式各樣的事情協助團隊中每一位美術設計人員，如協助動畫師綁定骨架模型讓它可以動起來，或者教導其他美術同事如何使用最新的工具與技術。美術總監負責監督所有美術的工作，並確保整個案子照著設定的美術風格走。不管你對什麼樣的美術職位有興趣，要記得打好基礎、一直畫下去！

■ 遊戲設計師

　　總監、企劃、主設計師或資深遊戲設計師……不管職稱怎麼變，遊戲設計師的角色是不會變的：創作出用來建構遊戲的點子與規則。遊戲設計師必須擁有許許多多技能[15]，且必須要熱愛玩遊戲；遊戲設計師也應該要可以分辨出一個遊戲是好是壞，更重要的是，要能夠表達好壞的原因。記住，「因為它很爛」不是一個會讓人滿意的答案。

　　就如同程式設計師與美術人員，遊戲設計也邁入專業分工。**關卡設計**負責製作紙本地圖，用 3D 軟體做出「灰盒」[16]世界，再加入敵人、寶藏等所有元素。**系統設計**制定遊戲元素彼此之間的關係，如遊戲內經濟或科技樹等。**腳本設計**利用工具撰寫程式碼，讓一些事件在遊戲內發生，例如觸動陷阱或者編排運鏡。**戰鬥設計**關注玩家的戰鬥體驗，不論遊戲對手是 AI 或另一位玩家，這類型的設計師讓玩家獲得「平衡」的體驗。**創意總監**負責維持遊戲的風格，同時也負責監督其他設計師，時常提供建議以改善工作。

　　遊戲設計師還需要負責一樣工作：確保遊戲是「有趣」的。不過，在這邊我先賣個關子，到後面再說。希望你耐得住性子。

■ 製作人

　　製作人就是負責監督整個遊戲開發團隊的人。一開始，製作人是開發團隊中的一員，負責管理其他成員的工作，並且有權對包含創意在內的所有層面下決定。在這幾年來，製作人的角色已顯著擴張，有時一個遊戲專案會需要多名製作人，甚至還有**執行製作人**來監督其他製作人！

---

15 根據傑西・謝爾（Jesse Schell）在《遊戲設計的藝術》書中的說法，一個「全方位」的遊戲設計師要懂動畫、人類學、建築學、腦力激盪、商務、電影攝影、傳播學、創意寫作、經濟學、工程學、歷史、管理、數學、音樂、心理學、演講、聲音設計、技術寫作與視覺藝術。我覺得這個清單滿精準的。

16 「灰盒」關卡是一個遊戲關卡的初步版本，內容有玩法但缺乏畫面上的細節。

　　製作人的職責包含雇用人員建立團隊、撰寫合約、提供遊戲設計建議、管理團隊的工作排程、維持遊戲的收支平衡、解決創意發想與程式設計的主要人員之間的意見不合、代表團隊面對高階管理團隊與發行商、整合外部資源所創作的成品（如美術、音樂、過場動畫等），以及安排測試與在地化。製作人通常是遊戲製作團隊的第一個成員，也是最後一個退出的。你多半會看到製作人代表遊戲面對外界，與媒體和大眾聊他們所負責的遊戲。[17]

　　由於製作人需要做的事情很多，你常常會看到助理製作人與副製作人協助執行日常作業。有時候這些作業可能很瑣碎，例如為加班的團隊訂晚餐。不管你相不相信，有些「雜務」是製作人能為團隊帶來的重要支援。

　　不管製作人多有幫助，有些開發工作室認為製作人並非開發過程中不可或缺的一角。也有些人認為製作人不該有任何創意上的主導權，只應負責管理遊戲的製作與時程。就像設計師一樣，製作人的角色與影響力在業內差異巨大。

■ 試玩員

　　你喜歡玩遊戲嗎？你喜歡重複玩遊戲嗎？你喜歡同一個關卡一直重複一直重複一直重複一直重複一直重複一直重複一直重複一直重複一直重複一直重複玩嗎？那你很適合做測試！

　　雖然試玩員的工作時間長、環境狹窄，還需要把遊戲玩到枯燥無聊的程度，要當試玩員所需要的技能可是比你想像的還要多喔。好的試玩員要有耐心、毅力，和優良的溝通能力，以回報遊戲中找到的任何問題或錯誤。這並不是個光鮮亮麗的工作，但沒有試玩員的話，我們的遊戲都會在載入時當掉，會有蹩腳的運鏡、出問題的戰鬥系統，與不公平的難度平衡。

　　品保（或QA）[18]對遊戲能不能順利完成非常關鍵。發行商以非常嚴謹的標準檢視遊戲品質，確保我們買到的遊戲（幾乎）沒有問題。要達到那樣的標準，只能透過徹底測試遊戲數週甚至數個月。唯有在符合品保部門的要求後，才能提交給遊戲製造商，然後只有在提交的遊戲版本受批准後，才正式準備好要發行給大眾。有時候一個

17　製作人常常會需要代表遊戲團隊，因為他是團隊中唯一一位可以搞清楚所有浮動環節的人。
18　「品質保證」只是「測試部門」的一種誇飾法。

遊戲需要重新提交很多次才會準備好要發行。

　　對任何剛來到遊戲業的人來說，試玩是很棒的入門工作。我曾經看過試玩員後來轉職爲設計師、美術人員、製作人，甚至成爲工作室領導人。擔任試玩員，可以讓你在極短的時間內學會許多有關遊戲的事情。試玩員可以預防遊戲變糟糕。你下一次考慮要嘲笑試玩員之前，請記得這件事。

■ 遊戲配樂師

　　在電玩遊戲史的最初期，音樂只是用來伴隨遊戲內活動的粗糙逼逼聲。卽便如此，你們有多少人還是可以哼出《薩爾達傳說》或者《超級瑪利歐兄弟》的主題曲呢？

　　音樂對於遊戲體驗來說極爲重要，而這音樂正是由**遊戲配樂師**所作。由於電子琴或合成器可以模擬任何樂器，大多數的現代作曲家都是在這些裝置上創作音樂。隨著音效科技的進步，許多遊戲配樂師創作出了實際「現場演奏」與交響樂的曲子，這需要一整套新技能，包含指揮交響樂團（就是要揮棒子啦）。

　　現代聲音編輯軟體的家用版就已經有足夠效能來混音與後製專業的樣本。假如你想成爲遊戲作曲，你應該要寫一些曲子，錄下來後將樣本送到遊戲製作人的手裡。身爲一個審查過許許多多作曲家音樂履歷的人，我可以告訴你事情大概不脫這樣：遊戲設計師對於音樂的風格或感覺有特定的想法。假如你的音樂樣本符合遊戲設計師想要的，他會聯絡你，找你來工作。最重要的是，你的音樂必須獨一無二，並且符合遊戲的需求。看看成功的電影配樂家如丹尼・葉夫曼（Danny Elfman）。他爲《陰間大法師》（Beetlejuice）及《人生冒險記》（Pee Wee's Big Adventure）製作了很有個性的配樂，於是很快的，好萊塢的每一位製作人都想要在他們自己的電影中放入葉夫曼的音樂。

　　爲遊戲配樂跟爲電影配樂還是有一定程度的差異。大部分的遊戲主題曲都很短，或者需要不斷重複。能夠在這些限制下寫出有力量又讓人興奮的曲子，會讓你的音樂比起只會寫「歌」的人更有吸引力。[19]別擔心，我在第十六關會再多說說有關音樂的事情。

19　各位歌曲創作者，不要因為這個評語而絕望。還是有不少遊戲會用到傳統的歌曲，特別是運動與節奏遊戲。

■ 音效設計師

　　遊戲配樂負責創作遊戲的配樂，而音效設計則是創作所有遊戲中的音效。現在去啟動一款遊戲，關掉聲音，然後試著玩玩看。你有沒有注意到，遊戲沒了音效就完全不一樣？很多時候，音效傳遞了許多資訊給玩家。創造這些聽覺上的提示，就是音效設計師的責任。

　　就我個人來講，我認為音效設計很有意思。加入了音效以後，遊戲就像獲得了生命。這也是為什麼在製作遊戲時必須找個音效來搭配，就算只是暫時權充的也好。設計音效需要大量的創意，混合調配音效來做出前所未聞的效果是件很酷的事情。然而，好的音效設計師需要了解他在協助製作的遊戲，也必須了解要如何創作對玩家遊戲體驗有益的音效。有些音效需要聽起來「正面」，玩家做對事情或者搜集到好東西的時候才能鼓勵他；其他音效則警告玩家有危險或可能做了不好的選擇。音效設計師能夠讓音效聽起來開心、致命、恐怖，有時候像一大堆寶藏，有時候則包山包海、以上皆是！

　　假如你想要成為音效設計師，你也必須聽從一些不確定自己想要什麼的人的指令。舉例來說，看看你是否能從以下的描述做出一個音效：「這隻生物必須聽起來像隻來自地獄的山獅，喉嚨滿滿是痰……但要尖叫多於低吼。」[20] 你成功了嗎？恭喜！你已經準備好當音效設計師了！

■ 遊戲作家

　　遊戲作家不像好萊塢編劇要提出電影最初的構想。在電玩界，遊戲作家通常在遊戲製作過程的後期才會加入。如果你是想要當「提點子」的那個人，我建議你走遊戲設計這條路。這並不代表遊戲作家對遊戲沒有貢獻，然而，作家在團隊中並不是全職的職位。一般來說，遊戲作家是自由工作者，為了以下的理由被找來加入一個遊戲的製作過程：

- 在設計團隊所有人都發現故事內容全是廢話以後，把故事重寫成合理的版本。
- 在設計團隊所有人都發現優質的對白不好寫以後，撰寫遊戲角色與過場動畫中的對話。

20　很不幸地，這是在真實世界中，音效設計曾收到的指示。儘管如此，他還是交出了很出色的音效。

- 撰寫提示與指導性對話，讓遊戲中的元素更淺顯易懂。
- 寫出能夠符合製造商提交標準的抬頭顯示（heads-up display）內容。

最近遊戲開發商開始了解，早一點讓作家進入遊戲開發流程有多重要。遊戲作家可以協助引導遊戲內容的節奏。在故事引導遊戲的時代，需要創作許多內容，有些遊戲的劇本有數百頁之多。對作家來說，單一公司不見得可以提供源源不絕的案子，因此大多數的遊戲作家都是接案維生。

從前從前，開發團隊會雇用**技術寫作人員**撰寫遊戲說明書——就是那些隨遊戲附上，解釋如何遊玩的小書。然而，實體說明書基本上已經是存在於過去的東西了，說明內容都放在遊戲內的教學，或有數位版可看。

作家在遊戲業的好處就是不缺工作，只要你不介意為不同的公司工作，也不介意做不同類型的寫作工作。假如你想要成為遊戲作家，顯然你必須要知道怎麼寫作、使用正確的文法，並用劇本格式寫作。但最重要的是要知道如何為電玩遊戲寫作。為電玩遊戲寫作，跟寫小說或寫劇本有很大的差別。幸運的是，這本書有一整個章節在講要怎麼做。[21] 好險你正在讀這本書！

好，現在你知道所有電玩遊戲相關的工作機會了對嗎？錯！一般人不會知道這件事，不過遊戲業中有另一條職涯道路可走：發行業務。

你有想過發行業務嗎？

發行商提供資金給遊戲開發團隊、管理遊戲製作、處理任何法務問題、製造遊戲，並為遊戲提供公關與行銷服務，他們甚至要負責成品經銷。接下來這一段描述了一些發行業務中較常見的職位。

產品經理

就像遊戲製作人一樣，**產品經理**與開發團隊合作，並依照共同商討的製作時程管理團隊。他們協助決定遊戲製作事務的優先順序、在遊戲工作室與發行商的法務部門之間協調、審查與核准各種重要進展，並支付費用給工作室。他們與授權人溝通，確

21　精準一點的說法是第三關。

保他們贊同目前的開發成果；他們也與分級機構 ESRB[22] 合作爲遊戲取得分級。不用說，他們都是大忙人。

在某些發行商，產品經理對於遊戲的內容有很大的決定權。在其他地方，產品經理只需要確認遊戲開發過程順利。我只知道，我很慶幸我不是那個需要設定時程的人。

■ 創意經理

當有人問我在 THQ 擔任創意經理都在做什麼事，我都說：「我的工作就是大家想像電玩遊戲業時所浮現的工作。」老實說，創意經理的工作不是只有「整天想遊戲與玩遊戲」，不過有時候眞的是這樣。

創意經理通常是在發行商工作的遊戲設計師或作家。就像產品經理一樣，每一家發行商的創意經理對遊戲的參與程度都有所不同。在我的經驗中，我曾經與團隊合作創作並開發遊戲、寫遊戲提案並與授權人合作塑造遊戲概念。我最常負責的工作之一是試玩遊戲的不同版本（build）[23] 以確保它們忠於核心理念而且夠「有趣」（又是這詞）。

產品經理能夠提供的最大優勢，我稱之爲「千里視野」（卽從千里高空往下俯瞰遊戲，不是看上千隻鯉）。從客觀的角度檢視遊戲有助於找到遊戲設計與架構中的弱點。

當遊戲不紮實時，我需要提供團隊明確回饋，告訴他們遊戲玩法可以如何改善，或建議團隊朝另一個方向發展創意。

創意經理也會與行銷和公關部門合作提供媒體素材，確保遊戲以最美好的一面呈現。

■ 美術總監

美術總監與創意經理類似，但只需要顧及遊戲的美術。美術總監可以協助團隊建立遊戲的視覺風格，將遊戲帶往團隊從來沒想過的方向，也可以協助團隊統一遊戲的視覺語言，讓玩家有更鮮明的體驗。美術總監也會與行銷團隊合作製作包裝素材（例如遊戲盒裝的封面）或取得素材，如螢幕截圖與概念美術，用來宣傳遊戲。

■ 技術總監

技術總監有程式設計的背景，會審視並推薦軟體與工具，協助團隊工作更有效

22　ESRB 是娛樂軟體分級委員會的縮寫。這是一個決定遊戲分級的組織（至少在美國是這樣）。
23　build 或 burn 是遊戲的開發中版本，能在電腦或者特殊主機上遊玩。

率。在團隊的程式設計組員有所缺失時，技術總監會提供技術上的支援與建議；也會針對新團隊協助執行**盡職調查**（due diligence），評估新團隊是否真的能做得出他們受僱要做的遊戲。

■ 行銷團隊

行銷團隊向全世界推銷遊戲。他們與雜誌、網站、電視節目等協力推廣遊戲，也會協助設計包裝素材，為盒子背面撰寫文案，並與廣告公司合作，創作遊戲的宣傳素材。在與行銷團隊合作時，記得確認他們玩過你的遊戲（很不幸地，我發現許多行銷團隊並沒有做到這點）。他們應該要了解你的遊戲最棒的優點，才有辦法盡全力銷售。

■ 其他還有……

發行商的部分職位並不直接參與遊戲製作，然而對遊戲的創作與販賣還是一樣重要。**商業開發人員**與工作室建立關係，負責召開遊戲提案會議，並審查候選遊戲的演示版。他們與外部工作室簽約，也會尋找新興工作室作為併購的目標。假如有一天你當上遊戲工作室的老闆，很有可能會遇到許多商業開發人員。**律師**負責協商所有的合約，並確保製作團隊做出的內容不會給發行商惹上任何法律上的麻煩。**品牌**經理制定宣傳與廣告遊戲的行銷策略，他們負責開發印刷品如說明書與外盒封面。**公關經理**需要與遊戲雜誌互動，並辦理媒體活動來展現遊戲最好的一面。**品保經理**主導測試部門，負責整理並回傳問題清單給開發者。

除了製作與發行人員，也有許多其他人員要與開發團隊及發行商互動。**人才招募人員**尋找新人材並協助他們在開發商或發行商就職。**遊戲評論家**在遊戲上市前玩遊戲、寫評論，還會接受雜誌或網站訪問。**授權人**替大型娛樂公司工作，負責確保該公司的品牌在利用公司資材創作的遊戲中有適當的呈現。

由此可見，想要從事遊戲業的話，你有非常多的選擇。但我建議你忘掉它們吧！你想要知道如何做出傑出的遊戲設計，對吧？相信我，遊戲設計才是最有趣的！

但出色的遊戲需要出色的點子。那出色的點子要從哪裡來呢？我們來揭曉吧！

第一關的普世真理與聰明點子

- 遊戲是一個有規則與勝利條件的活動。

- 你的遊戲目標應該要很單純，像一個 1950 年代圖板遊戲一樣。

- 遊戲類型可以有各種不同種類，不要害怕混搭。

- 遊戲技術一直持續在進步。你要適應，不然就會落後。

- 做電玩遊戲需要各行各業的人及各式各樣的技能。

2 | LEVEL 2 Ideas
第二關　點子

　　來聊聊做電玩遊戲吧。對大部分的人來說，做電玩遊戲是一件謎一般的事情。通常在派對時對話會像這樣：

你做電玩程式？要寫那麼多程式碼是不是很難？

不對，我說我做遊戲設計。

喔，所以你負責畫那些角色？那一定很有趣。

不是，我不畫角色。那是美術的工作。

我不懂耶。如果你不寫程式也不畫畫，那你是做什麼的？

看來是什麼都不用做。

　　對話來到這個階段，我會告訴對方遊戲會自己創造自己（有時告訴別人一個幻想的答案比解釋我的工作還容易）。不過，的確有個問題是比較容易回答的：「你的遊戲點子是從哪來的？」

▌點子：去哪裡找，放哪裡去

點子的好與蠢只有一線之差。

——米歇爾・龔特利[1]

我喜歡這句引言，因為許多遊戲的點子常常聽起來都很蠢。聽聽看下面這些：

- 一個黃色的生物邊吃點點邊被鬼追。
- 一位水管工為了找尋他的女朋友，在香菇的頭上跳來跳去。

1　雖然米歇爾・龔特利不做遊戲，但他做了一些很棒的電影如《王牌冤家》（Eternal Sunshine of the Spotless Mind）、《戀愛夢遊中》（The Science of Sleep）及《王牌自拍秀》（Be Kind, Rewind）。我建議你馬上把這些全部加到你的 Netflix 播放清單。

■ 一位王子將廢棄物滾成越來越大的球來重建星球。

這些聽起來很蠢的點子最後都成了賺大錢的遊戲。也許它們其實並沒那麼蠢。我在這邊學到的一課就是，永遠不要排除任何遊戲點子，即便它真的聽起來很蠢。

那麼，我是去哪裡找我自己的蠢點子來做成遊戲的呢？照慣例，想到點子的方法是透過啟發。好消息是，好的遊戲點子可以來自任何地方。這邊有一個清單，上面有我需要靈感時會做的事情。我建議你下次需要想點子的時候自己試試看。

1. **塞滿你的頭腦。** 我發現創作的過程是這樣的：看、讀、聽一大堆東西，盡可能地接受資訊。再來，讓所有的畫面、故事、聲音、點子、想法等滲入腦中，再加上你自己對人生的觀點。運氣好的話，會形成一個新的點子。記得要隨時備好紙筆（或錄音筆，看你的偏好）才能在點子蹦出時記錄下來。

2. **讀一些你平常不會讀的東西。** 不要用千篇一律的事物塞滿你的頭腦。舉例來說，我曾經和知名遊戲設計師威爾・萊特（Will Wright）一起參加一個圓桌會談。萊特先生說他做遊戲的靈感來自打理日式庭園、建築設計與生物學。我回說這樣真棒，但那是你剛好喜歡日式庭園、建築設計與生物學。那喜歡漫畫、科幻電影和電玩遊戲的「正常人」怎麼辦？不過老實說，我在提出問題的同時就知道答案是什麼了。

   許多電玩遊戲有時感覺頗相像，其中一個原因是許多遊戲開發者都愛一樣的東西。喜歡電玩遊戲、漫畫、電影沒什麼不對。不過，當所有的開發者都從相同的事物得到靈感，遊戲會漸漸感覺起來都差不多。在熱門電影上映時，你會發現它們的主題開始出現在遊戲中；當熱門遊戲上市時，你會發現他們的遊戲機制被用在其他遊戲中。遊戲開始讓人覺得缺乏創新。當不同開發者在同一時間出相似的遊戲，這種巧合讓人不安。[2] 花點時間拓展你的學習領域，就算只有一點也好。你不需要在某個學科取得學位，只要翻過一兩本雜誌、在圖書館耗個一下午，或者上網找一些新資訊。換句話說，不要再讀一大堆垃圾了，跨出舒適圈吧，阿宅！

3. **去散步、兜風、沖澡。** 當大腦有意識的部分在做熟悉的活動，例如走路或開車，你的潛意識就可以開始自由遊走，把平常八竿子打不著的事物串接起來，這些連結常常會勾起很棒的點子。況且，不少遊戲設計師其實該洗個澡了。不過，如果要開車找靈感的話，請確保你有免手持的紀錄裝置，不然就是在寫下想法之前先停車。

2　這個現象在 2012 年帶給我們兩部與白雪公主相關的電影：《魔鏡，魔鏡》（Mirror Mirror）與《公主與狩獵者》（Snow White and the Huntsman）。

4. **去聽演講**。我很愛遊戲開發者大會，因爲那些遊戲設計演講與討論給我很大的啟發，到最後我常常寫出滿滿一整本筆記的點子。記得也要跟遊戲設計師同業分享一些你的點子。「讓你的點子出來活動活動」永遠是個好主意，這樣你才知道它的強項還有弱點在哪。不過要做好心理建設，一定會有人說你的點子很蠢。[3]

5. **玩遊戲，最好是個爛遊戲**。玩優質的[4]遊戲有其益處，但是我認爲玩劣質遊戲比較有教育價值。當你在玩爛遊戲的時候，注意所有做得不好的地方，然後思考你自己會怎麼改善。想想看有多少人「發明」了飛機之後，萊特兄弟才建造他們自己的飛機並成功起飛。有時候一個點子要反覆實作許多次才會成功。

6. **一個不一樣的遊戲**。你媽叫你不要整天玩電動，她是對的。你要不要改玩桌遊看看？許多電玩遊戲的靈感來自圖板與卡牌遊戲：《巨洞冒險》的靈感來自《龍與地下城》，而《文明帝國》靈感則來自 Avalon Hill 公司的《Civilization》圖板桌遊。對圖板桌遊沒興趣嗎？那鬼抓人？奪旗遊戲？警察捉強盜？這些遊戲可能會激發你去創作下一個《小精靈》、《絕地要塞 2》或《俠盜獵車手》。

7. **前面講的都別管了，追隨你的熱情吧**。你永遠不知道什麼時候有機會把你所愛的事物融入遊戲設計中。就算你愛的是看漫畫與玩電玩，當你眞正熱愛某件事物，那份愛會在你的遊戲中表現出來。田尻智設計《精靈寶可夢》，是將他對採集昆蟲的熱愛變成遊戲；大衛・傑飛將他對雷・哈利豪森（Ray Harryhausen）電影的喜好變化成《戰神》；宮本茂也常常將他在現實世界的興趣轉變成遊戲設計。當你跟著熱情走，設計遊戲時甚至不會覺得是在工作。

有個好點子是一回事，但有個**能賣**的點子又是另一回事。在我的職涯中，我曾多次被（行銷部門的同事）告知我的點子是個「設計師的點子」——也就是說，他們認爲我的遊戲點子會讓我自己愛玩，但是無法行銷給一般玩家。就我個人來說，這個評價讓我很掙扎。一方面我可以理解他們想要做一個會賣座的遊戲，賣座的遊戲代表之後能做更多遊戲；但另一方面，在我準備好對西裝畢挺的商人妥協之前，我想起歷年來那些別出心裁的遊戲，我相信在某個時間點，這些遊戲的設計師也曾被行銷同仁告知他們的想法太奇特、太難以行銷、太愚蠢等等。若是如此，創新的遊戲如《PaRappa the Rapper》、《模擬市民》、《時空幻境》等就不會問世。

3　別人說你的主意很蠢的時候，你可以用龔特利的名言反駁！
4　我知道「優質」是非常主觀的。優質可以代表評價很高、賣得很好、製作品質良好甚至純粹超級酷炫。

▌遊戲的領頭羊

不過，讓我跟你說個祕密。你可以再靠近一點……再近一點……太近了！

假如你覺得某樣東西很創新，這只代表你看得不夠。

──史考特・羅傑斯

　　雖然我很確定在全宇宙的構想中還是可能有一個完全原創的點子，但絕大多數的玩法設計能夠成功，是因爲有前人打下的基礎。我認眞相信這對創作優良的遊戲設計是很關鍵的策略。卽便是最有創意的遊戲，如先前提到的《PaRappa》、《模擬市民》與《時空幻境》，它們也各自有各自的「前人」:《Simon》、《模擬城市》[5]及《霹靂酷炫貓:穿越時空》。

　　再跟你說一個祕密:就連我的點子也不是原創的。拉夫・柯斯特（Raph Koster）在他的《遊戲設計的有趣理論》（中譯:歐萊禮，2016）一書中圖解「shoot'em up」類型的演化史。以柯斯特的圖爲靈感，我要爲你畫出平台遊戲玩法設計的演化史。

- 《Space Panic》（Universal Entertainment，1980）一個會走路與爬梯子的角色挖洞讓敵人暫時無法動彈。
- 《大金剛》加入了跳躍以及能夠打敗敵人的強化能力。
- 《大力水手》導入了移動式的可收集道具，以及玩家可以與環境互動的機制。
- 《Pitfall!》（動視，1982）加入了不同的動作，包括盪藤蔓及踏過鱷魚頭頂。
- 《瑪利歐兄弟》加入了第二玩家，以及能單靠玩家技巧而不需能力強化就能打倒的敵人。
- 《小精靈世界》有世界地圖、各種主題的關卡，及動態危險物。
- 《魔界村》加入了包含投射武器的多種武器選擇、生命值（以會壞掉的盔甲表現）以及可與其戰鬥的「魔王」級怪物。
- 《超級瑪利歐兄弟》的精密控制系統、異想天開的環境及創意關卡設計掀起了一波模仿熱潮。

5　威爾・萊特是《模擬市民》的原創者兼設計師，他大概是遊戲業界的首席天才。他最聰明的地方在於他整個電玩遊戲職涯似乎都致力於重新創造同一個點子。《模擬城市》、《模擬螞蟻》、《模擬地球》、《模擬城市 2000》、《模擬市民》、《Spore》等作品，展示了點子如何自然演化，從單一個體（創造世界的模擬遊戲）變成眞的跟宇宙一樣大。他能夠歷經數年持續發展精進同一個點子，這是任何遊戲設計師都求之不得的機會。

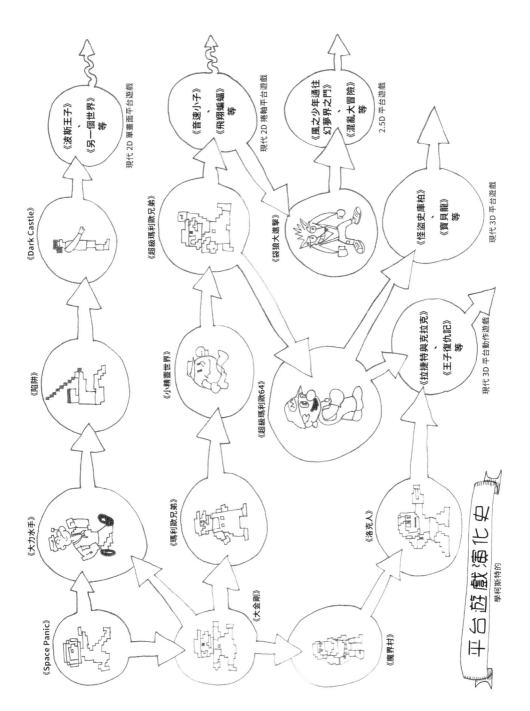

現代 2D 單畫面平台遊戲
《波斯王子》
《另一個世界》
等

《Dark Castle》

《陷阱》

《大力水手》

《Space Panic》

現代 2D 捲軸平台遊戲
《音速小子》
《飛翔蝙蝠》
等

《超級瑪利歐兄弟》

《小精靈世界》

《瑪利歐兄弟》

《大金剛》

《袋狼大進擊》

2.5D 平台遊戲
《風之少年通往幻夢界之門》
《混亂大冒險》
等

現代 3D 平台遊戲
《俠盜史庫柏》
《寶貝龍》
等

《超級瑪利歐64》

《洛克人》

《魔界村》

現代 3D 平台動作遊戲
《拉捷特與克拉克》
《王子復仇記》
等

平台遊戲演化史
摩柯斯特的

- 《Dark Castle》（Silicon Beach Software，1986）中的主角鄧肯可以「藏起來」不被敵人發現。這也是第一個在玩家墜下時不會死掉而是掉到地牢裡的遊戲。
- 《洛克人》在遊戲中做出設有主題的關卡，關卡最後的魔王擁有此主題的能力，玩家在打倒魔王後便可以使用這種能力。

- 《袋狼大進擊》利用 3D 模型與環境製作名為「2.5D」的鏡頭視角。
- 《超級瑪利歐64》將所有瑪利歐系列的平台遊戲玩法帶入了真 3D 世界。

如你所見，每一個點子都為下一個點子建立基礎。每一位遊戲設計師都為他的後輩提供靈感。或者就像畢卡索說的：「差勁的藝術家模仿，好的藝術家剽竊。」

現在你有了一個很棒的遊戲點子，下一個標題的內容，就是你必須問自己的問題。

玩家想要什麼？

汽車發明家亨利‧福特曾說：「如果當初我問顧客他們要什麼，他們會說要更快的馬。」電玩遊戲也是一樣，我相信大部分的玩家在看到產品之前都不知道他們要的是什麼。遊戲設計師的點子必須源自熱情，這件事很重要的原因就在此。設計師要能夠想像他們的遊戲該有的樣貌。當開發者對遊戲懷抱熱情，玩家可以感受得到，就像狗能夠嗅出恐懼一樣。不要害怕堅持自己獨特的主張，但要知道結果不一定會跟自己想像的一模一樣。

不過這樣好像還是沒有真正回答到問題對吧？好，簡單說就是：

玩家想要好遊戲[6]

當然你沒辦法保證你的遊戲一定很好，雖然沒有人一開始設定的目標就是做出爛遊戲，但最終還是有爛遊戲問世。你可以找到遊戲爛的各種理由，我們之後會講到。

《腦航員》與《惡黑搖滾》的設計師提姆‧謝弗（Tim Shafer）說：所有好遊戲都能滿足願望。玩家操作他們想要成為的角色，就給了玩家機會去實現他們在現實世界無法實現的角色。我認為這道理可以應用在所有遊戲上。不論是哪種類型，遊戲應該要讓玩家感受到他們在現實缺少的特質：強壯、聰明、狡詐、技巧高明、成功、有錢、壞心、英勇等等。

當你在塑造點子的時候，必須要知道「我的遊戲受眾是誰」。休閒遊戲的崛起讓開發者重新回去開發簡短場次的遊戲給沒有時間玩冗長遊戲的玩家。你必須決定你的遊戲是要給誰玩：休閒玩家還是硬派玩家。在發展想法的初期就把受眾設定好可以讓你早早排除某些設計。

6　你想的沒錯，這句話看起來這麼這麼顯眼又置中，是因為這個概念非常重要。

別忘了問下面這個重要的問題：「我的受眾年齡是幾歲？」由於我曾做過十幾個「兒童」遊戲，關於小孩與遊戲，我有一個很有用的發現：小孩想要的，永遠是做給受眾年齡比他自己年齡層還要高的東西。舉例來說，一個 8 歲的小孩會想要玩做給 10 歲小孩的遊戲；10 歲小孩會想要玩做給 13 歲孩子的遊戲；13 歲孩子會想要玩做給 18 歲人的遊戲。很多小孩對於受眾設定在他這年齡的遊戲一點興趣都沒有。被問到的時候，他們會告訴你：「那是給我弟弟玩的遊戲。」相信我，在孩子的語言中，沒有比這更嚴重的侮辱了。

開發者常常過度簡化事情，還對較年輕的受眾擺出高姿態，尤其是從來沒有做過兒童遊戲的開發者。他們會說：「因為是做給小孩玩的，我們不想讓這個遊戲太困難。」別犯這個錯誤！孩子玩起遊戲來比我們想像得更聰明、更厲害。他們搞懂一些概念的速度常常比許多大人都還要快。不過，在為小孩製作遊戲的時候，必須要思考一些限制。他們的小手沒辦法執行太過複雜的控制方法，這是事實。小學一年級甚至更小的玩家（6 到 7 歲）或許無法看懂太多複雜的字詞或者閱讀長篇大論。還有，拜託注意一下髒話。

▌腦力激盪法

在想點子的時候，我喜歡用腦力激盪法。
要正確地做腦力激盪，你需要以下五樣東西：

1. 能運作的大腦
2. 書寫工具
3. 可寫上文字的媒材
4. 可以工作的地方
5. 協作者，大腦能運作者佳

在開始腦力激盪前，你需要確立一些基本原則。首先，沒有所謂愚蠢或不好的點子。在這個階段，對所有的點子說 OK。記得跟遊戲設計領域以外的人合作，包括程式設計師、美術人員、測試員、作家等皆然，腦力激盪小組

越多元越好。我總是在點子發想的階段對大家帶來的想法感到驚豔。[7]

　　想一下有關你理想中遊戲的一切，然後寫下來。目標是盡可能自由聯想，把點子帶得越遠越好，把相關想法榨得一乾二淨。當你已經到達荒謬的境界時，再用力擠出想法一次然後收手。以下是我某次腦力激盪會議的部分筆記：

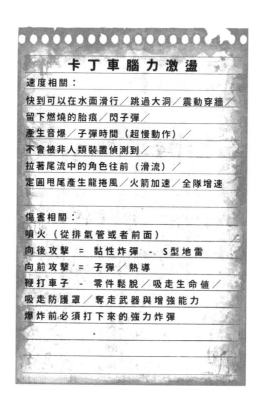

　　如你所見，這些題材不見得相關。但它們當然都是戰鬥或賽車遊戲可能有的特性。在這個階段，這些點子不見得必須是原創，你只是在列出一些想法與概念；進一步設計時，就可以開始思考原創性或者趣味性。

　　我在腦力激盪時喜歡寫在一面很大的白板上，你可能偏好使用一堆便利貼，索引卡片效果也不錯——用什麼都可以，重點是要記錄這些點子。就算最後沒有用到，你還是可以用在其他遊戲中。

　　在做遊戲點子的腦力激盪時，創作外盒與說明書是個很棒的活動。封面圖片會是

7　記得確保每一位受邀來腦力激盪的同仁都了解如何做遊戲，不然可能會浪費很多時間在不切實際的想法上。

什麼？外盒背後會列舉哪些內容？你要如何用一本 16 頁的黑白說明書介紹遊戲？在
想法上加入這些限制可以將你的點子精簡至最精華的部分。以下是一個可以拿來當作
模板的外盒背面範例：

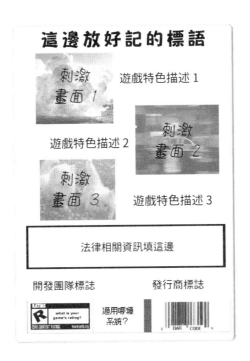

▍打破寫作障礙

　　想法出不來的時候你怎麼辦？不用覺得丟臉，每個人在創作上都有卡住的時候。
當你靈感枯竭時，可以試試以下幾種技巧：

1. 聚焦再聚焦。也許你一次想太多事情了。製作大綱，一次處理一個問題，有必
   要的話可將事情分解成極細的項目。為自己排出完成這些工作項目的時間，但
   不要以天為單位，試著在幾小時內完成。
2. 出門走走或運動。大家都知道大腦的養分來自血液，不要讓血液凝結在屁股
   裡，出去活動活動吧。當血液又開始循環，新的點子很快就會回來了。
3. 處理其他可能干擾你的事情。我腦袋卡住的時候，有時是因為我在擔心其他
   事，可能是一份費用報表還沒交出去，或者是地板還沒吸。暫停一下然後去處
   理讓你心煩的事情，做完以後它就不會再煩你了！

4. 直接跳到好玩的地方。有時你必須發想遊戲中比較無趣的部分內容，假如你正被此事拖累，別管它了，跳到好玩的部分吧。與其煩惱介面設計，不如花點時間設計魔王戰。不過，我建議這個技巧只能當作壓箱用，不然會很可怕！現實就是，遊戲要有時程、死線、預算才能做出來。假如你工作沒有準時做完，還選擇玩樂而不是苦工，那這個遊戲、這個團隊甚至這個公司都可能嚐到苦果。不要拖延，時間管理非常重要，請做個負責的人。

5. 換個環境。我發現我的辦公室滿滿都是讓人分心的事物。E-mail 在對我招手、遊戲在召喚我去玩它、遊戲企劃書正對著我翻頁，求我去讀它。這種事情發生的時候，我會離開辦公室，去最近的會議室工作。有時我也會出去坐在太陽底下，讓太陽能驅動大腦。

6. 跟其他人學習。在為問題想答案時，有個好方法是看看其他遊戲如何解決。也許你可以用同樣的方式處理你的問題，又或許他們的解法能給予你靈感，讓你想到一個獨特的新解法。

有了點子清單以後，就是批判的時間了。開始把你的清單縮短。有些項目可以馬上看出是否要留，同時也會有些很明顯不能用的點子。你必須要毫不留情，有過多用不到的好點子總比遊戲中充滿爛點子來得好。

將這些點子給其他人看。宮本茂有一套「老婆量表」，他將點子展示給妻子看，如果她覺得不喜歡，那這點子就會被丟掉。我以前會請辦公室的特助幫我檢視遊戲點子。若這個人與我的點子沒有創意上的利害關係，那他的觀察一定是最直接了當的。

▌我討厭「有趣」

「有趣嗎？」我在想新的遊戲點子時最害怕聽到的就是這個問題。許多遊戲學者都曾嘗試定義「有趣」。設計師馬克・勒布朗（Marc LeBlanc）將有趣分為八類：感官、同伴、幻想、發現、敘事、表現、挑戰、服從。[8]雖然將有趣分類是個很有意思的活動，我認為在實務上沒什麼幫助，問題一定會出現。舉例來說，一個遊戲的點子（或機制，或魔王戰，或任何事情）可以聽起來很有趣，但是實際用在遊戲中的時候就不有趣了；或者它真的很有趣，但只有你一人這麼想。

有趣跟幽默有一樣的問題，它完完全全因個人主觀而異。使用已通過市場考驗的既有遊戲玩法風格作為基礎來設計遊戲，你就可以嘗試為自己的遊戲爭取優勢，但如此一來多半會做出過度相似的抄襲遊戲。你看看，市面上曾有多少劣質第一人稱射擊遊戲與生存恐怖遊戲來來去去。

就算是我第一次玩的時候覺得有趣的事情，在第一百次遊玩的時候幾乎不可能還很有趣。所有的遊戲開發者在工作時終究會遇到這樣的情境。在製作過程中遊玩同一個關卡數百次之後，你會開始無法客觀看待遊戲。我清楚記得製作人曾經多次問我：

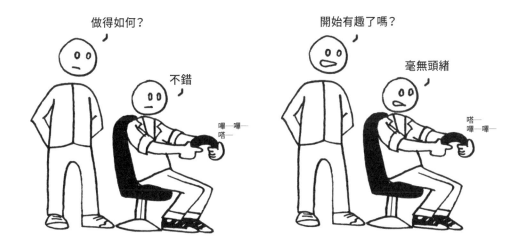

說到遊戲與有趣，世界上只有一個真理：

8　來自勒布朗的遊戲開發者大會演講及相關網站：www.8kindsoffun.com/。

你無法保證你的遊戲點子會有趣

由於開發者在製作過程中一定會變得不客觀，我創造出了**無趣理論**。無趣理論是這樣子的：

從一個有趣的點子開始著手，在開發遊戲的過程中，當你發現遊戲中出現無趣的元素，就將它移除。當你移除了所有的無趣因子，那所有留存的應該都是有趣的東西。

感覺很合常理對吧？但我看過許多遊戲，開發者保留了不好的遊戲機制、醜陋的美術、壞掉的鏡頭，只因為他們習慣了或看不出來有問題。開發者就是沒有辦法客觀看到自己遊戲中無趣的部分。（當然，一定要從有趣的遊戲點子著手，不然去除了所有無趣因素之後會什麼都不剩！）

在遊戲開發的過程中，你需要實行無趣理論數次。停下手邊的工作，好好檢視一下遊戲。列個清單，決定有哪些東西讓遊戲「無趣」。要怎麼看出「無趣」呢？通常無趣的事物顯而易見：可能是運鏡很差勁，讓你無法看到你要去哪裡；可能是控制的反應遲緩，讓玩家覺得他們移動起來「飄飄的」；也可能是動畫時間太長以致於影響攻擊的時機；謎題也許太難、敵人也許太容易打敗……諸如此類，多得數不清。

從遊戲中移除無趣因子也許看似理所當然，但你必須移除一些已經習慣的東西，或者必須更改一件耗費很多精力才做出來的事情。關於點子，有位共事過的製作人曾告訴我一個很受用的建議：「別太投入。」他的意思是「不要依戀你的點子到失去客觀眼光的程度」。不要害怕把不好的點子砍掉，如果你的遊戲被無趣破壞了，請把無趣的地方砍掉，這才是最優先的。別擔心，點子是用不完的。

現在你有了自己的點子，可以好好利用了！

第二關的普世真理與聰明點子

- 玩家只想要好的遊戲。
- 你無法保證你的遊戲會有趣。
- 從有趣的點子著手，一邊開發遊戲，一邊把無趣的因素移除，所有留下的東西都必須要有趣。

- 要願意把壞點子丟掉。假如你好點子多到用不完或者用起來不合適，可以跟壞點子一起丟掉。
- 點子本身很廉價。如何運用點子才是重點。
- 假如你卡住了，休息一下，但不要拖太久。

3 | LEVEL 3　Writing the Story
第三關　撰寫故事

　　幾乎是打從遊戲史初期，設計師就開始爭論，到底故事和遊戲性哪個比較重要？有些設計師相信遊戲需要故事來吸引玩家投入，有些設計師則認為故事是大家玩完後會用來描述遊戲體驗的東西。挺故事的設計師以「遊戲是說故事的一種藝術媒介」來回應；反故事的設計師以「故事是遊戲載入時給玩家看來殺時間用的」來反駁。世界各地的遊戲者開發大會都可以看到遊戲設計師分成兩組對決：一組大喊「《生化奇兵》！」，而另一組回吼「《毀滅戰士》！」。這些傻子，兩邊都對，也都錯。遊戲不需要有故事，不過一定會有故事。覺得困惑嗎？當你在細細咀嚼這個概念時，我們來看看「故事」一詞從亞里斯多德到著名編劇都用的標準定義是什麼。

▌ 從前從前……

　　以下是故事的基本架構：

　　1.首先，有一個**英雄**，他有一個**願望**。

2. 我們的英雄遭遇了一個**事件**，打亂了他的生活，並讓他無法滿足願望。這個事件給了英雄一個**難題**。

3. 英雄試著**克服難題**。

4.⋯⋯但他的方法失敗了。

5. **事態翻轉**，爲英雄帶來更多麻煩。

6. 英雄面對的難題變得更嚴重，也面臨更大的危險。

7. 最終，剩下最後一個難題威脅著英雄，他面對的是至今最危險的情況。

8.英雄必須解決最後的難題……

9.……才能得到他渴望的事物。大家從此過著幸福快樂的日子。至少到續集開始
　　前是這樣。

　　記得不管你的故事內容是什麼，故事一定會有開端、
中段、結尾。好萊塢已經花了許多年在分析與解構故事，不
要覺得你得一切從頭來過，去學學那些好萊塢人士的知識。
讀讀劇本寫作的書、上上課、看看劇本寫作的網站，但不要
覺得一定要被綁在標準的故事架構裡面，像是約瑟夫·坎伯

（Joseph Campbell）所提出的英雄旅程（Hero's Journey）或席德·費爾德（Syd Field）
的三幕架構（Three Act Structure）。試試看用另一種媒介的架構來說你的故事。歌曲
是怎麼說故事的呢？電視新聞呢？荷馬式的詩呢？試著從其他說故事的形式找尋靈
感，例如「起承轉合」就包含了四幕：起（介紹）、承（發展）、轉（翻轉）、合（和解）。
或者「重複與分段架構」，這個常為童話所使用的形式，如《三隻小豬》或《金髮女孩
和三隻熊》（Goldilocks and the Three Bears）。

　　記得，電玩遊戲是一種互動式媒介，而莎士比亞提醒我們「戲才是重點[1]」。如果
世界上只有一個人懂故事，那大概就是莎士比亞了吧，而以一個沒玩過電玩的人來

1　編註：play可意指戲劇與遊戲。

說，他還滿聰明的嘛。如果遊戲性是遊戲大餐裡的肉，那故事應該就是鹽巴：適度添加可以提升風味，但是加太多就可能把一切搞砸，還會致死。

有些遊戲根本連故事都沒有。《俄羅斯方塊》、《寶石方塊》甚至《小精靈》都不需要故事就能吸引玩家。不過，它們還是有產出敘事，也就是「敘述事情的經過」。

由於我們人類是以線性的方式理解時間，我們表達經驗的方式也是線性的，就算並非用傳統故事的架構呈現。我們可以這樣看：每次玩家玩遊戲，一個新的敘事就產生了，玩家可以創造無數個敘事。你身為設計師，須觀察所有[2]可能產生的敘事，並想辦法讓它們全部都很有趣。我的目標是創造數個玩家都會喜歡玩的敘事。

在一個敘事中，玩家就是遊戲中的「英雄」。遊戲設計師需要從玩家的角度看遊戲，並察覺事件與體驗的順序。這最終會幫助玩家創作敘事。當一次次的體驗疊加起來，目標是要讓玩家的情緒狀態高漲。接下來設計師就可以設計系統來引導這些吸引人的體驗並激發情緒。懂？舉個例子好了？

《惡靈勢力》利用一個名為「導演」的人工智慧來控制遊戲的步調。生命值、技能與地點等多種變數可計算出玩家的「壓力程度」，導演會依照此數值調整進攻的喪屍數量、決定產生哪些彈藥與回血道具，甚至連音樂都是導演控制的。最終，這個遊戲本身就為玩家創造出獨特又富有變化的遊玩體驗。然而，由於大部分的開發者還沒有像《惡靈勢力》裡面的導演那樣的科技，設計師有權決定怎麼在自己的遊戲中盡可能創造這些情境。

當你在設計遊戲時，務必要了解玩家會體驗到哪個敘事。你會發現玩家的敘事最後可能跟遊戲的故事相差甚遠。記得不要把故事誤當成遊戲玩法，同樣也不要把遊戲玩法誤當成故事。

我深信基本上所有事物都能做成遊戲，不要覺得你在題材上受限。看看《蚊》（玩

2　或者至少你想像得到會發生的敘事。有點像在玩一個大規模的「假設性遊戲」。不過，由於這些可能性可以延伸到無限大，花時間想出所有可能性也許不太划算。所以如果發生一些設計師沒有料想到的事情，但不會把遊戲破壞掉，我們很樂意稱之為「特色」然後繼續下一步！

家是一隻吸血蚊子，要吸全家人的血）、《模擬城市》（玩家建造並管理一座城市）、《美女餐廳》（一位女性在餐廳中送餐給客人）或《PaRappa the Rapper》（一隻狗唱饒舌，為了贏得女朋友一朵花的青睞）。

還懷疑我嗎？我們來看看經典又簡單的故事《小紅帽》。這個童話故事可以找到製作好遊戲所需的所有元素：

1. 小紅帽穿過森林要去奶奶家 ＝ 傳統玩家探索。讓小紅帽在路上蒐集一些好東西來裝滿野餐籃（道具系統）。一路上再讓她跳過一兩棵倒下來的樹。
2. 小紅帽遇見大野狼 ＝ 玩家遇到第一個敵人。想當然爾，我們還不能把狼殺掉（除非敵人是「狼小兵」）。
3. 小紅帽帶著滿滿一籃的基礎物品套組（這是門控機制），抵達了奶奶家（下一關），看到「奶奶」在床上等。
4. 小紅帽質疑「奶奶」的真實身份（「你的眼睛為什麼那麼大」）。這可以用益智問答、謎題甚至節奏遊戲的方式呈現。
5. 「奶奶」露出真面目，是大野狼！小紅帽與大野狼決一死戰 ＝ 魔王戰。[3]

看到了嗎？就算是很「單純」的經典故事，還是可以從中獲得做刺激、多元的電玩遊戲所需的所有元素。[4]

3　我們都知道小紅帽的故事結局，小紅帽差點被大野狼吃掉，是樵夫把她救出來的。但這樣就不好玩啦！有魔王戰可以打的話，誰還需要過場影片呢？小紅帽的故事當年還沒有魔王戰的概念，這又不是我的錯。問我的話，我是覺得我的結局比較好。
4　好啦，小紅帽的故事可能沒辦法做出很長的電玩遊戲，但無論如何，還是可以做成遊戲。

■ 怪異三角形

我想你一定聽過著名的製作三角形：

關於電玩遊戲，最棒的事就是，除了平台的技術限制以外，唯一限制你的因素就是自己的想像力。

開發者塑造出的虛擬世界，可以有不合理的物理規則，充滿了稀奇古怪的角色與荒謬的任務。然而，創意還是有可能有嗨過頭的時候，尤其是在寫遊戲故事時，這就是我發明**怪異三角形**的原因。注意怪異三角形上的選擇是：角色、活動、世界。

有別於製作三角形能夠選兩個點，在怪異三角形中，你只能選其中**一個**角。選超過一個，你就會面臨有受眾覺得被騙的風險。

以下舉三個例子來示範如何把怪異三角形應用在你的故事與世界：

《綠野仙蹤》（Wizard of Oz）有奇怪的角色如錫樵夫、獅子、稻草人。而在故事出版的 1900 年代當時，奧茲國算是滿典型的童話場景。《綠野仙蹤》的角色的願望包括勇敢、感情還有想回家，都可引起讀者共鳴。

　　《星際大戰》的主角是我們熟悉的類型（年輕的英雄、受難的公主、有魅力的盜賊），且他們的願望我們也熟悉（參與戰爭、打倒壞人、贏得芳心）。在《星際大戰》中，怪異的是他的世界，裡面有爪哇族（Jawas）、武技族（Wookiees）、絕地武士（Jedis）還有一間餐館塞滿全銀河看起來最瘋的一群混混。

　　電影《聖杯傳奇》（Monty Python and the Holy Grail）裡有典型（甚至可以說原型）的角色：亞瑟王與圓桌武士。這些忠實的武士在尋找聖杯的過程中走遍中世紀的英國，不過，他們的任務卻充滿了怪異的工作，像是爲說「膩！」的騎士設計一盆矮樹叢，或者被卡爾賓諾的殺人兔（killer rabbit of Caerbannog）屠殺。

　　而做得太過頭也是有可能的。像是電影《沙丘魔堡》（Dune，1984）、《驚異狂想曲》（The City of Lost Children，1995），或者遊戲《骷髏猴的逆襲》、《肌肉進行曲》等，雖然極爲獨特且有創意，但很多玩家玩過後都覺得他們「不太懂」。沒有人喜歡覺得自己笨。

　　這些遊戲與電影有什麼共同點呢？他們都違反了怪異三角形。要這樣做的話，後果自負。

■ 跟眞的一樣

　　在發展遊戲的故事時，你會發現受衆有三種：

1. 故事一邊發生就跟著看的玩家
2. 想要深度投入故事的玩家
3. 完全不管故事內容的玩家[5]

　　要讓你的故事同時吸引這三種玩家，會是個挑戰。最有用的原則是確保故事是爲了輔助遊戲玩法而寫的，而不是顚倒過來。以下是一些讓故事融入遊戲的小技巧：

- 提供故事細節給尋求深度體驗的玩家，但同時要確保這些細節不會阻礙故事本身。舉例來說，《生化奇兵》與《蝙蝠俠：阿卡漢瘋人院》兩作都有可收集的非必要錄音帶，可以對玩家透露更深入的故事細節，但不會干擾主要劇情。

- 由於只想玩樂的玩家會不分靑紅皂白一直按「A」鈕跳過透露劇情重點的音效提示與過場動畫，爲了避免玩家完全忽略故事內容，你要確保遊戲故事也會透過玩法與關卡設計推進，否則他們會一頭霧水。[6]你也可以利用遊戲玩法介紹故事，例如將故事變成可以遊玩的回顧或謎題。

- 另一個選擇則是在遊戲開始進行之後越晚透露故事越好。可以是在與魔王激戰的過程中、在關卡結束時或飛車追逐正緊張時。要記得故事還是要有開端，你只是選擇不要在遊戲一開始就讓大家看到。你可以用倒敍，或者不照時間順序說故事。這樣的架構改變在以故事主導的遊戲中比較適合。在《俄羅斯方塊》

5　這個發現不能歸功於我。這句話是來自肯・萊文（Ken Levine）於 2009 年遊戲者開發大會上的優質演說。他是《生化奇兵》的總監。

6　是啦，我知道，如果玩家因爲跳過過場動畫而搞不清楚故事，那是他們自己的問題。但是要記得負責任的遊戲設計師的首要原則：愛你的玩家。

　　這樣的解謎遊戲一開頭，就讓玩家遭遇幾十個方塊一起落下，我想可能不是個好主意。

- 故事要隨時保持活力，持續發展。職業編劇可能會每十五分鐘在劇情或事件中插入一個變化。即使不是以故事主導的遊戲，一場遊戲的時間已經越縮越短，好讓玩家在短短的時間中就能享受遊戲。

　　說到驚喜，現在遊戲的故事中存在一種趨勢：逆轉或出乎意料的結局。這完全該怪罪好萊塢！「一切原來是場夢」「其實他從頭到尾都不是活著的」「結果他其實不是我朋友」。隨著電玩遊戲創作人試著寫出他們所認為的「成熟」的故事，這種歐・亨利（O. Henry，愛用驚喜結局的作家）式結局越來越普遍了。雖然玩家都喜歡遇到驚喜，但這種逆轉結局越來越常讓人感覺比較像是很好猜的老套。好預測的結局還是有其意義，要問為什麼，是因為大家還是喜歡好人贏壞人輸的故事，既使這是世上最古老的故事。雖然我們都會需要一些驚喜來保持新鮮，但不要為了驚喜變得前後不一。假如故事（或遊戲）裡的一切都是驚喜，玩家不會有任何心理上的支撐基礎，會常常覺得不知所措。

　　我們舉 1980 年代的詹姆士龐德電影來說。我成長的過程中超愛去看這種電影的！我在看之前就知道龐德會用很酷的新道具、開超帥的車、破壞反派的計畫、拯救世界再抱得美人歸。如果我早就知道這些事情了，我為什麼還花時間去看電影呢？對我來說，看電影的樂趣就在劇情的曲折之間。我知道何人、何事、為何，但我不知道「如何」，我不知道過程。

　　能夠預測事情如何發展是很快樂的事，會讓玩家覺得自己很聰明，讓他們在選舉或揭開謎團時覺得「我就說吧！」。更何況，人生已經夠多無法預測的事情了，為何不給玩家一點可預測的事情呢？我想要強調的是，寫故事的時候不需要特別聰明，只要有娛樂性就夠了。

　　另一方面，有一種電玩遊戲劇情我覺得不太聰明，就是主角患有失憶症。失憶症可以說是電玩史上的老套第一名，但我可以理解為什麼遊戲作家還要用。他們試圖用失憶症來模擬玩家在遊戲一開始對角色與世界一無所知的狀態。然而，這個策略最終會變成作家建立「不可靠的敘事」的藉口，並蓄意遺漏給玩家的資訊，好在最後建立「讓人震驚的結局」。這一切都太刻意了。老實說，對玩家也不公平。

　　與其這樣，關於驚奇與懸疑的價值，導演名家艾弗列‧希區考克提出過一個理論：想像一下，有兩個男人坐在桌前聊棒球，聊了大約五分鐘以後突然有個大爆炸！全體觀眾嚇壞了，不過這只讓觀眾驚訝了 15 秒。

　　然而，你可以激發觀眾更大的反應，方法是一開場就給大家看桌子底下的炸彈，炸彈設定五分鐘後引爆。這兩個男人在聊棒球的時候，觀眾在他們的位置上坐立難安：「別再聊棒球啦！桌子下面有炸彈！趕快逃走！」當你讓觀眾知道角色身處什麼危險，他們的情緒會很投入。等到這一幕來到高潮時，你已經為觀眾創造出比「炸彈突然爆炸」還要多的刺激感。[7]

　　有些人相信，對於遊戲來說，**主題**比故事還要重要。這是為什麼呢？因為主題是遊戲的核心議題。主題常常可以用一句話來總結，如「愛能克服一切」或「秩序比混亂好」或「能力越強，責任越大。」你的遊戲甚至可以有主題卻沒有故事。《小精靈》的主題是？「吃或被吃」。《植物大戰殭屍》的主題？「正義與邪惡」。《風之旅人》的主題？「人生是一趟有伴會比較好的旅程」。遊戲玩法應該以遊戲的主題為中心，假如遊戲玩法不支持遊戲的主題，或許它不該存在遊戲裡面。

　　另一個塑造故事時要考慮的事情是「什麼東西陷入了危機？」許多電玩遊戲都是要從邪惡的力量或瀕臨毀滅的境界救回世界，但就像並非所有電影都是充滿爆破場面的大片，並非每個電玩遊戲內容都必須是拯救世界。小小的主題也可以跟大大的主題一樣重要。我認為，設定「暴力能解決所有問題」以外的故事主題，是件值得費心追求的事。《青蛙過街》、《動物園大亨》、《時空幻境》就成功了。

7　希區考克也建議在這種情境下不要把角色殺掉。以電玩遊戲來說，這樣遊戲就結束了！

▌ 收尾的時間到了

　　將遊戲收尾可能與開頭一樣難。在過去那美好的年代，遊戲沒有結局，只有一個 Kill Screen。[8] 要嘛就是遊戲會一直持續下去，分數則常常可以像汽車的里程表一樣繞一圈繼續數下去。這時候《龍穴歷險記》出現了，所有人都想要知道德克最後到底有沒有救出公主。為了得到答案，玩家可是花了很多錢呢。[9]

　　遊戲時間該多長呢？以前平均大約是 20 小時。在遠古時代，大約 40 小時。現代由故事主導的家用機遊戲，遊玩時間平均是 8 至 12 小時。相較之下，手機遊戲一場可能只有數分鐘，卻能提供數十小時的遊玩時間。多人遊戲可以提供好幾年的遊玩時間，即便我已經在《絕地要塞 2》上花了超過 400 小時，我還是樂在其中。

　　我建議你在覺得你已經滿足了玩家以後再讓遊戲結束。假如你沒有將劇情線收尾，又開啟新線為續作準備，玩家會覺得他們漏掉了什麼或者故事並不完整。我一律建議要對玩家公平。讓他們感覺似乎完成了遊戲中所有需要完成的事情。

　　有些遊戲會提供額外的體驗讓玩家可以在故事結束後持續遊玩。多重結局、小遊戲、可解鎖內容、可下載內容（DLC）或「刪除關卡」（類似 DVD 中的刪除片段）可以讓玩家在你建立的世界中體驗新的故事。

　　由於 MMORPG 世界中的故事需要又長又持續進化才能保持玩家的興趣（並讓他們每月持續支付訂閱費），以上建議在這個類型尤其受用。暴雪的《魔獸世界》能夠自 2004 年營運至今也是靠加入任務甚至新的世界等方式為玩家增加內容。

　　或者你可以拋棄前面所有的建議然後到最後一刻才寫故事。有些開發團隊只專注在遊戲性上，到最後才寫故事。他們宣稱這個方法可行，但對我來說，這樣會讓我很焦慮。

8　「Kill Screen」一開始並不是「遊戲結束」的畫面，而是因為程式錯誤或者設計疏失才出現的畫面。經典遊戲中最有名的 Kill Screen 是《小精靈》的第 256 關。到了這裡，由於程式問題，畫面有一半會錯亂，造成玩家無法吃到全部的點點而繼續進行遊戲。電子遊樂場的老闆要來拔插頭或「殺掉」遊戲來重新啟動。

9　由於玩一場《龍穴歷險記》比一般街機電玩還要貴一倍（整整五十分錢！），我和哥哥兩人會在當地的電子遊樂場觀察其他玩家，然後把遊戲中的運作模式記錄下來，好通過充滿陷阱與怪物的房間。輪到我們的時候，其中一人負責控制搖桿，而另一人就負責講出要往哪邊走。我們最後沒花超過五塊錢就救出公主了！這堪稱史上首次的協力遊戲體驗！

以遊戲之名

啊，我差點忘記討論遊戲故事最重要的事之一：名稱。為遊戲命名有幾種方法。

- **直白名稱**可以很容易看出名稱是從哪來的。它可以是主角的名字，像是《音速小子》（Sonic the Hedgehog）、《Voodoo Vince》等；也可以是遊戲的主要場景地點，如《德軍總部》（Castle Wolfenstein）、《黑街聖徒》（Saint's Row，這也是遊戲中的地名）等。或者將遊戲依照遊戲中的活動或部分內容命名，如《終極動員令》（Command and Conquer，意為指揮與征服）、《歡樂轟炸》（Boom Blox）。

- **動感或酷炫名稱**能以不提到遊戲角色或地點的方式表現出遊戲的內涵。我覺得像是《末世騎士》（Darksiders）、《惡黑搖滾》（Brütal Legend）與《戰爭機器》（Gears of War）的名稱都很酷。

- **雙關名稱**會讓你想要稱讚它的巧妙。《網路奇兵》（System Shock）、《戰慄時空》（Half Life）、《絕命異次元》（Dead Space）都是很好的雙關例子。[10] 由於雙關語是文字遊戲，你必須要很小心，以免玩家看不懂或者不覺得有趣。專欄作家道格‧拉森曾說：「除非雙關語是你自己想出來的，不然那是最低級的幽默。」

- **紫牛名稱**會突然讓你的受眾開始思考為什麼要取這個名稱。[11] 這種名稱會撩動好奇心、吸引注意力。紫牛名稱包含《小小大星球》（LittleBigPlanet）、《惡靈古堡》（Resident Evil）、《頑皮熊》（Naughty Bear）等。紫牛名稱的好處是，名稱會因為獨特而與遊戲產生緊密連結。

- **戲劇化名稱**看起來比較會想到電影而不是遊戲。通常戲劇化的成分會比名稱的成分多一點。這種名稱通常會提到遊戲的主題或試圖暗示遊戲的氛圍。舉例來說有《恐懼的總和》（The Sum of All Fears）、《以撒的結合》（The Binding of Isaac）、《最後生還者》（The Last of Us）等。

- **自我指涉名稱**會提到遊戲中的某件事物，玩家在玩遊戲之前會完全不知道代表

10　譯註：System shock 暗示系統性休克(systemic shock)，是一種全身或整體系統失去平衡、停止運作的狀態。也可以解釋為（電腦）系統帶來衝擊（遊戲中的主要敵人是邪惡的 AI）。
　　Half life 在物理學指放射性物質的半衰期，其符號是常在遊戲中出現的 lambda。
　　Dead Space - 兩個字一起看是什麼都沒有的空間，兩個字分開看就是「死亡的」跟「外太空」，兩個意思都跟遊戲內容有關。

11　「紫牛」（purple cow）這個詞來自吉利特‧伯吉斯（Gelett Burgess）的一首詩：「我不曾見過紫色的牛，我永遠不想見。但請聽我言，我寧可見也不願當隻牛。」

什麼意思，但玩過以後就會理解名稱的意義。舉例來說，如果你在玩《最後一戰》（Halo）之前看到 halo（光環）一詞，可能會聯想到天使頭上亮亮的一圈。現在大家都玩過《最後一戰》了，下次若有任何人要考慮把 halo 用在遊戲名稱中，可能要等好一陣子，因為這個詞跟《最後一戰》的連結太過強烈了。其他例子有《魔域幻境》（Unreal）、《傳送門》（Portal）、《Spore》等。

不論你用什麼命名方式，我認為名稱長度偏短比偏長好。首先，短的名稱比較好記也比較好說。我喜歡將名稱維持在兩三個音節，像是 Star Wars（《星際大戰》）、Don-kee Kong（《大金剛》）、Pac-Man（《小精靈》）、Hey-lo（《最後一戰》）。我認為這類原則的起因是街機電玩機台的招牌大小，機台招牌需要吸引玩家的注意力、塑造一點神祕感、描述遊戲內容等。《保衛者》（Defender）至今仍是取得最好的名稱之一，完美地將此遊戲總結在一個三音節的詞當中。

第二點，名稱較短也比較容易做成標誌放在遊戲的開始畫面，放在遊戲的外盒上也比較好讀。在創作遊戲名稱時，別忘了考慮行銷面。假如你不得已要用較長的名稱或副標題，還是要試著把它縮短。《秘境探險 3：德瑞克的騙局》（Uncharted 3: Drake's Deception）將兩頭紫牛結合成一個很不錯的名稱。秘境探險給人一種進入未知且危險的區域航行或探索的感覺，玩家會想要知德瑞克是誰，也想要知道他的騙局是什麼。《蝙蝠俠：阿卡漢城市》（Batman: Arkham City）讓你知道你會用哪個角色（蝙蝠俠）以及劇情發生在什麼地點（阿卡漢城市）。這個名稱特別傑出的原因在於多加了一點「蛤？」的元素，大部分的蝙蝠俠迷都知道蝙蝠俠住在高譚市，而阿卡漢是最大的反派所居住的瘋人院！光是這個名稱就讓人想要玩遊戲了！

建議盡量早點幫遊戲取名。比起其他人（例如行銷團隊）所想出來的名稱，我一直更偏好由遊戲開發者所創的名稱。發行商有個壞習慣，就是會否決開發者提議的名稱，甚至自己直接為遊戲命名。預算越高，發行商就越有權力決定名稱。然而，我相信開發者知道遊戲最重要的是什麼，多數時候也知道遊戲是為了誰而製作的。相信他們的直覺。

我曾經參與某遊戲的製作，提案時的紫牛名稱很棒：「洪先生的暴力交響樂團」（Mr. Hong's Violent Orchestra）。這個名稱吸引了我們的注意力，讓人眼睛一亮。大家會想知道洪先生是誰，也會對「暴力交響樂團」感到有趣又困惑。暴力交響樂團演

奏的會是什麼樣的音樂呢？由於這個遊戲的性質是搞笑的音樂格鬥，這個名稱很合適。

遺憾的是，高層並不這麼想。隨著遊戲被改成音樂爲主的節奏遊戲（而不是音樂格鬥遊戲），遊戲名稱也被改爲毫無記憶點的《Battle of the Bands》。不用說，這遊戲表現得並不好，我覺得名稱沒有特色也是原因之一。

當你終於取好名稱，可能會發現你那超棒的遊戲名稱已經有人在用，或者被註冊了。在美國，你可以在美國專利商標局網站上確認專利狀態。在你與遊戲名稱產生感情前，記得先跟遊戲發行商的法務部門確認名稱是可用的。即便是在網路上快速搜尋一下文字也是個起頭。

如何創造玩家會在乎的角色

我朋友安迪・艾許克拉夫（Andy Ashcraft）也是遊戲設計師，他認爲電玩遊戲開發者並不在乎故事的「第二幕」。他指出開發者喜歡描述遊戲的設定與背景，也熱愛來到遊戲的華麗大結局，但他們會忘記要把注意力放在故事的中段，也就是所謂的第二幕，角色的成長與故事的發展都發生在這裡。我同意安迪的看法，遊戲開發者常忽略第二幕，不過遊戲略過第二幕就會省略掉說故事過程中一個重要的部分。[12] 在遊戲業，第一幕通常是透過過場動畫，或者更糟的狀況是透過沒人看的遊戲說明書來說故事。[13] 第二幕則是一個必經的痛苦過程，將玩家帶往第三幕，也就是故事的結尾，通常這是最後關卡與魔王戰。他們這樣做並不正確，在第一幕中應該要給玩家機會了解角色，並對他們產生感情。就算你會不斷地重複讓角色死亡（在電玩中很常見）或者讓他徹底變身殺戮機器，你還是需要一個第一幕來與角色產生連結。要找實例的話，看看 1986 年的電影《機器戰警》（Robocop）。

---

12 記得所有故事都要有什麼嗎？開端、中段、結尾。

13 也許我誇大了點，但說真的，你上次仔細看遊戲說明書是什麼時候？話說回來，遊戲說明書什麼時候值得看了？

電影《機器戰警》一開始向觀眾介紹一名警察，艾力克斯‧墨菲。這個警察個性老實、爲人很不錯，在未來的底特律市打擊犯罪。到了劇本的第 25 頁，你會對這人產生感情，在他被卑鄙的壞人槍殺時會感到難過。而第二幕的開端就是墨菲被重新改造成半機器半人的機器戰警。由此電影改編的電玩遊戲有好幾款，在所有的遊戲中，墨菲的死都只以過場動畫的方式呈現。在遊戲開始，玩家就已經是機器戰警，並立刻開始掃蕩壞人。[14] 不過，在我們虛構的機器戰警遊戲中，是否可以從墨菲還是人類警察時開始？遊戲第一關可以讓墨菲去捉拿壞人，再以他的死結尾。玩家應該要有時間與他產生情感連結，賦予他的死與重生更大的意義。

死亡應該要對玩家有意義，尤其當陣亡的是主角以外的角色。你最後一次因爲遊戲角色死亡而哭泣是什麼時候（除了不小心刪掉存擋之外）？遊戲編劇忘記了，要先讓玩家對角色投入感情才能讓他的死有意義，而解決辦法並非讓該角色與主角有親戚關係或其他有意義的連結，尤其是該角色在第一個過場動畫就會被殺掉。我印象中玩過一款遊戲，與玩家角色的親戚互動一個關卡以後，那個親戚就被殺害了。由於我和角色認識的時間太短，我完全沒有感受到主角那股燃燒到遊戲結尾的正義怒火。既使最終要讓角色死亡，還是要投入一些時間在他們身上。

要讓玩家對電玩遊戲角色投入感情，有一個實證有效的方法，我稱之爲 Yorda 效應。名稱來自《ICO 迷霧古城》中的NPC（非玩家角色）。遊戲中，Ico 要克服難關，

---

14 為了讓你們知道我沒那麼笨，我其實知道為什麼《機器戰警》的開發者從一開始就讓玩家操作機器戰警。（1）比起脆弱的人類，操作一個打擊犯罪的生化人比較吸引人；（2）1988 年的遊戲卡匣沒有足夠的記憶體去儲存兩個完全不同的玩家角色模型。況且，何必要花那麼多的力氣去製作一個只有一關戲份的人類角色呢；（3）遊戲的名稱叫做《機器戰警》而不是「一個被槍殺後變成機器戰警的人」。

保護年輕女孩 Yorda 不被敵人傷害，兩人一起試圖逃出神祕城堡。Yorda 被塑造成一個（基本上）無助的角色，她的存活對玩家能否過關極為關鍵，Yorda 死掉的話，玩家也會死。但你自己的 Yorda 角色不能完全無助，該角色需要能夠提供玩家有限的助力，例如恢復、在戰鬥中幫忙、提供額外的彈藥或協助解謎。若設計得當，角色之間的互相依賴可以形成一種保護的關係，而玩家也就會真心在意這個 NPC 的安危，這可以讓說故事的人在遊戲過程中從角色之間帶出更強烈的情緒張力。《ICO 迷霧古城》中有一個特別巧妙的機制，就是永遠在分心的 Yorda 只有在 Ico 牽著她手的時候才會跑動。這也許是微不足道的小細節，但這樣去描繪兩個角色之間的關係很可愛。

　　假如你想要讓玩家在乎某個角色，記得要讓玩家跟角色相處一段時間，就算是短短一下子也可以。《暴雨殺機》的主角伊森在兒子肖恩被摺紙殺人魔綁架前與他相處了（可操作）的一天。場景來到了在人群中尋找肖恩的時候，玩家已經花了時間與他建立關係，也會真心擔心他的安危。

　　《秘境探險》系列的維特・蘇利文（Victor Sullivan）、《生化奇兵：無限之城》的伊莉莎白、《正義戰警》中的名為影子的狗、《最後生還者》的艾莉等，都算是 Yorda 效應的例子，因為相關遊戲都會試著讓你與這些 NPC 產生感情……但成果參差不齊。

　　為遊戲創造一個類似 Yorda 的角色，需要花上很多時間與精力去設計……或許你根本沒有那麼多餘裕和力氣。重點是，你必須讓遊戲中的角色對玩家來說有某種重要性。角色可以提供遊戲遊玩的教學資訊，也可以是消費系統（例如遊戲商店的主人），或定期為玩家回復生命值等。

當遊戲移除該角色時，玩家會感受到強烈的影響。劇透警告！就我個人意見，《Final Fantasy VII》中唯一一個讓人對其死亡感到強烈衝擊的角色是艾莉絲（Aeris）。艾莉絲對玩家來說有多重功能：她既是落難少女、主角三角戀情的其中一角，她在劇情中也能協助解決問題，更是遊戲中可操控的角色之一。當她死亡的時候，玩家在許多層面上都能感受到失去她的影響。重點是先把遊戲角色完整建構起來後才將他移除。要為這些角色的離開賦予意義。

　　遊戲隊伍的成員並不一定要是人類：《汪達與巨像》中的馬匹亞格羅與《異塵餘

生3》中名爲狗肉的狗，牠們的死對玩家都有類似的效果。唯一重要的是玩家要與這些角色產生連結，才會在失去他們時有深刻感受。

　　一直講死亡讓我有點低落。那，幽默呢？大部分的作家都會同意，喜劇類比劇情類難寫。不過，我認爲幽默的祕密在於角色。我最喜愛的第一人稱射擊遊戲是《絕地要塞2》，我覺得它是我玩過最好笑的遊戲之一。這遊戲中展現的幽默與其他遊戲不太一樣，你不會看到肢體動作的搞笑、「好笑」的笑話、打嗝、放屁等。這遊戲如此好笑是因爲角色都很忠於自我，從要對父母辯護自己職業、總是語帶嘲諷的澳洲狙擊手，到過度喜愛「三明季」的俄籍重裝兵，遊戲中所有角色的外表、動畫、吼出的語句等都強化了他們的個性，讓他們從刻板印象提升成原創（又好笑）的角色。

　　遊戲中角色的行爲模式應由他的個性決定。我們在製作《王子復仇記》時，設定他是個沒耐心的人，永遠在趕著去救公主或者找敵人戰鬥。他連開寶箱時都不會停下來，一腳踢開箱子、抓了寶藏就走。假如你從角色的性格開始思考，最後會想到一些很有趣的動畫與玩法。一個角色可以有許多不同的動機：也許是成功或復仇的慾望，也許是尋求愛情或接納。許多角色的動機不只一個，這些動機常常會互相矛盾。了解他們的動機可以協助你決定角色會做什麼、會說什麼，結果就能塑造出更豐富的角色。

　　說到角色，給予角色正確的名字就跟幫遊戲取合適的名稱一樣重要。你會幫一個滿是肌肉的野蠻人主角取名「書生」嗎？大概只有當主角意在惡搞或者是搞笑遊戲才會這樣做。名字的影響很廣泛，幫角色取適當的名字很重要。嬰兒命名書是個很好的起點。我喜歡對角色個性或職業有點特殊含義的名字。《星際大戰》內有一些取得很棒的名字，「路克・天行者」這個名字，能夠告訴你哪些有關角色的事呢？「路克」感覺就是個簡單、樸實的名字，很適合一個想要「遊走星際」的農場男孩。[15]

摩特！在拉丁文是「死亡」的意思……

你不信齁？

<hr />

15　你知道嗎？路克・天行者本來要叫做路克・弒星者（Luke Starkiller）。這個改名的案例是很好的學習機會，告訴你絕對不要讓角色的名字透露故事的結局！

　　角色名字互相對照也很有趣。我喜歡的角色名字有兩個來自《當哈利碰上莎莉》。比利・克里斯托的角色叫做哈利・伯恩斯（Harry Burns，Burn 意指燒焦、燒壞、燒盡），沒有其他名字比這個更能帶出過勞、脾氣暴躁的印象了。梅格・萊恩的角色則叫做莎莉・艾爾布萊特（Sally Albright，all bright 意思是全部都很明亮），她很正面、浪漫又有點天真。這些名字取得很直接，讓人很快地對角色的個性有個概念。

　　喜劇角色也需要適當的名字。蓋伯拉許・崔普伍德（Guybrush Threepwood）、海綿寶寶（SpongeBob Squarepants）、拉里・拉弗（Larry Laffer）聽起來都不像英雄，但對他們的搞笑遊戲來說，這些名字恰到好處。取名唯一要把握的原則就是，角色的模樣要可以跟名字搭得起來。

　　關於角色命名這件事，我想講的就這樣。現在來點完全不同的：

▌對於寫故事給全年齡兒童的一些建議

　　我有些建議，要給為兒童製作遊戲的你：要給小孩玩的遊戲並不代表故事需要過份單純。兒童遊戲作家最常犯的錯誤就是試圖把故事寫得太單純。我常常聽到開發者抱怨點子與主題過於複雜，因為他們認為：「這是要給小孩玩的！」但想想兒童文學，兒童經典文學如《野獸國》（Where the Wild Things Are）、《阿爾卑斯山的少女》（Heidi）、《納尼亞傳奇》等都充滿了複雜的主題、互動與情緒。假如這些題材對兒童書籍來說很好，那應該對兒童遊戲也很好。成年並不只代表主角可以拿劍了！

　　有關兒童遊戲，還有一點很棒（其實這對所有遊戲都適用），就是你可以在玩家不知情的情況下教導他們一些事情。我不是在說「寓教於樂」喔，而是在電影與漫畫中找到的那種娛樂。我記得小時候看過一本《蝙蝠俠》的漫畫，我從當中認識了 1920年代的著名喜劇演員、歌舞劇《丑角》（Pagliacci）、非洲面具，並學到了石蠟會隨著時間變色。就一個「給小孩看的故事」來說，學到的知識還滿驚人的。不要害怕同時教育與娛樂，說不定你的玩家在玩樂時還能學點東西，而你也可能在寫故事時學到點東西。

爲「授權遊戲」寫作

授權遊戲是建立於現有的智慧財產（IP）上的遊戲。這個 IP 可以是一個先在電影、漫畫、真實世界、電視、甚至另一款遊戲中見到的角色或世界。[16]《星際大戰》、《蝙蝠俠》、《哈利波特》或《海綿寶寶》都是授權的角色與世界，也稱作**智慧財產**（property）。智慧財產授權給發行商或開發商，代表要支付費用才能在一個或多個遊戲中使用該智慧財產。而智慧財產的原擁有組織或個人稱爲**授權人**，授權人可以是盧卡斯影業、DC 漫畫公司、J・K・羅琳或尼克兒童頻道（分別對應上述的例子）等等。然而，就算**被授權人**已經支付費用可以在遊戲中使用某角色，這並不代表他可以完全照自己的意思製作遊戲。被授權人必須與授權人合作確保遊戲忠於品牌。舉例來說，授權人可能不想要自己的角色殺害敵人。因此，開發者必須依照這些「品牌限制」來設計遊戲。有些智慧財產的可運用幅度相當彈性，有些則受到嚴格的審查。

別因爲不能超出授權的限制而感到氣餒。有個好的授權夥伴的話，你可以設計出能發揮創意的遊戲。舉例來說，我的團隊之前做過一款授權遊戲，在此之前已經有超過十個遊戲使用相同的智慧財產。由於我們並不想只是做出「又一個」該智慧財產的遊戲，我們討論了以非標準平臺遊戲的類型去做這款新遊戲。我們提案了以後，授權人透露他們厭倦了一直重複做同樣風格的遊戲，卻不曾想過要將遊戲玩法帶往另一個方向。授權人給予我們比先前預期還要多許多的自由，我們最終交出了一款很紮實的遊戲。不要只因爲你在做授權遊戲而預設會被萬年老套給綁住。問一下不會要了你的命。

以下是我做授權遊戲過程中學到的一些東西：

- 從內到外徹底了解原作。去讀、去看、去玩所有找得到的素材，只要有機會就深入了解。假如你往一些不顯而易見的方向走，或者運用較冷門的角色，這個作品的粉絲會感謝你的。每一個授權遊戲都應該是對原作的讚頌，以及給粉絲的謝禮。
- 儘早找到那些「大地雷」。去跟授權人聊聊，問出有哪些禁忌，這樣做可以爲你節省很多頭痛的時間，並避免製作一些將來會被改掉的資源。舉例來說，某

---

16 也有許多 IP 存在於公領域，舉幾個例子：《灰姑娘》、《綠野仙蹤》、《德古拉》、《三劍客》、《聖經》、但丁的《神曲：地獄篇》。記得要將你的作品基礎建立於原作的素材上，而不是其他人的解釋上。

遊戲把漢堡當作強化道具，角色吃了漢堡以後會變無敵。然而，雖然原作的任何一集都不曾提起，但是主角之一（遊戲中可操控的角色）吃素。由於節目創作者不喜歡我們讓他的角色吃肉，我們後來把那個強化道具改掉了。

- 要記得授權人有最後決定權，也可能很不好溝通。我在做某個專案時，授權人不斷地否決專案，因為某顆石頭的顏色不是他想要的藍。[17] 不幸的是，遇到這種行為也不能怎麼樣。不重要的話，就順著他們的要求，放下堅持吧。

- 從授權人處取得越多素材越好。電視節目有所謂的「聖經」，是描述節目角色與世界觀的詳細文件。知名的漫畫書會有累積多年的過期刊物，這些都是很棒的參考素材。假如你的原作還在製作中（例如，你要為電影做一個同步發行的遊戲），要盡快去取得劇本、動態分鏡、分鏡表及劇照等。

- 假如你在做某電影或電視節目的相關遊戲，想辦法去到片場（適用的話）然後自己拍一些參考照片。試著拍下任何可能協助你精準重現原作世界的素材。

- 尊重原作，但想辦法賦予個人特色。一齣兩小時的電影可能沒有足夠的素材讓你做出一個 8 至 10 小時的遊戲。與授權人一起將虛構世界拓展，協助你「補上漏洞。」不要害怕將你自己的需求帶到檯面上，那些需求可能比你想像中更適合品牌的智財。

關於故事寫作，我還有很多可以講的，但我不講了。這邊的描述應該足以讓你開始寫你自己的故事。接下來，我們回到正題來說說遊戲玩法的基礎，我稱之為三個 C。

第三關的普世真理與聰明點子

- 有些遊戲需要故事；有些遊戲不需要。但所有的遊戲都需要遊戲性。
- 故事一定會有開端、中段和結尾。
- 永遠不要把故事與遊戲性搞混。
- 幾乎任何事物都能做成遊戲。
- 創造玩家會想要在裡面玩的世界，他們就會回來玩。
- 讓死亡有意義。
- 當 NPC 對遊玩過程有貢獻時，玩家會與他產生感情。

17　不騙你，這真的發生了。在某專案上，這樣的事情發生次數多到團隊夥伴開始稱這種要求為「藍石頭」。這個詞就這樣收錄在我的個人字典中了。

- 讓角色的名字既短又有描述功能。

- 別低估小孩，他們比你想像的還聰明。

- 忠於原作，但不要害怕加入一些「個人特色」。

4 | LEVEL 4 You Can Design a Game, but Can You Do the Paperwork?
第四關　你懂遊戲設計，但你懂文件嗎？

　　一位日本遊戲製作總監曾拜訪我當時任職的工作室，與我們團隊分享他在遊戲設計哲學方面的智慧，大多跟他最近一個遊戲賺了多少錢有關。他要離開的時候，問了我們一個讓人摸不著頭腦的問題：「我認為做遊戲就像釣魚。我回來的時候，你們要跟我說為什麼。」如果他當時有穿披風，我覺得他應該會很神祕地「唰」一聲離開吧。

　　我花了很多時間去想做遊戲到底哪裡像釣魚。最後，我的結論是做遊戲與釣魚毫無相似之處。釣魚很寧靜緩慢，需要等待一件可能不會發生的事情。[1] 我的另外一個結論就是這位總監在胡說八道。於是我想了自己的比喻。

　　做遊戲很像在做燉肉醬（請給我一點耐心，等一下就會了解為什麼了）。就像做燉肉醬一樣，要做遊戲代表你要先有食譜，而那個食譜就是遊戲的設計。有正確的食譜很重要，你不是在煮湯或燉菜。你要確認文件不只涵蓋遊戲的內容，還要包含做法，就像食譜一樣。記得要照著食譜做，但同時也要記得食譜一定會需要修改，尤其是出了問題的時候。然後，就像在做燉肉醬時一樣，別忘了你可以靠試吃決定調味。遊戲的某些部分會比其他部分「有料」，所以你會需要想辦法讓這些部分更突出。

　　下一個步驟是把材料組合起來。就像燉肉醬需要食材一樣，遊戲設計需要有遊戲

1　你或許能從這句話看出我並不喜歡釣魚。

玩法的元素。開發者就是廚師，他們負責確保所有東西都準備好，並照著計畫烹煮。要創造遊戲玩法，需要正確的工具，也就是執行遊戲的程式以及腳本，就如需要鍋碗瓢盆還有一個爐子才能做燉肉醬一樣。然而，你手上的工具可能與需要的有些差異。有時你可能有想要的團隊與資源，有時則必須利用現有的人力與資源應變。那也無妨，我聽說牛仔可以用營火與鐵罐就做出很不錯的燉肉醬，依正確的順序準備與放入材料，先以小火燉煮豆子與蔬菜，把肉加進鍋子之前要先炒熟。（我吃了點苦頭才學到這件事情。）

做燉肉醬要先將所有材料煮至沸騰再轉小火燉煮。遊戲製作會讓我聯想到沸騰的樣子，透過精神與體力上的短暫集中衝刺讓工作上軌道。不過，如果你讓整鍋持續高溫沸騰太久，有可能把燉肉醬搞砸、鍋子燒焦、讓爐子起火，甚至廚師發火。曾經有遊戲與工作室被過久的趕工時間毀掉，請做負責任的判斷。遊戲潤飾與程式除錯則讓我聯想到燉肉醬小火慢煮的步驟。燉肉醬不是在組合好材料的當下就完成，你需要花時間煮得剛剛好，微調調味料並讓食材融合，創造出更豐富的風味。遊戲就像燉肉醬一樣，需要時間反覆修正、改進與調味，要找出程式錯誤、程式碼、美術、設計等方面的問題等並修正。這很費時，需要預留時間，就像燉肉醬也需要時間一樣。有時讓團隊拿遊戲的一部分做各種嘗試也不錯，可以發現哪些元素可用、哪些不行。我發現燉肉醬總是在煮好的隔天比較好吃。

到最後階段，可能還需要加點什麼到燉肉醬裡才會成功。除非你真的搞砸了，不然燉肉醬通常是救得回來的。不過，我不建議這樣做遊戲，因為可能會讓你的肚子不舒服。燉肉醬可能會騙你，它有可能看起來很失敗但嘗起來依然美味。有些遊戲或許沒有很完美、甚至不太上相，不過如果遊戲性夠好，還是可以達到娛樂效果。好的遊戲與好的燉肉醬都能同時滿足你的靈魂與胃。（或頭，假如你是用胃思考的話。）

了解了嗎？做遊戲跟做燉肉醬如出一轍。看到沒，日本遊戲總監！[2]

成就解鎖
20G － 與做燉肉醬如出一轍

2　他的比喻很爛，但我不怪他。在日本可能找不到好吃的燉肉醬。

　　現在你學會怎麼做燉肉醬了，那遊戲呢？要做遊戲，你需要製作**遊戲企畫書**（game design document），或簡稱 GDD。GDD 會定義遊戲中的一切。聽起來很困難嗎？沒錯！不過別怕，其實有四份文件可以帶著你走過前製流程，逐步做出你的 GDD。

　　1. 單張表
　　2. 十頁書
　　3. 節奏表
　　4. 遊戲企畫書

　　雖然上述每一份文件在前製和製作過程中都有特定的功能，但第二與第三份文件都是以它前面的那份文件內容為基礎，最後構成 GDD 中的內容。

　　提醒：請參閱獎勵關卡第一、第二、第三關，有這些文件的模板。

　　GDD 的長度取決於遊戲的複雜程度。手機遊戲的 GDD 可能只需要 30 頁，家用機的遊戲可能需要超過 300 頁的文件。對於遊戲企畫書應該多長，遊戲設計師之間一直沒有定論。基於各種原因，遊戲開發圈中的趨勢是將遊戲企畫書做得越短越好。最終，我認為 GDD 的長度應該剛好足夠準確描述遊戲中發生的一切。不過，別被嚇到了。為了協助你完成 GDD，單張表、十頁書及節奏表等文件都是過程中的幫手。

　　說到基礎，請你確保文件易讀。我不是在說正確文法與標點符號而已，這些都會影響文件看起來是否專業，我說的是還包括使用正確的正文字型。**字型**指的是特定樣式的字體。在只有文字可用時，字型仍能表達感覺。我會在此章節後段解釋要如何使用。我說的是文件正文的部分，就像書中的文字一樣。避免使用花俏的字型，不然讀者可能無法看懂你的文件。維持簡單清楚就好。[3]

　　說到字型，除非真的不得已，我建議一份文件中不要使用超過兩種字型。你可以用花俏（但清楚）的字型在封面以及標題之類的地方，不過請用 22 級以上的大小。文件的正文，請將字型大小保持在 12 級左右，比 12 級還小的話，有些人可能會看不清楚。假如你要做 PowerPoint 投影片，我建議正文不要小於 24 級。

　　對了，遊戲企畫書並沒有所謂標準格式。我在這邊給你看的只是呈現這些資訊的其中一種方法。舉例來說，電玩遊戲顧問馬克・賽爾尼（Mark Cerny）的 GDD 內容

3　我建議使用簡單的字型，像是 Arial、Calibri、Helvetica 或 Times New Roman。

是以一頁一個主題、項目條列的方式呈現。他認為這種簡單的投影片對他的團隊比較好讀與消化。請採用對你來說最有效的方法。你只要記得，優秀的遊戲企畫書的目的是**溝通**；對玩家、對團隊成員、對發行夥伴的溝通。溝通得越清楚，就越容易讓你的同事感到興奮。懂了嗎？好。我們開始寫吧！

▌撰寫 GDD，第一步：單張表

單張表是對遊戲的簡易概述。單張表有各種讀者，包含你的團隊成員與發行商，所以你必須把單張表寫得有趣、加入大量資訊，以及最重要的，保持簡短。單張表長度不應超過……你猜對了，就是一張。在獎勵關卡第一關中你會看到兩份範例。只要記得放入以下資訊，你可以用任何方法製作單張表：

- 遊戲名稱
- 欲使用的遊戲平台
- 目標玩家年齡
- 預計的娛樂軟體分級委員會（ESRB）分級
- 重點擺在遊戲玩法的故事概要
- 不同的遊戲模式
- 獨特賣點
- 競爭產品

上述名詞大部分都淺顯易懂，不過下面會解釋一些你可能不知道的。

■ ESRB 分級

ESRB 是一個自律組織，除了負責在美國與加拿大實施分級系統以外，還執行軟體的廣告與線上隱私原則。[4]ESRB 的成立與漫畫業的漫畫守則管理局（Comics Code Authority）相似，後者的成立是為了與擔心的家長團體一同實施內容與道德規範。然而 ESRB 的分級系統比較像美國電影協會（MPAA）的電影分級系統（G、PG、PG－13、R、X）。審查後，遊戲會依照內容取得一個代表分級的字母。

目前 ESRB 定義了六種分級：

4　ESRB 是美國的分級系統。還有數個其他國際分級系統，如泛歐遊戲資訊系統（PEGI）、英國電影分級委員會（BBFC）以及德國娛樂軟體檢驗局（USK）。每一個國家的年齡與內容的限制都不同。

- eC（Early Childhood 幼兒）：不含有家長會認為不適當的內容。[5]
- E（Everyone 所有人）：可能含有幻想、卡通或輕微暴力、低頻率的輕微不良用語。
- E10+（Everyone 10+ 十歲以上）：可能含有更多幻想、卡通或輕微暴力、輕微不良用語與性暗示的題材。
- T（Teen 青少年）：可能含有暴力、性暗示的題材、粗俗的幽默、極少量血腥、低頻率的極粗俗用語。
- M（Mature 17+ 成熟）：可能含有強烈的暴力、血腥、性、極粗俗用語。
- AO（Adults Only 18+ 僅限成人）：不適合 18 歲以下。可能含有長時間強烈的暴力、露骨的性內容與裸露畫面。

ESRB 指南可以有效告知家長有哪些遊戲適合他們的小孩，然而在開發圈與遊戲愛好者中，有些分級被污名化了。

許多玩家認為 eC 是「嬰兒遊戲」，因為此分級絕大部分都是教育休閒軟體以及針對年幼受眾的授權遊戲。而在光譜的另一端，美國沒有任何一家實體零售商會讓 AO 分級的遊戲上架。這個分級的遊戲就等同遊戲業的成人電影。因此，大部分的發行商與開發者根本不會考慮做這分級的遊戲，並且會花許多力氣避免遊戲得到這個分級。[6]

發行 iOS 與 Android 遊戲的好處是開發者不需要將遊戲提交給 ESRB 就能販賣。然而，蘋果、Google 和微軟都有針對某些內容（例如色情等）訂定最佳典範與指導方針，所以你別幻想可以在 iPhone 上面賣你的 X 級平台遊戲了。

■ 獨特賣點

獨特賣點（unique selling point, USP）就是外盒背面列出來的項目。原則上，你應該要有大約五個獨特賣點。（我發現外盒背面只放得下五個項目。）要記得「精美的畫面」、「超讚的故事」、「得獎遊戲的續作」都不算喔。所有的遊戲本來就應該要符合以上幾點（關於最後一點，當然你的遊戲一定要是續作才能符合），況且玩家大老遠就分辨得出行銷用詞了。USP 應是能讓你的遊戲在許多產品中顯得突出的獨有特

5　編註：此分級於 2018 年起廢止。
6　這個狀況曾發生在《懲罰者》。遊戲中玩家可以在拷問時讓罪犯嘴巴含著人行道然後踩踏他的後腦勺，也可以將他丟入碎木機。這些場景太血腥了，開發者只好改變鏡頭視角，並將畫面改由黑白呈現，才得以從 AO 分級降至 M。

性。以下提供一些例子，可以開始叫賣囉！

- 「多種遊戲模式，包含炸裂大腦的 256 人死亡競賽！」
- 「來自全宇宙最強樂團，超過一千首曲子！」
- 「探索遊戲界最大的開放世界，想去哪裡就去哪裡！」
- 「利用爆破光槍、頭骨破壞砲以及超強的滅火蟻器，一次殲滅大量敵人！」
- 「全新實境引擎，讓你體驗比現實還現實的遊戲物理還有眼花撩亂的視覺特效！」

你可以看到，USP 應該要在簡短的篇幅內讓讀者為遊戲特點感到興奮。要揭露更多細節，則是留到十頁書裡面。

■ 競爭產品

競爭產品（或稱「競品」）就是遊戲設計概念跟你的相似、而且已經上市的遊戲。在單張表中把競品列出來可以協助讀者了解你的遊戲會是什麼面貌。不過，在選競品的時候，要記得挑選的遊戲必須是：（一）大家都很熟悉的，或（二）很成功的。發行商與行銷商都很清楚遊戲賣得怎麼樣。假如競品選到賣不好的遊戲，你的潛在發行商可能會被嚇跑。就像我說的，「挑一匹會贏的馬。」

▌撰寫 GDD，第二步：十頁書

好，你完成了遊戲大綱，現在該延伸框架、填入細節了。

十頁書是一個概略的設計文件，呈現遊戲的主幹。十頁書的目的是讓讀者快速了解完成品的基本元素，不拘泥於小細節。讓讀者保持興趣或許是十頁書最重要的部分。記住，這份文件的讀者是遊戲的金主。請務必提供大量的視覺刺激，但要讓這些資料看起來都相關。別用太花俏的字型與過度華麗的排版，好讀才是關鍵。用 PowerPoint 或類似軟體製作十頁書可以協助你設定格式，也讓你能在提案會議中用電子檔介紹，或印出可以帶回家的講義。

不管你在製作哪份文件，目的都是要寫得有趣，讀者才會想要繼續讀下去。在寫十頁書的過程中，問問自己：「我的受眾是誰？」在團隊之間傳閱的十頁書跟要介紹給行銷團隊看的十頁書，是不一樣的東西。下面範例是一些提示，告訴你如何為不同受眾調整十頁書中的資訊：

製作團隊	行銷／主管
提供遊戲玩法的清楚圖解。	展示讓人興奮的概念圖。
使用簡短有力的句子。	文字用條列方式呈現。
使用特定詞彙清楚表達目的。	提出鮮明、詳細的範例。
將玩法與適當的遊戲做比較，就算是老遊戲也無妨。	用成功的現代遊戲做比較。

　　雖然前面的例子提到十頁書有兩種受眾，這不代表你需要寫兩份文件，只是要提醒你兩種受眾都會讀你的文件。[7]

　　要記得十頁書的「十頁」比較像是指導原則而非硬性規定。只要你的文件可以精簡地傳達遊戲設計的基礎，要少於或多於十頁請隨意。[8]順道一提，你可以在獎勵關卡第二關中找到一個十頁書的範例。

■ 三的法則

　　在你著手撰寫以前先提一下，我寫十頁書時會遵守一條很重要的原則：

三是一個有魔力的數字。

歷史已經見證了一切好事成三。不相信嗎？你看喔：

- 印度教的三相神
- 《回到未來》三部曲
- 《三劍客》
- 美國電視劇《三人行》
- 科幻作家亞瑟克拉克的三條基本定律（Arthur C. Clarke's three laws）
- 《三個臭皮匠》
- 諺語「第三次就會成功了」（Third time's the charm）

這個規則在本書後面還會出現，目前重點是大家都喜歡事情成三，尤其是在提供例子的時候。[9]三的法則背後的邏輯是這樣：

- 第一個例子讓讀者對你講的事情有一些概念，但還是有可能會誤導。

7　話說回來，有時候可能需要做一個偏向某方受眾的版本。總之做好準備就對了。
8　最好是少於十頁。
9　不要像上面這樣。真是的。

- 第二個例子則是讓讀者與第一個例子比較。
- 第三個例子可以作爲補充或提供對比，避免例子看似二元對立或是硬湊出來的。
- 超過三個就太長、太無趣了。絕對要避免太長或太無趣。

你現在知道三的法則了，請用你的能力爲正義而戰！當你在十頁書中列出例子時，請將它們分組，一組三個。歷史會感謝你。

準備好看仔細點了嗎？下一站……

■ 十頁書大綱

在讀這段的時後，建議可以去看看獎勵關卡第二關的十頁書範例

◆ 第一頁：標題頁

標題頁應包含下列項目：

- 遊戲名稱
- 欲使用的遊戲平台
- 玩家目標年齡
- 目標 ESRB 分級
- 預計出貨日期

遊戲標誌：當你在爲十頁書想遊戲名稱時，我會建議做一個示意的logo。爲遊戲名稱選擇適當的字型，能夠快速傳達遊戲類型而不需用到圖片。看看你能不能從以下的字型猜出遊戲類型：

超級魔法世界
高速飛車
持劍大個子

◆ 第二頁：遊戲大綱

遊戲大綱頁應包含兩種元素：

- **遊戲故事概述**：以單張表的故事大綱爲起點，將遊戲故事細節填入。要記得故事大綱長度還是不宜超過兩三段文字，但這個限制不該阻礙你把開端、中

段、結尾講出來。讀者會想要知道你的英雄到底有沒有把公主救出來！（答案是有。）

- **遊戲流程**：簡略地描述遊戲內容順序並以玩家會去的地點作背景。舉例來說，「《古墓奇兵》（2013）是一個第三人稱視角的動作冒險遊戲。年輕的考古學家蘿拉卡芙特（Lara Croft）在找尋日本近海島嶼上的失落城市邪馬台。傳說中神祕且擁有控制天氣法力的太陽女王（Sun Queen）統治著這座島嶼」。這段簡單的遊戲流程大綱告訴玩家他們操作的角色是誰（蘿拉）、鏡頭視角（第三人稱）、遊戲的類型（動作冒險）。另外也簡述了遊戲場景（邪馬台與日本近海）以及玩家的目的（解開太陽女王的謎團）。

動手把玩家會去的環境列出來吧。記得要點出所有會在這些地點發生的特別玩法。

遊戲流程也應該回答下列問題：

- 玩家會遇到哪些挑戰？能用哪些方法克服？
- 進程或獎勵系統如何運作？隨著挑戰增加，玩家如何成長？
- 遊戲玩法如何和故事產生關連？玩家解完謎是否就能夠進入一個新的區域？玩家是否要與擋住去路的魔王戰鬥？
- 玩家的勝利條件是什麼？拯救宇宙？殺光所有敵人？蒐集 100 顆星星？以上全部？

假如你的遊戲沒有角色，請把重點放在呈現遊戲關卡的場景。例如，解謎遊戲《Peggle》中並沒有主角，但每一個關卡都代表在某個地方的「Peggle 大師」遇到的挑戰。

假如你在做運動遊戲，有沒有任何玩家會參加的特殊賽事、如某某盃比賽或者特別的球場之類的？做賽車遊戲時，請著重賽道或比賽本身。重點就是要帶著讀者走過遊戲玩法體驗，同時為遊戲的地點與活動創造鮮明的畫面。

◆ **第三頁：角色**

十頁書寫到這邊，已經在故事的脈絡下提到玩家所控制角色（或駕駛的交通運具）的一些細節。在第三頁，你該強調有關角色的一些特定細節，包括年齡、性別等個人檔案的背景資料，只要你覺得這些資訊合理，都可以寫在這邊。假如你認為對遊戲沒有加分作用，那就別列出角色的血型；有加分的話就列出來吧。

說到角色就不能跳過概念美術。你的角色長什麼樣子呢？

她的背景故事是什麼？怎麼來到這個困境的？她的個性怎樣？如何應付遊戲中的挑戰？舉例來說，在做《戰神》的時候，我們一直說主角克雷多斯很「野蠻」，而他在遊戲中的所有作爲，從虐殺敵人到開啟寶箱，都要反映這樣的個人特質。

這些角色的資訊如何回過頭來影響遊戲玩法呢？角色是否有任何招牌動作、能力、武器、攻擊動作等等呢？舉例來說，瑪莉歐有跳起踩下的攻擊，而《惡魔城》的西蒙‧貝爾蒙特則拿著鞭子。角色還會做什麼呢？開車？飛行？游泳？要記得提到遊戲中所有主要的玩法。

請展示出角色控制的基本配置。找出一張遊戲主機對應的控制器圖示（在網路上很容易找到），不論是滑鼠、鍵盤還是 Wii 手把，將控制方法標示出來。舉例來說，以下是一個 PS3 動作遊戲的控制配置：

◆ 第四頁：遊戲玩法

記得第一關裡面那張很長的遊戲類型清單嗎？在第四頁，你要將這些類型套用在你的遊戲上。從遊戲玩法開始，然後詳細描述遊戲順序是如何呈現。故事有多個章節嗎？還是說遊戲是以關卡或回合切分？有沒有一些很酷的情境，像是一面開車一面開槍，或者被巨大岩石追著跑？把它凸顯出來。記得談談你的大噱頭，因爲這可以引起讀者對遊戲的興趣。把概念簡介中的獨特賣點放進來，別忘了還要講一下小遊戲，並

加入簡短的描述與圖示。利用示意圖呈現難以想像的遊戲概念是一種很棒的方法。假如你的遊戲會運用觸控或動作控制，用詞要明確，像是「移動」、「輕點」、「滑動」、「捏」等，讓讀者清楚知道要如何遊玩。

　　寫了遊戲玩法之後，花點時間在平台特有特點的細節上。有哪些遊戲特點會充分利用到平台硬體？遊戲需要記憶卡或硬碟嗎，還是用下載的呢？有用到攝影機或者動作控制器嗎？多人模式是用分割畫面進行的嗎？這些細節都要提到，因為讀者需要知道要製作你的遊戲有哪些技術需求。

◆ 第五頁：遊戲世界

　　在第五頁，放入一些遊戲世界的圖片與描述。把故事中提到的環境都列出來，用簡短的幾句話描述玩家會在那邊看到什麼。這些地點與遊戲的關聯是什麼？每個世界帶給人什麼樣的情緒？要用什麼音樂？這些地點在遊戲世界中如何連結？這個連結又如何呈現給玩家？放一張簡易的地圖或者流程圖來介紹玩家要如何在世界中移動。

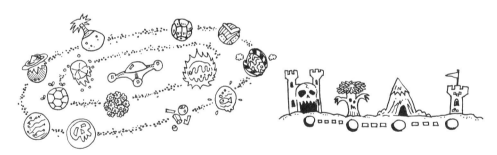

你的地圖可以是一條小徑或整個銀河系，只要能指引玩家該往哪裡走的都算。

◆ 第六頁：遊戲體驗

　　gestalt（完形）這個特殊的德文詞的意思是某件事物的「完整體」。無趣的電影與藝術評論家常拿這個詞來形容藝術作品或者餐廳的整體氛圍。但不要讓詞語高高在上的感覺騙到你，「完形」的概念很不可思議地適合應用在電玩遊戲上。為了讓遊戲提供完整的體驗，在第六頁你需要考慮的是感覺：開始畫面、動畫、音樂、音效設計、鏡頭等。換句話說，就是遊戲的整體、它的「完形」。

　　現在你知道「完形」是什麼意思了，那你知道自己的遊戲的「完形」是什麼嗎？幽默？恐怖？刺激？硬派？給人不祥預感？性感？這個感覺要如何從產品的一開始就

呈現給玩家？去看看電影 DVD 的選單與包裝（尤其是豪華版）找靈感，因為它們通常可以透過一點點音樂、一些字型、幾個視覺效果就刻畫出電影的整體感覺。

你的遊戲玩法有運用任何獨特的介面嗎？這可以是現有遊戲模式的增強版，例如《蝙蝠俠：阿卡漢起源》中的「偵探視界」（detective vision）。

有關遊戲體驗，下面有一些你應為十頁書讀者解惑的重要問題：

- 玩家開始遊戲時首先看到的是什麼東西？
- 你的遊戲想要激起什麼樣的情緒與心情？
- 音樂與音效如何協助呈現遊戲的感覺？
- 玩家要如何在遊戲最初始的介面找到方向？加入一個簡單的流程圖，表達玩家會如何使用此介面。（有多少遊戲的介面弄得很糟糕，只因團隊從沒想過介面的問題？答案說出來會嚇死你！）

你的遊戲中有小遊戲嗎？記得要簡單寫出如何遊玩。有其他額外的遊玩模式如開車、飛行或游泳嗎？寫出來。有不同玩法嗎？像《植物大戰殭屍》中的保齡球小遊戲那樣？寫出來。有獨特的玩法嗎？像《決勝時刻：黑色行動 II》中的「strike force 任務」玩法那樣？寫出來。寫出來。寫出來。假如你的遊戲有任何事物能夠讓玩家為玩法感到興奮，記得要寫出來。

電影與過場動畫呢？遊戲中有用到嗎？它們是怎麼述說你的故事？是如何呈現給玩家的？請說明如何製作電影與過場動畫，如電腦繪圖、遊戲內動畫、偶戲等等。[10] 請寫出玩家什麼時候會看到，是在遊戲進行中、在關卡開頭還是結束等等。記得也要講到任何「觀賞模式」的影片喔

◆ 第七頁：遊戲玩法機制

術語時間到囉！學好以下這兩個很重要的詞，你講起話來就會像真正的遊戲設計師！首先，遊戲機制與危險物哪裡不同？

遊戲機制是指玩家可以與其互動的道具或元素，用來創造或輔助遊戲玩法。範例包括：移動平台、開門、盪繩子、滑溜溜的冰等。

---

10 別害怕，我在後面會講到這些詞。

而**危險物**是指不牽涉運用智慧但可以傷害或殺害玩家的遊戲機制。範例包括：通電平台、刺坑、搖晃的斷頭台刀、噴射火柱。

在第七頁，描述遊戲中的一些機制與危險物（不需要全部都寫，我發現在這個階段寫出三個就夠了）。遊戲中有哪些獨一無二的機制？它們與玩家的動作有什麼關係？在環境中要如何使用它們？

強化道具是玩家可以收集用來輔助玩家進行遊戲的道具。強化道具可以是彈藥、增加生命、無敵狀態等。雖然不是所有遊戲都會用強化道具，你還是可以從平台遊戲到賽車遊戲等許多不同類型的遊戲中看到。提供一些強化道具的範例並描述功能。

收集品就是玩家可收集的道具（廢話），這些東西在遊戲中並沒有立即的影響。收集品可以是錢幣、拼圖片或獎勵道具。玩家收集的是什麼？收集這些有什麼好處？可以拿來買東西嗎？開啟新能力？到遊戲後段解鎖材料？收集品可以爲玩家累積出獎盃或成就嗎？

假如你的遊戲內含經濟體制，也可以簡略地說說。說明玩家如何在遊戲中收集金錢、購買東西。簡單描述購買環境（是一間店還是小販等等）。

◆ 第八頁：敵人

假如危險物有運用人工智慧（或稱AI），那它就算是敵人角色。記得在第八頁加入這個資訊。我們在遊戲世界中會發現什麼樣的敵人？它們哪裡獨特？玩家要如何戰勝它們？

魔王角色是體型較大、較可怕的敵人，通常在關卡或章節最後出現。魔王與其他敵人不同，因爲他們大部分有獨特的個性，是故事中的反派。魔王角色有什麼樣的背景？出現在什麼樣的環境？玩家要如何擊敗他們？擊敗之後可以得到什麼？讀者都會想知道！魔王角色很有趣，也可以爲文件帶來不錯的視覺效果。展示一下吧！

◆ **第九頁：多人模式與額外獎勵**

在第九頁，你應提到任何可以刺激玩家重複遊玩的事物，如額外獎勵、解鎖內容、成就等，請提供這類內容的範例。玩家重新遊玩遊戲的誘因是什麼？成就是如何記錄的？會用遊戲內的系統嗎？還是會由外部系統支援，如 Xbox Live 或蘋果的 Game Center 等等。

你的遊戲有多人模式嗎？可以幾個人玩？多人模式會提供標準模式不支援的玩法嗎？多人模式有多少地圖？玩家是否可以製作並分享自己的內容？

◆ **第十頁：營利模式**

對遊戲開發者與發行商來說，營利模式越來越重要了。許多手機遊戲發行商與開發商都使用「基本免費」（free-to-play）的系統。玩家可以免費下載核心遊戲，但可以選擇付錢將遊戲體驗延伸。也有一些遊戲販賣時會收取象徵性的費用，在遊戲裡則讓玩家花錢買額外的內容以提升體驗或確保勝利。

玩家花錢買到了什麼呢？時間？力量？客製化？舉例來說，在《王國保衛戰：前線》中，玩家可以購買強化道具，給角色更多生命值、拿到可升級的英雄角色，以及將敵人冰凍或爆炸的能力。《電擊博士》讓玩家購買可以延長遊戲時間的電池。《植物大戰殭屍 2》中，玩家可以購買新的植物種類以及遊戲獎勵以提高分數。《絕地要塞 2》中，玩家可以購買新的武器、裝備，還有可笑的帽子。《小小大星球》的玩家可以購買服裝，將麻布男孩的頭像改成不同角色，例如《大青蛙劇場》的科米蛙、《潛龍諜影》的 Solid Snake、漫威漫畫的蜘蛛人或《2000 AD》的判官爵德。有些開發者會利用可

下載內容（DLC）作為拓展核心遊戲機制的機會。《小小大星球》中，以《加勒比海盜》為主題的 DLC 就為遊戲加入了完整流體力學機制。

在第十頁，你需要描述遊戲如何運用營利模式。這些遊戲會利用遊戲內的商店，讓玩家可以付錢下載虛擬內容。遊戲內的商店要如何與遊戲體驗連結呢？玩家可以買些什麼？又該如何購買？由於玩家無法在遊戲中直接支付現金，他們必須購買代幣才能付款購買內容。代幣是什麼，又如何連結到遊戲？《瘋狂飛行器》讓玩家購買金幣以買入額外的內容，而《Card Hunter》的貨幣則是披薩片。為了讓商品更優惠，發行商就發行了套裝與「季票」，其中捆入了遊戲發行時並沒有同步發行的 DLC。也有其他種類的季票讓玩家有機會以較低價格購買套裝集數或內容。請務必提到這些營利方式，因為這會影響遊戲的內容製作時間與發行時間表。

營利方式並不止於虛擬商品。《寶貝龍世界》與《迪士尼無限世界》的發行商販賣實體玩具與「power discs」，可透過電子介面使用，將角色、場景、遊戲機制等加入遊戲中。假如這些實體商品對遊戲來說很重要，記得說明如何使用！

假如你想要看看十頁書的本尊長什麼樣子，可以直接跳到後面獎勵關卡第二關的地方。沒關係，我會等你。

歡迎回來！思考遊戲玩法如何在玩家面前逐步展開時，你必須要很精準。這個過程叫做**進程**

▌撰寫 GDD，第三步：遊戲玩法進程

對玩家介紹遊戲玩法可能是件棘手的事。下面有些建議，教你如何為遊戲開場：

- 玩家從零（或等級一）開始，沒有技能、裝備、特殊能力。
- 在遊戲一開始，玩家有數個技能，不過得花時間慢慢解鎖。門控機制可以是經驗值、金錢或其他元素。
- 玩家有數個技能，但還不知道要如何使用。[11]
- 玩家可以馬上運用強大的力量，但在一場魔王戰或初期衝突後就會喪失力量。

---

11 角色失憶是電玩遊戲中歷史最久遠的老套之一，除非你能夠以極為巧妙聰明的方式運用這個劇情點，否則我強烈建議你不要用。沒有什麼能讓玩家以更快的速度翻白眼了……大概除了讓角色發現「一切都是夢」以外吧。

- 玩家可以馬上運用強大的力量，但會因爲遊戲故事使用倒敘法而要「從頭開始」。

不管選擇什麼方法，都要對玩家公平，並滿足玩家。玩家在遊戲一開始時會願意忍受一些小把戲（例如「從頭開始」），不過他們最喜歡感覺持續有快速進展並且得到新事物，如武器、裝備、能力等。

就像你必須知道遊戲如何起頭，你也需要知道如何收尾。此時節奏表就非常有用。

▌撰寫 GDD，第四步：節奏表

節奏表是很方便的工具，不僅能協助你製作 GDD 的內容，也能提供你遊戲架構的「地圖」，對於檢視遊戲玩法進程極爲重要。每一張節奏表都必須要有以下元素：

- 關卡／場景名稱
- 檔案名稱（關卡／場景稱號）
- 時間（遊戲當中）
- 關卡的故事元素
- 進程：關卡所著重的遊戲玩法
- 關卡預估遊玩時間
- 關卡／場景的色彩配置
- 首次登場的與本次會出現的敵人／魔王
- 首次出現的與本次會用到的機制
- 首次出現的與本次會出現的危險物
- 關卡／場景會出現的強化道具
- 新導入或解鎖的能力、武器或裝備
- 玩家可找到的寶物種類與數量
- 關卡／場景內發現的額外獎勵
- 關卡／場景所使用的音樂

以下這個參考範例是《王子復仇記》其中幾關的節奏表。

關卡：世界 1-1	關卡：世界 1-2
名稱：墓園危機（墓地）	名稱：死亡熱（墓地）
時間：夜晚	時間：夜晚
故事：馬克西默王子進入墓園，一路與阻擋他前進的不死生物戰鬥。	故事：Achille 的鑽子將地殼鑽裂，在墓園各地造成岩漿坑。
進程：教導玩家基本移動、戰鬥、防守等動作。玩家學會如何收集與配置能力。	進程：玩家學會跳過危險物以及較激烈的戰鬥。
預估遊玩時間：15 分鐘	預估遊玩時間：15 分鐘
顏色配置：綠色（樹）、棕色（樹、石頭）、紫色（墓碑）	顏色配置：紅色（岩漿）、棕色（樹、石頭）、紫色（墓碑）
敵人：骷髏（基本）、持劍骷髏（紅）、骷髏（斧）、鬼魂、喪屍（基本）、木棺、寶箱怪	敵人：骷髏（基本）、骷髏（斧）、持劍骷髏（紅）、持劍骷髏（藍）、骷髏（守護者）、喪屍（基本）、渡鴉、鬼魂
遊戲機制：神聖地、可破壞墓碑、可破壞火把、可破壞墓室蓋、可破壞岩石、Achille 鑰匙雕像、鑰匙鎖、開啟的鐵門（門）、開啟的鐵門（洞穴）、寶物輪盤、寶箱、上鎖寶箱、隱藏寶箱、最後底座。	遊戲機制：神聖地、可破壞墓碑、可破壞火把、可破壞墓室蓋、鑰匙雕像、鑰匙鎖、開啟的鐵門（門）、開啟的鐵門（洞穴）、敵人棺木、漂浮平台、寶物輪盤、寶箱、上鎖寶箱、隱藏寶箱、最後底座
危險物：污穢地、Achille 雕像、地面陷落、骷髏頭塔、斷橋、深水、岩漿坑	危險物：污穢地、搖晃門、骷髏頭塔、噴火、岩漿坑
強化道具：錢幣、錢幣袋、鑽石、死亡錢幣、靈魂、增加生命、火舌、修復盾牌、補給劍能、體力半滿、體力全滿、鐵鑰匙、金鑰匙、盔甲增強	強化道具：錢幣、錢幣袋、鑽石、死亡錢幣、靈魂、增加生命、火舌、修復盾牌、補給劍能、體力半滿、體力全滿、金鑰匙、盔甲增強
特殊能力：雙擊、奮力一擊、魔法箭、毀滅攻擊、腳臭	特殊能力：雙擊、奮力一擊、魔法箭、毀滅攻擊、擲盾牌
經濟：200 枚錢幣、2 枚死亡錢幣	經濟：200 枚錢幣、1 枚死亡錢幣
獎勵物：N／A	獎勵物：N／A
音樂：墓園 1	音樂：墓園 2

當你比較節奏表的兩列或更多列時，可以看到某些模式從新敵人、機制、道具、能力等地方浮現。你可以鑑別出設計中不足之處，然後開始調整，填補不足之處，去除多餘之處。

要特別注意幾點：

- 小心不要「堆疊」，也就是一次導入太多新敵人或機制。把這些平均分配至遊戲過程中。要記得，遊戲的第一個關卡一定會包含多種元素，所以嚴格來說它並不算在裡面。

- 也要小心避免「一成不變」，也就是太多一模一樣的敵人與遊戲機制的組合。建議要混搭一下，玩起來才有新鮮感。

- 時間與配色要輪著用。假如連續使用相同的光線或配色太多次，會感覺重複、了無新意。若配色改變，玩家會比較容易注意到遊戲世界不同的地方，也會感覺到進展。

- 音樂要輪著放。一直重複聽相同的音樂，玩家會覺得無趣。

- 小心遊戲的經濟體制出問題。請確保玩家有足夠金錢可以購買道具，也要確保玩家的錢不會多到失去意義，或買道具買到遊戲變得太過容易。

- 在導入新遊戲機制與新敵人時，也導入擊敗它們所需的道具與能力。

- 決定玩家在什麼時間點會擁有遊戲中的「一切」，也就是所有武器、所有技能、所有交通工具、所有防具的升級等。請確保玩家有時間玩這些東西。我試著確保遊戲進行到四分之三左右時玩家就擁有了一切，讓他們在最後的四分之一可以使用拿到的所有酷東西。

- 以合理方式導入元素。原則上，我會試著在每個關卡導入兩到三種新的遊戲機制、敵人與獎勵。

- 小心講故事的橋段太冗長。玩家沒有在遊玩的時間有多長？遊戲之所以為遊戲就是因為可以遊玩，要不然就改叫電影了。

撰寫 GDD，第五步：遊戲企畫書（以及寫作過程的可怕真相）

　　遊戲設計的骨架上已經加了點料了，是時候填滿細節做成 GDD 了。一份 GDD 會概述遊戲中包含的一切，會定義整個遊戲的範圍。程式設計師要讀 GDD 來定義 TDD（技術企畫書，Technical Design Document），這是用來開發遊戲的文件。假如 GDD 沒有從一開始就詳細描述某個特色，團隊後續要加進此特色時難以避免地會遇到大量困難。不用說，這是在遊戲的製作過程中整個團隊都需要參考的重要文件。

有些人會將**遊戲聖經**與 GDD 搞混。不要犯那個錯誤。「節目聖經」是從電視節目製作借來的詞，遊戲聖經就像節目聖經一樣，把重點放在世界的規則以及角色的背景與關係。這是很重要的文件，尤其當你需要把世界與角色資訊分享給其他人的時候（例如在做網站、改編漫畫、周邊商品等行銷素材的人）。但是要記得，遊戲聖經與遊戲玩法一點關係都沒有。那是 GDD 的工作。

然而最糟糕最諷刺的是，雖然寫 GDD 需要花很多時間精力，但團隊上沒有人會想讀。爲什麼？因爲大部分的 GDD 都又長又嚇人，裡面塞滿資訊，從有用的到晦澀的都有。我在寫 GDD 的時候，發現大家都有興趣，但沒人想花時間去看。如果沒有人要讀我的企畫書，爲什麼我要花那麼多時間寫呢？

因爲最終你本人會需要讀自己的 GDD。製作文件除了可以幫助團隊，也會幫助你自己。如果你要把遊戲存放在頭腦裡，我保證，一定會有某個瞬間，你會有太多需要知道的事情而應付不來。或者更糟的狀況是，你會忘記一些偉大的點子，像是發射火蟻的槍。

GDD 不像電影的劇本，並不存在所謂正式或固定格式。每一位遊戲設計師通常都會找到自己最適合的。例如，我喜歡畫畫，所以會在企畫書中加入插畫。我發現如果爲團隊夥伴畫圖解，他們會理解得很快。下一頁的圖片是我寫的 GDD 其中一頁。

《王子復仇記 3》：死神王子融合體

《王子復仇記3》一開始，馬克西默（Maximo）與他的移伴的狀況很糟。在他們找尋蘇菲亞（Sophia）的路上，這些英雄們遇到了邪特教（Cult of Chut）教徒。他們敬奉死亡，所以認為馬克西默這個「與死神（葛瑞姆）」同行是種侮辱。因此，男爵（Baron）被殺了，丁克（Tinker）被打得不成人形（他現在身上披了半的部件），而馬克西默與葛瑞姆則因為一個詛咒而被融合成一體。馬克西默與丁克為了復仇以及將馬克西默的身體還原，在找尋邪教分支的過程中來到了瑪西哈德（Mashhad）。

馬克西默全身上下蓋滿了刺青，這個外觀表現原自於他體內的邪教詛兒。只要按下一個按鈕，馬克西默就能變身成葛瑞姆的型態。

因為詛咒的關係，馬克西默變身成葛瑞姆時會逐漸流失生命值。維持葛瑞姆狀態太久，馬克西默就會失去一條命。只有透過收集邪惡邪教徒的靈魂，馬克西默才能維持葛瑞姆的型態。

葛瑞姆是個幽靈，可以沿著牆壁往上滑。像影子一樣沿著牆壁移動就可以跳得更遠，也可以從高處滑下。

此外，玩家可以用它用的鐮刀進行幾種不同的攻擊。葛瑞姆的攻擊不一定都能殺死敵人，這些攻擊可以用來對敵人做「前置作業」，例如破壞邪教徒的防護法術或者將鬼魅變成凡人，讓馬克西默能順利攻擊敵人。

> 大祭司打的算盤是將馬克西默引導到他們的神廟，並將葛瑞姆轉移進他們選定的容器——蘇菲亞。

遊戲中馬克西默要利用葛瑞姆型態做偽裝，在邪特神聖目（Chut Holy Day）潛入該邪教的高塔中。遊玩時，玩家將在兩種型態中切換。

在葛瑞姆型態中，玩家不能跟一般人講話（他們太害怕了）。不過，葛瑞姆的攻擊可以從邪教的控制中解放這些人。這樣可以將他們從做成馬克西默的敵人需要將其他敵人手上解救的一般人。

要記住，這是我個人製作 GDD 的方法，因為我覺得這樣很容易（又好玩），且這份文件可以有效傳達我的想法給團隊其他人。並不是所有設計師都這樣運作，最好

還是發掘你自己的方式。獎勵關卡第三關有 GDD 的大綱，你可以以那個當出發點。

其實，不管要如何溝通想法都可以，只要確保方式清楚易懂。

要傳遞這些資訊，有不少技巧可以運用：

- **分鏡表**：就像電影一樣，遊戲玩法可以用分鏡表呈現。不管畫得栩栩如生還是只用火柴人，「一張圖片勝過千言萬語」這句老俗諺還是成立的。假如發想時遇到困難，你可以用公開的電影分鏡表、漫畫書、甚至此書的遊戲示意圖作為靈感。

- **示意圖**：假如你擔心自己的畫畫技巧（其實不用擔心，就算是火柴人也能傳遞資訊），你可以用示意圖呈現玩法的範例。用一致的形狀與顏色代表遊戲中的要素。記得要加入圖例，讀者才知道圖示與形狀代表什麼意思。

- **動態分鏡**：用分鏡表與示意圖為起點，你（或會畫畫的朋友）可以利用 Power-Point 或 Flash 製作動畫。雖然這個方法需要花比較多時間，但看到玩法範例動起來可以大幅降低誤解的可能性。

- **節奏表**：節奏表是一份涵蓋整個遊戲的文件。優點是可以讓讀者用一頁就充分了解（grok）[12] 大量資訊，並可以比較與對照遊戲內的資訊流動。別急，我晚一點會講更多有關節奏表的事情。

- **團隊維基**：為了不要砍樹，要不要試試把 GDD 電子化，發表在一個 wiki 或 Google 文件裡面呢？這是讓團隊成員隨時掌握最新最棒的遊戲素材的好辦法，而且他們還可以協作。但要小心，隨著作業從前製進入到製作過程，設計團隊很容易遺忘 wiki，讓資訊過時。

GDD 最重要的任務是解釋遊戲玩法，也就是角色如何與世界互動，而不是與其有什麼樣的關係。這個差異很細微卻很重要。我覺得遊戲聖經很重要，要與其他相關人士溝通遊戲的世界時更是好用，但真的應該等到做完 GDD 以後再來製作。

當你在撰寫遊戲企畫書的時候，請一定要記得這個**超重要**的重點：

一切都是液態的

這代表遊戲設計是活的。遊戲設計是會變的，會流動、會突變、會演化。假如你

---

12 「Grok」的意思就是「完全理解」。這是科幻作家羅伯特・海萊因（Robert Heinlein）所創的俚語。這樣你 grok 了嗎？

不讓遊戲點子慢燉（就像燉肉醬一樣），你可能不會想到很棒的點子，也可能會因此錯過創作真正出色玩法的機會。到最後，許多文件內寫下的東西都會被淘汰。在某個時間點之後，把東西記錄下來反而影響效率，到時應全神貫注在把遊戲製作收尾。但你還是需要一個起點，而 GDD 就是起飛翱翔所需的發射台。

　　就像寫十頁書時一樣，你需要知道 GDD 是寫給誰看的。這次比較簡單，因為主要受眾包含四種人：製作人、設計師、美術人員與程式設計。理解這些不同的領域如何思考與運作並依此將資訊排出優先順序，對於傳達重點非常重要。記得這個超重要的重點：

遊戲設計師的工作中最重要的就是溝通

　　花點時間與你的團隊聊聊，看看他們在設計中最感興趣的是哪部分。假如你因此要修改 GDD 格式中的一些資訊，那就做吧。長遠來說，團隊會感謝你的努力。

　　說到溝通，要記住文字是很有力的。請確保遊戲企畫書中提供了非常具體的範例與詞彙，以解釋當中要素，特別是講到角色與遊戲機制時。假如精準的詞彙不存在，那就自己創造吧！

　　舉例來說，在做《王子復仇記 2》的時候，一開始我稱呼遊戲中的敵人 Zin 為機器人，但很快就發現團隊上所有人的腦子裡對機器人都有不同的想像，從 C-3PO 到鐵巨人都有。我發現若不提供更清楚的描述，團隊的認知會不一致。在我腦中，Zin 的模樣是一隻鉚接黃銅製成的金屬骷髏，內臟是由轉動齒輪組成。我開始用「鐘錶不死身」形容 Zin。當我縮限用語、用詞具體，我發現同事就更能想像我腦中的畫面。

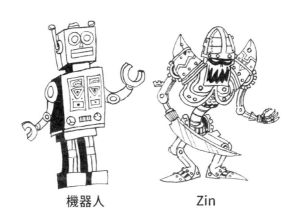

機器人　　　　　　　　Zin

到底是較短的「一口大小」的遊玩體驗比較好，還是較長、較複雜的遊玩體驗比較好，這仍未有定論。老實說，我覺得這個選擇完全取決於遊戲類型。不過，現在手機遊戲在市場上大爆發，玩家越來越習慣較短的遊玩體驗（平均一場約 15 分鐘）。即便是較長的遊戲如 RPG 與動作冒險遊戲，也將遊戲體驗切成較短的獨立場次。不管你要怎麼做，最重要的是要讓玩家的錢花得值得。

對於正在製作大型動作遊戲的團隊，我通常會建議把目標放在最少 8 到 10 小時的遊玩時間。對於製作小型手機遊戲的團隊，我建議一關不要超過 2 到 5 分鐘。這不包含重複遊玩、看過場動畫與讀對話的時間。記得喔，內容是多多益善。不過，假如你要刪減關卡，記得還是要將關卡內的內容（機制、道具、敵人等）加到別的地方。假如這些東西毫無理由就出現在下一關的開頭，原因只不過是需要用到，玩家會覺得遊戲做得很粗糙。在第九關，你會學到一些技巧，可以幫助你決定遊玩時間且避免刪減特色。

▋ 撰寫 GDD，第六步：無論如何，別當個混蛋

製作這些設計文件很重要，然而假如你是個不負責任的設計師，你的設計一點意義都沒有。以下有些建議可能聽起來像常識，不過我也學到，所謂常識其實並不是都那麼常見：

- 好的點子可以來自任何地方。我看過許多團隊罹患「非我族類症候群」，這種患者相信任何來自團隊以外的點子都不可行。請原諒我的用詞粗俗，不過只有極度傲慢的白痴會相信這件事。好的設計師總是會隨時保持耳聽八方，收集來自其他人的好意見。一定要與其他人分享你的點子與設計，他們可能不同意你的想法，但你也不是每次都要聽他們的。

- 做好決定就貫徹始終。雖然遊戲設計一直在變化，但最糟的狀況就是一直不斷重做。完美主義不是罪，但許多設計上的問題可以在繪出第一顆畫素或打出第一行程式之前，就先在紙上研究並想出解方。我看過許多專案，就因為主設計師無法決定方向，而逐漸把時間、資源、士氣都消耗掉了。

- 時常更新。發 e-mail、在文件上寫註解、利用版本控制系統及文件內註解或畫文字重點等，確保同事都在改變發生時得知最新狀況。

- 跟隊友溝通。我信奉「面對面」溝通，也就是要從椅子上起身，走去與隊友當面對談。有些想法就是要當面溝通才適合，而且你永遠不會知道在聊天的過程中會激發什麼樣的好點子。

- 柿子從硬的開始吃。提前與美術組與程式組的組長聊聊，了解他們習慣怎麼工作，以及你的設計中有哪些地方可能會遇到困難。別把這些困難的設計問題留到最後再處理，要提早處理好，這樣當無法解決的時候，還是有時間改變設計的方向。

- 相信直覺。有些時候你會想到一個沒有人相信會成功的點子。而有時候你就得堅持己見、盡力爭取。不要害怕為好點子奮鬥，也許到最後你是對的。

- 或不相信也行。首先要確定你的點子值得花力氣爭取。去同事那邊問一輪，聽聽不同的意見，也可以試試其他人的點子。讓達爾文把那些爛點子挑掉，你不會想要花力氣爭取爛點子，那既浪費時間體力又讓你很難看。不要把每件事情都鬧大，隊友會看不起你，而你會被貼上難搞的標籤。

- 尊重同事的能力，了解他們的不足。每一位隊員擅長的事情不同，找製作人一起釐清誰最適合做什麼事情。你最不想要看到的，就是有團隊夥伴在做設計案中他既沒天分也沒興趣做的部分。相反地，你可以找團隊夥伴討論他們想做什麼。在相同條件下比較，假如你的團隊夥伴對他們手上的事情很有興趣，你一定會得到較好的成果。

- 一定要時常存檔。製作過程中，意外會發生、假會有人請、嬰兒會出生。以上任何事情都可能讓設計師在製作過程的重要時刻缺席。請確保團隊上所有相關人士都能拿到你的設計，尤其是製作人。利用 Git、Perforce、Alien Brain、Google 文件、WorkSpace、Dropbox、Subversion 等版本控制軟體將文件存在定期備份的硬碟中。別把遊戲的內容留在你的腦子裡，寫下來吧。還要確定你有用某種歸檔系統，之後才找得到！

- 要有條理。在製作檔案與文件時，請用人類看得懂的命名邏輯。舉例來說，假如你有一個森林關卡，就要確保「森林」或者至少「森」是名稱的一部分。在文件名稱的後面加上年月日，尤其是有多份文件的時候。用這種編號模式就可以輕鬆整理並找到你要的文件。用日期命名檔案很有用，尤其當專案執行橫跨一整個日曆年度。要確保遊戲中所有東西的命名原則一致。

- **做好準備**。最終你會需要有方法讓其他人在你的遊戲中到處走走看看。在遊戲中加入跳關機制；加入可自由操作的作弊鏡頭，讓其他人可以對遊戲過程截圖；設定作弊碼讓玩家可以無敵，或拿到強化道具與金錢等。在開發前期，跟發行商和行銷夥伴聊聊他們的需求，爲了銷售，有時候他們會想要額外的內容，如追加關卡、服裝或獎勵素材。做好製作這些要素的準備，不要等到製作過程的結尾才做。記得，你有可能需要製作試玩版，想想你想要在遊戲試玩版中加入哪些東西，呈現出遊戲最好的一面。爲了之後可能要做試玩版，記得將特定關卡或體驗等有潛力的內容先標記起來。

把這些建議放入錦囊，我保證你的專案長期下來一定會更加順利。

現在有了這些好習慣與文件的範例，你已經準備好可以深入了解遊戲設計的其中一個台柱，我稱之爲 3 C。第五關會以第一個 C，Character（角色）開始。

第四關的普世真理與聰明點子

- 遊戲就像燉肉醬一樣，你需要正確的食譜、工具、材料與時間才能得到正確的結果。
- 遊戲企畫書的長度應該剛好足夠描述遊戲的內容。
- 確認你想要的 ESRB 目標分級並依此爲設計依據。
- 從單張表開始，逐步做出十頁書和遊戲企畫書。
- 利用節奏表等等工具來協助自己在遊戲設計初期就找出問題。
- 沒有人喜歡讀冗長的設計文件，所以找個更好的方法來跟團隊溝通設計想法吧。
- 一切都是流動的。遊戲設計一定會在製作過程中改變。
- 讓玩家的錢花得值得。
- 命名與整理文件檔案時花點心思。
- 一定要時常將文件與遊戲內容存檔。

5 | LEVEL 5 The Three Cs, Part 1: Character
第五關　遊戲 3C：角色

雖然遊戲設計大部分都會隨時更動，你必須要在前製的早期階段就將三個基礎建立起來。我稱它們為「**遊戲 3C**」：

1. Character 角色
2. Camera 攝影機
3. Control 操作

當你在製作過程中改變遊戲 3 C 當中任何一個元素，會讓遊戲玩法蒙受極大的風險。可能需要額外重做一些東西，也有可能讓整個遊戲面臨災難。別那樣看我，我知道這聽起來有點誇張，但遊戲中有太多元素是建立在遊戲 3 C 之上，只要修改其中一項就會產生漣漪效應，影響整個遊戲。我看過有團隊把整個遊戲搞砸到終止開發，因為他們沒辦法照著原定的遊戲 3 C 計畫走。雖然你在第三關就學過如何撰寫角色，在這邊，角色一詞又有不同的意義。在這關，我會描述角色呈現給玩家的方式，以及玩家可以用該角色所執行的動作。角色設計非常重要的規則就是

機能決定外型

這規則應成為你設計任何東西時的座右銘。在書的後段，這個規則會扮演比較吃重的角色，不過你應把它當作一個指引，尤其是在設計遊戲角色的時候。市面上有不少很棒的書可以教你如何設計角色外觀[1]，所以我就不深入這個主題討論了，不過在這邊我要說說一些你該記得的高階概念。

1　我最喜歡的包含法蘭克 • 湯瑪斯（Frank Thomas）與奧利 • 強斯頓（Ollie Johnston）共同著作的《迪士尼動畫：生命的幻覺》（Disney Animation: Illusion of Life，Abbeville Press，1984）、《星際大戰美術設定》（第一集至第六集）系列（Del Rey，1976 - 2007）以及班 • 考德威爾（Ben Caldwell）的卡通系列：《奇幻！卡通繪畫》（Fantasy! Cartooning）與《動作卡通繪畫》（Action Cartooning，Sterling Publishing，2005）。

▌你今天想當什麼人？

創作角色時，必須思考他的特質。假如只能用三種人格特質來形容你的主角，你會選哪三個呢？

瑪利歐：勇敢、有精神、開心

音速小子：快速、酷、焦躁

克雷多斯：殘忍、兇暴、自私

用角色的外貌反映這些特質。幾十年來，動畫師都知道角色設計中所使用的形狀有助於傳達他的個性：我們會利用圓形讓角色感覺起來友善；依照大小不同，正方形會分別用在強壯或愚蠢的角色上；三角形很有意思，倒三角形常用在英雄角色的強壯體魄，但是同樣的倒三角形拿來當作頭部，卻給人陰險的感覺。可以試試旋轉或混搭不同形狀以創造個性豐富的角色。

所有專業角色設計師及動畫師都會使用的另一項傳統技巧是**輪廓**。清楚、明確的角色輪廓很重要，因為它能讓你：

- 一眼看出角色的特質
- 協助分辨不同角色
- 分辨角色是敵是友
- 從背景或其他世界元素之中把角色突顯出來

舉例來說，我們看一下《絕地要塞 2》中角色的輪廓。

拜他們的獨特輪廓之賜，你可以立刻辨識出不同角色。在上面的圖片中，重裝兵明顯跟火焰兵還有間諜不同。在創造獨特的個人特質上，身體語言也有很大的功效。每個角色的輪廓不但可以讓人快速了解角色的個性，也會傳達角色差異。這可不是個美妙的巧合，而是遊戲設計師有意識的決定，他們知道對於遊玩體驗來說，將角色設計得有區別性且可立即辨識非常重要。這樣玩家就會知道哪個敵人正在追擊他們，以及更重要的，他們在瞄準器中看到的是誰。砰！爆頭了。

假如你設計的眾多角色會同時出現在螢幕上，例如在多人遊戲中的情況，那麼請同時設計所有角色。利用輪廓讓角色「成組」，就算他們沒站在一起也一樣。這是個實用的技巧，尤其在創作雙人組的時候，例如捷克與達斯特（Jak and Daxter）（一高一矮）、海綿寶寶與派大星（一個正正方方、一個有尖角）、瑪利歐與路易吉（一胖一瘦）。

其他可以區分不同角色的方式包含使用顏色與紋理。早期漫畫裡的超級英雄通常會穿明亮的愛國顏色，例如紅與藍，而反派則通常會穿著較暗的「相反色」，例如綠色與紫色。在最早的《星際大戰》中，主角（路克、莉亞、韓）穿著黑白色、鬆垮、飄逸的衣服。雖然黑武士與帝國風暴兵也穿黑白兩色，他們的服裝線條較硬且是金屬色的。

當然啦，決定一個角色是好是壞、是善良還是邪惡，最終還是看他的人格特質。

人格特質：我們真的需要另一個克雷多斯嗎？

我發現電玩角色一共有三種。前兩種型分別為幽默與英勇。當然你也可以做一個

英勇幽默的角色，或者幽默英勇的角色。兩者有差嗎？無論如何，以下是創作這兩種角色的一些建議：

▌ 幽默的角色：

- **說好笑的話**：要寫得出好笑的對話很困難。假如你寫不出好笑的對話，去雇用專業作家吧。

- **做好笑的事**：拜託不要是放屁或打嗝。這樣不僅幼稚可笑、讓人覺得你寫不出好笑的點子，而且這些有毒氣體還會影響你的 ESRB 分級。

- **看起來好笑或可愛**：好笑的角色與可愛的角色有很多共同點，包括能展現豐富情緒的眼睛、特大號的手腳（可以是因為穿著或生理構造）以及短短胖胖的身材或者非常纖瘦的身體。用於動作喜劇的生動肢體語言也不可或缺。這些可愛又好笑的角色通常稱作**吉祥物角色**因為 (a) 他們很像運動隊伍、娛樂業公司及小企業主會用的吉祥物；(b) 他們到最後也常變成硬體系統的吉祥物。

- **好笑並不一定代表要講笑話**：還記得 1960 年代的電視節目《蝙蝠俠》嗎？蝙蝠俠就是個好笑的角色。不是因為演員亞當·韋斯特很滑稽，而是因為他用極嚴肅的態度表演，好像穿著蝙蝠裝、開著蝙蝠車、從腰帶中抽出一瓶蝙蝠防鯊噴霧再平常不過。荒謬的對比正是節目如此幽默的原因。

▌ 英勇的角色：

- **做英勇的事**：英雄會拯救公主、拯救世界、扭轉危機。不管你的主角做的是什麼事，請確保這麼做有意義。但你也可以確保角色很正派但不至於過度多愁善感。

- **有個一技之長**：蘿拉很會找寶藏，音速小子很會跑，西蒙·貝爾蒙特是用鞭子的專家。要確保你的主角有個專長，可以是運用武器或者其他技巧。

- **外型怎樣都行**：看看《奇異世界》系列的阿比，還有卡比、克雷多斯。不管這些角色看起來再怎麼怪異、奇妙、殘暴，跟他們所在的世界中其他生物比較起來，他們還是可以顯得很勇敢、英勇甚至友善。

- **但沒有人是完美的**：好的英雄能引起共鳴。這代表他像我們一樣都會遇到問題。恐懼症、未完成的計畫、人際關係問題……這些都讓遊戲角色更真實。不過角色有這些問題是一回事，要將它們融入到遊戲玩法中又是另一回事了。印

第安納・瓊斯怕蛇，那當他進到一間滿滿都是蛇的房間會發生什麼事？當然不會是什麼事都沒有。《救急救命神使之杖》中的主角對自己的能力沒有信心，而這會爲故事增添一點戲劇性。在《漫畫英雄 Online》這個 MMO 當中，玩家可以選擇自己的弱點，例如比較不耐火屬性或冷屬性的攻擊等。我跟你保證，這些弱點最終會在遊戲中造就一些令人難忘的片段。

回頭看看你的三個角色特質。用這三個特質引導角色的創作以及他在遊戲中所做的所有事情。他怎麼走路、戰鬥、開門、慶祝？在等你繼續動手玩等到無聊的時候，他會做什麼？

現代遊戲中有另一種角色很常見，那就是超級硬漢，例如像《戰神》的克雷多斯那樣的角色。[2] 要記得，電玩遊戲的主旨就是要滿足願望。就像你一樣，我也希望我是克雷多斯或者蘿拉，但由於我在現實生活中不是個硬漢（我眞的很認眞試過了），我只能仰賴電玩遊戲來實現我的夢想人生。

就像好笑或英勇的角色一樣，硬漢也需要精心創作，才不會一不小心就做得蹩腳。

▌硬漢角色：

- 做硬核的事：不管是殺敵還是開門，都要帶著滿滿的個人風格。
- 不是個好人：電玩遊戲中幾乎每個人都會殺人與偷竊，但硬漢會更享受這個過程。他會故意在傷口上灑鹽，然後再大肆慶祝結果。
- 會講酷酷的話但（幾乎）不會大聲吼叫：因爲這角色就是個硬漢，硬漢是不需要大叫的。不過要小心，面無表情的角色很容易被誤認爲沒有個性。
- 看起來像壞人：黑色衣服、皮革、鏈條、尖刺、骷顱、致命的武器、瘋狂的髮型、疤痕。所有會讓反派看起來像反派的特徵都可以在硬漢身上看到。唯一的差別是硬漢看起來像反派，但行爲卻（大部分的時候）像個英雄。

一般大衆常常指控電玩遊戲教導小孩不良行爲，我確實也不認爲某些遊戲角色是很好的模範。不過，不停強迫推銷道德準則給受衆通常還是會讓人無法接受。如果你不贊同這種做法，不要緊張，還是可以低調（偷偷地）讓你的角色當好人。好人不見得一定要蠢、多愁善感或煩人。

若你像我一樣喜歡好人擁有正直善良的特質，可以看看我在《王子復仇記 2》是

2　硬漢角色在學術圈中稱爲「反英雄」（anti-hero）。

怎麼用點小技巧偷渡一些道德觀的。在第一部遊戲中，主角馬克西默王子是為了自己而展開冒險，他想要拯救公主、打倒壞人、盡可能地收集寶藏。但對我來說，他這樣不太像個英雄角色。於是在續作中，我就想要讓他當個英雄、做一些好事。但我又沒辦法強迫玩家去做他們不想做的好事，也不想要說教。

於是我的團隊在關卡各處設計了受敵人「辛」（Zin）威脅的受害者，讓玩家遇到他們。玩家可以決定是否要拯救這些人（而且有時必須刻意多花力氣才做得到）。不救這些人不會有損失，不過如果玩家拯救了他們，他們會給予馬克西默一個獎賞，例如金幣或防具的強化道具等。在試玩的時候，玩家馬上變得會關心這些村民角色，還會因為沒能及時救人而感到難過。雖然遊戲進展還是玩家的主要目的，他們總是會嘗試拯救村民。試玩結束後，玩家會告訴我們他們喜歡當「英雄」，而這正是我想要他們感覺到的。

另一種做法是，你也可以讓玩家面臨須避開的壞事。在《惡名昭彰》中，主角並不一定要當壞人，但假如他選擇去做壞事（例如從 NPC 處偷竊或殺死平民）並且轉「邪惡」，村民會開始大聲辱罵他並丟磚頭！

▌談談涉及個人的部分

還記得你在第三關學過有關角色命名的事嗎？首先，要確認角色的外觀與名字匹配。下面哪個角色你覺得看起來比較符合「德尅・史狄爾」（Dirk Steele）呢？

我在玩經典電腦遊戲《幽浮》的時候學到關於角色命名的重要一課。在遊戲

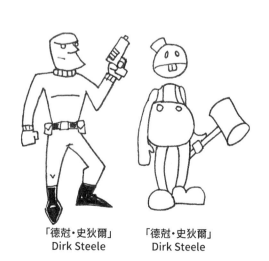

「德尅・史狄爾」　　「德尅・史狄爾」
Dirk Steele　　　　Dirk Steele

中，你指揮一支跨國軍事小組與入侵的外星人對戰。遊戲中你招募的小組成員名字都很沒特色，然後我發現可以幫他們改名，突然間，原來那隊平凡的士兵一瞬間有了個性。奇妙的事情發生了，我開始在意他們。

相較於之前我並不在乎他們是死是活，我現在想要給他們好武器、幫他們回復並確保他們從每一次任務安全歸來。這件事教會我自訂的力量。

記住，並非所有遊戲都**需要**可以自訂角色。假如你的遊戲角色是由故事決定的或是版權角色，如德瑞克、蝙蝠俠或克雷多斯，那就不用讓玩家替角色改名，因為玩家玩這個遊戲到頭來就是為了那一個特定角色。不過，若你的遊戲主角沒有版權問題，何不讓玩家自己取名呢？更何況，即便像林克這樣遊戲世界中非常令人喜愛的角色，每一代《薩爾達傳說》的遊戲設計師都會讓玩家幫他改名。切記，假如旁白或過場動畫會提到角色的名字，修改過的名字可能會感覺很突兀。《薩爾達傳說》沒有這些問題，因為所有的對話都只用文字。無論如何，任何能讓玩家自訂角色的設計都能讓他們感到更深刻的掌控力。

現在的遊戲提供玩家越來越多個人化的工具，讓他們幾乎可以照自己的意思做出任何角色。《DC 超級英雄 Online》、《黑街聖徒 3》、《上古卷軸 V：無界天際》的自訂角色工具都極有深度，讓玩家可以創作富有細節的主角。玩家甚至可以在開始「遊玩」遊戲之前就投入數小時之久。《俠盜獵車手：聖安地列斯》讓玩家自行修改角色的體格。假如你的角色只吃速食，到最後他就會變胖。

《Spore》（EA，2008）的生物創作系統則又更進階了：曾有玩家用該系統創出一系列展現驚人創意的奇妙生物，從充滿華麗細節的龍到活體遊戲控制器都有！不管你在編輯器中創作的是什麼，角色的構造與外觀特性會影響該生物在遊戲中的行為與活動。在《描繪人生》系列中，你甚至不用任何天分就能創作出主角，就算你只懂得畫火柴人，也能從無到有畫出你自己的角色。

玩家能夠自訂的程度只會越來越高。《塗鴉王國》的深度自訂工具讓你可以加入自己的音效並決定角色的動畫。《小小大星球 2》還能讓你「自訂」角色的情緒狀態呢！你比朋友早取得獎品泡泡嗎？讓你的麻布男孩笑起來吧；或者你朋友先拿到的話，可以讓麻布男孩皺個眉或對朋友怒視之後賞他腦袋瓜一個巴掌！

自訂選項並不只侷限於角色本身，也能衍伸到服裝、武器或者裝飾角色的基地

等。就像我常說的，「每個玩家都愛扮家家酒」。

給予玩家個人化的選項。讓玩家自訂以下的任何一樣或多樣項目：

- 名字：不只是角色的，而是包含武器、車輛等
- 外觀：髮色、膚色、眼睛顏色、種族、身高、體重等
- 衣服、鎧甲、裝備：風格、顏色、紋理
- 運具：烤漆、武器及科技裝備、裝飾貼紙、輪框甚至後照鏡上掛的東西
- 基地：家具、燈光、裝飾等
- 武器：外觀、裝飾、彈藥量

傳統角色扮演遊戲中的角色大部分是「白紙一張」，大多是由他們的職業（戰士、魔法使、盜賊、士兵、醫療兵等）及裝備做辨別而非透過外觀或個性決定。但這並不代表這些角色不能有點個性，只是會需要透過遊玩模式來表達。舉例來說，《卡牌獵人》中的法師角色，乍看之下只像是個放了魔杖、法袍以及神祕道具的樣版人物，角色本身沒有預設的人格特質，他的名字、外觀、裝備都可以修改，也就是說你可以隨時改變他的任何核心特質，甚至可以改變角色的性別。不過，法師這個角色事實上是由裝備選項的深度所塑造的。由於不同的咒語有不同的屬性，例如雷系咒語可以攻擊遠處的特定目標，而火系咒語則會對近距離不論敵友的目標造成傷害，依照所使用的咒語不同，不同的玩法策略會慢慢浮現並將角色塑型。我發現我的雷電法師變得比較小心也比較有團隊精神，我的噴火法師則橫衝直撞，把任何擋住他的人燒焦。你可以常常在 MMORPG（如《魔獸世界》）或者 FPS（如《絕地要塞2》）中觀察到，角色的行為模式與他們所使用的武器會透露角色的個性，不論是誰扮演的都一樣。

說到武器與裝備，你可能會想要給你的角色一個招牌武器或特殊外貌。這種時候就不能讓玩家修改了，這些武器是角色身分的一部分。絕大多數的版權角色都會使用招牌武器與裝備以保留他們的獨特性。你可以想像魔鬼剋星的隊員身上沒有質子背包嗎？沒了風衣的但丁是什麼樣子？克勞德・史特萊夫手上沒

後面看起來不錯

有巨劍可以看嗎？

　　想想玩家要如何在遊戲過程中使用這些道具。確保道具適合遊戲中所發生的事情。雖然我提倡由機能決定外型，但有時候這些道具可以激盪出決定玩家行爲的設計。

　　有時在角色設計中最重要的物件根本不是給角色使用的。由於玩家會從大部分電玩遊戲角色的後方觀看人物，利用某些東西來製造動感就很重要。舉例來說，許多角色背後都有東西在晃動，例如蘿拉的馬尾，和蝙蝠俠的披風。雖然這些物體可以增加動感、提升個性，但需要透過獨特甚至有時複雜的程式碼製作。跟美術與程式設計部門主管溝通，確保這些視覺標記都做得出來。

　　卽使電玩遊戲角色設計的風格變化可以極大，許多電玩遊戲美術總監的目標是做出擬眞的角色。但記得要注意恐怖谷現象，角色有可能對觀眾來說看起來不太對勁。此現象對玩家是種干擾，尤其是在過場動畫中。以下是創作擬眞角色時需要注意的一些小地方：

- 臉部比例：擬眞的人類角色可能會因爲一些強調個性的特徵而看起來很怪異。要小心例如大眼睛、誇張的下巴、寬嘴巴等會讓角色看起來不像人類的特徵。
- 動作：角色模型越逼眞，動作就看起來越慘，這正是恐怖谷效應造成的結果。要注意手臂跟肩膀在移動時看起來是否僵硬。手部動作特別麻煩，因爲大部分的遊戲美術系統無法支援指頭關節，會將整隻手視爲簡單物體，於是看起來就很假。人類是很柔軟的生物，請務必確保角色的動作逼眞，多花點力氣在角色骨架來達成這個目的。
- 人性：假如有個角色看起來像極了人類（尤其是非人類角色，如外星人或機器人），大家會期待他做一些人類會做的事，並有人類的個性。不過你還是能爲非人類角色賦予人性。《邊緣禁地》的小吵鬧（Claptrap）就是巧妙運用這個期待的範例。

另一方面，在創作風格特出的角色時可以參考以下的建議：

- 臉部比例：放大眼睛、下巴、嘴巴等臉部特徵來放大表情、呈現更多樣的情緒。我們在日本遊戲與動畫中常常看到這種做法。
- 動作：如果你沒有那個時間與預算去做動作捕捉，用風格特殊的角色動畫可能是一條比較可行的路。角色風格越特殊，動作就能越誇張。多多觀摩例如泰克斯艾佛瑞（Tex Avery）的卡通，看看角色動作可以有多誇張。

- 人性：風格特殊的角色的最大好處就是他們不需要是人類。在咚奇剛抓走寶琳之後，擬人化動物在電玩遊戲中就有了屹立不搖的地位。擬人化的角色，例如拉捷特（與克拉克）、怪盜史庫柏、飛翔蝙蝠等，能表現和人類角色一樣多的情緒，也能像人類角色一樣能讓玩家投入。

要寫實還是風格特殊？如何選擇，最終還是看怎麼樣最適合你的遊戲。舉例來說，《絕地要塞 2》在開發初期，製作團隊做的角色設計是走寫實路線，但最後轉了一百八十度，借鏡皮克斯以藝術家萊恩德克（J. C. Leyendecker）、康威爾（Dean Cornwell）與洛克威爾（Norman Rockwell）取得角色設計的靈感。那是個很棒的決定，讓整個系列的調性往更好的方向走。

▌物盡其用

在設計角色時，試著利用他們把資訊傳遞給玩家。你想想，玩家決大部分的時間都在看這些角色。你不可能找到比角色本身更適合表現角色狀態的方式了。就我個人來說，我喜歡這個方式是因為我覺得這樣隨時可以清楚看到玩家的狀態。玩家的一切都能透過視覺表達。以下有一些其他透過視覺效果與動畫傳遞訊息的方式：

■ 動作

- 透過細微動作，例如讓角色轉頭去看遊戲世界中有趣且可互動的物品。
- 讓角色自動伸出手拿道具或握門把。
- 讓你的角色對喜歡的事物作出正面的反應、對危險的事務做出負面的反應。或許甚至可以讓角色拒絕進入必死無疑的處境。
- 角色的生命值可以透過他們的動作反映出來。在《惡靈古堡》系列中，受傷的角色會以較慢的速度一拐一拐地移動。

■ 外觀

- 讓角色的外觀反映生命值。許多遊戲會讓角色的外觀依照所受的傷害而改變，生命值越低，看起來越傷痕累累。在《蝙蝠俠：阿卡漢城市》中，玩家「死亡」越多次，蝙蝠俠的服裝就變得越破爛。在《王子復仇記》中，我們效仿《魔界村》系列讓馬克西默的盔甲與衣服在生命值越來越低時逐步掉落。

- 讓狀態成為角色設計的一部分。《絕命異次元》的主角艾薩克所穿著的太空衣，上面有會顯示生命值的發光脊椎以及氧氣與武器狀態的顯示裝置。
- 利用特效代表狀態。讓受傷的角色滲血、漏油、噴火花等。

■ 道具欄

- 角色的裝備可以當作角色的一部分，而不是藏在道具欄畫面中。在設計《王子復仇記》時，我們讓鑰匙之類的道具出現在主角的腰帶上。這樣可以讓玩家不用去看道具欄就能隨時知道身上有什麼東西。
- 任何重大的能力提升都應包含造型上及動畫上的元素（或至少其一）。會成長的角色可以讓玩家保持興趣，畢竟玩家必須一直看同一個角色。更好的做法是效仿《魔獸世界》，讓玩家拿到新裝備與能力時可以幫角色變裝並個人化。

■ 武器

- 強化武器時，與其只賦予屬性 +3，不如讓那一股新的力量透過外觀表現。讓它發光或噴火，或者加入符文、瞄準器、噴嘴等小零件以反映武器的新功能。《邊緣禁地》系列遊戲會用新的部件表現每一次的升級，做得非常出色。
- 假如你不想改變武器的外觀，可以考慮改變玩家角色動畫。與較輕型的槍相比，力量更加強大的槍支會需要不同的射擊姿勢。

簡單來說，只要做得清楚、豐富、視覺可見，那就對啦。

■ 沒有角色的遊戲

　　並不是每個遊戲都有主角。《寶石方塊》的主角是誰呢？那《跑車浪漫旅》系列呢？《席德·梅爾的文明帝國 V》呢？答案當然就是玩家你！不過可惜的是，由於遊戲設計師從來沒見過你（也很可能永遠不會見到），他們沒辦法為你量身訂做遊戲。於是他們需要一個代理人，需要利用角色代替玩家。有幾種方法可以做到：

- 解說角色：這個角色就是遊戲的司儀、主持人或發言人。他常常與玩家互動，提供劇情、協助與任務，但不見得要是玩家的同伴或導師。
- 以劇情作解說：許多解謎遊戲有個鬆散的（或特定）故事框架將所有的關卡體驗串起來。《憤怒鳥星際大戰版 II》的故事是以《星際大戰》前傳三部曲為基礎。而《鱷魚小頑皮愛洗澡 2》則是以原創故事將謎題關卡連結在一起。

- **遊戲世界就是主角**：有些遊戲會沒有任何角色，特別是社會模擬及建設管理模擬類型的遊戲。因此，遊戲世界會成為主角。它有自己的個性可以持續吸引玩家。玩家會想要看遊戲世界發生什麼事，以及他們做的選擇會導致什麼樣的改變。

不管你的遊戲是什麼類型，要記得玩家熱愛故事，而少少的劇情就能產生大大的效果。

我們並不孤單

在早期的電玩遊戲中，玩家都是隻身對抗電腦敵人或真人對手的英雄。《雙截龍》與《忍者龜》等遊戲可以讓朋友提供協助，前提是不介意被朋友撞到。多名玩家協力的玩法在 MMO 以及 FPS 界已有大幅進步了，而家用機遊戲則是往另一方向走向極致，也就是**第二主角**。在製作有第二主角的遊戲玩法時，你必須決定該角色是可操控還是同伴。

不管你的遊戲是什麼類型，要記得玩家熱愛故事，而少少的劇情就能產生大大的

第二可操控角色（second playable character，SPC）讓玩家可以「滋」地一聲切換成另一個可操控的角色。[3]當玩家控制轉到其中一個角色時，另一個則是由人工智慧接手。這個概念最早來自《創世紀 III：出埃及記》。遊戲中，玩家在戰鬥過程中可以

3　「滋角色」（Player zapping）這迷人的 SPC 切換說法來自《惡靈古堡0》。

個別控制隊伍中每一位成員與敵人戰鬥。此概念很快地跨越太平洋進入美國動作與運動遊戲如《七寶奇謀》、飄過大西洋到英國的《Head over Heels》（Ocean，1987）與《Speedball》（Bitmap Brothers，1988）。不過到了任天堂等家用機崛起時，因為移動目的，操控模式又回到了單一角色。這有一部分是因為硬體上的限制。

在《瑪利歐與路易吉RPG》遊戲中，玩家控制瑪利歐或路易吉，即便他們兩個並沒有多大差異。不過在樂高系列遊戲中，例如《樂高蝙蝠俠2》，不同角色各有自己獨特的解謎能力。將「滋角色」的指令設計成單一按鈕即可執行，好讓玩家快速從一個角色切換到另一個角色。假如玩家可以切換超過一個 SPC，你必須選一個讓玩家可以快速選擇角色的方法，如：

- 玩家會換到距離玩家角色最近的 SPC。
- 玩家可以將預設清單上的角色一個一個輪換。
- 用「指南針式」的選擇視窗讓玩家可以直接選角色，不用照順序輪過。
- 在關卡特定的地區自動切換角色。

SPC 與同伴角色的差異在於同伴都是由遊戲電腦控制。有時候同伴也是第二名玩家所使用的角色，例如在《樂高星際大戰》系列或《無間特攻》等遊戲中。

起初電腦控制的角色滿煩的，他們會擋在你想要去的地方，在戰鬥中也幫不上什麼忙。好在電玩遊戲已經進化了，同伴可以在戰鬥中發揮作用（《惡靈古堡 2》、《戰慄突擊2》）、提供方向指引與支援（《薩爾達傳說：風之律動》、《末世騎士》）、協助玩家解謎（《黃金眼》、《禁咒的紋章》），甚至在玩家遇到危險時提供生命值恢復或協助（《魔鬼剋星》、《戰爭機器 2》）。這些角色甚至不一定要是人類，例如《正義戰警》中名叫影子的狗、《神鬼寓言》系列中的狗、《異塵餘生 3》的狗肉及《傳送門》中無生命的方塊夥伴。

電腦角色有個有趣現象，就是遊戲的「爸爸化」（dadification），尤其是在動作與冒險類型的遊戲中。在這些遊戲中，主角都是像父親一般的角色（或根本是爸爸），很保護電腦控制的小孩或女性角色。透過運用傳統的性別與父親角色，設計師可以打造出一目了然的關係，讓玩家可以快速理解並調整適應。《陰屍路第一季》的玩家可能會因為想要保護克萊門汀（Clementine）而常常（甚至每次）在做選擇時偏向保護她。同伴角色可以是被動又無助的，但如果他或她能為這段關係帶來一點價值會比較

討喜。

　　雖然同伴角色在遊戲中可以提供協助，要注意創造同伴角色常常會需要投入大量的遊戲資源，因為同伴角色所需的複雜人工智慧和動畫要跟主角的一樣穩定可靠。但只要這些角色的面相越多且越聰明，他們就會更加真實，而同伴角色越真實，玩家就會越在乎他們。

　　在創建這些同伴時，要記得**異性相吸**。賦予角色的能力、優點與限制要能夠互補。《惡靈古堡 2》中的克蕾兒與雪莉就是最好的範例，這兩個角色截然不同：克蕾兒善於戰鬥，而雪莉是個飽受驚嚇、無法自保的女生；克蕾兒手持雙槍，可以擊斃喪屍，而雪莉可以爬進藏匿處並進入特定區域找到謎題線索與道具。角色們需要彼此才能存活，而這正是你要利用同伴角色所表達的感覺。

　　遊戲謎題與進程的設計主軸可以圍繞在如何運用同伴協助兩者一起往前推進。《ICO 迷霧古城》與《無間特攻》的主角**需要**同伴的協助才能完成遊戲旅程。由於玩家在遊戲全程都會跟同伴角色一起，你要在遊戲初期就建立好兩者之間的關係，才不會需要依賴 AI 程式在遊戲後期凸顯同伴的個人特質。《秘境探險：黃金城秘寶》中的維特・蘇利文以及《決勝時刻：現代戰爭》的普萊斯上尉這兩個同伴角色，就擁有設計良好的個性與動機。

多卽是多

　　有時兩個角色還不夠。《眞人快打：末日戰場》中有多達 63 個可操控角色！許多遊戲類型中都可看到龐大的卡司：格鬥遊戲、車輛格鬥、RPG、RTS、FPS、生存恐怖遊戲。

　　創作角色的過程可以從刻板印象開始，例如「戰士、魔法使者、盜賊、牧師」等經典職業模型。等等，不是說要創造獨一無二、具豐富深度的角色嗎？是啦，那些是很讚，但有時候玩家會需要以貌取人。在許多遊戲的一開始，玩家還沒有故事可以參考，只能選一個看起來最酷或最有共鳴的角色。

　　但這並不代表你的角色就必須符合刻板印象，尤其是在玩法方面。角色要爲遊戲玩法帶來一些明顯的差異，這時候可以建立一個能力矩陣來進行角色之間的對比，確保角色沒有重複的能力。《絕地要塞2》中的角色分爲三個類別：進攻型、防守型、支援型。遊戲中也有三個屬性會影響玩法：生命值、移動速度、攻擊力。我們來看看他們之間的對比：

進攻型	防守型	支援型
火箭兵	**爆破兵**	**醫護兵**
高生命值	中生命值	中生命值
中移動速度	低至中移動速度	中移動速度
中至高攻擊力	高攻擊力	中攻擊力
重裝兵	**火焰兵**	**狙擊手**
高生命值	中生命值	低生命值
低移動速度	中移動速度	中移動速度
高攻擊力	高近距離／低遠距離攻擊力	中攻擊力（爆頭會造成瞬間死亡）
偵查兵	**工程師**	**間諜**
低生命值	低生命值	低生命值
極高的移動速度	中移動速度	高移動速度
低至中攻擊力	中攻擊力（槍塔可以從低攻擊力升級至高攻擊力）	低攻擊力（背刺可造成瞬間死亡）

就如上面所看到的,《絕地要塞2》中的角色有著很細膩的平衡。沒有任何角色有相同的屬性強弱,而他們的弱點都另有強項彌補。重裝兵的行動緩慢,但他擁有最強大的攻擊力。偵查兵的攻擊力較弱,但行動非常快速。即便醫護兵這種數據上都趨近平均值的角色,也有獨特能力,能提供其他玩家恢復與暫時無敵狀態。這種遊戲平衡就像是在玩剪刀石頭布,每個角色都有一個弱點與一個優勢。

剪刀石頭布系統(簡稱 RPS)需要設計得清晰明瞭。RPS 系統給玩家三種選擇,這些選擇必須要清晰易懂,玩家才能做出正確的選擇。例如在格鬥遊戲中有三種招式類型:攻擊、摔技、反擊。攻擊贏過摔技,摔技贏過防禦或反擊,而防禦與反擊可以克制攻擊。只要確保玩家知道有那些選擇,而選擇又有可能造成什麼結果,就能做出好的 RPS 系統。[4]

這些角色也適合各種不同的玩法:狙擊手、重裝兵、工程師都最適合待在原地不動。有注意到每個類型的角色都各有一個適合的玩法嗎?只要你有越多的屬性分類可以做評估,角色平衡就會做得越好,如下:

- 移動速度
- 移動方式
- 攻擊速度與速率
- 攻擊力
- 攻擊距離與時間
- 護具強度
- 生命值
- 負重
- 優勢(例如生命值或者解謎方面)

要確保這些屬性值與特性可以輕易地調整,當你需要在遊戲中作全域調整的時候,才不會需要花一堆時間微調參數。

4　有關剪刀石頭布(RPS)系統的更多資訊,請見 www.sirlinx.net/articles/rock-paper-scissors- in-strategy-games.html。

▎你家附近住著什麼樣的人？

將軍。詐欺犯。旅店老闆。服務機器人。

非玩家角色（或稱NPC，現在小朋友都這樣叫）來自各行各業，像是分派任務並在完成後給予獎牌的國王，以及打造出新武器防具的鐵匠。你知道最棒的是什麼嗎？他們的世界以你（玩家）為中心！他們的存在只為了協助或阻礙你！這樣有沒有撫慰了你的自尊心？這也是為什麼每一位NPC都必須以某種形式提供以下問題的答案：

玩家需要什麼才能成功？

玩家到底需要什麼才能成功？好問題，我很高興你問出口。每一個NPC都身負任務，那就是他的工作，也是他活著的理由。所有的NPC都應提供下列功能（一種或更多）：

- 玩家任務
- 開放任務所在的新區域（給予鑰匙、地圖、指示等）
- 讓玩家可以到達上述區域的方法
- 完成任務的獎賞（可以是金錢或榮譽）
- 擊敗敵人的道具
- 針對上述敵人可以保護玩家的裝備
- 謎題與難題的解答
- 遊戲世界的背景與人物的背景故事，記得不要過於冗長
- 有關玩法的說明（不過要記得，不要告訴玩家他們早就知道的事情）

- 稱讚主角好棒棒（假如主角是邪惡方，那就讓 NPC 適度地皮皮剉）
- 幽默

在 NPC 等待提供玩家支援的空檔，給他們一點事情做。NPC 就是電玩遊戲宇宙中的「臨演」，而就像臨演一樣，他們也需要一些事情可以做。在電影業中，不管主要演員在做什麼，臨演都要在畫面的背景中做些事情，讓一切看起來很平凡，例如吃東西、說話、劈柴、洗地板等。簡單的動畫是個不錯的起點，有複雜的活動更好。有些遊戲中，NPC 會依照不同時間而進行不同的活動。[5] 但記得不要讓玩家只為了跟 NPC 說上一句話而必須追著他跑。

將 NPC 放入遊戲世界與關卡時，記得要將他們放在玩家移動過程中看得到的地方，讓他們容易被找到。如果遊戲中有小地圖的話就標出位置，不要強迫玩家去找尋他們。除非劇情需求，否則不要將他們放在奇怪的地方。例如，旅店老闆應要在旅店中，而警察中隊長應在警察局中等等。讓玩家知道他們可以與 NPC 互動，不要害怕做得很明顯。有需要的話，在他們頭上放個大箭頭也可以。

把 NPC 的服裝與肢體語言做得突出。士兵的外觀與動作都會與幫派分子有很大的差異。盡量使用視覺提示協助玩家記得哪些角色擁有哪些資訊，又或者哪個人會以優惠的價格販賣高能電漿手槍。

如果因為時間或預算限制無法在遊戲中放入許多獨特的 NPC，你還是可以利用不同的「聲音」來區別，這可以透過文字或者配音來達成。《生化奇兵》的設計總監說過一件事，玩家一開始無法辨別不同的 NPC，直到他們給了 NPC 很濃的各國口音才解決這個問題。然而並非所有的 NPC 都在顧酒吧或用誇張的腔調給予提示。

你可以在遊戲機制中用 NPC 來取代開關

5　在《牧場物語》與《動物森友會》等生活模擬遊戲中，時間太晚的時候 NPC 會上床睡覺。這意謂著有許多玩家會無法跟某些角色互動，因為他們睡著了。要將此情況列入考量，不要花時間製作玩家永遠不會看到的內容。

或者貨物箱，讓你的遊戲感覺不會那麼刻意又老套。把存檔系統介面改成一個 NPC 如何？這樣你就可以在任何可以站立的地方放置 NPC。不過要小心的是，跟 NPC 對談會把遊戲的節奏變慢，因為玩家必須要聊個天，而不是單單轉個門把就能把門打開。

另外，也能透過與 NPC 互動來啟動一個謎題、機關、倒數計時等機制。在護送任務或競技場中保護 NPC 也是一種常見的遊戲任務。假設你不想要無助的 NPC，你也可以讓他們嘲諷玩家、刺激他採取行動。在《末世騎士》中，當鐵匠烏薩恩（Ulthane）向主角戰爭（War）挑戰誰能殺最多敵人時，會有計數器跳出，這不僅代表比賽開始了，也可以讓玩家轉換進入競爭心態。

研究看看其他遊戲是怎麼做 NPC 的。好好利用你找到的好主意，再來自己聯想。製作 NPC 時不按牌理出牌可以讓玩家有驚喜感，並開始期待下個轉角會遇見什麼人。

▌ 最後，來說說玩法

我們已經討論過角色的外觀了，接下來可以說說他要做什麼了。遊戲的玩法會由主角主導，你要去思考角色與遊戲世界之間的關係。你的角色有多高？相較於主角，其他的角色與敵人又有多高或多矮？角色伸手可及的距離有多遠？

假如你的角色有四隻腳或是一部交通工具，長寬尺寸是多少？在創作角色的過程中，你要決定比例。這些比例會成為角色度量的基礎，也是遊戲玩法與設計的基石。

但在我們深入詳解度量之前，來聊聊擊劍吧。

在擊劍時，你會學到往前踏一步的距離有多遠，以及手臂伸直時武器可以觸及的距離。擊劍比賽時，你會發現這些距離會在你箭步向前時放大。了解這些距離是很重要的，因為這樣才能評估你跟對手離得有多遠，以及距離要多近才能夠擊中對手。擊劍運動員會將這些距離內化，並因應遠近去調整擊劍風格。

電玩遊戲玩家也會做一樣的事情。度量對玩家特別重要，因為不管有沒有意識到，他們都會利用這些數據來估算移動與跳躍的距離。在遊玩時，玩家會漸漸感覺到哪些動作能做得到、哪些不行，而這個常態的任何改變都會讓玩家覺得混淆和很奇怪。

在訂定度量時，我們以角色的身高、移動的速度、能夠觸及的高度開始。我都是用主角作為遊戲世界其他事物的標準。舉例來說，在《王子復仇記》中，我們的測度就叫做「一個馬克西默單位」，很明顯地就是用主角的身高與寬度作為基準。遊戲中所有的距離、寬度、高度等都是這樣定義的。

利用度量來決定以下的數值：

- 身高：玩家角色的身高
- 路徑寬度：通常比玩家角色再寬一點
- 行走速度：角色每秒或每單位時間所移動的距離
- 奔跑速度：類似行走速度，但更快
- 跳躍距離：玩家角色跳躍的步幅會比行走的遠，奔跑時則不會比較遠。通常此距離是以角色的身高與寬度去定義。角色越矮或越寬，跳躍的距離就越近
- 跳躍高度：以角色的身高去定義。一般跳躍是角色身高的一半高度，而兩段跳則可以是角色身高的兩倍
- 近戰攻擊距離：通常不會比角色的臂長與武器長度相加還要遠多少
- 投射物距離：可以從角色的伸手長度或寬度相似的近距離到視線可及的遠距離

身高　　寬度　行走距離　跑步距離　　水平跳躍距離　　垂直跳躍距離　近戰距離　　投射物距離
（考量射擊距離）

下圖中所看到的峭壁很明顯地完全無法用正常的跳躍或兩段跳上去。玩家會知道他們絕對無法達到這個高度，而另外尋找抵達目的地的方法。

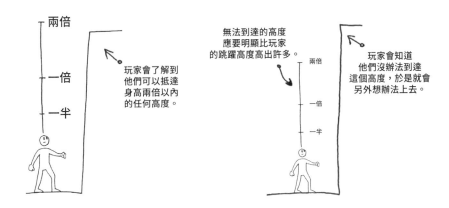

兩倍

一倍

一半

玩家會了解到
他們可以抵達
身高兩倍以內
的任何高度。

無法到達的高度
應要明顯比玩家
的跳躍高度高出許多。

兩倍

一倍

一半

玩家會知道
他們沒辦法到達
這個高度，於是就會
另外想辦法上去。

▌ 非角色的度量

　　雖然前面的範例中有絕大多數是聚焦在人類角色上，你也可以將這些決定度量的原則套用在無角色的遊戲中，包含了解謎遊戲、賽車遊戲、飛行遊戲、戰略遊戲等。不過，無角色遊戲有一個特殊的重點，那就是遊戲的手感或節奏。舉例來說，《俄羅斯方塊》的玩家會習慣方塊轉動以及掉落所需要的時間，而《憤怒鳥》玩家則是會學到發射小鳥時要將彈弓往後拉多少的手感。假設上述例子中所提到的度量會在遊戲中發生變化，或者是本身就是隨機的，會讓玩家感到混亂，進而毀掉整個遊戲體驗。就如遊戲角色的度量一樣，要早早將這些度量固定下來，玩家才能習得遊戲的手感。

▌ 請友善對待我們的四腳朋友

　　並不是每一個遊戲都以雙腳角色爲主。電玩遊戲的美妙之處在於玩家可以是一條狗、一隻蜘蛛、一隻蜘蛛狗，基本上什麼都可以、什麼都不奇怪。但當你要創作非雙腳的角色時，要考慮到幾點：

- 四腳動物需要較大的迴轉半徑。在設計度量時要將這些比一般更大的長度與轉向時間納入考量。
- 四隻腳通常代表這些角色的移動速度會比兩隻腳的還要快。設計時記得考慮這些角色的加速率與減速率。
- 身長較長的角色也代表他們有更多的體積可以掛在邊緣外或填滿環境。調

整角色以符合遊戲世界的度量。記得要特別注意威利狼效應（Wile E. Coyote effect）。

- 許多四腳角色的身高比人類的平均身高要矮。在角色攻擊或者執行例如開門或寶箱這類簡單的動作時要記得考量這個差異。

我再說一次：要避免各種關於四腳角色的問題，關鍵就是確保世界度量是以四腳角色爲出發點。

能跑就不要走

我們再來說說雙腳角色。每一個角色都會走路，但假如角色行走速度太慢，玩家會抱怨。你可以試試反過來去利用這一點。如果你很想要跟你的玩家鬧著玩，我來分享以下這招。

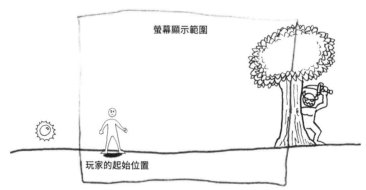

利用螢幕範圍隱藏驚喜與祕密

西方人習慣從左讀到右，你可以利用這個直覺讓玩家往你想要的方向去。在前面的畫面中，玩家通常會往螢幕上有意義的物體方向移動（此例中爲一棵樹）而不是往左邊──而我在左側藏了一個好料。

爲什麼要做這樣卑鄙的事情呢？因爲強迫角色往左前進會讓人覺得「不舒服」，我們可以利用這個心理效應。如果你眞的很想跟玩家玩心理遊戲，讓他們整個關卡都往左邊走。大部分的人會無法具體辨別關卡哪裡有問題，只知道有點怪怪的。

雖然惡搞玩家很有趣，但很多遊戲設計師會在設計關卡時忘記一件事情。假如你在跟同事描述關卡中要做的事，然後說出「接下來，主角要走過這裡」，那你心中應該要警鈴大響。爲什麼呢？因爲

「走路」不算遊玩！

不要誤以爲你放置收集品時覺得很有趣，玩家就會覺得收集物品好玩。雖然讓遊戲節奏有所變化是好事，但不管你的場景多美，讓玩家花漫長的時間移動，就只能以無聊形容。就算玩家只是在走路也要做得有趣。與其這樣：

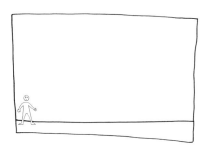

還不如這樣：

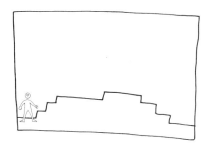

兩者的結果都一樣：讓主角從 A 點移動到 B 點。不過後者比較有趣，因爲主角可以用各種不同的動作來橫越地形，而不是單純用走的。

我常問一起共事的開發者：「我們眞的需要走路這個動作嗎？」雖然少了主角走路的動畫看似不尋常，我過往的經驗是玩家永遠都會選擇比走路更快的移動方式，不管是跳躍、翻滾或衝刺。舉例來說，我們在做《戰神》時，克雷多斯可以做出翻滾的動作，大部分時間，遊戲設計師就會在關卡中到處翻滾，即便這樣做看起來很蠢。而這麼做的原因是因爲翻滾感覺起來比走路快。

我想要表達的是，假如你要讓主角走路，至少確保走路的速度夠快而有效益。

在靠近邊緣或懸崖邊時，走路就有用處了。我發現大部分的玩家在往邊緣移動時會用走的，因爲他們會害怕摔落。關於邊緣，有些其他相關的機制可以應用，例如「搖

搖欲墜」（teeter）或「拉撐」（hoist）（後面會再提到），但大部分的玩家會以走路的模式靠近邊緣，因為這樣讓他們感覺一切都很安全、都在掌控中。而「搖搖欲墜」是有代價的，玩家在「搖搖欲墜」的狀態下不能發動攻擊（至少我從來沒有玩過一個可以讓我這樣做的遊戲），且「搖搖欲墜」時，玩家的移動速度是零，這樣可以順利避免玩家摔死，但卻無法躲避快速逼近的敵人。這樣來說，也許走路這個動作並非只有壞處。

假設你的主角是一部交通工具（例如賽車、飛行或軌道射擊遊戲），或者搭乘著交通工具，要記得坐車（或坐飛機、水上摩托車等都可以）的移動速度絕對要比主角的走路速度要快。要記得將機具的重量納入考量，假設你在基礎移動與度量中沒有加入交通工具的重量，它會感覺飄飄的，缺乏真實感。在處理較大的機具，例如汽車、氣墊坦克（hovertank）、摩托車等，你需要處理更極端的重量差異，這會影響機具的感覺。

一般來說，不管你的角色是車子還是人類，他與遊戲世界之間的連結是透過重量達成的。但隨著重量上升，就會有滑動、打滑的問題。你必須在玩家的度量中針對這些特性去作補償。在某些遊戲中，尤其是平台遊戲，打滑是玩家移動方式的一部分。在《小小大星球》中，假如玩家的落點不正確，他很有可能就會滑離平台或邊緣，並且摔落。

打滑這個動作是否有用處，我心中一直很掙扎。我覺得它很惱人，但沒有它的話，角色動作又會顯得僵硬不自然。最終，你必須以自己的遊戲為出發點去做選擇。[6]

不管你的遊戲主角是人還是車，要問問你自己：「遊戲節奏是快還是慢？」

假設你的遊戲偏快，那大部分的遊戲玩法都應要快。這包含了：

- 跑步
- 跳躍
- 飛行
- 開車
- 射擊
- 彈跳
- 打鬥
- 旋轉
- 墜落

6　這似乎是整個章節走到哪裡都能看到的主旨呢。

慢速的動作包含：

- 走路
- 閃躲
- 蹲下
- 潛行

- 游泳
- 躲藏
- 拉撐
- 攀爬

我發現快速與慢速的體驗最好穿插進行，才能確保有趣的遊戲節奏。

在讓角色跑步前，先問問自己是為了什麼。我個人偏好遊戲跑步速度跟走路速度有很大的差異。《惡靈古堡》系列中不只利用跑步作為快速移動的手段，還可以讓角色推開動作緩慢的喪屍群、從中逃離。

衝刺是跑步的近親。衝刺通常是有時間限制的快跑，常用於有時間性的謎題中，例如即將關閉的門或噴火器，又或者可以當作戰鬥招式，用來閃避敵人的攻擊或者搭配額外強力的一擊使出。為了避免角色濫用衝刺，可以設定冷卻時間，在這短暫時間結束前（通常是數秒）他們都不能再衝刺。

接下來讓我們慢下腳步來說說「慢走」，也就是潛行。

我承認我對於角色在遊戲中潛行有很複雜的意見。一般來說，我不喜歡讓角色緩慢移動，除非整個遊戲（或者整個體驗，例如關卡）都是以潛行為主。當我玩到融入了潛行的遊戲（而且潛行非唯一玩法），到最後我總是會跑來跑去對敵人開火，因為當我可以快速移動的時候，我就無法忍受緩慢移動。由於遊戲設計本來就不想要讓我跑來跑去，我通常會因為這樣損失很多條命。[7] 但我知道我的煩躁來源是因為角色

7　當你在設計潛行遊戲時，要確保角色看起來或至少動作很低調。我曾經玩過一個做得很棒的遊戲，主角是一位壯碩的野蠻人，我完全以為這遊戲是個橫向格鬥遊戲，因為主角備有幾個巨大的武器可以讓我把敵人劈成肉塊。但是我發現我在戰鬥中不斷死亡，雖然我很想要喜歡這個遊戲，但是它讓我挫折到放棄了。我告訴同事我覺得很遺憾，結果他回：「你玩法錯了。」在我來不及逼他吞下這句侮辱之前，他說：「這又不是動作遊戲，是潛行遊戲。」得到這個資訊之後，我用潛行的方式重玩遊戲，最終順利破關。如沒人指點，我可能會因為遊戲給予玩家的不明確暗示而永遠破不了關。

移動速度太慢了。

當你要讓角色潛行時，記得要在移動速度上做明顯的區隔，就跟走路與跑步的設定原理相同。在角色蹲低或躲在遮蔽物後面時、準備就狙擊位置、甚至像是不想把熟睡的龍吵醒的幽默場景時，很適合使用**躡手躡腳**。玩家應要可以隨時啟動躡手躡腳的模式，但要有適當情境，這種模式效果才會好。

先不管躡手躡腳這種移動方式，我認為把潛行遊戲跟行動緩慢的角色直覺性畫上等號是錯的。你有看過特種警察或忍者移動嗎？他們不是躡手躡腳地移動，而是一陣一陣地快速移動，只有在他們要躲起來或等待事件發生，或者是一個喉嚨很欠割的守衛正好經過的時候才會採取隱身動作。而這正是好玩的潛行遊戲的張力來源——等待的玩法。

▊ 什麼都不做的藝術

比潛行玩法更慢的就是都不動。不過角色站著不動，不代表他什麼事情都沒有在做。**閒置**（idle）是角色沒有在移動時所播放的動畫，通常是在角色閒置數秒後觸發。你有發現嗎？用來描述角色不作為的詞也是該動作的名稱。那些早期的遊戲設計師還滿有巧思的。

我印象中最早的閒置動畫出現在《音速小子》中。當玩家停止奔跑，音速小子會一臉厭煩地看向玩家並不耐煩地踏腳。那小子想要跑啊！很快地，富有幽默感的閒置動畫成為了九零年代平台遊戲的常態。但它們的作用不只是搞笑，閒置動畫可以表達個人特質，甚至提供一些敘事給玩家。而最少最少，閒置動畫在畫面上沒有任何事情發生時也可以提供一些小變化。要記得，除了添加個人特質或趣味，閒置動畫（通常）沒有任何遊玩過程上的益處。有些掩護射擊遊戲如《最後一戰》系列讓玩家在閒置狀態可以恢復生命值，但其目的是為了提供掩護中的玩家一個優勢。如果你提供優勢給閒置狀態，最終反而會鼓勵玩家什麼都不做，即便你其實是想要鼓勵他們繼續遊玩。

在設計閒置動畫時，記得不要做得太長太複雜，因為玩家可以隨時按下按鈕中斷閒置狀態。事實上，不論長短，任何與玩家動作之間連接不順暢的閒置動畫都會造成問題。維持簡短就好。想不到閒置動畫該怎麼做嗎？你可以從以下這些點子出發：

- 把玩武器、填裝彈藥或把武器靠在身上
- 原地跑步或伸展
- 到處亂看或被不存在的聲響驚動
- 冷到發抖或擦拭額頭上的汗
- 把鞋底的泥巴敲掉
- 調整護具或包包
- 轉脖子或折手指發出聲響
- 彈空氣吉他或者跳一小段舞
- 查地圖或指引，或講手機
- 像在等人一樣一邊吹口哨，一邊輕微晃動身體
- 吃吃喝喝
- 在尷尬的位置抓抓癢
- 看手錶
- 打呵欠或打瞌睡

那就跳吧

電玩遊戲的基本動作中，**跳躍**是最神祕、最尊貴、也是最容易誤解的。

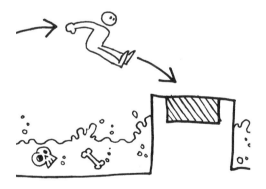

若要完整了解跳躍是怎麼一回事，可以透過我的獨家「慢動作」圖示分解：

1. 玩家處在初始狀態，這邊是指玩家在走路、跑步等。
2. 玩家按下動作鈕。跳躍必須即時觸發，因為跳躍往往是玩家遇到危險的反應。有時候跳躍動畫的開頭會有簡短的準備動作作為預告，不過這段動畫應保持越短越好。
3. 確保跳起後可以迅速到達最高點。
   A. 假設玩家有兩段跳的能力，讓他只能在到達跳躍頂點（最高點）之前執行。過了頂點才啟動兩段跳感覺很怪。
4. 墜落就是跳躍的相反。不要讓墜落時程拉太長，不然會有「飄飄的」感覺。這對玩家來說是個負面的感覺，並且會讓玩家的「度量感」混淆。不過如果玩家有得到某種強化道具或能力，讓他可以安全滑翔或飄落地面，那則另當別論啦。
5. 落地時程可以比跳躍還要久，落地需要有點「黏性」才有扎實感。我不是很喜歡跳躍後以滑行做結束，因為這樣玩家很容易跳躍後照樣滑落平台的邊緣。對我來說，這是「遊戲物理」比「現實物理」還要討喜的例子之一。

我們花點時間來講物理吧。遊戲中的物理法則應該要模擬現實物理還是用「遊戲」物理呢？還是說可以乾脆不要管物理法則呢？這都是很好的問題！而你最好知道答案！

早在 1687 年牛頓就把最難的部分都解出來了，剩下的應該不會太困難了吧？現實物理的基礎就是我們每天所經歷的物理法則。但遊戲若要使用現實物理規則，本身需要某種程度上與現實相符才適合，而相較於調整過的物理法則，模仿現實世界的物理法則最終效果通常會比較差。舉例來說，不管現實世界中是如何，遊戲中的地心引力不會是 9.8 m/s^2。事實上有些遊戲甚至會在不同的物體上運用不同的重力常數！

這邊就輪到遊戲物理上場了。程式設計師可以「微調」現實世界的數值來符合遊戲需求。跑步速度、跳躍高度與距離、碰撞彈性等都是調整過後感覺比較好。現實世

界中，大部分的人跳起的高度沒辦法超過自己腰部，但一般平台遊戲角色能夠輕易地一跳就達到身高的兩倍。

假如遊戲背景是在外太空呢？或者是在引力較強或較弱的星球上？或許你可以做出極有力的跳躍動作，如《跳閃！》或《塗鴉跳躍》那樣？你要在事前把這些都計畫好，才能確保遊戲的度量符合你所採用的物理法則。儘早處理這件事情並且後續不要變更，不然會有大麻煩。

好，讓我們跳回去跳躍。由於平台遊戲是 16 位元時代最受歡迎的遊戲類型，你可以想像「跳躍」這門藝術被發揮得多淋漓盡致，比任何其他角色動作還要多呢。就我來看，跳躍共分五種方式：

- **單次跳躍**：玩家跳起一次，可以是垂直或者橫向。
- **二段跳**：在第一次跳躍落地之前，玩家在半空中所做的第二次垂直或橫向的跳躍。
- **三段跳**：玩家在第二次跳躍後所執行的第三次跳躍。玩家通常需要有某個可以彈離的物體，且第三次跳躍多爲橫向。
- **依環境跳躍**：這個「自動」的跳躍動作會在玩家靠近一個預先標記的地點（例如崖邊等）時觸發。
- **蹬牆跳**：這個特別的跳躍是在玩家「跳進」或跳向牆壁後執行，當玩家在與牆壁接觸時按下按鈕，他就可以蹬牆朝反方向跳躍。玩家可以將蹬牆跳串在一起來提升高度，這樣一來，玩家就可以在兩面垂直牆面之間連續蹬牆跳來「攀牆」。蹬牆跳可以是玩家從遊戲一開始就會的「原生動作」（如《超級肉肉哥》），或者透過取得技能或裝備習得（如《拉捷特與克拉克》）。

當主角穿梭在空中，我們需要做一些設計上的考量。有些遊戲對於跳躍採眞實取向，不讓玩家在起跳後改變方向；有些遊戲則允許玩家替角色修正軌道；還有些遊戲會讓角色依照按下按鈕的時間長短去決定跳躍的距離與高度。

在花了幾年做這些「蹦來跳去」（我自創的叫法）的遊戲後，我對跳躍有些有趣的觀察：玩家通常不會從平台的最邊邊起跳，而從往內一些的位置。邊緣會讓玩家感到不安。玩家會從我稱爲「起跳區」的區域起跳，這區域距離平台邊緣最多可達跳躍距離的一半。

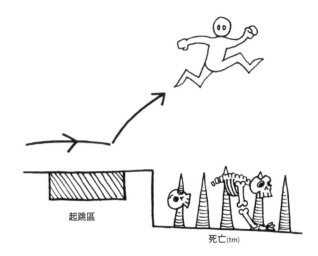

玩家瞄準的目標是距離對面平台邊緣約半個跳躍距離的一個安全區。但是直接落在邊緣上會讓玩家缺乏安全感，這代表你在設計跳躍時要記得多加一個跳躍的距離才能讓玩家相信自己落地的位置是安全的。

在較小的漂浮平台上，目標應設為平台的正中央。要確保有足夠的空間讓玩家著地。大部分的獨立漂浮平台上都不會有太多的空間，所以我才不建議在跳躍落地後再加上滑行的動畫。

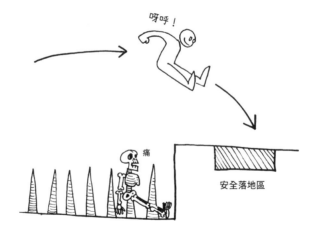

當玩家緊張的時候，他們通常會再跳一次。如果目標區域太小，玩家再跳會害死自己。把那些超小的平台留給高難度的跳躍謎題吧（通常是在遊戲後段）。

▋ 拉撐與搖搖欲墜

拉撐與搖搖欲墜是兩個可以有效協助玩家移動與避免死亡的工具。拉撐可以讓玩家去到比跳躍所允許的高度再稍微高一點的地方。而搖搖欲墜的動作則可以警告玩家他們離邊緣太近了，有可能會墜落。

並不是所有的遊戲都有或需要拉撐與搖搖欲墜的機制。不過，假如你要利用這些動作的話，記得在設計玩家度量的時候將這些動作考量進去。一般來說，拉撐會為玩家的跳躍高度加上一整個角色身長。

當玩家處於拉撐的狀態但還沒回到平台上或者往下掉落到地面，這個姿勢我們稱為「吊掛」。有些遊戲會自動讓玩家撐起身體爬上邊緣而直接跳過吊掛的狀態，有些遊戲則會在玩法中加入吊掛，讓玩家可以吊掛在物體與表面上等待解謎或者危險通過的時機點。

我的經驗是拉撐、吊掛與搖搖欲墜都是可以為角色增添個性的好機會。例如，你可以讓角色以幽默面對要奮力掛在平台邊才能保命或即將摔落懸崖的情形。

記住，這些動畫必須要可以循環，因為玩家有可能會讓他們的角色留在名副其實的倒懸捱命之處！

你會需要注意所謂的威利狼效應。還記得以前查克・瓊斯[8]的

8　查爾斯「查克」・瓊斯（Charles "Chuck" Jones，1912-2002），以導演及動畫師的身分參與了世界上最棒的動畫製作，例如《What's Opera, Doc?》、《Duck Amuck》以及《鬼靈精》。他創造的角色包含嗶嗶

卡通中，威利狼會追嗶嗶鳥追到懸崖外嗎？然後他會在半空中站個半秒再摔落谷底，變成一小朵塵土雲。

▌有起必有落

說到墜落，我們來稍微聊一下。利用慢動作圖示，我們來仔細看看通常掉落懸崖是怎麼回事：

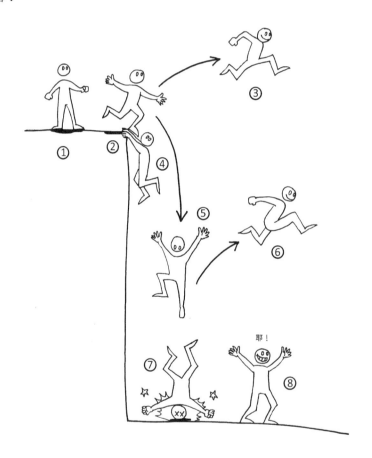

1. 玩家通常會小心翼翼地靠近邊緣。假如他準備要跳，通常會從起跳區起跳。
2. 角色會「搖搖欲墜」嗎？這個動作會警告玩家，但也可能會影響玩家的操控。
3. 讓玩家可以從「搖搖欲墜」起跳，讓他能去他想去的地方。假如沒跳好的結果會是死亡，要讓玩家在起跳時就能看到底部或致死區域。盲跳會讓玩家非常不安。

鳥與威利狼等。為了你自己好，去把這些作品都看完吧。

4. 角色有「拉撐」機制嗎？有的話，可以讓玩家利用拉撐中斷跳躍，或者當作拯救自己不要摔死的最後手段。由於有些遊戲會用離地高度決定玩家掉落時是否會受到傷害，拉撐這個動作可能左右角色是安全著地還是死亡。

5. 玩家墜落的過程中，他有控制權嗎？許多遊戲可以讓玩家修正路徑，而有的甚至可以直接在空中操控。記得讓角色墜落的動畫表達玩家是否有控制權。失控的墜落可以用角色手腳亂揮或因恐懼而尖叫來表達，而有控制權的墜落則可以拿跳躍尾端的動畫來重複使用。

6. 玩家是否可以在墜落時「空中跳躍」來自救？這樣的能力該如何表達讓玩家知道？記得加入許多可以充分利用這個動作的遊戲情境。

7. 角色著地時會發生什麼事？是像貓一樣毫髮無傷地用腳著地嗎？還是重重地落地，同時有一段較長的恢復動畫，讓角色在期間無法抵禦逼近的敵人？他落地時會像布偶一樣從地面反彈然後死亡嗎？記得在遊戲初期就讓玩家知道落地是否會造成任何損失。要保持一致性，玩家最容易被變來變去的結果搞混。

8. 不管玩家是否會在著地時受傷，都要讓他快速恢復才能繼續控制角色行動。沒有什麼比等待「爬起來」的動畫過程中遊戲結束還糟的結局了。

我和我的影子

在設計遊戲角色時，要記得玩家的影子是非常重要的。

影子對玩家的好處多多：

▪ 影子在3D世界中可以當作玩家的參考點，尤其在估算跳躍距離時特別重要。

▪ 影子讓玩家更融入遊戲世界；影子可以讓角色的重量與質量感覺更加真實。

▪ 影子可以協助玩家偵測邊緣的位置。假如角色的影子沒有「躺」在地上，這可以做為該位置不宜站立的額外線索。

▪ 影子可以傳達光影與氛圍。在某些生存恐怖遊戲中，影子可讓玩家感到不安，甚至可以用角色自己的影子嚇嚇玩家。

▪ 影子可以用於遊戲玩法中。在《異形：孤立》，異形敵人的AI就會偵測影子的存在。這在潛行遊戲或生存恐怖遊戲中更是重要。

▪ 沒有影子就沒有靈魂！（至少埃及神話中是這樣的！）

在電玩遊戲中要塑造影子，技術上有許多不同的方式。它可以是符合玩家角色的剪影與動作的複雜形狀，也可以是跟著玩家移動的粗略形狀，或者可以單純是在地上黑黑的一點（或投射陰影〔drop shadow〕）。

雖然投射陰影看起來沒那麼真實，拿來讓玩家知道他們在關卡中的確切位置卻是非常有效。特別是在跳躍的時候，玩家可以利用投射陰影來判斷著地點。

不過有些遊戲機制，像是小型或移動平台，想利用投射陰影當指引就滿有挑戰性的。而這只是視覺真實性與遊戲玩法互相衝突的其中一例。

不論角色的影子看起來如何，你都應該要加入陰影，並最好在製作前期就加入。關於影子，切記以下幾點：

- 注意不要讓角色的影子同時出現在兩個地方。雖然在現實生活中的確會有這個現象，在遊戲中會看起來像程式出錯了。
- 注意不要讓影子的投射穿過表面，特別是在其他地形上方的平台。
- 影子在不同的光線下與不同的表面上會有不同的表現方式。雖然遊戲不見得要完全寫實，但如果影子在水下出現可能會讓玩家覺得怪怪的。

▌ 水裡很舒服……嗎？

說到水，要注意與水有關的遊戲玩法設計是個難題。早期的遊戲設計會完完全全避免穿過水域，於是開啟了「水＝死亡」這個長壽的電玩遊戲傳統。假如你要走這個路線，傳達的訊息要一致，不然玩家會被搞混。不要期待玩家有能力可以分辨安全的水域與會死人的水域。我的大原則是在單一環境中的水域的特性要嘛安全、要嘛會死人。沒有所謂的游泳池深水區，要嘛全部都是安全淺水區，要嘛全部都是死亡深水區。如果你必須要有水域轉換，要給予玩家足夠的提示與警告，告知游太遠可能帶來的危

險。我曾經參與製作的一個遊戲就會在玩家晃太遠的時候變出一個鯊魚鰭在玩家附近游動，假如玩家不理會這個警告還繼續前進，就會被大白鯊大咬一口。

不過，水中遊玩是可以很有趣的，因爲水本身就適合探險與特異環境。但考慮要不要加入游泳時，你必須要思考幾個玩法方面的規則：

- 玩家要如何進出水中？一定要確保水域的出入口都有玩家輕易可見的明顯標示。這些標示可以用清楚標出的邊際、斜坡、或那種游泳池小梯子來做，只要玩家看得出來「我可以從這邊出去」。
- 角色可以潛入水中還是只能在表面游泳？有時玩家會在遊戲的後段才獲得潛水能力，有時則完全不讓玩家潛水。
- 假設玩家可以在水面下游泳，他們可以在水面下待很久嗎？是否有可以量測空氣量或水壓的計時器之類的機制能避免主角待在水底下太久呢？
- 空氣重要嗎？角色是否會因爲缺乏空氣而死亡？他們是否需要收集加強道具或有其他方式可以維持空氣供給？
- 角色是否能在水下進行攻擊？他們是否可以在游泳的時候拿著武器呢？玩家拿著武器的時候，可能會讓一般的游泳姿勢看起來很怪或造成穿透問題。
- 角色游到水底的時候會發生什麼事？他們會順著底部滑行嗎？還是會漂回水面呢？
- 角色是否可以在水底下做任何他們在陸地上不能做的事情？他們可以拉開關嗎？或者操作那些在水下關卡總會看到的潛水艇艙門？
- 角色的移動速度是固定的嗎？還是他們可以「加速游動」呢？
- 在水中改變方向或深度可能會因爲相機視角要試圖與角色的方位對上而造成問題。在水中快速移動可能會造成相機追不上而翻轉。

在我們翻頁來到遊戲 3C 的下一個 C：Camera（相機）之前，我們先來讀讀：

第五關的普世真理與聰明點子

- 機能決定外型：角色的外表應由他的動作與個性決定。

- 賦予角色突出的形狀、剪影、色調與表面質感。

- 幫主角取適當的名字。

- 個人化可以提昇玩家的情感連結。

- 利用玩家角色來反映角色狀態。

- 要做好同伴與第二可控角色（SPC）需要花很多的力氣。讓他們與玩家角色
  互補。

- 有多個玩家角色時要維持平衡才能達到最大效果。

- 給予非玩家角色一些遊戲功能。

- 利用玩家角色來決定遊戲度量。

- 走路不算是在玩遊戲。

6 ｜ LEVEL 6 The Three Cs, Par t 2: Camera
第六關　遊戲 3C：攝影機

　　你有聽到那個爆裂聲嗎？那是一台 600 Hz 子圖場驅動的 50 吋 1080p 高畫質電漿螢幕被電玩手把貫穿的聲音。為什麼這尖端科技的結晶會被徹底毀滅呢？因為你的遊戲運鏡做得很爛。

　　你知道每年有超過十億台電視因為遊戲運鏡做得很差而被毀掉嗎？[1] 沒有什麼能夠比差勁的運鏡更能迅速地讓玩家放棄你的遊戲，這就是為什麼把運鏡做好如此重要。

▌正確設計：攝影機視角

　　為你的遊戲選擇正確的攝影機不僅對決定如何設定運鏡很重要，也會影響遊戲設計、操控配置、美術創作等。一款遊戲中有多種不同的攝影機模式是很常見的作法，但在大部分的遊戲過程中，應只用一種「主要」的視角模式，並只在特定的狀況下使用其他視角。

　　靜態攝影機的位置、對焦距離、視野都不會變，並且會停留在單一畫面、地點、影像上。最早期的電玩遊戲採用靜態攝影機的原因有二：第一，捲動攝影機還沒發明出來（廢話！）以及第二，所有的元素全都放在同一個畫面中時，玩家比較不會找不到。早期的玩家就真的還沒那麼精明，但玩家沒花多久時間就適應且進化了。

1　這個數據是完全瞎掰出來的。

　　即便靜態攝影機的起源很老派，這種視角在許多現代遊戲中還是很常使用，如《糖果傳奇》、《Crabitron》、《植物大戰殭屍2》等。靜態攝影機有一種很巧妙的用途，是用來建立氛圍，如《鬼屋魔影》與《惡靈古堡》等早期生存恐怖遊戲中可以看到。遊戲開發者不僅利用靜態視角呈現單一間房間，也利用視角將鏡頭做最有效的運用。由於遊戲中的美術素材只需要從「特定角度」觀看，這讓遊戲使用的圖像可以物盡其用。遊戲世界中只需要從單一角度觀看的物品不需要做出背面，因此可以節省遊戲製作與物體算圖所需要的時間。

　　靜態攝影機的另一個好處就是讓你可以輕易地利用靜態視角在遊戲世界中安排劇情相關的事件，因為你不用擔心在事件發生時玩家會正好在看別的地方。不過，由於靜態畫面沒有動感，使用上必須注意。記得要加入動畫與視覺效果彌補，讓畫面保持活力。

　　而假如固定不動的攝影機無法滿足你，你可以很有禮貌地請程式設計師將它改成**捲動攝影機**。

　　想像一下低頭看到桌面的感覺。如果你想像力不足的話，可以用下方這張圖片。在這虛構的桌面上，你可以跟桌上所有的元素互動，但你就是找不到筆。在這張圖片中，灰框代表你看得到的範圍。當你移動或「捲動」攝影機（在此案例中就是你的雙眼）到桌面的另一區塊，你看，筆就在那本書的旁邊！很神奇吧！

可以捲動的攝影機能提供靜態攝影機的所有優勢，還有額外的好處，如：（一）移動，鏡頭的移動可以吸引玩家的注意；（二）讓你能夠把事物藏在畫面外，之後可選擇用戲劇化的方式揭露。這也是許多舊式冒險遊戲會運用捲動攝影機的原因，如《瘋狂時代》、《猴島小英雄》系列等。假如你採用上帝模式或等距視角（我之後會講到），就可以透過模擬桌面遊戲的方式來模擬小遊戲。這也是為什麼即時戰略遊戲（RTS）與迷宮探索遊戲如《戰鎚：破曉之戰》及《暗黑破壞神 III》都使用此視角。記得確定運鏡的操作方式簡單容易，並且是以玩家的角度控制方向。鏡頭移動的方式沒有必要做得太花俏。

找程式設計師一起合作微調鏡頭的水力學，也就是鏡頭加減速的速率。不正確的速率可能造成鏡頭飄過頭或者還沒到位就突然停止。玩家在鏡頭反覆來回卻始終無法到位的過程中可能會感到挫折，而這個症狀最後可能導致玩家抓狂或螢幕炸裂，甚至兩者都有。相對地，也不能讓鏡頭捲動得太慢，這可能導致災難性的結果，尤其是當你的小小軍隊即將被敵方坦克殲滅，而你的鏡頭卻慢到來不及趕到現場，那可會是人間地獄啊！

那，何不讓玩家自己決定畫面的捲動速度呢？這在 RTS 與戰略遊戲中並不常見，但在採用捲動攝影機的遊戲類型中就可能行得通。我建議將此選項做成滑桿，並提供多種速度讓玩家選擇，只有「快」跟「慢」是不夠的。

太初，有靜態畫面。靜態畫面，於《太空侵略者》與《大金剛》足矣。然後玩家們就有更多要求了。於是在 1982 年，偉大的 Irem 公司搭著《Moon Patrol》遊戲中的紫色月球車從天堂降落到凡間，為遊戲世界帶來了**視差捲動** (parallax scrolling)。

當視差捲動鏡頭移動時，世界隨之移動。這種視角為電玩遊戲帶來了革命，讓遊戲開發者能夠創造可以玩更久、更有深度的遊戲世界。視差捲動有兩種不同的處理方式。首先是單純的捲動，鏡頭是由玩家的移動所控制：當世界從他身邊經過時，玩家基本上會待在螢幕的中間，就像那些老派的西部電影一樣。駕！

在使用這種捲動模式時，要記得先演練遊戲載入的順序與方式，因為玩家有可能跑得比載入還快。記得要倒著播放遊戲關卡確保玩家不會把遊戲玩壞。

另外一種捲動方式叫做**強制捲動** (forced scroll)。強制捲動的鏡頭強迫玩家要跟上，這也是為什麼這種視角最早是用在開車與飛行的遊戲，例如《月球巡邏隊》或《Scramble》。它可以用於 2D、2D 視差捲動、3D 捲動遊戲等。強制捲動最早是從第一人稱射擊遊戲如《野狼計劃及第三人稱軌道射擊遊戲如《飛龍騎士》開始流行，後來也用於「追逐」的場景，如《袋狼大進擊》中所看到的。若玩家無法跟上鏡頭，多

半會遭遇很可怕的結果（例如死亡）。

需要給玩家一點壓力的時候，強制捲動視角很好用，但記得不要使用得太頻繁，除非整個遊戲都是建立在這個概念上。

在整個 90 年代，捲軸遊戲占據了家用電玩的市場（我可是親眼見識到的）。這種遊戲超多！當有一大堆人一直在做同樣類型的遊戲，最後總是會有一些創新趁機潛入。當時就發生了這樣的事情，還兩次。

第一次是 Mode 7 模式，這是以超級任天堂可使用的八個圖層中第七個圖層為命名的模式。[2] 超級任天堂的硬體會將 2D 的美術轉換成 3D 平面，如此一來畫面捲動時就可以產生一種錯覺，彷彿背景正毫無止境地朝著地平線或遠離地平

線移動。再加上一個面向前方或後方的精靈圖，就可以產生車子或角色正在朝著螢幕或離開螢幕的方向移動的效果。Mode 7 的用法可以在《瑪利歐賽車》、《F-Zero》、《超級星際大戰》等遊戲中看到。

不過要設計 Mode 7 模式的關卡可不容易，因為關卡並沒有真正的盡頭，只有一個玩家永遠到達不了的地平線。雖然科技已經進步到可以讓程式設計師輕易地不需利用任何特殊繪圖模式就能創造 3D 世界，這個名詞還是有些（古老的）遊戲設計師在使用。

除了視角捲動，程式設計師也從傳統動畫所使用的**多平面攝影機**（multiplane camera）找到靈感。這種攝影機可以透過焦距變化去產生畫面深度的錯覺，透過在 Z 軸上前後對焦，開發者可以設計有平行路徑的關卡。有些遊戲，例如迪士尼的《Hercules Action Game》（Virgin Interactive，1997），就利用多平面鏡頭去做出 2D 的遊戲

2　其實捲動的地平面在超級任天堂的 Mode 7 之前就出現過了。例如《Night Racer》（Micronetics，1977）以及《一級方程式賽車》（南夢宮，1982）等賽車遊戲就是最早用滾動地面來創造立體空間錯覺的。

空間，這是後來所謂 2.5D 的前身。2D 遊戲中的放大效果有一個副作用，就是當鏡頭將不可縮放的精靈圖放大時會有「粒粒分明」的嚴重像素現象。我們到現在還可以看到一些「仿古」遊戲刻意模仿這個現象。

第一人稱視角

隨著遊戲設計開始運用畫面遠近，遊戲創作者開始嘗試更多電影運鏡的視角。雖然早在 1970 年代就有幾個運用**第一人稱視角**的遊戲，一直到1992年 Apogee Software 的《德軍總部 3D》與其後繼者——id Software 在1993年發表的《毀滅戰士》，第一人稱視角才就此發揚

光大。雖然從賽車到平台遊戲，各種不同的遊戲類型中都可見到此視角，但一提到該視角就會想到的，非**第一人稱射擊遊戲** (first person shooter, FPS) 莫屬。

儘管第一人稱視角如此受歡迎，但此視角是否最適合遊戲玩法，其實很難辨別。以下這張簡略的表格，列出了第一人稱視角的優缺點：

優點	缺點
較容易持武器瞄準。	不易衡量跳躍與移動的距離。
玩家能將角色當作是「自己」，提升遊戲世界的沈浸感。	玩家看不到自己的角色，可能因而失去情感連結。
較容易打造很講求氛圍的情境（如恐怖遊戲）。	玩家不會每次都看向遊戲設計師想要他看的地方。
玩家可以細看武器、遊戲世界中的物件、解謎道具等。	遊戲物件（如道具）必須放大比例以彌補距離造成的影響。

　　如你所見，支持或反對第一人稱視角的論點還滿勢均力敵的。但不論如何，使用第一人稱視角可以讓你加入一些很有趣的特效：

- 濺血：許多現代 FPS 利用畫面上濺血的特效來表示玩家受到傷害了，你也可以將畫面逐漸變黑或變暗掉來表示玩家快死了。此特效有些遊戲用得很兇、有些遊戲比較節制，但我個人認為讓玩家看不到遊戲內容（或傷害來源）來進一步懲罰瀕死的玩家實在是不太公平。我建議這種特效偶而使用就好。

- 雨滴／霧氣／鏡頭光暈：這種特效利用天氣的影響阻擋鏡頭視線。在賽車遊戲中，雨滴在車子的擋風玻璃上能夠增加速度感。玩家眼中的鏡頭光暈可以提升日落的真實感。在人煙稀少的寂靜小鎮利用霧氣把細節變得模糊則可以增添一層陰森氣氛。

- 「終極戰士視野」：該靈感來自電影《終極戰士》中熱成像攝影機的效果。你可以在第一人稱視野中模擬此效果，讓玩家感覺他們在使用高科技或外星科技的裝備，如夜視鏡。使用這些效果不能只有看起很酷而已，還得要確實賦予玩家遊戲中的優勢。

- 模糊／酒醉鏡頭：第一人稱視角讓遊戲設計師有機會促使玩家對遊戲角色的狀態身歷其境。只要這種變異的狀態不要過度影響玩家控制遊戲且不要太久，偶而扎實地敲玩家的頭一下（或者讓他來一次嚴重的虛擬宿醉）不會出什麼問題的。

　　這些效果聽起來滿好玩的，對吧？記住，這邊列出的許多效果一樣可以運用在第三人稱視角中，不過只有搭配第一人稱視角使用才能真正讓玩家感覺身歷其境。等等，在你開始批評前，這邊再「吐」一點資訊給你。

DIMS 是 Doom-induced motion sickness（毀滅戰士動暈症）的縮寫，也就是我們常聽到的 3D 暈。這種症狀是確實存在的，當眼睛接收到身體移動的訊息，但（負責平衡的）內耳卻沒有的時候，3D 暈就會發生。動暈症是否會發生，最大的因素是遊戲中的視野。視野越大，越多人會感到頭暈。[3] 動暈症的症狀包含皮膚溼冷、出汗、暈眩、頭痛、噁心等。

想要避免你的遊戲被玩家嘔吐物噴好噴滿，你可以試試以下的對策：

- 將遊戲的影格率盡量提升至每秒 60 格。避免讓前景的物體上下晃動，例如玩家的武器。
- 地面維持越平坦越好。[4]
- 在環境中加入大型的固定物件，讓玩家能夠聚焦視線。
- 避免經常快速移動鏡頭。
- 盡量不要讓玩家需要經常快速地改變視線仰角。
- 最後，雖然我不是個醫生，甚至也不會在電視上扮演過醫生，我還是建議在發生以上症狀時去呼吸一些新鮮空氣、喝杯水，並吃點不會讓你想睡的動暈症藥物。

▌第三人稱視角

要避免讓你的遊戲成為催吐大賽，另一種方法就是將鏡頭往外拉到第三人稱視角記住，這不是萬靈丹，但我發現當玩家有地方可以聚焦視線的時候，3D 暈 效應會降低許多。第三人稱視角讓玩家對遊戲世界以及其中發生的事情有更良好的視野，也可以看到角色背後是否有東西靠近。蘿拉！小心！那個傭兵有把彎刀！

---

3 這也是為什麼我去看電影的時候都不會坐第七排以前的位子。

4 我在玩 N64 的《黃金眼》的時候被這個害慘了。不要誤會，這遊戲真的很讚，但裡面有一關的地板忽高忽低，我玩了半小時以後就開始想吐，不得不停下來。我在那之後就沒有繼續過關了。

　　把鏡頭拉到玩家後方比起第一人稱視角多了許多好處。首先，玩家可以清楚地看到他的角色⋯⋯的屁股。[5] 要解決這個問題，只要讓角色可以轉身跑向攝影機就好了。但這樣你就得要確保鏡頭會隨著玩家的移動向後退。這樣控制方向是要以鏡頭為基準還是以玩家為基準呢？然後玩家要怎麼樣將鏡頭重置回原來的位置呢？我想想看喔。這可能比我一開始想像的還要複雜呢。

　　要讓第三人稱視角正確運行可能是團隊要面對的最大挑戰。雖然運鏡可能會遭遇各式各樣的問題，你至少需要考慮以下幾點才能把運鏡做好：

- 攝影機運動：我在高中的時候會在放學後負責體育活動的錄影。當我專心拍攝比賽時，我會忘記身邊其他所有事情。於是，我常會在後退時撞到教練又被場邊地上的器材絆倒，如此一來影片不但不好看，而且還會惹惱教練團。為了解決這個問題，我找了個朋友在我錄影時幫我看路，以便將我撞到的次數降到最低。

5　據說托比・加德（Toby Gard），《古墓奇兵》的設計師之一，當初將主角設計為女性是因為他不想要在整個遊戲的製作過程都盯著男生的屁股看。

這個經驗讓我了解到每一台攝影機都需要有人幫忙看路，即便是在電玩遊戲中的也一樣。這就是為什麼我會說「把攝影機當成人來看」。當你在寫攝影機的程式還有建造遊戲世界的時候，記得要留操作空間給攝影機、也要讓玩家有辦法操控它。這種視角風格一般稱為**跟隨視角**（follow cam），因為攝影機會跟在玩家後面。在我做 3D 跟隨視角多年的經驗中，我學會了要注意以下事項：

- **穿透 (sorting)**：穿透就是當攝影機碰到角色或幾何物件的時候直接穿過去。沒有什麼能比穿透現象更快摧毀一個世界的真實感了，這會讓遊戲世界感覺很虛無飄渺。更糟的是，穿透的攝影機時常會將這個世界的背景圖層暴露出來，而背景圖層通常只是天空或者一個單色塗層，看起來超糟的，所以你必須盡所有力量確保遊戲不會發生這個現象。

  小心注意攝影機與幾何物體之間的關係，就可以避免穿透發生。其中一個方法是幫攝影機設定一個檢測半徑，這樣攝影機就知道要往上跨過、往下鑽過、從旁繞過遊戲世界中的物體，而不是直接穿過去。假如你不希望遊戲去處理這麼多的碰撞偵測（這會讓遊戲慢下來），也可以將物體改為半透明。這個方法對於牆內的物體算是滿有用的，但不適合用在遊戲世界的邊界上，因為可能會毀了整個關卡的真實性。當關卡中的元素忽隱忽現，玩家會無所適從（而且看起來糟透了）。

- **控制**：從操作的角度想想攝影機要如何運作。在玩家將攝影機垂直向上或垂

直向下瞄準時，許多遊戲會出現錯誤。就我個人喜好，我不喜歡「飛機控制模式」。除了在開飛機以外，我不要在角色需要往下移動時把類比搖桿往上推。對我來說，讓 FPS 角色使用飛機控制模式一點都不合理。不過假如你一定有這種以攝影機爲基準的控制選項，至少讓玩家有得改。或者甚至把以角色爲基準的控制設定爲預設，把飛機控制模式設定爲選項。

- **攝影機翻轉**（camera flipping）－又稱爲「乒乓」（ping-ponging）或「彈跳」（bouncing）。這個問題會發生是因爲攝影機會試圖找到一個適合停放的位置，但最後卻在兩個以上的物體之間彈來彈去。這是數學計算不夠縝密所造成，不過去跟你的程式設計師講吧。

攝影機翻轉的頭號原因是**角落**。與其嘗試去設計一個過度複雜的攝影機系統來抑制翻轉現象（相信我，最後一定都會變得太複雜），不如打從一開始就不要讓玩家進去角落就好了。但不要做成隱形物體（噢我超恨隱形物體，之後再說），而是做阻擋物體，如小擋土牆、草叢、大石頭、圍欄等可以告訴玩家角落「禁止進入！」的物品。請避免把收集物放在角落，不要自討苦吃。遊戲敵人 AI 的路徑跟偵測範圍也不要涵蓋角落。把所有遊玩元素移至房間的中間。不！要！靠！近！角！落！我是認眞的！

好喔，你沒有聽我的勸告。你就是要把那個強化道具藏在房間的角落。這樣的話，當角色走到角落，記得確保攝影機會沿著牆壁往上。想像一下，假如你的攝影師是蜘蛛人。蜘蛛人遇到牆面的時候會怎麼做？他會往上爬。讓你的攝影機順著牆面往上衝，從鳥瞰（還是蜘蛛瞰？）觀點看玩家。但要避免讓攝影機從玩家的頭頂正上方往下看。這個視角不僅不美觀，還會因爲攝影機不知道要從哪裡看主角而容易造成翻轉。

- **視線阻擋**：這個問題發生在有東西擋在攝影機與玩家之間，阻擋玩家的視線。假如有東西擋在中間，那我建議把攝影機當成……蜘蛛人！讓攝影機爬上牆面、跳過道具、盪到空中。只要能讓攝影機快速移動到有清楚視野的位置都可以。

- **位置**：在世界上最優秀的遊戲設計師之間，有一件事情始終沒有辦法取得共識，那就是攝影機是否應該像有支棍子固定在角色身上一樣緊緊跟隨，或者要悠哉一點，隨性跟著就好。別想太多了，攝影機會在它自己想要的時候跟上玩

家的。（或是當玩家選擇將攝影機重置的時候）也許是因為我在南加州長大的，但我毫無疑問偏好第二種方式，原因包含：受到阻擋的機會較少、有時可以看到角色的臉、可以設計敵人從背後偷襲的情境挑戰玩家、可以設計「追逐」類型的橋段等。而這件事情為什麼會有爭議呢？不是因為全世界最優秀的遊戲設計師反對以上幾點，而是他們必須交出攝影機的控制權。

交出控制權

當玩家拿到攝影機的控制權時，壞事就會降臨。他們會把攝影機放在不該放的地方、他們會想辦法把攝影機卡在物體中。簡單來說，他們會把事情搞砸。我可以跟你說，沒有什麼比看到一個白痴亂搞攝影機更能惹怒遊戲設計師。因此你，遊戲設計師本人，想要解決問題有三個選擇：要嘛放鬆你緊繃的括約肌，讓玩家控制攝影機；要嘛喚醒你內心的獨裁者，把攝影機占為己有；或者，你可以決定玩家什麼時候需要控制權什麼時候不用。你才是設計師，由你作主！

做出選擇吧！冒險家！

要給玩家攝影機的控制權，請讀下一節。

要把遊戲攝影機的控制權取回，跳過下一節並往前移動一步

要讓玩家有時可以控制攝影機、有時不行，請跳過下兩小節並往前移動兩步。

你決定要讓玩家控制攝影機

我曾經用過三種不同的方法給予玩家遊戲攝影機的控制權。

第一個方式是讓玩家控制跟隨視角攝影機的一切。利用類比搖桿（或者電腦遊戲的滑鼠），玩家可以隨時用攝影機觀看周遭360度，不管是在跑步、靜止站立、戰鬥中等任何情境都可以。

這樣做的缺點就是玩家可能一下子就失去方向感、遺漏關卡中一些有趣且關鍵的事件與線索、甚至產生 3D 暈。

　　第二種方式叫做 **自由觀看攝影機**（free-look camera）。這種攝影機讓玩家可以停下來觀察世界（等同於第一人稱視角）。自由觀看模式通常是利用一個按鈕觸發，讓玩家進入可以用類比搖桿（平常用來移動玩家的那個）轉動攝影機 360 度的模式。我有看過一種自由觀看攝影機的做法，會限制攝影機的轉動角度在 180 度以內，試圖模仿脖子的自然轉動範圍。

　　當玩家按下這個鈕回到第三人稱視角時，玩家通常會被轉向自由觀看攝影機最後所看的方向。

　　說到重新定位，如果能夠提供玩家重置攝影機回到預設位置（使用第三人稱攝影機時是回到角色後方）的選項，他們會感謝你的。這個方法在戰鬥與跳平台的場景時特別有用。玩家通常是以按按鈕來重置方向。

　　注意玩家轉動第三人稱攝影機的速度。好的攝影機會感覺好像泡在水裡：它不會瞬間急停，而是在減速時緩緩變慢。這可以避免玩家受 3D 暈之苦。由於玩家角色通常不是靜止的，我之前學過一招，就是讓攝影機在玩家停下時時稍微移動過頭，然後如果玩家靜止不動夠久，攝影機可以緩慢地移動將玩家置中。切記，絕對不要讓玩家跑到攝影機的視野之外。

　　第三種方法是 **給予玩家選擇性的相機控制權**。例如第一人稱視角的自由觀看攝影機，這個模式是透過按鈕觸發，讓攝影機可以靠近觀看東西的細節，或進入例如狙擊槍瞄準鏡之類的特殊模式。選擇性控制權跟自由觀看攝影機的差別在於情境。

　　自由觀看攝影機是在模擬角色頭部的轉動；而選擇性控制權則是在模擬一個裝置，例如雙筒望遠鏡或瞄準鏡。這種攝影機模式的任何限制都應反映角色所使用的裝置本身的限制。這個視角的說服力是來自它的真實感，所以讓它指引你該怎麼做吧。

　　有些遊戲設計師覺得從第三人稱視角轉換到第一人稱視角很突兀，並覺得這樣做有可能會讓玩家跳出設計師所精心策畫的氛圍。《惡靈古堡

4》就為了遊戲的射擊部分創造出了一個獨特的做法：當玩家舉起武器瞄準時，攝影機視角就會往下移動，停留在角色肩膀後面。

另外一個較不常使用的方式則是**第二人稱視角**。在這種視角中，攝影機會採取一個完全不同的角色的視角。在《禁咒的紋章》中，玩家是透過庫索（Kuzo）的眼睛看世界，牠是一隻可以執行間諜任務的鳥。在《黑暗領域》中，玩家則可以控制一隻「觸手攝影機」用來看轉角後面，超出玩家本身的視野。當玩家達到觀看的目的，就可以按一個鈕切回第三人稱視角。

■ 你決定不給玩家攝影機的控制權

幹得好。人生並不需要有人來亂搞攝影機，讓遊戲看起來很醜。你會發現不要給予玩家攝影機控制權有許多好處：

- 剝奪攝影機控制權可以讓玩家少擔心一件事情。假如他們不需要跟攝影機搏鬥，玩家就能把心思擺在最重要的事情──玩遊戲。

- 當攝影機的視角是由你來決定，你在視覺元素上花費的時間精力就可以取得更好的成果，這代表遊戲美術的建構上可以把多邊形與紋理利用到極限。遊戲《戰神》裡面的場景是當作舞台劇的佈景在架構而不是採用全 3D。假如沒有機會看到房子的背面，那何必把它做起來呢？

- 可以把遊戲當做黑暗探險設施。迪士尼樂園的《幽靈公館》就是在現實世界中由設計師控制攝影機的的完美範例。它的車廂（omnimover）[6]總是讓遊客面向設施中最有趣的畫面。你可以在一些第一人稱射擊遊戲中看到這種軌道攝影機（rail camera），例如《火線危機》以及《死亡鬼屋》。

- 你的遊戲世界看起來就是好看多了。把攝影機控制權拿走代表你可以設計一些畫面。想要用蟲瞻視角讓魔王看起來更嚇人嗎？沒問題。想要將視角變形讓世界看起來扭曲詭異嗎？那就做吧！沒有外人會來把它搞砸。

- 我錯過了什麼？遊戲世界中有很重要的線索或發生中的事件嗎？想要讓玩家看到毀滅之塔令人不安地在背景聳立，還是發現那隻巨大蜘蛛正從背後緩慢逼近？沒問題。只要玩家沒有攝影機控制權，就不會發生玩家錯過遊戲中重要時刻的危機。

6　也稱作「死亡小車車」（doom buggies）。呵。

- 想要攝影機表演特技嗎？在柱子之間穿進穿出？繞過柱子、飛越障礙、從物體下鑽過？在玩家於障礙物下爬行、狹窄通道中穿梭時，讓攝影機緊跟在後嗎？去吧！盡情享受那些複雜的攝影機動作。利用軌道攝影機，你可以設計複雜且富有電影感的視角。也不用擔心玩家跟你爭搶攝影機控制權。只要確保你的遊戲控制在這些花俏的攝影機操作中能維持一致性就好。

- 假如你決定阻擋玩家視線或讓角色離開玩家視野，要記得讓你的角色控制方式可以讓玩家把角色帶回畫面中。舉例來說，假如玩家將角色移動至圍欄後方，她應該要可以將搖桿持續推向同一邊並預期角色最後會從另一端出現。不要在阻擋物後方放置陷阱或在這種地方將路徑放寬，因為這樣會讓玩家可以在 Z 軸移動。玩家可能在視野外受傷或迷路，這樣不公平。話說回來，這樣的場所很適合藏寶物呢。

拿走玩家對攝影機控制權的時候，最重要的是要讓玩家清楚理解他們沒有攝影機控制權。當他們意識到這件事，就可以專注在玩法上而不用擔心攝影機。

要做 2D 還是 3D？到頭來最重要的是，你所選擇的攝影機模式必須最適合你的遊戲設計。

■ 你決定有時讓玩家擁有攝影機控制權

你是一個公正公平的人，也知道什麼叫做適度。現在給我回去讀另外兩個選項學學真本事吧，你這自以為是的傢伙。

▌2.5 D

《袋狼大進擊》是最早將 2D 平台遊戲玩法帶入 3D 世界的遊戲。2D 遊戲利用精靈圖繪製遊戲中的世界與角色，而 2.5 D 則是使用 3D 角色與世界模型，但將攝影機的移動範圍像 2D 遊戲一樣賦予限制，只能上下以及進出 Z 軸。

　　製作2.5 D遊戲時，只要照著視差捲動攝影機的規則並同時依循前述的取走攝影機控制權的指引去做就可以了。

等距攝影機

　　最早出現在《Zaxxon》（Sega，1982）的等距攝影機（isometric camera）給玩家一個全新觀看遊戲環境的方式。既不太算側面視角也不太算鳥瞰視角，等距視角帶來一種玩具世界的效果。加上能夠在2D顯示器上面呈現平順滑動的3D世界，讓等距視角大受建築與模擬遊戲的歡迎。

　　等距攝影機有一些好處：玩家可以一眼看到整個環境的布局以及其中的物品之間的關係，所以很適合環境謎題。而且如《暗黑破壞神》與《星海爭霸》所展示的，這

個視角會讓大量敵軍看起來更加壯觀。話說回來，高低落差可能在等距視角中造成問題，在畫面上要辨別一個物體是較高較近還是較遠較低會有困難，因為它們在螢幕上位於同一個位置。不管遊戲中的物件跟第一人稱或第三人稱視角比起來有多小，等距視角遊戲還是可以做到精細美麗。不過，假如你的遊戲沒有仔細觀看遊戲世界內的居民的需求，何不直接坐到神的位置上從**上帝視角**觀看。

　　由於在上帝視角中細節比較沒那麼重要，你會在那些主管城市或掌控大陸的遊戲中看到，例如《Spore》及《最高指揮官》。上帝視角基本上就是一種等距攝影機，只是玩家在看世界時視野較廣，有時候甚至可到低空衛星軌道那麼高。

　　這邊提供你一個專業建議，美術團隊為等距關卡製作美術元素時可以參考：只要遊戲的美術風格不是偏寫實風，他們可以只畫遊戲角色的側面圖就好。不相信我嗎？看看《王國保衛戰：前線》以及《植物大戰殭屍 2》。

▌頭頂視角攝影機

　　雖然**頭頂視角**被稱為「老派」，我們偶而還是會發現利用此視角的動作類街機電玩遊戲。經典的遊戲例如《電視鬥士》與《聖鎧傳說》所採用的就是這種視角。此視角有個缺點，就是無法仔細近看遊戲角色或世界，而且深淺等等概念也應避免用在此視角中。

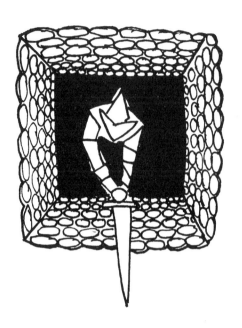

頭頂視角有一種有趣的變化，稱爲頭頂／側面視角攝影機，也稱作「強制透視」（forced-perspective）視角。在這種視角，雖然遊戲關卡中有些元素是用頭頂視角呈現（通常是世界中的元素以及強化道具），其他

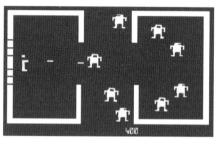

元素（例如角色）則是以側面視角呈現。這種視角有種特殊的魅力，有點像埃及墓室畫作中的人物永遠都是從側面看的感覺。在近期使用這種古怪視角的眾多遊戲當中，《貪食蛇》與《塔防遊戲》是其中兩個範例。

▌AR 攝影機

在擴增實境（augmented reality，AR）遊戲中，當玩家把相機瞄向正確的方向時，虛擬的角色會「出現」在現實世界中。在行動裝置的相機與 EyeToy 及 Kinect 這種影像體感控制器問世後，《奇幻之書》、《星際大戰：獵鷹槍手》、《AR 遊戲組合》、《實境塔防 2》等遊戲越來越受歡迎，讓人期待遊戲與現實之間的界線可以變得模糊。

擴增實境的遊戲有兩種。第一種需要一張類似 QR Code 的印刷卡片給相機看，只要玩家用相機瞄準卡片圖像或其周圍，遊戲的元素就能顯示。假如玩家移開相機，

人物會消失，遊戲也會暫停。

另外一種 AR 遊戲則是會顯示虛擬的角色、車輛、特殊效果等「蓋在相機的畫面之上」。舉例來說，《AR Invaders》（Soulbit7，2012）會在你所看到的背景上（不管是城市的建築物還是你家的廚房）顯示太空船以及抬頭顯示（HUD）。

在設計 AR 遊戲的時候，試著不要讓抬頭顯示元素或者大型的虛擬物件塞滿螢幕，因為它的魅力來自於在現實世界中看到虛擬人物。另外也要確認遊戲元素可以放大縮小，因為玩家後退個兩步就能輕易地改變他們與卡片之間的距離。

▌ 特殊情境攝影機

好，你已經決定遊戲要用什麼樣的攝影機，這樣就一切就緒了，對吧？錯！你有想過特殊情境使用的攝影機嗎？設計水中或飛行所使用的攝影機會更加深複雜度。

以下有一些須要注意的警訊以及技巧，在遊戲中加入這些元素時可以使用：

- 在玩家飛行或游泳時，要確保攝影機一直跟著玩家，不要讓玩家上升或下墜到螢幕之外。
- 假如玩家可以垂直上下飛或游泳，要確保攝影機不會穿透地板物件。
- 玩家在游泳時，讓攝影機跟玩家一起待在水面下。除非玩家在水面游泳，不然不要讓它跑出水面。試著在「水中」與「地上」之間做出清楚的區別。
- 請努力抵擋想要讓攝影機在水中寫實地上下漂動的慾望。這樣的特效會讓玩家受到 3D 暈 的折磨。

▌ 有限的視野

當玩家穿過狹窄的區域如洞穴、下水道、地下城等，可能會發生另一個攝影機問題。低矮的天花板、狹窄的通道、門口等地方可能讓攝影機遭遇各種問題。

在這些容易出問題的地方，我發現假如用軌道攝影機限制攝影機的活動，你不僅可以避開所有問題，也能維持如幽閉恐懼症般的壓迫感。記得避免使用低視角，將攝影機維持在角色的肩膀高度或者玩家頭上，但要小心長長垂下的鐘乳石造成攝影機穿透的問題。

攝影取景指南

現在你已經看到攝影機呈現遊戲的所有方式，接下來該看看攝影機如何呈現故事了。我們去趟五秒攝影學院來學學如何架設攝影機以取得最棒的一幕，就跟好萊塢那些專業人士一樣！

- 超遠景（extreme wide shot，EWS）：這個畫面是從很遠的距離呈現一個角色或地點，最適合拿來展示遠處聳立的城堡或毀滅星球的太空站在軌道繞行。

- 大遠景（very wide shot，VWS）：這個畫面比超遠景還要近一點，所以可以看到一些細節，通常用來鋪陳建物場景或者其他大型物體例如太空船等，或者是創造出玩家被困在海上或沙漠中的氛圍。

- 遠景（wide shot，WS）：在遠景畫面中，我們可以看到整個被攝體（可以是車子或者人物），通常會用在一開始介紹主角或車輛的時候，讓玩家可以好好地觀看全貌。

- 中景（medium shot，MS）：在畫面中可以看到大約被攝體的一半，通常為角色的腰部以上——這代表你的角色那天可以不用穿褲子。

- 近景（medium close-up，MCU）：也稱為「頭肩景」，這個視角最常用在角色說話的時候。記得要加入手部動作，讓角色在畫面中保持活力。

LEVEL 6 The Three Cs, Part 2: Camera

第六關　遊戲 3C：攝影機

149

- **特寫**（close-up，CU）：又稱為「頭景」，以角色的臉填滿拍攝畫面來呈現他的表情。當你靠電腦動畫角色模型這麼近的時候，會開始看到一些缺陷（例如嘴巴的內部或者紋理的特寫）。我建議偶而用這個取景就好。

- **大特寫**（extreme close-up，ECU）：砰！這個取景直接貼到鼻頭上了。大特寫很適合把畫面聚焦在眼神表現，在義大利式西部片（spaghetti western）及以前的恐怖電影頗常見。你也可以用來呈現物件的細節，例如謎題線索或甚至謎題本身。

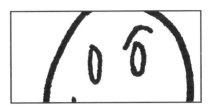

- **跳鏡頭**（cutaway）：你知道那種當主角說「我需要那把魔法劍」然後下一個畫面就是魔法劍的表現手法嗎？那個就叫做跳鏡頭。跳鏡頭也可以用來呈現角色的反應。

- **切入**（cut in）：在這邊，主角說句「我要查看這個線索」，畫面就會帶到線索的細部特寫。這就叫做切入。

- **雙人鏡頭**（two shot）：這個取景稱為雙人鏡頭是因為它同時會在畫面上顯示兩個元素（通常是兩個對話中的角色）。

- **過肩鏡頭**（Over-the-shoulder shot，OSS）：這是從角色的肩膀後面所拍攝的視角。這也是個揭露隱藏物品的好機會，例如用來揭露角色背上掛了把槍，或者是在答應不會將壞人殺掉的同時其實手指在背後交叉。[7]

- **點頭回應鏡頭**（noddy）：在這個鏡頭中，畫面中的角色在回應其他人所講的話（對說話者作出「點頭」的回應）。這個鏡頭在新聞訪談中常見。

7　譯註：代表打算說話不算話。

- 主觀視角鏡頭（point-of-view shot，POV）：這個畫面是從某人或某物的視角
  所拍攝。一般來說，這是玩家的雙眼所看到的畫面，有時也可以是敵人注視的
  角度，或者從漂浮在空中的強化道具觀看的視角，只要你想得到的都可以！

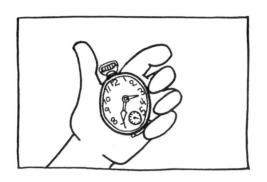

攝影角度指引

現在你知道你要用哪種攝影機，也知道要什麼樣的畫面，接下來要把攝影機放在
讓一切看起來最酷的位置。

- 水平鏡頭：攝影角度跟被攝人物的眼睛
  平高。

- 俯視角：攝影機從比被攝體高的位置往
  下看，可以讓東西看起來變得平凡。這
  很適合用來呈現不同要素之間的關係。

- 仰視角：攝影機從比被攝體低的位置往
  上看，可以讓物體看起來更具威脅性或
  壓迫感。運用在魔王戰中的效果很棒。

- 蟲瞻視角（worm's-eye view）：攝影機從
  地面往上拍，彷彿一條蟲在觀看。

- 鳥瞰視角（bird's-eye view）：這個畫面是從高空拍攝，彷彿一隻鳥在觀看。

- 荷蘭式鏡頭（dutch tilt）：我們在《王子復仇記》中有利用這個技巧。我們想要遊戲內的畫面感覺有點詭異或古怪，就像在山姆・雷米（Sam Raimi）的恐怖片

或者 1960 年代的《蝙蝠俠》影集中所會看到的畫面一樣。方法是將攝影機傾斜讓所有的東西都歪掉。如果你做得很精巧，玩家會覺得某個地方不對勁卻又說不上來，這樣可以達到很棒的效果。假如你做得很明顯，那真的會造成混亂的效果。

運鏡指南

運鏡本身就是門藝術。以下是最常使用的運鏡方式，看看你有沒有辦法把這些方法融入你的遊戲，讓它更有電影的感覺。

- 弧形（Arc）：攝影機以弧形跟隨或平行繞著被攝體移動。有個很常見的技巧是當一件很神奇美好的事情發生在角色身上（例如得到新的能力），就讓攝影機以弧形繞玩家一整圈。

- **推軌變焦**（dolly zoom）：在攝影機調整焦距的同時往前或往後移動，讓被攝體在畫面中維持一樣的大小。這個技巧常見於史蒂芬‧史匹柏的電影當中。裡面的角色可能是對某件事物感到驚奇，或者意識到某件不好的事情即將發生。

- **跟隨拍攝**（follow）：攝影機跟著被攝體移動。依照過場動畫的風格不同，你可以嘗試在跟隨拍攝時讓攝影機像手持一樣晃動。

- **垂直上升**（pedestal）：攝影機跟著被攝體一起往上移動。有點像橫推追蹤，但是方向是垂直的。讓攝影機垂直上升超過前景的物體可以協助增加速度感，如果想要呈現東西突然地或強力地往上衝，效果特別好。

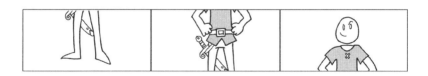

- **橫搖**（pan）：攝影機向左或向右移動。多多嘗試橫搖，可以繞過不同東西。在前景放些物品可以做出更有趣的畫面。

- 直搖（tilt）：攝影機的焦點上下移動，但攝影機本身的位置不變。鏡頭眩光的特效可以讓直搖看起來更有意思。

- 推軌鏡頭（dolly）：攝影機平滑地往被攝體的方向或反方向移動，又稱爲 track-ing 或 crab shot。速度的差異可以讓推軌鏡頭更有特色：如果要營造神祕感或者懸疑感，可以緩慢地推動；很危險或戲劇化時則可以用衝刺速度。可以嘗試讓推軌移動開始或結束在被攝體開始移動前，會比較動感。

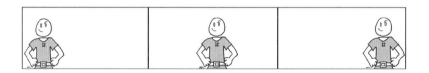

- 變焦鏡頭（zoom）：鏡頭的焦距改變，讓人有相機移動的錯覺。要小心不要在焦段變長（放大）時穿過物品，或者太靠近其實沒有做細部繪圖的人物與物品。玩家看到表面紋理從細緻變成顆粒狀，會很容易失去遊戲的沈浸感。

其他攝影機相關事項

你現在是個專業的攝影師了，接下來該訓練一下導演技巧。

沒有什麼比乏味的構圖更能毀掉絕美的畫面。構圖的最基本原則叫做三分法（the rule of thirds）。

你有發現三條虛擬的線橫跨這張照片嗎？三分法就是將欲聚焦的物體放在三分之一的高度或偏單側三分之一長度的位置。

當然啦，在充分掌握三分法之後，你會想要打破這個法則。那也沒關係，畢竟你是位藝術家嘛。

另一條經過時間考驗的法則叫做**跨越界線**。就像三分法一樣，在這邊一樣有一條虛擬的線切過畫面或環境的正中間。假設主角正在跑步遠離一個死亡陷阱。

主角剛剛跨越界線了。這會讓他看起來像是一開始往右跑，之後又往左跑——看起來很怪並且無法表達出主角跑步的方向沒有改變。你應該改成主角正面的畫面，表示這是同一個人物在同一個位置。

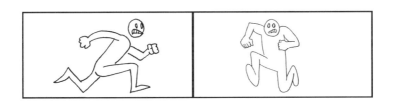

另外，在兩個角色對話的時候也要避免跨越界線，不然他們會看起來像是在跟畫面外的人說話。

■ 永遠讓攝影機指向目標

不管是在遊玩過程還是在過場畫面，執導時一個極有用的準則就是攝影機應告訴玩家他們要看哪邊。舉例來說，你進入一個神祕的地下密室，我們可以透過攝影機運動來告訴玩家許多事情：謎題的要素可以在哪邊找到、敵人的樣貌或地點、戲劇性地揭露一座美麗的建築、出口在哪裡等。以上若可以同時達成則更好。劇作家契訶夫（Anton Chekhov）說：「如果第一幕牆上掛了把槍，在第二幕就應發射，否則別把它放在那邊。」[8] 換句話說，讓玩家看到房間或畫面內所有他會需要的東西。你可以逐步釋放線索給玩家，但不要讓他們毫無頭緒地亂猜。

即便玩家看不到目標物，那就給他們工具去尋找看見的方法。《蝙蝠俠：阿卡漢起源》中利用「偵探模式」（就是一副 X 光目鏡）讓蝙蝠俠（也就是玩家）可以看到敵人，也會指出祕密通道的方向。《玄天神劍》利用子母畫面來顯示謎題線索以及在魔王戰時顯示敵人的「沙龍照」。

■ 別讓角色跑到攝影機的視線外

唉，我已經聽得到抱怨聲了。「我要怎麼讓攝影機無時無刻在拍攝主角？主角跑到牆後或者躲在茂密樹叢後面怎麼辦？」呃，這不是問題。有許多不同的技巧可以幫助玩家確認他們在遊戲中的位置。看這邊：

- 顯示一個箭頭、名牌，或在物體上顯示玩家的「鬼影」輪廓。
- 把螢幕當作 X 光或者熱成像裝置，當玩家位於物體後面，顯示他的骷髏或熱影像。
- 把牆壁或者物體變透明來顯示其後方角色的位置。
- 假如你的角色離開畫面（這有可能在多人模式中出現[9]），用箭頭或小圖顯示他的位置。
- 將鏡頭變焦至第一人稱模式，顯示角色的視角。
- 設計物體時確保我們總是可以看到角色的一小部分。有色玻璃、隙縫、有空隙的柵欄等都對顯示後方玩家的動態非常有幫助。

---

8 用自《Anton Chekhov: A Life》，Donald Rayfield 著（Henry Holt and Company，1997）。
9 但這不會發生，因為你不會讓你的主角離開攝影機的視線，對吧？

　　當玩家處在被遮蔽的情況，攝影機不應有任何不符常規的動作。玩家最不需要的就是在看不到角色的情況下還要跟攝影鏡頭搏鬥。

▋ 多人攝影機

　　要讓攝影機維持在一個玩家身上就已經夠棘手了，那如果玩家不止一個呢？我看過許多遊戲設計師在為多人模式設計堪用的攝影機時發瘋。還好我已經替你把麻煩事都搞定了，讓你可以少跑一趟瘋人院。

- **分割畫面**：《黃金眼》有個很棒的四人分割螢幕模式，只要你不期待可以看到畫面上的任何細節，用起來就很不錯。《怪獸大激戰》所使用的分割畫面只有在兩個戰鬥中的怪獸距離彼此夠遠的時候才會觸發。在這個擁有巨大電漿顯示器的時代，分割畫面好用多了，因為每位玩家是真的可以看到畫面上發生了什麼事情。

- **伸縮畫面**：《小小大星球》在螢幕上出現一個以上的角色時會將畫面範圍放大。假如任何角色離開畫面，遊戲會使用箭頭來追蹤玩家的位置。假設他們離開畫面太久，玩家會被「殺掉」，直到抵達下一個存檔點。《力石戰士》的做法類似，但會動態伸縮畫面，因為最多會有四個玩家同時在畫面中。這些角色有時會看起來很小，但搭配指示箭頭系統，玩家不太容易跟丟角色。

- **子母鏡頭**：你也可以走子母鏡頭這條路線。主角在母畫面中，而其他的角色則在一個較小的嵌入畫面中。這方法不適用某些多人遊戲，例如第一人稱射擊遊戲，不過在運動遊戲中效果還不錯。

呼！我想我們已經講完有關攝影機的所有事情了。接下來該去看看遊戲 3C 的最後一個 C：Controls（控制）。

第六關的普世真理與聰明點子

- 為你的遊戲選擇正確的攝影機
- 注意影格率、運鏡速度及地形水平以避免 3D 暈。
- 第一人稱視角可以讓玩家更有沈浸感。
- 第三人稱視角讓玩家可以好好地看看遊戲世界與他們操控的角色。
- 把攝影機當成幫玩家看路的。
- 如果給予玩家攝影機控制權會造成問題的話，就別給。
- 不讓玩家控制攝影機的時候，要確定玩家知道這件事。
- 用好萊塢風格的視角與畫面來提升遊戲美感與戲劇性。
- 絕對不要讓角色離開攝影機的視線。
- 讓遊戲攝影機配合多人玩家。

7 | LEVEL 7 The Three Cs, Part 3: Controls
第七關　遊戲 3C：控制

　　歡迎來到遊戲 3C 的最後一項：控制。在所有遊戲 3C 之中，只有控制可以應用到每一種類型的遊戲。第一個 C，角色，只適用於有角色的遊戲，抽象的解謎遊戲、機具模擬器及許多運動遊戲都沒有一個特定或可操作的角色。第二個 C，攝影機，只適用於有採用遊戲攝影機的遊戲，老派、固定畫面的遊戲完全不會用到我們所提到的任何一種酷炫攝影機運動。所以第三個 C 是最重要的。這也是為什麼我要跟你說以下這段真實的故事。

　　從前從前，我加入了一個已經開發三年的家用機遊戲開發團隊。他們請我看看遊戲的現況然後報告我所發現的任何問題。整體來說，這個遊戲做得很好，但有一件事情讓我很困擾。其中一個敵人只能透過QTE（quick-time event，快速反應事件）才能打倒（欲知更多有關這事的說明，請看第八關），但即便我是動作遊戲達人，我按按鈕的反應速度還是不足以打贏、屠殺怪物。

　　我跑去找創意總監跟他說我認為這個迷你遊戲的操作太困難了。他問我：「你是怎麼拿手把的？」我給他看的如下：

他說：「喔，難怪，你控制器的拿法錯了。」蛤？就我所知，控制器只有一種拿法啊。為了禮貌，我請他建議我怎麼拿。他給我看了以下拿法：

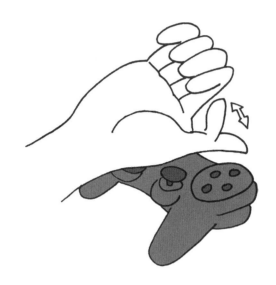

我搞不清楚他是不是在跟我說笑。「我不覺得玩家會在玩遊戲途中改變拿法。這感覺不太自然了。」他的玻璃心碎了，然後跟我說這不僅是正確的控制器拿法，而且團隊上所有人也都這樣拿。我問他：「那，是你跟他們說要這樣拿的嗎？」他：「對啊。」我試了他的方法但還是沒辦法打贏。真要說的話，新的這種拿法感覺更難用。我回到他的辦公室說：「不好意思，但我覺得玩家在玩這遊戲的時候會遇到困難。」他用手指指著我說：「你絕對是錯的！」然後氣沖沖地衝出去。

三個月後，試玩發現該QTE難度太高，因此調整了控制方式。我從這個經驗學到了什麼超重要的重點呢？

永遠要記得，在玩遊戲的是人類。

不是六指變種人或是來自外星球的多觸手魷魚人。玩電玩遊戲的是智人，他們大部分有短短甚至胖胖的手指與毫不出色的運動細胞與協調性。這就是為什麼在設計控制方法時，將人體工學納入考量非常重要。

█ 一切在你的掌控中

人體工學是研究如何將設備設計得適合供人使用的學問。硬體開發者花很多力氣去查看玩家如何拿握與使用控制器。所以當遊戲開發者設計出的控制方法需要玩家將手扭曲得像蝴蝶餅一樣的時候，我完全無法理解。

為了協助解決這個問題，我想出了以下這個手則（掌聲鼓勵鼓勵[1]），我稱之為「玩家手指運動指南」（Gamer's Guide to Flex-O-Fingering）。

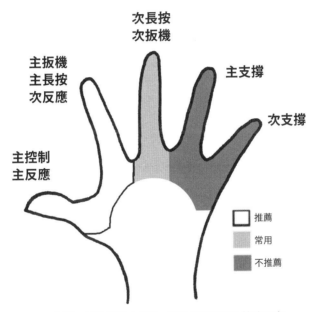

拇指：活動範圍大且遠，適合控制方向及快速反應。
食指：快速有力。用來做反應或長按。
中指：較沒力但可以長按。活動範圍尚可。
無名指：沒力、活動距離短，適合做支撐。
小指：無力。伸長時需要手部支撐。

當你在設計遊戲操作時，試著利用手的擺放位置去建立控制方法的設計規則（舉例來說，在 FPS 遊戲中常見到使用鍵盤移動角色、用滑鼠瞄準與射擊）。這個方法不僅在決定控制器上的功能配置有幫助，也能讓玩家開始把肌肉活動與特定動作連結，即便他們自己毫無所察。

1　感謝大家的支持，簽名請往這邊排。小點心很好吃喔。

說到鍵盤，就算你有一整個鍵盤可以用，不代表你必須要用到每一個按鍵。把鍵盤的控制功能維持在常用的按鍵群附近，例如 QWERTY 或 ASWD，玩家會比較好適應。

另外一個配置控制的方法是依主題而定。在《Tak and the Guardians of Gross》（THQ，2008），動作控制器 Wii 遙控器是用來控制玩家的所有魔法，而類比搖桿／雙節棍控制器則是用來控制主角塔克的所有物理能力，例如跟物品互動以及戰鬥。假如玩家不知道怎麼執行某個動作，他們會先用相關主題的控制器來試。不過要記得維持訊息的一致性，並避免將主題混用，否則只會帶來混亂與傷心的結局。

上面講到的技巧真的不算什麼祕密。簡單來說，只要了解受眾在控制方面的需求就好了。以下提供更多注意事項（本書買家獨家享用！[2]）：

- 假如你要設計給年幼（八歲以下）的玩家，請將按鈕組合保持單純。不要設計複雜的按鈕組合，因為這些年幼的手指就是做不來。又或者，如果你在設計一個使用鍵盤的兒童遊戲，別將按鍵分得太開，因為大部分的小孩通常是邊找邊按鍵盤，而這不適合執行快速的動作。

- MMO 與 FPS 玩家通常會設定熱鍵與巨集將攻擊或咒語效果串在一起。請給玩家自訂控制的選項。你永遠不會知道什麼時候會需要施放「燃燒」、「冷血」、「火球」來提升你的 dps。自訂控制另外還有個好處，就是對身障者友善。

- 格鬥遊戲玩家，如卡普空的《快打旋風》系列愛好者，以自己能夠靈活掌握極度複雜的控制方法為傲。但記住，並非每個人都能在《快打旋風 II》中使出昇龍拳。假如你希望其他種類的玩家玩也能玩你的遊戲，在設計這種超複雜控制時不要太忘我。

2　如果你只是在書店中翻到這頁，請不要利用這邊提出的技巧。謝謝。

「鉛筆技法」

- 《金牌奧運會》是一個很受歡迎的遊戲，遊戲中需要瘋狂地按按鈕才能讓小小運動員角色跑步。不過這個動作幾乎無法不靠鉛筆來精準執行（請見圖示），這造就了我們小孩所稱的「鉛筆技法」（pencil trick），但這技法會毀掉遊戲控制器。雖然我很確定控制器製造商愛死了這個技法，因為他們可以多賣很多替換用的機台，但如果玩家需要採用某種特殊手段才能在遊戲中嚐到勝利，那這設計不太公平。

- 雖然實驗一些非常規的控制方法無傷大雅，但請確保玩家可以選擇將控制方法改回較傳統的設計。

- 說到這個，請提供玩家多種控制選項。甚至能讓玩家在選項畫面中自己配置控制方法更好。

- 看在宙斯的份上，不要把飛行控制做成反向！

把搖桿往後拉應要能讓飛機往上，而往前推應要讓飛機往下。沒有人喜歡反向控制，而如果有人不同意的話，他應該要玩那個超爛的《超人 64》遊戲，然後逼他連續一整個禮拜在那邊飛行、穿過圈圈。

▍一切掌握在五指之間

搖桿是很棒，但我們人類有自己的控制器，而且還有十個！所有遊戲設計師可以想像的東西，不管是一把劍、一把彈弓、一支瞄準器、一支雷射筆、一支遙桿、甚至一根手指，用手指替代都很適合！自從觸控遊戲在行動裝置上大爆發之後，了解如何創作簡單又反應靈敏的控制就變得非常關鍵。不過在開始設計觸控遊戲前，你應該先學會手指頭可以做些什麼。

- **點擊**：一次短暫的按壓，用來做選擇或者讓角色執行動作、發射武器、放置道具等。

- **雙點**：可以用來確認選項、開啟與關閉選擇視窗、指示角色移動的方向等。

- **節奏點擊**：代表玩家點擊的時間要與遊戲玩法吻合，就像在節奏遊戲中所看到的一樣。

- 更複雜或隨機的一串動作需要**斷奏點擊**。斷奏點擊也可以用在緊湊的動作，如終結技。

- 由於玩家無法在行動裝置的小小螢幕上真正使用雙手打字，所以只能用「啄」（peck）的。啄不像節奏點擊，通常沒有時間上的限制，玩家可以照自己的節奏以單指打字（並且把那些笨笨的自動校正錯誤改回來）。

- **輕觸後長按**：適合用於要把移動物體抓住的時候。

- **長按拖曳**：最適合用於需要移動道具欄的道具、為角色穿戴最強的鎧甲與裝備、丟東西到垃圾桶或《小小煉獄》的烤箱中。

- **快速滑動**：模擬了角色往特定方向丟東西的動作，像是曲棍球、揉成一團的紙球、進擊的喪屍等。

- **上下頁**：是往不同方向的快速滑動。最適合用來捲動文字頁面或者選單選項。

- **拖拉釋放**：最著名的代表就是對著豬發射鳥的那個遊戲。但此動作可以應用在任何有「橡皮筋」或彈簧效果的動作，例如彈珠台拉桿等。

- **來回刷**：透過快速的來回動作，消除或者蓋住螢幕上的某個東西。

- **滑動**：用來標示有方向的線條。我發現假如玩家將滑動動作跟現實世界的揮劍或畫線等功能做連結，感覺會比較好。

- **畫圖形**：讓玩家可以把手指頭當作原子筆、鉛筆、蠟筆等使用。記得讓玩家可以改變筆刷的大小。讓他們有些顏色的選擇也無傷大雅。

- **描圖形**：通常可以在需要施放咒語的遊戲中看到。玩家會需要描繪畫面上的圖形，例如圓形、正方形、三角形、鋸齒線等來達成想要的效果。不過要注意遊戲程式不會把相似的形狀互相混淆。

- 假如你想把某個東西放大或縮小，可以用捏的。由於大部分的觸控螢幕支援多點觸控，你可以做一些有趣的事情，像是同時用四隻手指頭，就像《太空巨蟹》的蟹鉗一樣。

- **旋繞**：是用來畫圈圈的。要記得你的角色或物件會隨著旋繞曲線的幅度而改變旋轉速度。

即便你有許多不同的觸控方式可以選擇，最重要的祕訣還是使用越少手勢越好，才不會容易搞混。《屋頂狂奔》、《瘋狂噴氣機》、《水果忍者》都採「單點擊」的控制方法，但一樣有深度且吸引人的遊戲玩法。

另一種常見的觸控方式是**虛擬控制器**。虛擬控制器顧名思義，就是以數位方式表現遊戲控制器與其按鈕。虛擬控制器主要用於從其他系統（例如街機電玩）移植到行動裝置的遊戲。不幸的是，以往許多虛擬控制器都做得很差，導致遊戲開發圈把它視為討人厭的選項。如果你的遊戲一定要用虛擬控制器的話，我建議利用以下的技巧讓它盡量不要那麼廢：

- 明確標示玩家可以移動搖桿的方向。可以的話盡量只用指南針的八個方向。
- 讓搖桿跳回控制器的中心點以避免飄移。把中心點設定成「死區」，在搖桿推向某個方向之前不會有任何動作。
- 在不遮蔽遊戲內容的前提下，將搖桿的圖示放到最大。不過注意大小不要大到會需要花時間才能將搖桿推到最底。
- 搖桿與按鈕的位置與螢幕邊緣之間需要留點距離，玩家才不會因為沒按準而整個滑到螢幕外！能夠在螢幕上畫分單一動作（例如往左或右移動、往上跳、或往下蹲）專用的區域更好。

不管你的觸控遊戲（或任何種類的遊戲）使用哪一種控制方式，如果能先考慮遊戲要如何玩會很有幫助。

▌ 跳舞吧，猴子

好的設計師除了會思考玩家在遊戲世界中如何玩遊戲，也會同時思考現實世界中的狀況。要去想玩家在控制器上會如何移動手指頭，避免重複並且試著設計出簡單的控制方式。設計得好的話，你會讓玩家得到我稱之為「按鈕之舞」的體驗。假如做得太複雜或反覆，結果就是玩家會**瘋狂亂按**（button mashing）。

瘋狂亂按帶有貶義，用來描述玩家不確定要如何操作時，會快速亂按一通，看是否能得到任何正面的結果。這種情況通常發生在動作或格鬥遊戲中，要不是控制方式太複雜，就是玩家得不到良好的回饋。

瘋狂亂按會造成玩家疲勞與「玩家拇指」（gamer's thumb，別稱「職業性過度使用症候群」，occupational overuse syndrome）。特徵是僵硬、灼熱或冰冷感、麻痺、

無力等。美國物理治療學會（American Physical Therapy Association，APTA）[3]提供以下的建議與運動：

- 拿控制器時保持腕關節伸直（別下垂）。
- 以舒服的姿勢坐在提供良好背部支撐的椅子上。
- 每二十分鐘伸展一次，讓頭頸肩的肌肉休息。
- 用拇指點同隻手的每一個指尖。重複 5 次。

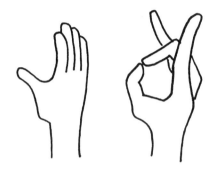

- 盡可能快速用手掌與手背交替拍打大腿。重複 20 次。

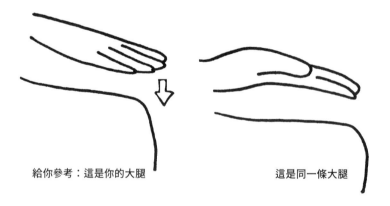

給你參考：這是你的大腿　　　　　　　這是同一條大腿

3　這些運動來自 APTA 的網站（www.apta.org）。

▪ 張開手掌並將手指撐得越開越好。維持 10 秒鐘。重複 8 次。

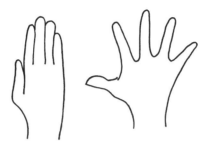

▪ 雙手交握，手往外轉，並將手臂往前伸直。維持這個姿勢 10 秒鐘並重複 8 次。

▪ 手掌交疊後往外轉，並將雙臂往上伸展。你應可以感覺到整個上半身從肩膀到手都有伸展的感覺。維持 10 秒鐘。重複 8 次。

不過，並非所有瘋狂亂按都是壞事，你可能可以好好利用這件事情。我發現玩家一開始玩遊戲時做的第一件事就是按控制器上的所有按鈕。這是因為（一）玩家想看看會發生什麼事（二）沒有人在看遊戲說明書的。假如玩家的第一直覺是亂按按鈕，你要怎麼讓他去學習呢？

答案很簡單。當玩家按下按鈕時，讓角色做出很酷的動作，就算他們不知道是怎麼辦到的。《戰神》在這方面就做的超好，就算你只是在亂按按鈕，克雷多斯還是會做出一些超帥的攻擊招式。這是刻意如此設計的，當玩家看到這些招式出現個幾次，他們就會慢下來，試著剖析如何使出這些招式。

絕對不要設計任何按下後不會發生任何事的按鈕。這有幾種方式可以處理：

- 播放一個「負向回饋」的音效或動畫，讓玩家清楚知道這個操作不能用。我一直很喜歡《Dark Castle》中的角色會在彈藥用盡或者沒有鑰匙的時候聳聳肩。

- 在訓練模式就說明某按鈕是沒有作用的，然後在解鎖功能的時候要浮誇一點。《惡鬼搖滾》中，當主角學到新招式的時候，整個遊戲會停下來並顯示一張全螢幕的圖示。記得：（一）一次不要教超過一招新招（二）不要在短時間內塞太多新招到玩家的腦中。玩家在資訊過載的時候會放空。

- 定義一個重複但相關的功能。假如三角按鈕是預留給玩家還不能使用的遠程攻擊，那在玩家找到那把殺戮光線槍之前，先將該按鈕設定為近戰攻擊的功能。玩家會在腦中將三角按鈕跟戰鬥連結，直到「真正」的招式解鎖。

- 走《蝙蝠俠：阿卡漢》系列的路線：按鈕在有需要以前都沒有作用。三角按鈕通常是毫無作用的，直到蝙蝠俠可以無聲撂倒敵人或在戰鬥中需要反擊。這時三角形的圖示會出現，提醒玩家該按哪個按鈕。這個做法不只讓玩家免於硬記一大堆操作方法，也可以製造迷你QTE，為遊戲添增點美味的張力。

隨著 Wii 遙控器、Playstation Move、XBox 360 的 Kinect 等動作控制的興起，現在設計師有機會可以將現實世界的動作重製成遊戲招式。但在那之前，我們先聊聊要怎麼樣充分利用傳統控制器模擬現實。

在利用類比搖桿重現現實世界的動作這方面，做得最好的遊戲之一就是《Pitfall: The Lost Expedition》（動視，2004）。在遊戲中，水就是生命值，主角帶著一個裝水的水壺，當主角遇到水池時，玩家可以將搖桿往前推為水壺裝水。當玩家將搖桿往後拉，主角哈利就會拿水壺喝一口水，回復生命值。意圖與動畫的巧妙組合讓這個動作感覺非常令人滿足。將遊戲中的動作對應到合理的控制位置可以協助玩家沈浸到遊戲世界當中。在《王子復仇記》，我們的目的是要在馬克西默的動作跟 Playstation 2 的控制器之間建立一個「遊戲外」的連結。

讓馬克西默使出直砍需要按△，也就是在控制器「上」方的按鈕，呼應從上往下砍的動作；而橫砍則是配置到按鈕群水平線上的□按鈕。跳躍這個動作是從地面開始的，因此配置到 × 按鈕，也就是控制器最下方的按鈕。而丟擲盾牌則是配置到○按鈕，也就是盾牌形狀的按鈕。

有些遊戲類型如 FPS、RTS、平台遊戲等有公認的控制方式。舉例來說，在平台遊戲中，按下空白鍵、×、A 鍵通常會讓角色跳起來。你的控制方式跟同類型遊戲中的佼佼者越像，新玩家就越容易迅速上手。

　　大部分現代家用機控制器上都有肩部鈕，但在安排操作對應的時候，必須要考慮實際的按鈕大小。舉例來說，在 Xbox 360 的控制器上，左右兩側的肩部鈕就比左右兩側的扳機鈕還要小，所以應將「快速動作」的功能對應到扳機鍵，例如射擊、煞車、加速、近戰攻擊等。為什麼呢？在激戰中或當滑行過彎時，玩家會想要在當下快速反應。假如使用較小的肩部按鈕，玩家手指頭就有滑掉的風險。所以請利用這些較小的按鈕做「慢速動作」的功能，例如精確瞄準、看地圖畫面或道具切換。

　　說到「快速動作」，我不敢相信我在這章節已經寫那麼多了都還沒講到這個與操作相關的**超重要的重點**：

動作應發生在按鈕按下的瞬間

　　別誤會，我跟大家一樣都很愛動人的角色動畫，但玩家最痛恨的就是按下按鈕後還要等待那華麗的動畫播放完畢。在這種情況下會快速發生的事情只有角色的死亡，因為玩家會誤判時機或敵人的流彈。把那些漂亮的動畫留給招式完結的時候。換句話說，當玩家按下跳躍的時候，遊戲應要問「跳多高？」

　　長時間動畫與操作有它們存在的空間，只是你要在風險與報酬之間取得平衡。確保操作上也能反映這點。你的遊戲可以考慮讓輕按執行一個動作，而長按執行另一個。舉例來說，在曲棍球遊戲中，擊球的力道與按鈕按住直到放開的時間呈正比，輕按可以快速射球，而長按則會用更強勁的力道擊球。讓動畫反映動作。有許多動作與格鬥遊戲中最強的攻擊都搭配冗長的預備動作動畫。敵人被這招擊中時，他就再也站不起來了。準備動作就是風險，而高傷害值的強力攻擊或瞬殺則是報酬。

▌以角色為準還是以相機為準？

　　有一種遊戲設計師常常掉入的陷阱，就是設計出會在以角色為準及以攝影機為準之間切換的操作方式。玩家會因此感到挫折，所以設計師需要選出其中一個，在遊戲過程保持相同的作法。

　　使用以攝影機為準的控制方式時，操作方向會依照角色面對鏡頭的方向決定。例如說你在玩生存恐怖遊戲《恐怖喪屍死亡之屋 3》，強壯的主角站在走廊中。

當類比搖桿往左傾，角色會往左邊走。他進入房間後，攝影機是對著主角拍攝，跟走廊裡的方向相反。[4]

這時當你把搖桿往左傾，角色會往他的右邊走，因為操作方式現在對應的是從遊戲攝影機去看角色，而不是以角色本身面對的方向為基準。不幸的是，因為這個落伍的控制方式，我們的主角直接走入了喪屍的懷抱，腦子被喪屍啃掉了。

這就是為什麼我不是很喜歡攝影機觀點的控制方式。我比較偏好角色觀點的控制

4　不行喔！有人「跨越界線」囉。你不是有看第六關嗎？

方式。在角色為準的控制方式，角色的控制永遠是以玩家角色的面向為基準。當搖桿往左移的時候，不論攝影機面向什麼方向，角色都應該要往左移動。遊戲會依玩家的移動調整補償，即便攝影機轉了 180 度。

你不需要把控制方式搞得很花俏……除非你設計的是新款的那種動作控制器。

▌搖擺、震動與滾動

多數現代遊戲控制器都有安裝**致動器**與陀螺儀。Wii 與 PS3 等所使用的動作控制器，大多都是因為這些裝置才能成真。

致動器會以震動給予玩家回饋。請確保致動器啟動的原則是一致的，就像操作方式一樣。不要隨時都在觸發哪個東西，將使用時機限制在玩家受到傷害或者獲得獎賞的時候。如果你有花時間去研究致動器，就可以用它做出一些很有趣的東西。

我最欣賞的致動器使用範例是《沉默之丘》。遊戲設計師找出了利用兩個致動器以不同頻率震動來模擬心跳的方法。當角色感到害怕或受傷的時候，控制器的「心臟」會震動，告知玩家他們遇到麻煩了。做出的結果有效到讓人毛骨悚然。

陀螺儀則讓玩家可以透過轉動控制器來操控畫面中的元素。陀螺儀在控制的應用上很可靠。我有玩過一些遊戲讓玩家可以對飛行中的箭微調方向（《玄天神劍》），操控落下中的角色（《拉捷特與克拉克未來：毀滅工具》），甚至翻轉一整個關卡（《超級瑪利歐銀河》）。

怦怦

陀螺儀控制也稱為**傾斜控制**，在行動裝置遊戲中特別受歡迎。有些遊戲，例如《Rolando》系列、《塗鴉跳躍》、《重力存亡》等，完全只使用傾斜控制來遊玩。由於行動裝置可以單手掌握，所

以玩家可以比較容易快速傾斜並轉換方向。傾斜控制不一定只能拿來移動玩家角色，何不讓玩家搖動控制器或裝置來擲骰子、填裝彈藥、拋擲壞人甚至跳躍呢？

讓玩家使用陀螺儀的時候，最重要的是要清楚傳達玩家要往哪個方向轉動控制器。由於陀螺儀是控制器的「隱藏」機制，玩家很容易忘記這是個可用的控制選項。記得要提醒玩家有這樣的功能可用。

不管是什麼樣的動作，我發現當遊戲與現實世界的動作相符時，玩家的反應特別好。假如你告訴玩家像劍一樣揮動控制器（或網球拍、保齡球、指揮棒等），他們會懂。

這其中的祕訣就是要透過動畫與物理去設計並微調，讓遊戲中的劍感覺起來像把劍。當遊戲動畫有正確的節奏、速度與阻力感，會感覺沒那麼「飄」、沒那麼有「遊戲感」，這些對玩家來說都是討厭的感覺。

微軟的 Kinect 及索尼的 EyeToy 這類利用攝影機的動作控制器，會結合電腦視覺與紅外線感測器追蹤玩家的動作以執行遊戲操作。這些控制器讓我們可以用更自然的方式與電玩遊戲互動。動作控制的強項就是連結實體動作。想要角色出拳嗎？那就出拳吧。想要避開盪過來的機關？蹲下吧。你不再需要在頭腦裡將按鈕、搖桿甚至手指動作轉換成現實世界的對應動作。因為這樣，這些控制器將家用電玩的空間轉變成更有活力的空間，玩家要站起來動才能參與遊戲。而改變的同時，你也需要多考量一些事：

- 許多玩家玩電玩不是為了運動。除非你的遊戲目標就是讓玩家減重，別忘了加入休息時間與控制動作的變化，玩家才不會感到厭煩或受到重複性壓力傷害。

- 一定要將延遲（lag）列入考量。延遲就是執行動作到實際在畫面上發生之間的時間，發生原因是電玩主機或電腦需要時間處理影像並解讀玩家在做什麼。由於大部分的遊戲都需要抓時機點，延遲對玩家來說可能會造成極大的困擾，對某些遊戲種類更是嚴重的問題，像是節奏遊戲例如《搖滾樂團》或格鬥遊戲例如《快打旋風》。在這些遊戲中，延遲問題會嚴重干擾玩家抓時機點，使得玩遊戲變成惱人的體驗。《吉他英雄》甚至讓玩家調整延遲來對應自己的技巧等級。

- 線上遊戲的其中一個問題是網路延遲（latency），這種通訊上的延遲是來自遊戲資料接收與解碼所需要的時間。延遲有可能造成控制鎖死、聲音失真、遊戲

當機等問題。即便費心設計僅傳輸最低的資料量，資料要橫越一整個國家還是需要時間的。以 60 Hz 來看，資料發送與接收之間有高達六格的延遲是很常見的。可惜的是，網路延遲是網路多人遊戲無可避免的現實之一。

- 確保玩家動作範圍很大。遊戲攝影機通常偵測不到精準細微的動作。
- 確保手勢合理並與現實世界的動作呼應。瞄準時用手指、收集時抓取、互動時揮手、移動時抓住、輸入時做打字動作。
- 除非他們有理由改變，否則玩家通常只會用一種輸入方式或動作。如果該輸入方式不可靠或不一致，玩家會去找其他的操作方式。假如你要切換輸入方式或動作，要確保切換的方式直覺、時間點自然。
- 利用畫面上的圖示協助引導玩家的動作。舉例來說，Xbox 360 上的《水果忍者》就利用一個剪影去引導玩家的手（及忍者刀）與水果目標之間的相對位置。
- 持續確認玩家的成功操作。使用動作控制的玩家有時會不確定他們的動作有沒有被感測到。持續提供回饋可以降低他們的困惑。
- 在畫形狀或字符的時候，保持形狀簡單，例如用圓圈、三角形、線條等。即便看起來很簡單的形狀（如八字形與正方形）都有可能被動作感應的控制器與攝影機誤判。
- 不要做過頭。已經有許多動作控制的遊戲受到批評，因為遊戲設計師把它做成「搖擺節」，也就是每一個遊戲中的動作都只是為了有動作控制而做成動作控制。把遊戲控制和傳統類比搖桿、按鈕、控制器動作等混合使用。

恭喜你！你已掌握了遊戲 3C！但你要如何把這些熱騰騰的設計概念傳遞給玩家呢？跟我來吧！一起去那引人注目的第八關。

第七關的普世真理與聰明點子

- 在設計控制方法時留給人體工學一個位置。
- 考慮用主題分類配置控制功能。
- 考慮效仿同類別其他遊戲的控制方法。熟悉度可以降低混淆。
- 動作應發生在按鈕按下的瞬間。
- 利用負面及正面的回饋。

- 給予玩家休息時間並避免「玩家拇指」以及其他健康問題（你自己也要記得休息）。

- 操作方式是採取相機觀點還是角色觀點？選好其中一個就不要改了。

- 避免做出與遊戲畫面不符的控制方式。

- 利用遊戲控制器的特性讓控制方式對玩家來說更符合直覺。

- 注意觸控與動作控制的特殊需求，並依照它們的強項做設計。

- 玩家使用動作控制器時的動作要大並且模擬現實。

8 | LEVEL 8 Sign Language: HUD and Icon Design
第八關　標示語言：HUD 與圖示設計

　　想像一下，在遊戲與現實之間有另一個次元，有聲音、有影像，也是擁有物體與想法的領域。不，我不是在說《陰陽魔界》（Twilight Zone），而是 HUD 的世界。

▎抬頭注意！

　　HUD 源自現代飛機的**抬頭顯示器**（heads-up display），是與玩家溝通最有效的方式。HUD 指的是覆蓋在畫面上，負責提供資訊給玩家的圖像元素。HUD 上的小螢幕與圖示是電玩遊戲設計師的百寶箱中非常重要的兩種工具。它們可以溝通資訊、感情，甚至告訴玩家要去哪裡、做什麼事情。我們來看看一般遊戲畫面中會有哪些 HUD 元素：

1. 生命值條 / 生命數
2. 瞄準框

3. 彈藥量表
4. 道具欄
5. 分數／經驗值
6. 雷達／地圖
7. 情境相關提示

■ 生命量條

生命量條是動作、冒險、平台、射擊遊戲的固定班底，代表玩家與死亡之間的距離，或者至少是與重玩遊戲或關卡之間的距離。在所有 HUD 元素中，生命量條擁有最多變化，依照遊戲不同有各種不同的形態與圖示：

- 許多生命量條是填滿顏色（通常是紅色）的條狀圖，或者其他圖示。隨著玩家受到傷害，量條會變短或者圖示中的顏色會變少。你也可以讓顏色起變化，在滿血的時候用綠色，受傷的時候轉為紅色。當量條消失時，玩家就死了。

- 也可以反過來做**損害量條**。量條滿的時候，玩家就死了。

- 生命量條也能代表某種搭載的防禦系統的狀態，如《密特羅德》系列中所見。

- 防護罩與生命值都可以用數字的百分比表示（如《毀滅戰士》）。生命值也可以用防護罩表示。當防護罩消耗殆盡時，最後一擊會摧毀玩家，如《星際大戰：X 戰機》。

- 生命值也可以拿來當作劇情裝置。在《刺客教條》系列中，生命值量條代表遊戲的敘述。偏離「正確的劇情」太多的時候，旁白會說：「事情不是這樣發生的。」然後角色就會被「重置」回到劇情中的正確點。

- 玩家會損失生命值，但這並不代表沒辦法恢復生命值。在《最後一戰》中，玩家如果找到掩護並且等待，生命值量條最終會回充到滿。這種「等待生命值回補」的做法在動作遊戲中越來越普及。我認為這跟遊戲結束／死亡畫面比較起

來是個比較折衷的做法，至少不會將玩家抽離遊戲外。不過這種做法的缺點就是，玩家在等待生命值恢復的時候，遊戲的步調會整個慢下來。

- 近來生命量條已經被第一人稱視角式的特效取代，並挪用到第三人稱視角。在《秘境探險3：德瑞克的騙局》，傷害是用指向傷害來源的一抹血跡或紅色模糊效果來表示。記得不要把玩家的視野擋到都看不見發生了什麼事就好。

- 在《密特羅德究極》與《蝙蝠俠：阿卡漢起源》中，若玩家被電擊，螢幕會短暫「觸電」一下。

- 在《決勝時刻》系列以及《秘境探險 3》中，玩家受到傷害時，畫面會變暗並出現喘息聲與心跳聲。在《沉默之丘》，控制器中的致動器會在玩家死亡時模擬心跳。

■ 瞄準框

瞄準框協助玩家找到或鎖定遠方的目標（也可同時達成）。瞄準框的種類多變，可以從單純雷射瞄準器的一個「點」到一個提供目標生命值與距離資訊的複雜鎖定系統。

瞄準器可以很簡單或很複雜

- 瞄準框不應占滿整個螢幕，但也不要做得太小而看不太見。

- 我曾看過瞄準框呈白色，但這可能導致在某些表面與背景上不易看見。

- 瞄準框常常是以望遠模式啟動，例如狙擊槍的瞄準鏡。有些瞄準框會在望遠時改變大小，讓玩家可以更精確地瞄準，例如在《赤色戰線：最終決戰》所見。

- 讓瞄準框在與目標重疊時改變顏色或將畫面變銳利，提示玩家何時可以開槍。

- 給予瞄準框一點「黏性」，或稱「瞄準輔助」。當瞄準目標時，讓瞄準框被吸過去，這樣可以更快鎖定目標。這在車載武器的瞄準上更是好用。

- 在瞄準框中加入遊戲玩法。《絕地要塞 2》中，狙擊手的瞄準框在望遠時會投

射一個雷射點。如果敵方玩家在牆上看到這個點，他們可以採取行動以避免被擊中。

■ 彈藥量表

不管彈藥量表是以子彈圖示還是單純以數字顯示，都會是畫面上最受矚目的量表。由於有些遊戲不常配發彈藥（《惡靈古堡 2》，我就是在說你！），把彈藥量表放在容易看見的位置就顯得特別重要。

- 假如你有足夠的畫面空間，就可以同時顯示彈匣與子彈數量，像《野狼計劃》那樣。

- 假如玩家需要知道多種不同的彈藥量，例如手榴彈及火箭，請確保按一個按鈕就能顯示（就像在《拉捷特與克拉克未來：毀滅工具》一樣）。

- 我知道這聽起來很理所當然，但顯示出來的彈藥量表永遠都要對應玩家目前所裝備的武器。

- 即便玩家的武器有無限彈藥，也要顯示彈藥數量，以便玩家知道他用的是什麼武器（《越南大戰》系列遊戲就是這樣處理的）。用無限符號取代數字。

■ 道具欄

冒險遊戲與 RPG 必備的道具欄讓玩家可以確認並處理在遊戲中所收集到的物件。鑰匙、藥水、解謎道具、武器等都是道具欄的常客。

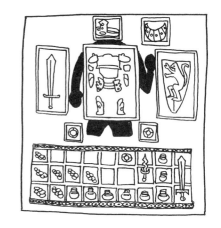

- 玩家需要可以快速使用藥水或符咒等道具。熱鍵或拖放機制可以協助玩家快速抓取道具。

- 給玩家一個可以看到道具全貌的地方。《古墓奇兵》將蘿拉背包中的道具放大，好讓玩家一一檢視。

- 《暗黑破壞神》的道具欄有限，而每個道具有特定的大小。假如玩家想要在有限的空間內塞入最多的道具，使用道具欄會變得有點像在玩拼圖。

- 假如你有很多道具欄項目，讓玩家依種類、名稱、稀有度等排列。

　　道具欄中的道具可以用寫實風格或用圖示表示。不管選什麼表示方式，都要確保道具有清楚的輪廓並採用單純的配色。

- 假如你要為道具欄系統設下容量限制，記得讓玩家在遊戲後期可以擴大容量。舉例來說，你可以以一個小囊袋為起點、擴大成背包、最終放大成有無限容量的魔法包包。
- 確保玩家在遊戲中另有一個能永久儲藏道具的地點（例如在總部裡）。玩家不喜歡東西變不見，尤其是花錢買來的。
- 何不使用「魔法箱」儲存道具，就像在《惡靈古堡 2》中一樣？不管在箱子裡放什麼道具，都可以在遊戲後面所出現的箱子中找到。這樣一來，玩家就永遠不用在遊戲世界中來回跑了。

■ 分數／經驗值

　　太初，有分數。

　　最早期電玩遊戲的分數只有個位數，你能相信嗎？（《乓》與《電腦太空戰》）？可能沒人想過遊戲可以玩那麼久吧！分數很快地就跳到四位數（《太空侵略者》），然後六位數（《小蜜蜂》）。而到了 1980 年代初期街機電玩開始爆炸性發展時，高分榜已是主流。能夠在遊戲的高分榜輸入自己的名字，代表你精通遊戲，不過前提是街機電玩場的老闆沒有重置機台把記錄洗掉！

　　隨著家用市場的成長，最高分對遊戲來說越來越不重要（也許是因為還沒有網路，就沒有炫耀的對象！），於是統計數據取代了高分榜。遊戲的完成率變得比分數還要重要。以文字為主的**連擊數**（combo）在《惡魔獵人》等遊戲中取代了分數條。玩家會因表現而被稱讚（或批評）。分數很低是一回事，不過被遊戲批評你的表現，那可是完全不同一回事。想出《惡靈古堡》評分系統的人幼年求學時想必心靈受創。好不容易在喪屍末日中存活下來之後，被說表現只值一個「C」（「丙」）真的很受傷。噴。不過，隨著線上遊戲的**排行榜**越來越受歡迎，分數已回歸並在連擊數、統計數據、成

就旁邊找到屬於它的位置。

得分標示也有許多不同形式。在街機電玩風格的遊戲與《Final Fantasy》系列這種日式 RPG 中，還是最常看到分數，不過它已經開始慢慢進入歐美開發的 RPG 中，如《邊緣禁地》。[1]

■ 正面訊息

最高分為玩家提供嘉獎，但也有其他方式可以達成目的。《真人快打》的「Finish Him!」（解決他！）與「Fatality!」（終結技）的文字與聲音提示就跟高分閃過畫面一樣讓人有成就感。其他遊戲會顯示「Good Job!」（做得好！）與「Awesome!」（超棒！）的訊息，讓玩家對自己的表現保持興奮。作家簡・麥戈尼格爾（Jane McGonigal）在她的著作《遊戲改變世界》[2] 中提出一項假設：電玩遊戲這麼受歡迎的原因之一，就是玩家會因為他們在遊戲中的行為得到正增強，這是玩家在日常生活行為中無法得到的。我覺得她說得很有道理。（簡，幹得好！）

不管這些正面訊息呈什麼樣貌，都要確保它出現時又大又浮誇。電玩遊戲設計師很擅長讓玩家覺得自己又笨又拙，卻不擅長讓玩家感覺良好。祝賀玩家時沒有太誇大只有更誇大。《寶島 Z：紅鬍子的秘寶》就在這件事上做得很出色，就算是最糟的玩家也能覺得自己是世界上最聰明、技巧最高超的玩家。每一個小小的成功動作都會帶來煙火、祝賀文字、在空中翻滾的開心海盜兔！我跟你說，沒有什麼比會後空翻的兔子更能激勵一個人的自信心。

以下有一些建議，可以讓你所給予的成就感更有成就感：

▪ 在玩家獲得獎勵的時候，利用語音與音效引起注意。

▪ 配音及配樂要符合遊戲的調性。《糖果傳奇》歡樂的糖果王國畫面卻搭配殯儀館音樂加上陰沈的旁白語調，是最奇特的組合。這真的很奇妙且讓人出戲。

▪ 將遊戲暫停，讓玩家可以享受收到獎勵的當下，或讓主角透過勝利動畫、音效、特效等和玩家一起慶祝。

1　《邊緣禁地》的開發者稱之為 RPS（role-playing shooter 角色扮演射擊遊戲），但這是不是算吹毛求疵了？

2　《遊戲改變世界，讓現實更美好！》，簡・麥戈尼格爾，中譯：橡實文化，2016。
Reality Is Broken: Why Games Make Us Better and How They Can Change the World, by Jane McGonigal, Penguin Books, 2011.

- 畫面上的粒子向來多多益善，尤其是在慶祝成就或獎賞最高分的時候。
- 玩家需要清楚地看到得分的「因果關係」才能了解自己是怎麼樣達成那個分數的。舉例來說，當玩家在遊戲世界中收集到金幣，金幣可以「移動」到總數中。不要忘記那些很酷的「拉斯維加斯風」音效。叮叮叮！
- 選一個易讀的字型。過度華麗、風格強烈的字型（例如中世紀字跡）甚至襯線都可能影響閱讀。注意文字的長度，螢幕空間可能會不夠用！
- 慶祝用的特效覆蓋畫面的比例越高越好，但不要中斷或遮蔽遊戲內容。

■ 雷達／地圖

遊戲中的第一個雷達／地圖出現在《迷魂車》，讓玩家看得到強化道具的位置卻看不到地圖或敵車。在那之後，地圖畫面都會提供更多細節給予玩家，從場地的輪廓到祕密線索，都可以在地圖中呈現。

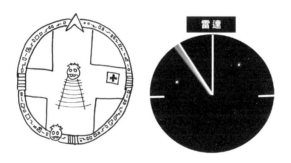

- 地圖尺寸要大到好讀，又不能把整個畫面填滿。假如你堅持要讓地圖填滿整個畫面，拜託行行好將遊戲暫停吧。
- 讓玩家可以在移動的同時觀看地圖。如果要開啟地圖、將地點背起來、關掉地圖再回到遊戲，這樣太麻煩了。現代的沙盒遊戲設計師讓玩家可以在地圖上增加標示，直接引導玩家到目的地！
- 爲地圖的圖示做一個圖例，這樣玩家才可以快速辨別並找到存檔點、出入口、任務道具、旅行目標、劇情點等。也可以加入彈出標示或其他文字提醒玩家這些圖示代表什麼意思。
- 如果你的遊戲世界中有高低落差，記得要在地圖上標示。在多層高低的關卡中，玩家很容易搞混。利用顏色編碼或「洋蔥皮」效果來告知玩家他現在在哪

一層。

- 利用箭頭或其他圖示顯示玩家的目前位置。也可以依照玩家面對的方向轉動地，玩家就不用思考與目的地之間的方向關係。

- **戰爭迷霧**的用途就是地圖的內容會被遮蔽，直到玩家實際移動到該處「除霧」爲止。你當然也可以給予玩家揭露整個地圖的方法。在即時戰略（RTS）遊戲中，對地圖重新上霧是很常見的作法，也是戰略的一部分。但老實說，我不愛這個機制。我發現地圖重新起霧的話玩家會迷路。假如你的遊戲一定要這樣做，那就去吧，不過不要在玩家抱怨的時候跑來找我哭就是了。

- 在地圖中加入其他資訊來幫助玩家。《蝙蝠俠：阿卡漢起源》提供一個量表，顯示與目的地之間的距離，而《潛龍諜影》系列則是會顯示敵人守衛的「偵測範圍圓錐」。《哈利波特－鳳凰會的密令》會在「劫盜地圖」上標示 NPC 的名稱。

- 在小地圖上融入視覺主題。例如用羊皮紙顯示奇幻地圖看起來會很棒、科幻遊戲可以使用高科技全像顯示等。地圖也可以爲遊戲完形（gestalt）貢獻。[3]

■ 情境相關提示

情境相關提示就是當玩家站在可以互動的物體或角色旁邊時出現的圖示或文字。最常見的情境相關提示，就是玩家要觸發事件需要使用的按鈕或操作的圖示。例如在《俠盜獵車手 3》，當玩家站在一台可劫持的車子旁就會顯示 Y 鍵的圖示。

情境相關提示很適合用來教玩家怎麼做，可以避免他們亂按按鈕、硬背控制方法、甚至去看說明書。而使用這種提示的額外好處就是可以讓玩家覺得更沈浸在角色中。由於《蝙蝠俠：阿卡漢》系列的情境相關提示讓你知道什麼時候可以做出無聲撂倒或拷問等等很酷的行爲，你會覺得你跟蝙蝠俠越來越像了。

在《王子復仇記》中，我們做出了一種情境相關提示的變化，稱爲 plings，這是在玩家可以或不能執行某動作的時候告知玩家的表情符號。想要學學怎麼樣使用這些提示嗎？這邊有一小份情境相關提示用法的清單：

- 利用提示標示門、鐵門、艙口等是否能開啟。

3　Die Gestalt 是德文「完整體」的意思。在遊戲界，指的是體驗的整體感覺。

- 利用提示標示曲柄、把手、可推拉物體等遊戲機制必須如何操作。

- 把情境相關提示當作 NPC 用。由於 NPC 不再只是說話的對象，你可以利用 pling 和表情符號表示他們的情緒。相較於他們生氣、受驚嚇或難過的時候，假如你在他們心情好的時候遇到他們，就能得到較好的回應或獎賞。

- 利用情境相關文字來看玩家可以收集哪些道具與武器。可以模仿《秘境探險》系列，給玩家看可以去哪邊拿到適用的彈藥，或者像《邊緣禁地》可以看到掉落在地上的道具是否比身上所裝備的還要好。

- 利用情境相關提示告訴玩家可使用車輛或進行小遊戲。許多遊戲會讓玩家在主遊戲過程中操作機關槍塔。

- 雖然這樣有點奇怪，但你可以使用情境相關按鈕表明玩家可以在哪邊跳起，如《薩爾達傳說：風之律動》中所見。由於林克沒辦法自行起跳，情境提示能教導玩家在哪些地方可以與遊戲世界互動，而哪些地方不行。

- 情境相關提示也可以用作QTE的提示，如《戰神》系列中所見。這是設計過的一系列事件，只要按對按鈕就會往前推進（請見本關後面的QTE段落）。

- 用作戰鬥提示，利用圖示顯示敵人在某時間點對某種攻擊無防禦力，或甚至告知敵人要發動攻擊，玩家才能阻擋或反擊。

- 用作祕密寶物。當玩家靠近隱藏道具時讓圖示出現。

另外，有些 HUD 的元素看了就懂，例如燃料量表、速度表、倒數計時器等。就像前面講過的一樣，製作成功的 HUD 系統的必勝公式就是明確、乾淨、簡單。

乾淨的畫面

現實，就是一把雙刃劍。你想要你的遊戲有種看電影的體驗，但還是需要與玩家溝通遊戲元素與控制方式。可以怎麼做呢？

保持畫面乾淨的第一步，就是讓 HUD 元素在沒作用的時候從畫面上移開或逐漸

淡化消失。在有用處的時候 HUD 當然還是要再次出現（例如當玩家受到傷害或在收集寶物時），你應該隨時確保玩家可以在需要相關資訊的時候快速簡易地把 HUD 叫回來。通常是透過按下肩部鈕來達成。

有些遊戲會試圖完全移除HUD。彼得·傑克森（Peter Jackson）的《金剛》只有在遊戲最初用了幾個提示，之後大部分是透過聲音、動畫、視覺特效來傳達遊戲資訊。結果就產生了沈浸式、很有電影感的體驗。假如你想要走這個路線，我有幾個建議：

- 讓遊戲角色對遊戲世界中的東西產生反應，以此提示物品的功能或可互動性。讓他們望向可收集道具、往他們摸得到的方位伸手、談論遊戲世界中他們該去動的東西等等。
- 與其選低調的小型效果，不如選擇填滿畫面。誇張一點不會怎麼樣的。使出你的渾身解數傳達重點，可以透過音效、語音、特效、顏色、燈光等。
- 讓道具發光，或使用其他引人注意的效果，讓它變得顯眼。或者用我所謂的「史酷比特效」。[4]
- 利用電影手法在遊戲世界引導玩家。假如你沒有那個預算或這些做法不符合你的故事或遊戲內容，至少利用色調與光線效果照亮路徑。你甚至可以給予更隱晦的線索，例如讓葉子被吹往玩家應前往的方向。沒魚蝦也好。

假如你不想要完全避免使用 HUD，至少可以讓它迴避一下。暫時性 HUD 就是保持畫面淨空的好方法之一。我記得《袋狼大進擊》是第一個讓 HUD 在用不到的時候「迴避」的遊戲。假如玩家拿到了一顆芒果、得到一條命或被擊中了，HUD 會出現在螢幕上。假如超過一分鐘都沒有上述任何事件發生，HUD 就會滑到畫面外，保持畫面乾淨，讓玩家享受美麗的遊戲美術。《無盡之劍》系列只有在玩家使出招式時會顯示方向箭頭。這個箭頭的作用比較像是指引而不是真正的操控路徑，不過還是能協助玩家消除任何有關要往哪邊滑的疑慮。

假如電玩遊戲介面是一整個銀河系，在銀河系的一端是「無介面」星球，那在銀河系的另一端就是「一整大坨介面」星球。而且我覺得這兩個星球的名稱都超蠢的，居民要怎麼稱呼自己啊？「無介面星人」？「一整大坨星人」？離題了。這是所有

4　「史酷比特效」的名稱來自於漢納巴伯拉（Hanna-Babera）動畫公司在 1960 年代末期與 70 年代的卡通中所看到的效果。雖然卡通背景都畫得很美麗，會動的元素（例如角色或道具）顏色會比較單調（通常不會有陰影漸層），無意間讓它們跟精緻背景形成強烈的對比。

RPG、RTS、模擬遊戲、冒險遊戲以及一些窮苦的射擊遊戲居住的地方。友善的一整大坨介面星球的生物們，你們好。我想仔細觀察你身上的有趣標記及羽衣。

▊ 圖示可以吃嗎？[5]

在許多 RTS 與冒險遊戲中，你會立刻注意到畫面上有許多圖示。統計數據的圖示、武器的圖示、咒語的圖示、包包內容物的圖示等等。我認為這些用很多圖示的遊戲，部分的魅力來自於玩家需要做很多選擇，並要建造與收集許多東西。這也沒什麼不好。並不是每個遊戲都要看起來像是由奧斯卡得主彼得·傑克森做出來的。[6]

由於你在為遊戲製作圖示，以下有 157 件要考慮的事情[7]：

- 為圖示選取適當的圖案。假如按下圖示會建造坦克，那猜猜看圖示該用什麼圖案？[8]

- 確認你用的圖案正確並符合現代概念。我之前與一個團隊合作，他們有個印章（ink stamp）的功能，圖示卻是使用郵票（postage stamp）。很多較年輕的試玩員根本不知道郵票是什麼東西！這年頭的小孩啊！

- 使用色彩編碼。火拳？用紅色吧！（或至少用個橘色。）冰霜手？我只讓你猜一次（藍色）。你可以做進階色彩編碼，將圖示的圖案或背景設定成代表性的顏色。例如，所有會讓玩家進展到下一個畫面的圖示都以綠色表示，用劍戰鬥的圖示則可以都使用紅色背景或以紅色為圖案主色。（但必須跟火屬性攻擊的紅色調做出區別！）這樣做的目的是讓玩家了解不同圖示之間的關係，看一眼就能選出正確的圖示。

- 假如顏色不夠，還可以用形狀做區別：圓圈代表彈藥、方塊代表補生命值等等。

- 避免在圖示中使用文字。這樣不僅在在地化過程中需要更改，文字也可能因過小而難以判讀。

- 假如你要用文字（例如一個詞語）做成圖示，要確保它清楚易讀，並且看起來較像按鈕而非純文字。

5　這很爛，我知道。抱歉。
6　他在 2004 年做了《魔戒三部曲：王者再臨》。也做了那個沒有 HUD 的金剛遊戲。你都沒在注意看齁？
7　正負 141 左右。
8　我不敢相信你居然真的在這邊找答案！

- 千萬不要在同一個圖示上結合多種視覺元素（例如併用文字、符號與標誌）。分爲不同的圖檔才好做修改，尤其是需要爲不同語言在地化的時候。

- 用明顯的黑色或白色外框包圍圖示，讓它可以從背景「跳」出來。也可以讓它四周發出柔和的光或使用投射陰影。

- 把所有的圖示放在一起檢視，確保沒有哪些看起來太過相似。每一個圖示都越獨特越好。

- 有個好用的技巧，就是在玩家將游標移到圖示上面的時候顯示道具名稱的文字（「符咒」等）。給予玩家的提示多多益善！

- 務必要讓美術人員負責製作圖示，不要讓團隊其他人處理。

- 跟專家學習。蘋果、Adobe、微軟都有專門的圖示設計師，爲他們的軟體與作業系統創作清楚、巧妙的圖示。去網路上看看其他人的網站用了哪些圖示。使用很多圖示的遊戲（例如 RTS 與模擬遊戲）是很棒的靈感來源。當我們在做《王子復仇記》的能力圖示時，我們是從童子軍的徽章設計取得靈感。圖示四處可見。不要覺得你得從零開始。

- 當玩家點選圖示，就讓它做點什麼事情：改變顏色、發出喀喀聲，顯露任何表示與使用者有互動的訊號。不過我不建議使用語音，因爲玩家並不想在每次按下按鈕時都聽到「選得好，指揮官！」。假如你一定要用語音，大概按三下重複一次就好。另外也必須多錄幾個不同的語音片段避免重複。更具體來說[9]，你可以這樣想：按第一下：「是，長官！」；第二下：「立刻執行！」；第三下：「這就去！」；第四下：「是，長官！」；第五下：「立刻執行！」……這樣應該懂了吧？

- 介面上最重要的按鈕應該要最大。

- 最常使用的按鈕應放在從畫面中間或者玩家游標最常待的位置能夠輕易到達的位置。

- 把圖示做得有點「黏性」，讓游標可以輕易地被吸過去。

9　就算只有一點點也好。

▋ 爲手機遊戲製作圖示

手機遊戲產業中，你的遊戲在商店裡是以圖示來代表，這可說是你爲遊戲所製作最重要的美術元素，它就像是電影海報或者書的封面。有些消費者可能會純粹因爲你的圖示看起來很酷而購買遊戲；相反地，也可能因爲圖示看起來很遜而跳過它。在設計遊戲的圖示時，試著賦予它以下的特性：

- 清晰：讓圖示裡的圖案清楚可見。利用剪影製作出簡單易懂的圖案。剪影越突出，就越容易「讀」。

- 象徵性的設計：我常常用來比喻遊戲圖示的例子，是超級英雄胸前的標誌，它應該要能以單一圖案代表這個角色。把圖示做得令人難忘、酷炫或好笑，只要你覺得最能概括你的遊戲，什麼都可以。由於圖示會變成遊戲的代表，要確保它看起來很讚。不要在一個圖示中使用多張照片。保留那個可以概括遊戲的單一圖案，不管是主角、謎題的道具或可以刻畫遊戲調性的一張圖片。

- 色彩：好好利用色彩。有很多色彩理論的書可以協助你。舉例來說，紅與黃等原色會比深藍、紫、黑等顏色更能吸引注目，而且在小螢幕上也比較明顯。對比色（如藍色與橘色或黑色與白色）可以讓圖案跳出來。選一個簡單又可以代表你的遊戲的色彩配置。

- 不要放文字或數字：假如你用點陣繪圖，文字可能會有疊影或模糊的問題，造成無法閱讀，縮小的時候更是如此。假如你想要把遊戲賣給全世界的受衆，可以考慮完全不放文字。

說到底，製作圖示的大原則就是

KYSS = KEEP YOUR SYMBOLS SIMPLE（將符號維持簡單）

現代的受衆對圖示都很熟悉，從漫畫到卡通[10]到他們電腦的桌面都有。好好地利用這一點。這幾年來，電玩遊戲已經發展出自己的圖示語彙。以下是幾個經典的案例：

---

10 漫畫跟卡通中使用圖示？有何不可！從達菲鴨頭上的星星與啾啾叫的小鳥、蝙蝠俠揮拳時爆出的「Pow!」，到查理布朗生氣時頭上出現的線條，以及企鵝歐普斯（Opus）喝 A&W 麥根沙士喝到醉時所冒出來的漩渦，漫畫與卡通中到處都是圖示。

- 紅色十字：代表恢復道具。[11]
- 1 Up：這是電玩世界語言的加一條命。另外，角色的頭或者「玩偶」版也很適合。
- 心形：可以用來替代紅色十字或1 Up。
- 食物／汽水罐／藥丸：代表能量或恢復，如同「精靈很需要食物[12]」所言。
- 驚嘆號：在敵人的頭上代表感到出乎其意料，在你的主角的頭上代表他可以跟某件事物互動。

- 禁止標誌：代表玩家不能使用或不需要使用這個道具。也用於剋制魔鬼。
- 骷髏頭：代表毒性、死亡或危險。有時也是海盜的意思。
- 錢幣：代表錢、扣扣、小朋友。來個銀行搶匪夢寐以求的一大袋現金如何？
- 控制器圖示：用來快速提示玩家去做特定操作來執行特定動作。在我接下來描述的QTE中常見。來了喔！

▌快速反應

快！按下按鈕！

再按一次！太慢了！你陣亡了。恭喜你，你剛剛挑戰史上第一個書中QTE（quick-time event，快速反應事件）失敗了。好險你還有多的生命。

11　加拿大紅十字會曾與遊戲開發商聯絡，討論紅色十字在「暴力電玩遊戲」中的使用。該組織認為這涉及濫用該組織商標。電玩遊戲產業尚未正式回應這個問題。
12　譯註：出自《聖鎧傳說》的名言。

QTE原先稱為「快速計時事件」(quick-timer)，這類玩法會顯示提示，強迫玩家瞬間採取行動，不然就要遭受慘痛甚至致命的後果。

有時 QTE 則會用來讓過場動畫更能和玩家互動。

《龍穴歷險記》是第一個在玩法中運用 QTE 的遊戲，應該說整個遊戲都是一個QTE。但在一連串類似的街機電玩遊戲（《Cliff Hanger》、《太空王牌》、《Thayer's Quest》）雨後春筍般發行後，QTE 差點落到文字冒險類遊戲的下場。《莎木》讓這種玩法起死回生，並同時為其命名 QTE。在《惡靈古堡》與《戰神》將 QTE 發揚光大後，QTE 成為了遊戲玩法常客。
在動作控制遊戲中，可以使用玩家動作來取代 QTE 中的按鈕動作，但得到的效果還是相同的：玩家必須迅速對遊戲內容作出反應。遊戲設計師喜歡 QTE 給予的彈性。

QTE 可以應用的情境包含：

- 避免突然被掉落的物體、移動車輛、足球等打中。
- 抵擋來自亂咬的瘋狗、飢餓的九頭蛇或鱷魚人殺手的攻擊。
- 解決魔王的最後一招：如生死關頭的一擊，或朝著逃跑的反派擲出一刀祈禱奇蹟發生。
- 在戰鬥中給予敵人額外的傷害，或在敵人攻擊時反擊、阻擋，或將他繳械。你甚至可以把手榴彈丟回去！
- 做出道德上的抉擇，例如選擇要從一大群喪屍手中救出哪個人。

玩家們要嘛熱愛要嘛痛恨 QTE，但 QTE 已經是遊戲業不可或缺的一部分了。其實沒有必要仇恨 QTE，這不過是遊戲設計師玩法百寶箱中的其中一種工具。重點是要適度利用。

- 千萬不要把 QTE 用在玩家可以在遊戲中自行處理的事情上。我偏好用作影片片段的捷徑。保留 QTE 用於刺激、重要的時刻與幾乎不可能成功的過程。
- 時機點決定一切。給玩家「一拍」去察覺 QTE 圖示出現，再給「一拍」去按正確的按鈕。
- 不要做得太長。大部分的 QTE 都需要玩家在失敗的時候重複執行，而一再重複 QTE 真的是最糟的體驗。

- 等等！重複 QTE 不是最糟的體驗，不公平的 QTE 才是。雖然使用隨機的 QTE 圖示聽起來像是個加入變化的好方法，但這可是遊戲中唯一真正需要可預測性的時候。玩家記住順序以後，他們就可以把注意力放在欣賞那些超酷的畫面。我知道你在想什麼：「修但幾咧！有些遊戲是用隨機 QTE 耶。」而我會這樣回：「說得沒錯。」不過我就是不喜歡那些遊戲。這些遊戲讓玩家覺得他們是靠運氣才能過關，而不是靠自己的技術。

- 將 QTE 操作維持在一組控制方式就好。大部分的遊戲都是用按鈕，有時則有搖桿。盡量不要用那些比較難按的肩部按鈕。

- 確保 QTE 圖示又大又明顯。位置保持一致，不要移來移去。

- 最好不要把 QTE 當作非做不可的活動。《秘境探險》跟《蝙蝠俠：阿卡漢瘋人院》都把 QTE 當作消滅敵人的方法之一，不過如果玩家錯失機會，他們還有很多其他方式可以打倒壞人。

- 在「狂按」類型的 QTE，玩家需要連續快速按鈕，可以提升情緒張力或模擬實際費力的過程。

- 你可以純粹為了情感上的效果而利用 QTE，如《暴雨殺機》中惡名昭彰的「按 X 呼喊傑森」，玩家必須按下 X 鈕呼喚他走失的兒子。

- 在使用動作控制 QTE 時，把搖晃的時間縮短。假如你要讓玩家搖晃控制器，不要連續做太多次。玩家想要的是遊戲體驗，不是扭傷體驗。

▋ HUD 與擺放位置

現在已經做好了一大堆美麗的圖示，要拿來做什麼呢？當然是貼到螢幕上啊！但在你開始隨便亂貼之前，先看一下它們適合放哪裡。這次由我們的喪屍好朋友提供協助。

由於一切活動都發生在螢幕中間，請避免將 HUD 放在那邊（除非是用來瞄準或者辨識遊戲物件）。假如你必須用到一個全螢幕的圖案，可以考慮做成半透明的，就像《絕命異次元》中的全像螢幕一樣。這樣一來，玩家才不會脫離他們的環境，並在遊戲世界中失去定

位。

螢幕的左上角通常留給最重要的資訊：生命值、分數等等。西方人[13]的眼睛在閱讀資訊時是從左側移動到右側，因此將圖示放在左側讓眼睛可以順著「進入」右側的遊戲內容通常對玩家來說比較舒服。

沿著底邊放置圖示效果也不錯，但要確保不會因為玩家使用的螢幕或電視與遊戲校正不符而造成畫面被裁切。你要預設至少 50% 的受眾家的電視很爛。事實上，即便玩家擁有優質 HD LCD 背投影電視，也會看到螢幕左右側的圖案被裁掉。把資訊放在越接近安全影格內越好（記得一定要提供畫面校正的選項）。

假如你要用到畫面的右、左及下側，要小心可能發生的「框架效應」（bracketing effect），這會讓遊戲感覺更小、更擁擠。我曾看過有些 RTS 遊戲畫面的 HUD 滿到像是從信箱看出去的感覺！

假如你要在畫面上放很多圖示，何不考慮讓玩家自己決定要放哪些圖示，並設定優先位置，這樣玩家可以自行選擇覺得最重要的圖示。不過謹記不要讓他們有機會擋到主要遊戲內容。

有些圖示會開啟其他的畫面，如道具欄清單。要確保玩家有辦法迅速回到主遊戲。你可能會想要考慮讓玩家暫停遊戲，以避免他們在找那把 +6 殺戮之棒的時候被敵人暗算。當然，你也可以學學《絕命異次元》的設計師，刻意設計當主角正在全像太空背包中翻找另一罐空氣時，敵人能夠進行攻擊。根據設計團隊的訪談，這是有意為之的設計，他們故意不想讓玩家利用一些「電玩性」的機制，在找道具時將世界暫停（例如在《惡靈古堡》中所見）。當屍變體（necromorph）逼近，而你發現你沒有時間喘息時，這種玩法可以確實傳達恐懼感。

---

13 雖然有許多亞洲與中東語系的書寫順序是從右到左，但我想不到任何電玩遊戲在畫面上是這樣顯示資訊的。

▌ 除了 HUD 以外的其他畫面

噢，電玩遊戲畫面。你們也太多種類了，該從哪裡開始呢？當然是從一開始囉！

玩家所看到的第一個視覺（除了外盒封面以外[14]）就是標題或開始畫面，因此，設定正確的調性很重要。問題是，有太多風格可以選了！來看看喔：

- **電影海報**標題畫面：與外盒封面相同。

- **英雄姿勢**類型的標題畫面：我們的主角站在某懸崖邊，長髮在風中飄動，而他的巨劍或槍枝則準備萬全。

- **神祕的圖像**：會帶出各式各樣的問題，像是為什麼我在叢林中？那個猴子雕像在那邊是什麼意思？我要洗劫的是遺跡嗎？這個圖像對遊戲有重大意義，但玩家不會知道，因為他們還沒開始玩。當他們終於了解意義時，會大受震撼！

---

14 好啦，嚴格來說，玩家還會看到一個警告畫面、發行商標誌、開發商標誌以及開發團隊付費使用的技術的開發公司標誌。但這樣開頭的清單就一點不有趣了不是嗎？讓我照進度來好嗎？

- **遊戲LOGO**：畫面會顯示一個大大的遊戲LOGO。這並不有趣但很有效。可以用閃爍的顏色、旋轉效果、反彈文字等把畫面變得更有趣，只要是會動的都可以。

標題畫面通常會有選單可供選擇，例如儲存／載入、玩家人數、選項、精彩花絮、難度等。要放多少個，取決於你想要讓玩家在進入真正的遊戲內容前要按多少按鈕。我發現玩家都只想玩到好料，所以你應該要把按鈕次數降到最低。要記得這個我從來不會打破的非常重要的重點：

遊戲畫面永遠都不應該需要玩家按超過三次按鈕才能抵達。

為什麼呢？因為玩家不想要玩遊戲時把時間都花在按按鈕進入不同的介面與道具畫面！他們想要玩遊戲！讓他們玩遊戲！為什麼你不讓他們玩遊戲呢？想想那些小孩吧！真是慘絕人寰啊！

不好意思。剛剛有點失控了。

認真說，不要讓玩家花多餘的力氣去找選項才能進入遊玩內容。讓遊戲中所有內容都在一兩次按鈕內就能到達。有必要的話可以合併畫面，但要記錄按多少下按鈕才

能得到該資訊。我曾有一次把「開始遊玩」從按 16 次鈕縮減到 4 次。我是覺得做得還不差啦。

- 暫停：設計良好的暫停畫面的功能不只是讓玩家休息。它可以用來存檔，或是進入選項畫面、遊戲地圖、道具畫面，甚至純粹爲了讓人享受而存在，例如《阿邦阿卡大冒險》中美妙的不插電版主題曲。不管你做什麼，都要確認玩家不會在暫停的過程中覺得自己錯過了遊戲的任何一部分。要記得大部分的人是利用暫停畫面去跑廁所。當然，你也可以乾脆把暫停畫面這個選項移除，像是《絕命異次元》，不過這樣對玩家的膀胱可能有點煎熬。

當設計師在製作暫停畫面時，他們有個壞習慣，就是把第一個項目設定爲「繼續遊戲」，然後下一個會是例如「選項」。通常地圖與遊戲存檔的選項還要再往下幾行才會看到。這排列對我來說一點都不合理。假設你要按開始鈕進到暫停畫面。想想以下情境會發生的次數：按下開始鈕、按方向鍵往下到「遊戲存檔」選項、存檔、然後回到上面那個繼續遊戲的選項。爲何不設定成再按一次開始鈕就將畫面關閉？到底爲什麼要有繼續遊戲的選項？假如遊戲存檔是玩家最常用到的選項，那就把它列在第一個可選項目。如果不是的話，那就把第一項設定爲地圖或道具欄。要像規劃關卡一樣仔細地規劃暫停畫面！玩家會感謝你的。

哇！看看下一個圖案。所有以下選項都可以從暫停畫面衍伸出來：

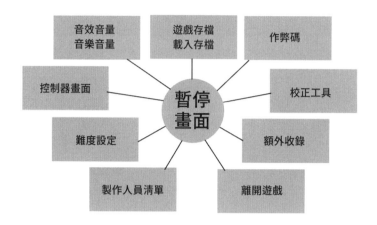

- **選項**：選項畫面通常會導向更多的畫面，就像一個古代迷宮。但請不要讓玩家在各種選擇迷宮中迷失。把選項畫面當成一個軸心，而往外的一根根輻條則是選擇項目。音效與音樂的音量控制、控制器設定、難度設定、甚至額外收錄以及作弊碼都可以放在選項畫面底下。

- **校正工具**：假如你的遊戲很講求氛圍，並採用暗色主題與視覺元素，我建議加入畫面校正工具。校正工具讓玩家可以利用暗色圖案或者一組色彩條棒來調整畫面的對比。雖然這個工具放在選項畫面底下也可以，我偏好讓玩家在開始遊戲前就調整，才能以最佳的明亮度玩遊戲。

- **存檔／載入**：這個選項是遊戲中最重要的功能之一，要保持簡單並盡量將過程自動化。開始新遊戲時都要給玩家製作新存檔的選項。不要讓玩家花力氣去找這個選項，並確保他們很快就可以找到。如果可以的話甚至要放進教學。

我強烈建議要給玩家多個儲存檔案（至少三個）。玩家常常會在破關之後重新開始玩，或怕在遊戲中做出毀滅性的抉擇而需要先存檔，或甚至只是想要讓其他人可以在同時間遊玩。

建立遊戲存檔的時候，自訂功能可以發揮很大的用處。讓玩家自己爲檔案命名，記錄遊玩時間、遊戲關卡或章節標題、甚至例如生命或裝備等道具協助玩家回想他們的進度。也可以顯示圖示或圖片，進一步刺激玩家的記憶。任何一點都會有幫助。

自動存檔是個很有用的功能，當玩家沈浸在遊玩中時可以提供備份。讓玩家選擇是要從儲存檔案或者自動存檔的紀錄載入遊戲。遊戲在自動存檔的時候要顯示一個圖示警告玩家，確保他們在過程中不要關機而造成檔案遺失。

在設計存檔系統的時候，要小心不要讓它變成「重來系統」。許多遊戲中，比起死亡後從頭開始，玩家重新載入遊戲還比較容易也比較快速。不要讓玩家利用存檔系統當作玩法機制，因爲這樣會破壞遊玩體驗的沈浸感。

- **載入畫面**：許多玩家視載入畫面爲必要之擾，但這純粹是因爲開發者未能做到把這些畫面變成遊戲的一部分。要完全避開載入畫面在技術上有難度，在遊戲的技術限制下，甚至可能無可避免。你身爲設計師，需要在一開始就知道遊戲程式碼的限制。

有些近期的遊戲會試著做出「無縫」的無載入畫面體驗，把載入畫面僞裝成緩慢開啟的門、冗長的電梯升降、霧氣散開的過程等。不過記得不要讓載入畫面中的事物太複雜，畢竟載入畫面也需要載入啊！

以下提供幾個藏匿載入畫面的方法

走不完的長長走廊

緩慢解鎖的門

微波爆米花

假如你一定要用載入畫面，以下有一些打點畫面的方式：

- 展示概念美術
- 問問冷知識
- 做一個可以玩的小遊戲[15]
- 顯示遊戲地圖
- 顯示角色介紹
- 提供玩法或操作的小技巧（但要注意不要重複。即便是最有用的建議，多看幾次後都會讓人厭煩，所以不要顯示玩家已經看過的操作小技巧）
- 補充遊戲劇情不足之處，或回顧玩家迄今的進度，並提醒玩家遊戲目標
- 播放短片介紹接下來的任務或地點
- 讓玩家與無止盡的敵人戰鬥或摧毀大型物體
- 顯示遊戲角色或物品的「沙龍照」
- 讓玩家操作一個可互動的物體，例如遊戲的標誌或者重要的劇情物品

硬體製造商要求載入畫面中有一些會動的圖案，玩家才知道遊戲沒有當機。不管載入畫面顯示什麼，你都應該提供一個進度條棒或顯示載入百分比，這樣玩家才知道他們要等多久。

- 控制：在顯示控制畫面時，最首要的就是顯示遊戲控制器的圖片，如下圖所示。

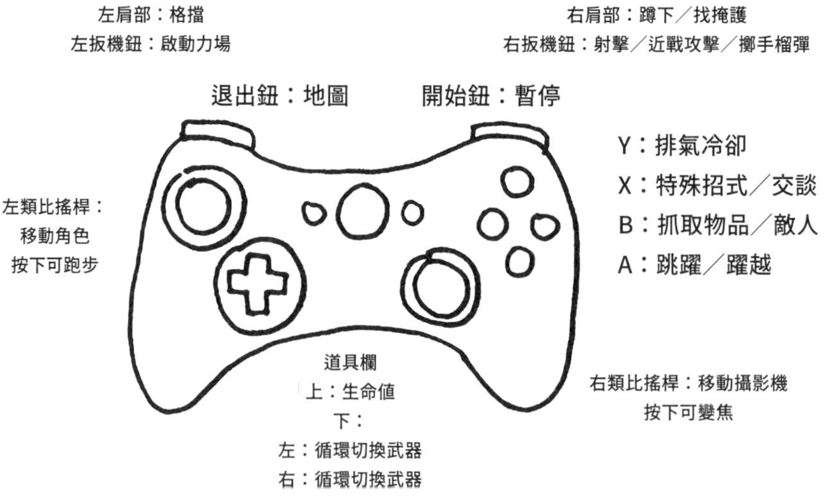

左肩部：格擋
左扳機鈕：啟動力場

右肩部：蹲下／找掩護
右扳機鈕：射擊／近戰攻擊／擲手榴彈

退出鈕：地圖　　開始鈕：暫停

Y：排氣冷卻
X：特殊招式／交談
B：抓取物品／敵人
A：跳躍／躍越

左類比搖桿：
移動角色
按下可跑步

道具欄
上：生命值
下：
左：循環切換武器
右：循環切換武器

右類比搖桿：移動攝影機
按下可變焦

15　除非你替南夢宮工作，不然你可能要避開這項，因爲南夢宮擁有此做法的美國專利（#5,718,632）。

有些遊戲會顯示角色，並在你按下適當的按鈕時做出動作。最少最少也要顯示解釋操作的文字。

請確保很容易就能從遊戲畫面進入控制畫面，讓玩家可以快速參考。另外，可以考慮讓玩家自訂操作，或至少給他們多種控制方法的配置供選擇。

- **得分／統計**：得分／統計畫面又稱「結算畫面」，會在關卡結束時顯示，畫面會列出玩家在遊戲中的進度與表現。在此畫面中可以結算的數據五花八門，以下只是其中一部分：

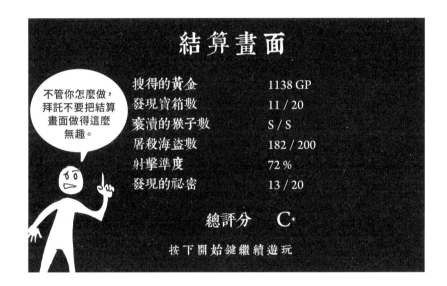

- 分數
- 過關時間
- 射擊準度
- 打倒敵人數
- 剩餘金錢／已蒐集金錢／已花費金錢
- 生命數
- 評分（可以是 A B C 或者是「文字」評分，例如「太棒了，兄弟」或「宇宙之主」）
- 達成目標數
- 發掘祕密數（通常以 X/Y 表示）
- 濺血量／移動距離／砸毀寶箱數……諸如此類
- **法務／版權**：這些是發行商與硬體製造商規定要有的畫面。請務必做得好讀，

更重要的是訊息要正確。要記得家用機製造商規定這個畫面不能直接跳過。

- **製作人員清單**：請容許我在這邊發表一下意見。大家花很多心力在製作遊戲，但電玩產業裡有太多人會因為某些人的自尊心、政治以及純粹被忽略而被搞到沒有得到應有的讚賞。我真心認為，當你曾為一個遊戲努力過，你就應該得到讚賞，而讚賞理當對應到該人士名片上的頭銜。可惜的是，事情並非都是這樣的，這是遊戲產業需要改變的地方。我喜歡照著以下這個簡單但**超重要**的重點做：

將讚賞給予應得的人

製作人員清單是一個遊戲很重要的一部分，那是對所有製作遊戲或對此有貢獻的人的禮讚。雖然他們值得被看見，但這些畫面還是應該要盡可能帶娛樂性。有些遊戲就懂這點：舉例來說，《小小大星球》就有一個令人驚艷且有趣的製作人員清單片段。而《死亡鬼屋打字版》則是有個可以讓玩家打出製作人員清單的小遊戲！

　　假如你需要更多好看的畫面或製作人員清單，看看大部分的電影光碟。光碟設計師很擅長以電影為中心建立「完整體」。講究細節到這種程度需要美術總監與設計師投入大量的時間與努力，但永遠都划算。[16]

　　另外還有其他的畫面要考慮，例如遊戲結束、額外收錄和商店畫面。

　　別擔心，我會在後面的章節更詳細講解這些畫面。

▌最後來談談字型

　　在製作 HUD 與顯示畫面的時候，你必須要考慮字型。我發現字型跟圖示一樣有很多關於易讀性與清晰度的規則，不過字型還是有一些自己特有的問題：

- 讓字型的主體搭配遊戲，但不要使用過度華麗而難讀的字型。
- 很多時候字型需要授權才能使用。我知道有個遊戲到了最後關頭才在進行調整，就因為開發商沒有取得字型的使用權利。字型就跟其他藝術作品一樣，要

16　遊戲完整體的優良範例包含《烈火戰車：黑》、《惡黑搖滾》、《死亡鬼屋：過度殺戮》。

爲藝術家的作品付費，這樣才公平。

- 留意字型與背景的顏色。舉例來說，不要將紅色字放在黑色背景上，因爲這樣在許多電視上都會糊掉，尤其是較老舊或者使用 AV 端子與家用機連接的機台。

- 現在 HDTV 已成爲產業標準，開發商應使用高解析度的字型。我發現在標準畫質電視上，所有字型在 18 級 以下的大小都會非常難讀。要記得並不是每個玩家都有最高檔的螢幕！[17]

記住，所有畫面的目的都是要跟玩家清楚有效地溝通。我們是時候該進入好料了，也就是遊戲本身！但在此之前，先來看看一定要的普世眞理與聰明點子區。

第八關的普世眞理與聰明點子

- HUD 會向玩家溝通遊戲概念。
- 玩家應可以快速看到 HUD 的資訊。
- HUD 元素放置的位置要距離畫面邊緣有點距離，靠近安全影格。
- 設計明顯易讀的圖示。
- 製作公平簡單的 QTE。
- 到遊戲內任何畫面，都不該讓玩家按超過三次按鈕。
- 不要讓重要資訊在畫面中跟玩家玩躲貓貓。
- 字型要好讀。不要用太小或太花俏的字型。
- 就算是「無趣」的畫面，也可以做得令人感到興奮有趣。
- 將讚賞給予應得的人

---

17 《死亡復甦》使用的文字小到玩家沒辦法閱讀任務目標，對只有標準畫質電視的玩家來說，遊戲變得無法遊玩。

9 ｜ LEVEL 9 Everything I Learned About Level Design, I Learned from Level 9
第九關　關於關卡設計的一切，我都是從第九關學到的

這本書叫《通關升級》（Level Up!），所以總不能沒有任何章節在講關卡和等級（level）的設計吧。[1] 但這到底是什麼意思呢？就像分數[2]一樣，它的定義會依照不同脈絡而有所不同。請看：

關卡：遊玩的環境或地點。「如果你在死星關卡，遊戲就快結束了。」

及

關卡：一個遊戲開發者偏好的用詞，用來描述依特定遊玩體驗不同而劃分的區域。「我大概在那個礦車關卡死了十來次了吧。」

還有

關卡：用來計算玩家進度的單位，特別是在玩法有重複性時使用。「我《俄羅斯方塊》玩到第二十關了。」

跟

等級：依照所得分數、經驗值或技能所計算的高低級別。這個詞是用來標示角色的進展與進步，如「我終於把第三個《魔獸世界》角色升到70級了。」「等級」的概念最常在RPG中看到。

而為什麼level一詞在遊戲產業中有四種定義呢？有可能是因為電玩遊戲開發者的詞彙極度有限。

而level有多種定義，還有另外一個原因，是開發者已經在各種不同脈絡下用這

1　編註：關卡與等級都可用level一詞表示。
2　分數的英文score也有多種含義：（1）取得某件東西（例如「我在那次掉寶中拿到一把戰斧」）；（2）計算分數（例如結算最高分）；（3）刻痕（例如用光劍在金屬上刻出痕跡）。

個詞太久了，久到已經來不及讓大家一起改用其他如floobit或 placenheimer等新創詞，所以就只能用level了。但為什麼是用level呢？大部分資歷久遠的遊戲設計師認為這個詞來自《龍與地下城》，玩家在遊戲中會經過多個地下城的樓層（level）才會到達龍的所在（這也是遊戲名稱的由來）。我想不透為什麼沒有人想到要用floors來稱呼樓層就是了。

然而現實更為複雜。一個關卡常常根本不叫做關卡。我曾在遊戲中看過場、波、階段、幕、章、地圖、世界等，但就算是這些用詞也有各自的獨特定義。來回顧一下：

- **場**：可以在重複遊玩相同或類似內容的遊戲中看到。這個詞可以用在重複活動的運動遊戲中，例如一場高爾夫比賽或一場拳擊賽，也可以用於玩法有點變化的遊戲，如《Peggle》或《美女餐廳》。

- **波**：通常會與戰鬥有關，例如「一波又一波的敵人突擊了正直的英雄！」很刺激吧！但你在做的還是一樣事情：打擊壞人。[3] 一波又一波的敵人可以做成一整個遊戲，例如《植物大戰殭屍》與《Defend Your Castle》，或只是遊戲的其中一段，如《戰爭機器2》或《秘境探險2》。[4]

- **階段**：通常跟「波」這個詞可以互換，不過它通常用於描述一個可以跟活動作出明顯區別的體驗，就像火箭的不同分節一樣。[5] 「階段」常常用來描述敵人魔

3　我所謂的打擊，意思是用拳打、用刀捅、用槍射、用手刀砍、斷頭、噴飛、爆炸。
4　你可以在任何動作遊戲中找到「波」，不限於遊戲名稱最後面有「2」的遊戲。
5　記住，這些語詞最早是由早年的遊戲製作者所創造運用，這些人就是你高中宅男俱樂部的那群成員。

王的不同行爲模式。

- 幕與章：開發者希望玩家專注在遊戲劇情的時候會使用這些詞彙。這種用語讓
  遊戲感覺比較高級。但他們想唬誰啊，遊戲關卡就遊戲關卡啦。
- 關卡也常常以地圖或者場景的地點命名（例如「發電廠」或「瘋人院」）。在
  FPS 中最常見到這種讓玩家把地點連結到風格或玩法的做法。

世界：常常跟關卡混淆，但我覺得罪魁禍首在用法源頭。「世界」最早出現在《超
級瑪利歐兄弟》知名的「世界1-1」（World 1-1），該遊戲極爲成功，於是「世界」一詞
立刻受到開發者青睞。不過，以我自己的定義來看，世界1-1 應稱爲關卡1-1。世界
是電玩遊戲中的一個地點，主要是以視覺主題或類型區分。一個世界可以包含多個擁
有共同主題的地點。

世界1-1

在早期的電玩遊戲中，玩家會稱關卡爲「世界」，像是「火世界」、「冰世界」等等。
然而，隨著家用市場要求遊戲的遊玩時間變長，開發者很精明地學會利用重複的材質
組合或遊戲機制（或者雙管齊下）去製作多個關卡，讓這些世界延長了，而最有名的
範例就是《超級瑪利歐兄弟》的世界 1-1。不過，世界 World 1-1 只是第一世界中四個
關卡的其中之一。[6] 我們需要有個名詞來定義這些不同的區段，於是「關卡」誕生了。

▍十大老哽電玩遊戲主題

由於這些年來有那麼多種遊戲世界在大家面前亮相過，有些已經變成了陳年老

不好意思喔，你們這些酷小子，書呆子已經統治世界了。

6　世界 1-1 是草原、1-2 是地洞、1-3 是由許多像山一樣的平台組成，而 1-4 則是在城堡內。這些關卡都
　　屬於稱爲蘑菇王國的世界中。現在你知道了。

哏。大部分的開發者都會尖叫著逃離這些老哏，但它們還是有它們的用處。因此，請容我一一鄭重介紹：

1. **外太空**：你可以輕易地想像早期遊戲開發者看著黑色的電視螢幕而想到這正好可以拿來當作外太空。向量繪圖的閃亮星星在早期陰極射線管螢幕上看起來超讚的。由玩家控制的太空船不需要任何動畫，用簡單的幾何形狀就可以卽時繪出太空船。玩法主要可以建立在物理法則上，這是在遊戲設計與美術出現前那些早期程式設計師的重要優勢。隨著最早期遊戲的類型（射擊遊戲）開始演化，外太空在電玩遊戲的戰場選擇中持續大受歡迎。外太空也可以讓所有科幻類常客，如外星人、太空船、電腦、未來武器等有出場的機會，這些都是阿宅遊戲開發者的最愛。

2. **火／冰**：這些關卡會迅速廣受歡迎有三個原因：第一，火關卡跟冰關卡所呈現的危險物程式很好寫，例如火焰與低摩擦表面等。這些危險地形完美地造就需要抓時機的謎題、破壞玩家的節奏，讓關卡更具挑戰性。第二，火與冰的環境恰好適合各式各樣致命生物棲息，從岩漿人與噴火龍到（毛茸茸或冷冰冰）的雪人。第三，火與冰的關卡可以爲遊戲世界帶來不同的色調（紅與藍），這爲早期 8 位元時代家用遊戲盒子背面的遊戲畫面帶來重要的特色區別。到了今天，火與冰的關卡已經僞裝成雪中的火車殘骸與熔岩神殿，但只要顏色、體驗與機制都符合條件，這些對我來說永遠都會是火與冰的關卡。

3. 地下城／洞穴／墓穴：《龍與地下城》以及托爾金的中土世界深深扎根在遊戲開發者的 DNA 中。地下城中隨處都有陷阱要避免、謎題要解開、機關要繞過。地下城有一波又一波的敵人（卻絲毫沒有解釋他們為什麼住在那邊）以及許許多多等待蒐集的寶藏。就算當遊戲世界的設定與中世紀奇幻無關，玩家還是很享受打劫無人涉足的滿布塵埃墓穴。在技術方面，地下城給予遊戲美術許多優勢：適合運用戲劇性光線以及精細的石刻與雕像。即便在遊戲產業初期，洞穴壁上的材質也是用可以輕易重複（或稱「圖塊」tile）的美術素材做成。

4. 工廠：工廠關卡已經是平台遊戲的必備關卡類型了，平台遊戲類型在家用遊戲系統上爆炸性成長之後更是如此。工廠靈活的機關讓遊戲開發者輕易地製造、結合、再利用各種危險物，並微調讓它適用於多種不同的難度。這些彈性的工廠機關很快地也蔓延到其他地點，在幾乎所有動作與平台遊戲的墓穴、馬戲團、太空站裡都找得到移動平台、輸送帶、齒輪等。[7]

---

7 當《星際大戰》創作者喬治・盧卡斯搶在最後關頭在他 2002 年的電影《複製人全面進攻》當中加入工廠關卡，我認為那是電玩遊戲產業的一大勝利。電影中的幾位主角搭著輸送帶，看準時機跳躍穿過迅

5. **叢林**：叢林主題給予電玩遊戲設計師像地下城一樣的彈性，但少了昏暗的色調與生硬的直角。色彩豐富的戶外環境中，有異國風格的陷阱（流沙與用布蓋住的刀坑）以及異國風格的生物（例如鱷魚、蛇與蠍子），讓叢林關卡在遊戲美術成為重點後迅速成為大受歡迎的遊戲關卡主題。叢林關卡擁有歷久不衰的機關：可以盪的藤蔓、可以起跳的樹枝平台以及如《青蛙過街》一般有浮木流過的河流。這些都讓玩家的心像叢林鼓一樣怦怦作響。

6. **怪異陰森的鬼屋或墓園**：當遊戲需要一點氣氛與劇情的時候，陰森的環境最適合了。玩家會慢慢探索詭異的環境，不時受到突然冒出來的機關或敵人嚇到。但嚇人是種藝術，你必須在關卡中建立步調：先設計寧靜期、接著分散玩家的注意力再嚇他們。採用怪異陰森主題時，音樂與音效設計非常重要，與敵人遭遇及謎題設計密切相關。但要注意不要給太多提示。假如你沒有做好正確的安

速下壓的機器，那根本就像從任天堂平台遊戲中抽出的橋段。

排，很可能一下子就破了自己的梗。經過多年自己在車庫做鬼屋的經驗，我發現最棒的嚇人方式就是讓玩家可以預期驚嚇會發生但是不知道會從哪邊來。

怪異陰森的主題也是電玩遊戲套路中最有彈性的。有怪異陰森的冒險遊戲、平台遊戲、RPG、FPS 甚至解謎遊戲。只要怪異陰森，一切都會變得有趣。

7. 海盜（船／城市／島嶼）：海盜關卡可以說是怪異陰森關卡精神上的兄弟。[8] 海盜主題特別適合有激烈動作、近身對戰以及，沒錯，就是一堆又一堆的寶藏。許多海盜關卡會利用海盜與生俱來的移動方式：海盜船。然後還有海盜骷髏，有誰能不愛它們呢？就像怪異陰森的主題一樣，海盜主題被當作「全能主題」，可以應用在幾乎所有類型的遊戲以提升銷售。

8　我們常常能在一個遊戲中同時看到海盜與怪異陰森關卡，而我能想像到的唯一原因就是設計師很愛迪士尼樂園。「加勒比海盜」以及「幽靈公館」的設施都在迪士尼樂園的紐奧良廣場「世界」。至少我知道我是因為這樣才在《吃豆人　吃遍世界》中把兩者放在一起。

8. **寫實都市**：不管是罪犯、混混、變種人還是超級反派，寫實都市主題可以在一個能引起共鳴的真實環境創造驚奇。能夠引起共鳴的特質是這類遊戲吸引人的地方之一。對遊戲美術來說，要製作窗外的世界總是比較容易。隨著系統處理器與多邊形的數量增加，充滿細節的環境也變得越來越好看。玩家想要在跟自己窗外的世界一模一樣的地方遊玩，這點聽起來雖然有點諷刺，但他們擁有一個多數人所沒有的選擇：把世界變更好或毀滅世界。

9. **太空站**：太空站已經變成科幻遊戲類的地下城替代品（尤其在 FPS 與生存恐怖類型中），而這是受到 1986 年電影《異形》的強烈影響。在電玩遊戲中，絕大多數的太空站走廊都被滿滿的恐怖異形與失控的機器人占據。太空站的主題很自然可以帶進科技類的機關，利如雷射力場以及與工廠相似的移動平台。太空站讓美術團隊可以在做出華麗視覺效果的時候炫技一下，例如全像電腦螢幕或

壯闊的星際視野等。

10. 下水道：雖然《瑪利歐兄弟》中的下水道乾淨到食物掉了撿起來還能吃，但電玩遊戲中的下水道隨著遊戲畫面提升而變得越來越噁心。下水道宛如奇幻世界地下城在現代世界的攣生兄弟[9]，而它變得更複雜且致命，裡面的危害物從巨大老鼠與白化鱷魚到浸泡進去就會立即死亡的臭水都有。另外，在下水道中也能找到無縫融入的工廠關卡機關等著挑戰玩家，如轉動的通風扇與會下沉的平台等。還好嗅覺電視（smell-o-vision）沒有流行起來。[10]

　　雖然前面提到的主題都是公認的老套了，但這並不代表不能用。只要利用**墨西哥披薩**技法就能加入一些變化。

　　1990 年代，塔可鐘（Taco Bell）發明了「墨西哥披薩」，這是一種有披薩外型、

9　你知道早期的《龍與地下城》玩家會到下水道與排水系統中實境遊玩嗎？算是現代實境角色扮演遊戲（Live-action role playing, LARP）的前身。

10　過去曾多次出現將嗅覺硬體帶入遊戲業的嘗試。最近出現的裝置是 ScentScape 氣味機，會往玩家的鼻子噴發松樹森林、鹹鹹的海水與霰彈槍發射的味道。

以墨西哥料理為配料的小點。我聽起來覺得似乎有點噁心，不過在好奇心驅使下我還是試吃看看。味道是還不差啦，不過我學到的是，你可以將兩個從沒想過可以放在一起的東西結合，然後得到出乎意料的好結果。更重要的是，這是個完完全全原創的成果。

在設計《王子復仇記》的時候，我們就採用了墨西哥披薩技法。我們沒有做出一般的墳場，而讓它因為火山噴發而地面裂開、噴出火焰，可說是一個火墳場。我們也做了一個用冰包覆的海盜關卡，諸如此類。僅透過結合不同的關卡主題，我們就能在這些陳年老套中注入新生命。

▌ 命名遊戲

選好關卡的主題以後，就要為它命名。不過，記得一個關卡一定會有兩個名稱：一個開發者用的、一個給玩家看的。

關卡名稱是用於遊戲程式內的檔案名稱。在製作檔案名稱的時候，有幾件事情不能忘記：

- 將名稱長度維持在八個字元內，因為 a) 團隊比較容易記住簡短的檔案名稱，以及 b) 在程式碼中占用的空間較少。在從前，因為 DOS 的檔案名稱規則，這樣的限制是有其必要的，但現在這個限制已經不存在了。同時，注意簡短的檔案名稱不見得比較好記，因為名稱有可能會用到奇怪的縮寫。舉例來說 frstclea.lvl 可能是林中空地（forest clearing）關卡，或是清除冰霜世界（cleaning the Frost world）關卡。

- 玩家不會看到檔案名稱，所以你不用取得很詼諧。舉例來說「Castle01」很簡短地讓團隊成員了解最重要的資訊：地點和順序。

- 較複雜的名稱可以採用縮寫文字：例如「fac01s01」可以代表工廠 1 第 01 區（factory 1, section 01）。

- 請確保命名規則不會重複。假如「sec」在某區域代表「區（section）」，就不要在別的地方用來代表「祕密（secret）」。

- 整理關卡。將檔案存放在檔案夾中，讓其他團隊成員可以輕易找到。可以利用共享檔案的軟體，確保更改時其他成員都會知道。

在遊戲中，關卡名稱又是完全不同的一回事。就像在爲角色命名一樣，你必須要爲關卡取一個適當的名稱，一個與關卡感覺相符的名稱。關卡取名方式可以分爲幾種不同的流派：

- **功能性**：直接使用編號系統是復古遊戲的印記之一。它直接了當，並且讓玩家覺得有進展。不過由於大部分的玩家在事先並不會知道編號最高會到多少，他們無從精準判斷整體進度。功能性命名的另一個缺點就是缺乏個性。
- **地點**：警察局、下水道、科學實驗室。用地點作爲名稱的好處是可以馬上知道玩家會看到或遇到什麼，不過這預期心態是建立在玩家的知識上，而不一定與你的想像相符。在爲地點命名時，使用正確的詞彙很重要。
- **描述性**：「糟糕的驚喜」、「再次上路」、「天降死亡」。描述性關卡名稱聽起來像書中的章節，這種命名方式很適合用來提供前兆或調性。但要注意不要洩漏太多資訊而破壞劇情或關卡中的驚喜。又或者你可以像《絕命異次元》設計師一樣耍心機，用每一個關卡的第一個字湊出一個祕密訊息！
- **雙關**：假如你覺得自己很有創意，可以試著讓遊戲關卡的名稱帶有雙重意義。雙關名稱在 90 年代的遊戲中超受歡迎，例如《袋狼大進擊》。通常這種命名方式會專門用在幽默的遊戲。

要記得，關卡名稱是關卡的第一印象，所以要呈現最好的一面！

▌關於關卡設計的一切，我都是從迪士尼樂園學到的

世界是最好的旁白敘事者

——肯・萊文[11]

我相信故事應透過遊戲的關卡述說。利用空間說故事不是什麼新概念，這樣的作法在建築設計中已經存在好幾個世紀。當我剛開始設計遊戲關卡時，我發現「如何說故事以及提供資訊給玩家」的問題，在主題樂園中都可以找到答案。我仔細觀察了多個主題樂園的地圖[12]以研究配置。我發現主題樂園設計上的目的就是將遊客以最有效

---

11 肯・萊文是《生化奇兵》系列的創意總監。至是一個高評價的 FPS 遊戲系列，其中所完整建立的世界已經成爲關卡設計的黃金標準。

12 我以前很愛趁家族旅遊前往教育性景點時蒐集主題樂園的手冊，紀念那些我不曾實際去過的地方。誰

的方式從一個冒險移動到下一個，就像設計良好的遊戲關卡一樣。

迪士尼樂園是特別棒的靈感來源。我讀過有關華特・迪士尼的幻想工程師團隊的事，以及他們如何設計屬於他們的世界。華特・迪士尼深深熱愛模型火車軌道，而迪士尼樂園就是沿著火車軌道周圍建立。幻想工程師需要填滿軌道之間，於是創作了五個「世界」（land），每一個都是從迪士尼本人熱衷的事物中找到靈感：歷史、進步、自然、他的動畫電影以及對童年故鄉的鄉愁。而這成為了邊域世界（Frontierland）、明日世界（Tomorrowland）、冒險世界（Adventureland）、幻想世界（Fantasyland）與小鎮大街（Main Street）。

幻想工程師在這些區域放滿了設施與主題冒險等，讓遊客可以「乘坐迪士尼電影」。這些設施主要是在實體空間中說故事的體驗，讓遊客穿過一個個充滿細節的場景。

我發現迪士尼樂園的建立與架構和電玩遊戲世界的建立與架構高度相似。建構的基本流程是這樣：

- 迪士尼樂園：從**樂園**到**世界**到**設施**到**場景**。
- 電玩遊戲：從**世界**到**關卡**到**體驗**到**遊玩中的片刻**。

迪士尼樂園中有多個不同的世界。每一個主題世界都有不同的設施，而每個設施都有自己的故事，設施的「故事」是以場景組成。

電玩遊戲的世界內有多個關卡，每一個都屬於故事的一部分。而在每一個主題關卡中會遭遇敵人、挑戰以及劇情點，領著玩家通過關卡。而將這些體驗串起來的就是保持玩家興趣的一個個遊玩片刻。

■ 繪製世界地圖

這種「從上而下」的工作概念協助我設計遊戲世界，決定有哪些限制以及住著哪些生物。而要決定這些，你需要做一個**遊戲世界地圖**。

有些設計師非常投入在創作世界地圖，並熱愛與玩家分享。早期電腦遊戲的包裝內容物常包含精美列印在羊皮紙、布甚至人造皮革上的美麗地圖。但你不需要做到那種程度，世界地圖可以很簡單，例如用 Visio 建立的表格。地圖僅需要標示出玩家的

想得到它們後來會如此好用。

目的地，以及他們會在那邊找到什麼。地圖也可以定義世界中不同地點之間的空間關係，這可以協助設計師決定玩家的移動方式與順序。

遊戲的世界地圖的重要性不僅在於讓團隊了解關卡之間的關係，也可以提供玩家幾種優勢。

《大金剛》是最早讓玩家使用某種地圖的街機電玩遊戲之一。那個「地圖」就是很多隻咚奇剛一層一層往上疊，以及一句挑戰「你可以到多高？」螢幕上有足夠的空間疊四隻咚奇剛，而每過一關，遊戲就會多疊一隻。玩家可以從螢幕上的空間看出畫面上可以疊多少隻咚奇剛，透過這樣的方式發現遊戲中有四種不同的環境。

而地圖史上的下一個大躍進則發生在街機電玩遊戲《魔界村》。在開始玩之前，遊戲會顯示一個地圖，上面有一個小小的玩家圖示，標示出「你在這裡」。

接下來畫面會移過整個世界，用即將到來的一切嘲弄玩家。我記得我看到這個想到的是：「真不知道地圖最遠端那個冰關卡有什麼東西。」

即便你的角色在遊戲中並沒有移動到其他地方，你還是可以用地圖來表示進度。格鬥遊戲《真人快打》中，有一整個螢幕的角色大頭照，而在遊戲最初，大部分都是「鎖住」的狀態。而透過顯示鎖住的視窗，遊戲中的敵手地圖可以預告玩家最終會需

要與許多角色對戰。而隨著越來越多的對手解鎖，玩家會被激起「全部收集到手」的想法。

■ 預示

預示是一個很強大的工具，可以讓玩家對關卡中的活動與危險感到興奮。而堆疊起期望跟實現期望一樣重要。我做鬼屋的這些年來，發現如果那些可憐人預期自己會被嚇，嚇人的效果會更大更好。等待的過程會讓他們受不了。

你可以使用燈光、音效、物件賦予關卡一種不祥的預感。記得喔，沒有什麼比一堆骷髏頭更能散發出「小心」的氣息。

而我從迪士尼樂園學到的另外一招，就是利用**海報**提供預示。遊客在進入樂園時會經過宣傳設施的海報。當遊客不明白他們所看到的圖片的意義時，這些海報就可以為將來的冒險提供預兆。遊戲業使用海報的最佳範例來自《生化奇兵》，當玩家第一次進入銷魂城（Rapture），他們會看到能賦予超能力的質體（plasmid）的廣告海報。玩家得知質體是什麼以及有什麼作用之後才會了解它的意義。

■ 設定目標

關卡就像遊戲地圖一樣，應協助將玩家從一個劇情點帶到下一個劇情點。迪士尼樂園能言善道的幻想工程師是這樣說的：

在我們開始設計迪士尼樂園的時候，我們把它當作電影來設計。我們要訴說一個故事，一系列的故事。在電影業界，我們會做出邏輯流程，那是一連串會帶著觀眾走過故事中一個個階段的事件或場景。如果從第一幕直接跳到第三幕而略過第二幕，那就像在電影播映的半途就把所有觀眾請出去大廳吃爆米花一樣。[13]

迪士尼的設施向訪客訴說四種不同的故事，我發現這些故事跟玩家在電玩遊戲關卡中的目的相當吻合：

- 逃脫／生存
- 探索
- 教育
- 傳達道德觀念

在**逃脫／生存**這個目的中，玩家必須在一個他們不該在的地方生存下來，地點可以是充滿鬼魂的莊園或者一個不小心玩家就會變成貓飼料的瘋狂工廠。

劇情是透過**行動**與**地點**述說，透過以移動與戰鬥為主的玩法，玩家在遊戲中快速推進。

　探索的目的是讓玩家以自己的節奏發掘劇情。《薩爾達傳說：禦天之劍》中的空中閣樓（Skyloft）村莊以及《俠盜獵車手5》的洛聖都（Los Santos）讓玩家探索環境，以自己的順序創作故事。當探索是玩家的目的時，**移動**的自由與**對話**就成為了重要的說故事工具。

13　引自《Disneyland The First Quarter Century》（Walt Disney Production，1979）。

　　雖然已經有許多教育類遊戲了，但**教育**的目的還沒完成轉移到娛樂性遊戲的過程。人們先入為主地認為教育類遊戲只適合較年幼或者「非玩家」的受眾。也有例外就是了：《刺客教條》系列讓玩家見識歷史上的人物與事件，《搖滾樂團》則把重心放在教導玩家實際玩音樂所需要的相同技能（至少在主唱與打鼓方面）。在決定玩家的目的與玩法時，將重點放在**觀察**與**模仿**。

你是非洲河馬還是亞洲河馬？

　　我們可以在許多迪士尼樂園的設施中看到以學習道德觀念為目的的範例《蟾蜍先生瘋狂大冒險》帶來的道德觀念就是：「開車魯莽，你就會撞爆。」就地球上最快樂的地方來說，這有點激烈吧！但我們關心的是電玩遊戲。打從早期冒險遊戲就已經加入道德觀念與後果。冒險遊戲如《星際大戰：舊共和國武士》以及《質量效應》系列讓玩家可以依照遊戲中所做的選擇體驗「好」與「不好」的結局。但最近，玩家受到的道德挑戰不僅止於「善良與邪惡」，主題還包含了戰時道德（《特種戰線》）、對個人或群體忠誠之間的對立（《陰屍路：第一季》），甚至是否要刑求拷問（《決勝時刻：黑色行動》）。這些遊戲利用選擇與後果來帶出關卡的道德觀目的，然後讓這些選擇影響玩法。

　　除了這些目的以外，你必須要問「玩家在這個關卡的目標是什麼？」有些關卡的

存在是為了特定動作的教學，例如跳躍、戰鬥、駕駛或單純只是如何遊玩。回答這些問題可以引導並聚焦你在設計關卡中玩家所體驗的每一個片刻，甚至帶領你建構關卡與其節奏。要確保玩家專注在特定的關卡相關目標上，因為玩家很容易分心，尤其是當你有很多選擇的時候。利用 NPC、劇情、任務目標甚至能力與裝備來引導玩家前往你想要他們達成的目標。

我們已經想好世界的樣貌了、也選好遊戲的主題、也計畫好玩家的目的了，接下來還要再做一個重要的決定。

▌ 遵循程序

在製作期最常用來建構關卡的方式是使用**腳本工具**或**腳本編輯器**。腳本工具就是用來製作與放置腳本的城市。腳本會告訴遊戲要做什麼以及在什麼時候做。腳本會控制機制、敵人、鏡頭以及其他關卡內的元素。腳本是由設計師在遊戲製作過程中撰寫的。那為什麼我們要在這邊提到呢？因為製作遊戲關卡有兩種方式，而開發團隊所選擇的方法會影響你在前製階段時如何設計遊戲。

而另外一種方法則是利用程序（procedural）方式生成關卡。程序生成遊戲中的關卡是利用演算法生成而不是在編輯器中創作出來的。程序生成遊戲的優勢就是能創造出獨一無二的環境，讓每一個遊戲關卡都不同。

程序生成的內容可以依遊戲而有所不同。《糖果傳奇》以及《Dungeon Raid》（Alex Kuptosov，2011）利用程序來產生寶石布滿畫面的順序。《Scribblenauts Unmasked》（5th Cell，2013）在每一次新遊戲開始時利用程序產出謎題。《Cargo Commander》（Serious Brew，2012）、《地底尋寶》以及《邊緣禁地 2》都有程序產生的關卡及遭遇敵人事件。你甚至可以利用程序產生整個世界，如《矮人要塞》、《Minecraft》及《無人深空》。利用程序產生內容對開發團隊與玩家來說都是很強大的工具，但它並非沒有自己的問題。以下提供幾招，讓你可以充分利用程序產生關卡：

- 　**了解量度**。雖然程序產生的內容是隨機的，它還是必須遵守遊戲的規則。了解玩家的動作與移動距離會決定設計上的參數。這樣一來遊戲就不會產生無效的狀況──就是玩家沒有機會獲勝的關卡。

- 提供架構。卽便對設計師來說，程序產生關卡的魅力就在於它的隨機性，玩家還是需要一些可以掌握的事物。程序產生關卡有時會太隨機、太空洞、太沒架構。請爲你的關卡建立一個標準，利用它由上而下去產生關卡。在產生新關卡的時候，注意哪些元素會重複以及重複的頻率，然後調整數值以便提供最多內容同時又不會讓關卡過於困難。

- 對稱性提供助力。對稱性可以協助玩家在玩遊戲的過程中從環境、機制與對戰中找到模式。把對稱的物件建立在程序中，可以引導玩家並確保產出的環境不會太容易讓玩家搞不清楚狀況。

- 隨機性用一點點就好。你用了程序性設計，並不代表遊戲裡所有的東西都要透過程序產生。在《惡靈勢力》中，遊戲使用一個叫做「導演」的人工智慧產生對戰與音樂片段，但玩家闖過的一個個關卡是預先設計好的。

- 混入預先設計的元素。一個遊戲包含程序性內容，不代表整個遊戲都要這樣。加入一些預先設計的玩法以平衡隨機性。難就難在讓程序性玩法感覺像設計出來的，而設計出的玩法感覺像程序性產生的。何不魚與熊掌兼得呢？

諷刺的是，如果程序性產生的玩法做得很好，玩家不會發現。你必須要比較程序性設計帶給開發團隊的好處與成本才知道這方法值不值得。

掌握節奏

看看你所擁有的實用工具：角色、角色動作、劇情、關卡主題、世界地圖。你只需要這些工具就能創造出一整個宇宙！爲了要整理思緒，我喜歡製作節奏表（還記得第四關嗎？）。節奏表是好萊塢編劇與導演常用的工具，可以幫助他們整理並規畫電影的製作。製作節奏表可以協助設計師看出遊戲中有哪些地方太空、哪些地方太緊湊。你可以重新調整遊戲元素、平均分配，讓遊戲感覺更活。假裝你在做一個叫做《遺跡奇兵》的遊戲，主角傑克獵人走遍全球，找尋失落的寶物。你已經寫好劇情，也針對遊戲中的玩法、環境、敵人等腦力激盪過了。

看看你在下面的節奏表範例中找不找得到問題：

《遺跡奇兵》節奏表

遊戲元素	關卡名稱／檔案名稱				
	上海／Roof01	叢林01／Jung01	叢林02／Jung02	隱髏神殿／Jung03	逃離山區！／Road01
地點	上海的屋頂上	叢林	叢林	古代神殿（內）	山道
玩法	潛行，射擊，跳躍	射擊	打鬥	平台，跳躍	開車
目的	找到黑道老大吳藩	叢林第一段	叢林第二段	抵達骷髏室	飛車追逐
劇情節奏	傑克偷走了金牌，被吳藩捉住。	傑克探索叢林	傑克找到隱髏神殿	傑克將金牌放置在雕像中。納粹將軍豪瑟出現	傑克偷走了卡車逃離納粹
新武器	45手槍，機關槍	彎刀	無	無	無
敵人	瞳幫混混，斧頭男，機關槍手	美洲豹，原住民（持矛）	美洲豹	美洲豹，納粹兵	納粹卡車，搭載機關槍的吉普車
機制	盪繩子，空中飛索	盪繩子，空中飛索	空中飛索	刺坑，吹箭，壓迫牆，陷落的地板	落石
NPC	吳藩	嚮導	無	豪瑟	無
額外內容	美術畫廊1	美術畫廊2	美術畫廊3	額外服裝	美術畫廊4
時間	夜晚	夜晚	夜晚	白天	白天
色彩配置	藍／紅	綠／褐	綠／褐	綠／灰	茶色／天藍

你有看出節奏表所透露的所有問題嗎？

- 關卡命名方式不一致。與其取例如「叢林01」這樣沒有特色的名稱，想辦法取個更描述性的名稱，例如「隱髏神殿」
- Roof01 跟 Road01 很容易混淆。可以將上海（Shanghai）的關卡命名為「Shang01」。越有鑑別性越好。
- 由於「Jung03」看來沒有與叢林關卡共用多少內容，我會建議取名為「temp01」

表示它跟其他的叢林關卡有所不同。

- 你真的需要連續兩個叢林關卡嗎？也許「Jung01」與「Jung02」中要做的事情可以結合成一個更好的叢林關卡？

- 開車在遊戲中似乎太晚出現了。在那之前似乎有四個「徒步」關卡，想辦法早點加入開車玩法或者刪掉一個徒步關卡。

- 雖然其他關卡很聚焦，叢林的目標感覺很散。需給予玩家更明確的目的。

- 取得新武器的過程看起來進展很快，但接著就停了。這是一個警示，代表你需要找更多有趣的事情與玩具給玩家。

- 敵人都集中在遊戲最初。敵人的 AI 可以透過再利用達到更大的效果。叢林 02 雖然列為戰鬥關卡，但看起來並沒有適合戰鬥的敵人。

- 叢林關卡用太多重複的敵人了。何不加入另外一種敵人試試？例如致命的蟒蛇、一些食人魚或一群兇狠的猩猩？

- 遊戲機制可以回收，就像敵人一樣。神殿中有很多獨特的機制，需要花費很多時間與力氣設計。哪個機制可以再用其他方法重複使用嗎？

- 遊戲美術算是很基本的獎勵。除了重複給予類似的東西以外，你還能送給玩家什麼樣的獎勵？

- 有三個夜晚的關卡連續出現。利用早晨、傍晚、下雨或下雪這類環境效果打散夜晚情境。另外由於神殿的內部昏暗，是白天或夜晚其實沒差。

- 色彩配置上有很多綠色，請確保視覺上可以提供更多樣化的色彩配置，不然所有的關卡感覺起來會都一樣。

只要花幾個小時製作並觀察節奏表中的模式，你就可以在做出任何內容之前將製作、玩法、美術等大幅提升品質。

重複回收再利用

在看前面的節奏表時，我發現了許多不同的玩法系統：平台、射擊、開車、潛行等。這些不同的系統為遊戲帶來多樣性，但在創作過程上卻是風馬牛不相干。在遊戲設計中最重要的　個抉擇，就是決定遊戲中要在什麼時機點用什麼方式重複使用玩法系統。

　　假如你在整個遊戲過程中重複使用一個系統不超過兩次，那這個系統就不值得。這並不代表你需要一直重複同樣的玩法，而是可以更聰明地利用美術內容讓它重生。

　　舉例來說，開車系統可以支援吉普車、掀背車、房車等。相較於製作三種不同的車輛，創作車輛系統需要花費更多的時間與金錢。但要記住，回收有其限制在：汽車的系統沒有辦法支援氣墊船或摩托車。雖然一樣是地上跑的機器，它們的動作有很大的差異。

　　設計與程式總是會有取捨。請掌握遊戲系統的限制，並依此設計遊戲。製作可以在遊戲中一再重複使用的少數玩法系統，就可以讓遊戲得到最大的效果，同時在預算與時程得到最大的效益。好好利用這些限制。假如你需要一些實例，可以看看日本開發商寶藏公司（Treasure Co. Ltd.）所製作的任何一款遊戲（《銀河快槍手》、《螞蟻超人》、《斑鳩》），他們真的很懂如何從一小撮玩法中榨出所有的價值。製作節奏表時，要確認你不會連續使用同一個玩法系統。除非你的遊戲就是開車遊戲，否則不要在開車關卡後面接更多的開車。

　　小技巧：你也可以跟美術人員一起去想如何把美術物件利用到極致。只要將物品重新上色並重上質感，就能在每一關看起來像不一樣的東西。

▌加里・吉蓋克斯[14]紀念地圖

　　有很多方法可以從頭開始建立關卡地圖。初代《潛龍諜影》的設計師利用樂高積木搭建關卡。許多開發者會用 3-D 工具例如 Maya 或 3D Studio Max 做快速關卡原型。我認識一位設計師喜歡用黏土製作關卡模型。我自己偏好使用一張白紙、一支非常尖的 HB 鉛筆和一個橡皮擦。我喜歡在紙上畫地圖，因為這讓我想起以前製作《龍與地下城》關卡的美好時光。

　　我發現有兩種電玩遊戲立體關卡設計：**巷道**與**島嶼**。

　　巷道創造出的是一種方向性的遊玩體驗：玩家有個目標要達成，而該關卡的設計就是要協助玩家達成目標。

14　恩斯特・加里・吉蓋克斯（Enrest Gary Gygax，1938-2008）是第一個奇幻角色扮演遊戲《龍與地下城》（D&D）的原創作者之一。創作 D&D 的地下城與冒險對很多年輕的遊戲設計師來說是個職涯跳板，對我來說也是。

巷道設計可以偏窄，帶來壓迫感與張力；或者可以偏寬，以營造空間與延伸感。

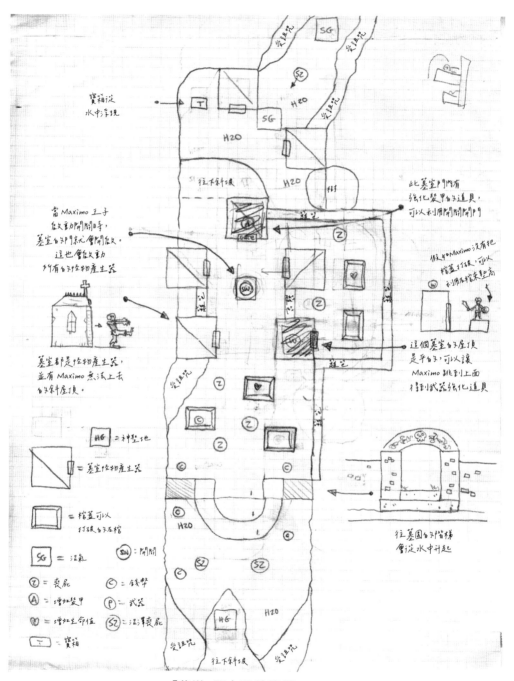

「巷道」關卡設計範例

巷道可以給予設計師以下的優勢：

- 當你知道玩家會從哪裡進入關卡、以及在哪裡移動，設計鏡頭觸發區域就變得比較容易。
- 你可以做出戲劇化的鏡頭運動，以便提示玩家或者提升刺激度與戲劇性。
- 你可以從遊戲中移除鏡頭控制，讓玩家專注在玩法上。
- 你可以創作由腳本主導、有觸發條件的事件，因為你知道玩家會看往哪個方向。
- 比較容易編排戰鬥與陷阱，因為玩家只有一條路能走。
- 可以利用狹窄路段避免玩家折返。
- 你可以利用腦補劇情（後面會再解釋）來述說關卡的故事。

島嶼關卡，我認為在設計與建立上是個比較大的挑戰。遊戲的鏡頭必須有足夠的彈性容納各種寬度與高度。因為沒有辦法保證玩家會面向正確的方向，不容易執行腳本主導的事件。玩家可以完全避開戰鬥。甚至例如只做出物件表面這種劇場式的小技巧都毫無用武之地，因為玩家可以從任何方向去觀看關卡內的物件或與其互動。

即便有這些限制，島嶼關卡設計提供廣大的空間，讓玩家可以自由選擇遊戲體驗的順序。《超級瑪利歐64》是島嶼關卡設計最早的範例之一，玩家能以任何他想要的順序去爬山、探索丘陵或游進水下岩洞。島嶼給予玩家無可比擬的自由。事實上，有一整個新興遊戲類型，也就是沙盒，是因應越來越龐大的島嶼關卡設計而出現的。《正當防衛2》、《樂高蝙蝠俠2》、《黑色洛城》等都是巨大的島嶼遊樂場。

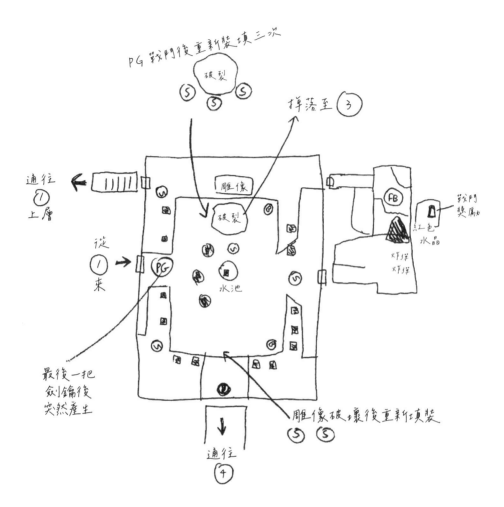

「島嶼」關卡設計範例

▌玩沙囉

在創作沙盒世界時，你應該切分出明顯的區域協助玩家找到方向，就像迪士尼樂園中的「世界」一樣。迪士尼樂園花了很多心力去確保每一個世界在視覺上有明顯區別。就拿邊域世界來說，它有所有你預期舊西部會有的東西：飲水槽、雪茄店的木製印地安人、運貨馬車、仙人掌等，甚至古老遊戲的常客木箱和木桶都有。

（邊域世界的的主要大道原本是以泥土鋪路，被遊客抱怨褲子與鞋子滿是塵土才改的。）迪士尼樂園連垃圾桶都會符合主題！例如邊域世界的垃圾桶塗上了仿木頭的

漆，而明日世界則是富有未來感的銀色。即便只是去丟個垃圾也隨時知道你身在何處。

《除暴戰警》中的太平洋城就是採用這個作法的沙盒世界。不僅每個區域都有其主題方便找路，主題本身也跟玩家需要推翻的當地不法幫派相符。裡面的 Shai-Gen 公司主宰中國城，而善用科技的 Volk 則是出沒於閃亮的摩天大樓中。為了要吸引觀眾的注意，提示的種類用愈多越好，例如顏色、聲音、光線、甚至天氣。但首先，我偏好熱狗（weenies）。

迪士尼樂園的幻想工程師開創了利用睡美人城堡、馬特洪峰雪山、太空山等建築地標的作法，他們稱這些地標為**熱狗**。[15] 熱狗是用來引起訪客的注意並吸引他們往該方向去的物體。熱狗不需要是巨大的城堡或山峰，也可以是有意思的建築元素，例如雕像、橋、建物，甚至可以是自然元素，像是有特色的樹或石頭。

理論上你可以把熱狗接連放在路徑上，讓玩家從一個熱狗移動至下一個的位置。在建立 3-D 地圖時，要確認熱狗清楚地標示出路徑。我曾經做出一個像這樣的地圖：

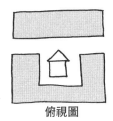

俯視圖

---

15 Weenie 一詞是華特·迪士尼本人所創，指的是螢幕外的動物訓練師所揮舞的熱狗，用來吸引狗演員經過鏡頭前面走到他們所指定的位置。

當我做這個部分的試玩，玩家走在路上，會發現有路通往房子的後面，然後從房子後方繞去找寶物。當他們回到馬路上時，會轉身往回走！

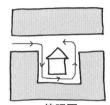

俯視圖

我發現這個區域需要一個地標（在地圖上），這樣當玩家回到馬路上時，就可以確認自己的方向。

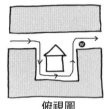

俯視圖

這帶到一個有關設計遊戲的重要真理：玩家一定會找到方法把你的遊戲玩壞，不管他們是不是故意的。正面對決這個問題的方法，就是讓玩家以你想要的方式玩，但要提供各種協助讓他們找得到方向。

島嶼特別適用多人遊戲，因為它能夠接受各種不同的遊玩風格。你喜歡在地圖背後偷偷摸摸地移動嗎？島嶼就有背後可以讓你偷偷摸摸地抵達。如果你要的話，還是可以從正面迎戰，或者是在那邊的山上埋伏狙擊到高興為止。[16]

這並不代表巷道與島嶼沒辦法和平相處，島嶼還是可以有像巷道一樣的區域。

《赤色戰線：游擊戰隊》以及《絕地要塞》運用感覺起來像是巷道關卡設計的室內空間，但策略上的自由以及廣大的邊界讓它們在分類上屬於島嶼。《秘境探險》系列經常交替利用巷道與島嶼。《末世騎士》與《王子復仇記》都利用巷道設計地下城關卡、使用島嶼設計當作樞紐及競技場。島嶼或巷道的抉擇端看玩法決定。

島嶼有以下的優勢：

- 空間感與規模感絕佳。當你第一次發現關卡看不到盡頭的時候，那真是特別的體驗。
- 島嶼促使人想要探索，並鼓勵設計師在空檔處放滿祕密、額外的任務與目標。
- 玩法選項都攤在玩家面前，像自助餐百匯一樣。
- 車輛的玩法（例如賽車與飛車戰鬥）在開闊的空間中感覺比在狹窄的巷道中好

沙盒滿難搞的，因為我發現不管玩家怎麼說，能讓玩家選擇在任何時間作任何事情的世界可能會讓人感到不安與困惑。即便沙盒世界保證能讓玩家自由發揮，玩家還

---

16 不過不會有一直埋伏的那種沒品人在看這本書啦。記得喔，地獄內有一個特別的位置，專門留給在再生點埋伏的人。

是應該得到一些下一步該做什麼的提示，就算他們不想做也一樣。在《俠盜獵車手4》中，那個惱人的表親一直打電話告訴你下個任務是什麼是有原因的。

▌ 腦補劇情

設計師要面對沙盒（甚至一般的關卡）提供的另一個挑戰，就是要怎麼利用世界來說故事。**腦補劇情** 這種說故事技巧，我第一次是在迪士尼樂園坐小飛俠設施時觀察到的。飛越了倫敦抵達夢幻島之後，我們來到海盜船的甲板上，看到彼得潘與虎克船長在大混戰中以劍對決。達林家的幾個小朋友被海盜們抓起來，正在旁觀這場混戰。

遊客的船飛過一個轉角（巧妙地偽裝成海盜船帆），看到彼得潘取勝、達林家小孩重獲自由、而虎克船長正想辦法避免自己被鱷魚吃掉。

電玩遊戲的腦補劇情就像是漫畫的畫格之間或電影的剪輯之間所發生的事情：玩家在兩個以上的畫面或環境之間自行填入故事。利用對的轉場與呈現方式，你不用製作任何動畫就能讓玩家相信一輛火車撞車了、世界被外星人入侵了、角色橫跨了一間房間。這可以大量節省製作成本，因為即時動畫需要時間製作，而且假如設計師決定要改變關卡中的某樣東西，就要整個毀掉重來。

以下是個很好的例子。在《榮譽勳章：反攻諾曼第》中，指揮官跟你（玩家）在村莊外圍碰面，指示你要攻擊納粹指揮所，他說他會在村莊的另一端跟你碰頭。當然遊戲可以讓你跟著指揮官、穿過指揮所、並肩作戰，而這系列的確曾經這樣設計過。但這次，當你穿過基地抵達出口時，會看到指揮官誇讚你做得很好。假如你從上方觀

看關卡地圖，你會看到兩個指揮官模型，這樣腦補就破功了。但由於你從頭到尾不會看到角色的兩個不同版本同時出現，在你的心裡，你看到的是同一個角色，只是在不同的時間點出現。

　　記得要在關卡設計中使用門控機制，例如狹窄道路、鏡頭視角、存檔點、會開關的元件、甚至簡單的幾扇門，確保玩家不會破壞假象。

▋ 大衛・亞耐森[17]紀念地圖

　　該開始動起來，從地圖開始把你的遊戲設計放到紙上了。

　　在製作地圖的時候，你必須先決定比例尺。在方格紙上繪製頭頂視角地圖時，玩家的大小通常是一個格子。其他的元素，例如寶藏、機關、敵人或物品，都是以玩家的大小為標準繪製，就像你在決定玩家量度的時候一樣。在地圖上以圖示代表這些元素。在地圖上為圖示做出圖例，看的人才知道他們在看什麼。地圖上應包含：

- 玩家的起始點
- 敵人的起始位置
- 門、傳送器、柵欄門
- 謎題機關（例如操縱桿與開關等）
- 寶箱與強化道具
- 陷阱與其效果範圍
- 重要地標（例如雕像、水池、坑洞等）

　　在設計關卡地圖的過程中，我一開始會大略畫出我想要重要事件發生的地點：寶藏室、競技場、謎題室、想要玩家學習的機制、壯闊大景等。接下來我會開始思考可以怎麼把這些不同的房間連在一起，例如用走廊、迷宮、峽谷、通道等。再來我通常會移師格子紙，這樣可以幫助我傳達關卡的規模給關卡美術。我常常會把一些例如墓碑、墓室、機關、敵人等元素畫進去。

17　大衛・亞耐森（David Arneson，1947-2009）是《龍與地下城》的原創作者之一。亞耐森在《龍與地下城》之前所創的任務《Blackmoor》為遊戲世界帶來了生命值與防禦等級的概念以及「迷宮探索」（dungeon crawl）一詞。他的功勞真的很大。

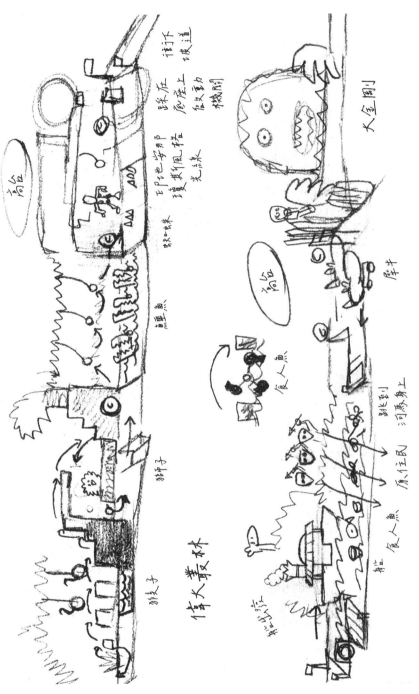

（很簡略的）關卡大綱

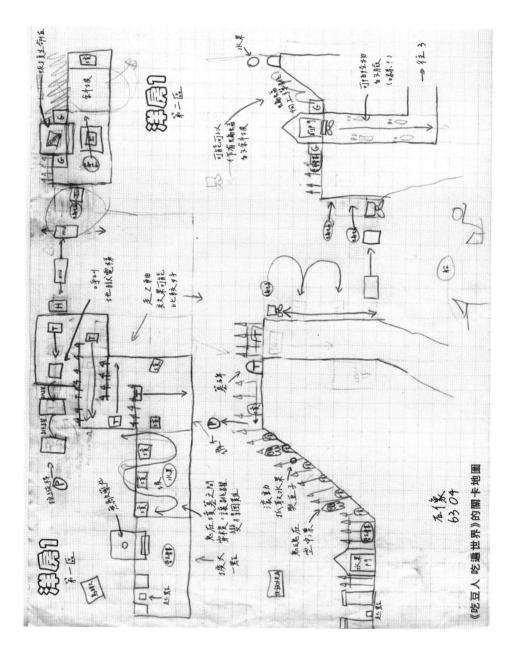

《吃豆人 吃遍世界》的關卡地圖

當你在為 3D 關卡的俯視地圖設計通道，我建議把寬度設計成五個方塊，也就是一個玩家角色的寬度加上左右各兩個角色的寬度。這樣可以提供足夠的空間讓玩家活動、戰鬥，也給予攝影機一些空間移動。不過，我可以保證你前幾次的關卡設計通常到最後會又小又擠，所以不要害怕把尺寸放大。

利用物件與打光協助玩家順著路徑走。玩家會被光線吸引，不過他們通常會避開

或者忽略陰暗的區域。你可以利用一些斜線等不同的形狀將玩家的視線導往特定的方向。我從製作《袋狼大進擊》與《秘境探險》的頑皮狗公司的設計師那邊學到幾個我最喜愛的小技巧：他們會用一個叫做瞇眼測試（squint test）的技巧。看一下下面的圖案然後把你的眼睛瞇到差不多閉上：

　　畫面上最亮的是什麼？主要道路。你可以在遊戲中利用顏色與光線去作一樣的事情。即便玩家沒有意識到這件事，他們還是會可以看到正確的路。假如玩家有個目的地，那就不要用不必要的晃盪浪費他們的時間。絕對不要故意讓玩家迷路，反而要幫他們找出最快抵達主要目的地的方法。有個不錯的技巧就是把整個關卡設計講出來。舉例來說，「玩家角色是太空人貝克，他剛完成奧丁武器平台的測試。他與太空人莫斯理正在漫步返回太空站的時候，有一台太空梭停靠了。當兩位太空人進去時，剛下太空梭的人開始屠殺太空站的工作人員，迫使貝克與莫斯理必須逃走。貝克被敵人偷襲，並在扭打中搶走了敵人的槍。當貝克與莫斯理持續在太空站中戰鬥的同時，他們收到了奧丁已經鎖定美國各處目標的訊息。兩位太空人只能無助地看著奧丁對著洛杉磯、聖地牙哥、鳳凰城、休士頓、邁阿密等地開火。任務控制中心將太空站引爆，而兩位太空人被吸入太空中。他們邊閃避殘骸邊戰鬥，往奧丁前進。打開奧丁的控制面板後，貝克對著燃料管線狂射一番，讓這武器平台改變軌道。玩家的面罩映照出滿滿的火焰，最後一幕是奧丁在進入地球的大氣層時起火燃燒。」呼！這才叫關卡嘛！

這個範例不僅有一個刺激的故事，也讓讀者了解玩家會做哪些活動（太空漫步、打架、開啟控制面板、射擊燃料管線等）以及他們會如何接受訊息（看到奧丁發射、聽到任務控制中心給予命令、聽太空人莫斯理給予提示等）。就像節奏表一樣，這個作法可以幫助你在關卡設計中找到步調較慢的地方。

假如你發現自己講出「接下來玩家會走路到這邊」，把那一段裁掉。因為有一個**超重要的重點就是**

走路絕對不算遊玩！

只有懶惰的設計師才會把走路當作遊玩。你不是懶惰的設計師吧？你當然不是。你是有活力的設計師。有活力的設計師會創作有活力的事情讓有活力的角色去做，並充滿活力地去創作，這也是為什麼你應該要以所謂**主要活動**為主軸去思考遊戲內容。最棒的遊戲概念都能夠以單一活動動詞去描述（有時候會需要更多）。你記得動詞是什麼，對吧？就是代表動作或者狀態的詞。所有的關卡都應要有主要活動。《Pixel Junk Shooter》就是射擊，《塊魂》就是滾動，《節奏神偷》就是潛行，《航空指揮官：飛向宇宙》就是控制火箭方向，《肌肉進行曲》則是形狀配對。有些遊戲會有超過一種活動：《俠盜獵車手》系列遊戲的焦點放在射擊與開車，《蝙蝠俠：阿卡漢》系列則是將玩家的焦點分散至潛行與格鬥。

以下還有幾個你可以讓玩家做的主要活動：

- 跳躍
- 蒐集
- 攀爬
- 搖盪
- 破壞
- 加法
- 製作
- 擲甩
- 繪畫
- 探索

說到探索，我們來講講多重路線。要走哪一條呢？是要通往一千個快樂的後宮那

條還是通往大魔王的岩漿穴的那條呢？真難決定啊！

　　對我來說，關卡中加入多條路線就像電影中一個很棒的動作場景：你不見得第一次就能看到（或做到）每一件事情。重點是，玩家渴望變化。這也是大部分玩家會一直玩遊戲的原因。他們想要知道下一個轉角後面有什麼、下一個遇到的敵人是誰、下一個拿到的強化道具或武器是什麼。當遊戲變得可預測，玩家就會覺得無聊了。要記得，這跟我之前所講的可預測性是不同種類的事。或許更好的說法是「一成不變」。假如每一個關卡、每一次遇敵開始感覺都一樣了，玩家會覺得無聊。

　　他們也希望有驚喜。但驚喜其實就是玩家沒有預期的變化。好的與不好的驚喜都能放，但是假如你對玩家不公平，他們會感到很挫折而停止遊玩。

　　回到給予玩家變化這件事，你需要有多重路線、多種不同的互動物品、多種敵人、隨機的 AI 行為、隨機的掉寶、多重劇情線、多重結局等。不管你提供的是哪種選擇題，創作額外的內容可能不太容易，尤其是關卡設計。製作多重路線會需要解決多重問題：玩家會選擇哪條路線呢？你要怎麼樣慫恿玩家走其中一條而不是另外一條路線？設計師可以怎麼樣獎勵走另類路線的玩家？隱藏的加強道具或金錢獎勵？提供一個找到所有祕密的成就？遊戲會因為所選擇的路線而有所改變嗎？你可以圍繞在選擇的概念上設計整個遊戲。《史丹利的寓言》就是這樣。

　　對於設計並打造一個玩家可能永遠不會看到的關卡，我合作過的製作人中有人會對此感到遲疑，他們覺得團隊所投入的力氣與玩家所得到的體驗不成比例。有時這些製作人是對的，但其他時候，那樣的變化性會讓關卡設計表現亮眼。多重路線的關卡在某些遊戲類型中效果會比在其他類型好。舉例來說，在 FPS、RPG、開車遊戲的開闊世界中會需要多重路線，避免規律的移動變得無聊，並製造真實世界感。

　　不管你最終的答案是什麼，請確保你付出的努力會對關卡產生顯著的效用。

　　有些設計師不喜歡走回頭路（backtracking），也就是讓玩家回到關卡中已經去過的地方。我是不介意，我覺得這是一個將關卡物盡其用的好方法，我喜歡在謎題中加入回頭路。我常說「先給玩家看到門，再讓他們去找鑰匙。」但不要讓玩家來來回回走太多次。假如你需要讓玩家去到一個地點超過兩次，記得加點東西讓整個體驗不同：加入玩法元素，例如（新的）戰鬥或收集物、利用地震改變地形，將平地改成可以跳過的丘陵等。好的自然（或非自然）災害可以達到很好的效果。

　　而我從迪士尼樂園學到的另外一課就是，玩家有三種方式可以在世界中移動。第一就是引導玩家穿越關卡的主要道路，利用熱狗以及其他本章節前述的技巧等。第二就是利用祕密通道與捷徑，隨著玩家透過探索而對關卡越來越熟悉，就會發現這些隱藏與難以抵達的路徑。使用這些捷徑會讓玩家感覺自己很聰明。它們也可以運用在玩法中，例如在計時賽中在最短時間內從 A 點到 B 點。第三種是巡迴運輸。就像那部繞著迪士尼樂園跑的火車，玩家需要一個在關卡內快速移動的方式，而且需有許多站點。這方法必須要比徒步走還要快，不一定要是火車，也可以是汽車或者馬匹，或者神話中的座騎例如獅鷲獸或龍。也可以讓玩家搭上齊柏林飛船、太空船，或者大家都愛的傳送器（如果劇情中合理的話）。

　　但要記得利用交通工具移動會占掉很多空間。你會需要在關卡中預留空間，但那是一把雙面刃。不要讓交通體驗的時間拉得太長，尤其如果常須使用。講到在關卡內移動，你只需要記得這個超重要的重點：

假如它感覺起來太花時間或太無聊，那它就真的是這樣。

　　要避免無聊的關卡！但要怎麼辦？加入變化是一個方式。手指支線則是另外一種手段，可以讓世界感覺更有深度、更完整，卻又不需建立許多複雜的物件與玩家可能永遠不會去走的多重路徑。想像一條線性路徑：

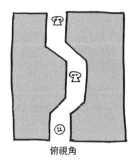

俯視角

看起來不太有趣，對吧？你可以在路上放置各式各樣的陷阱與敵人，讓玩家面對挑戰。但就算你把路線加入一些曲折，它還是會感覺像一條直線。

不過，假如你開始在路徑上加入一些手指支線，也就是可以讓玩家進入探索的死路，這樣會讓玩家感覺他們在探索，而不是在散步。這些手指支線會擴展關卡的生命，你甚至可以獎勵去探索的玩家。我們在主要路徑加入了幾條手指支線之後，再來看看這個關卡：

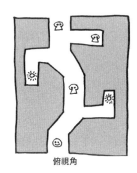

俯視角

你現在有一些有趣的地方讓玩家可以一邊探索，一邊在關卡中前進。你可以在裡面放任何東西：戰鬥、寶藏、獎勵內容，或純粹好看或有趣的東西，雖然我不建議在手指支線中放關鍵物品。記住這個簡單卻超重要的重點：

所有的手指支線走到底都應該要有個獎勵，就算只是垃圾桶也好[18]

為什麼要這樣做呢？變化、避免厭倦感。遊戲中的厭倦感比死亡還要糟糕。我已經數不清我對電玩遊戲感到厭倦的次數了，電玩遊戲不應該有讓人厭倦的時候，它們應該要超讚的！但要能持續想到娛樂玩家的方法是一件不容易的事情。不過算你好運，我已經把最困難的部分解決了。以下有幾個方法可以避免玩家感到厭倦：

- 更改模式。用射擊關卡、謎題、小遊戲來增添趣味。
- 加入美照。這些美妙的片刻有助於述說故事，而且拍照起來很好看。
- 把熟悉的變陌生。就像電影《海神號》一樣，把一個常見的東西顛倒，就能讓你的創作得到兩倍的效應。將魔王戰的地點變成與一大群敵人戰鬥的競技場。
- 改變玩家移動的方向。從左到右、直線或旋轉，帶他們往上再讓他們往下掉。

18　垃圾桶裡要裝垃圾還是寶物就讓你自己決定。

改變高度可以得到很好的效果。

- **利用紋理與顏色。**改變時間、天氣以及任何其他可以讓關卡感覺不同的事物。

時間跟天氣可以在關卡中用來強調特定事件與元素。假如關卡被雪覆蓋或者處於暴風雪當中，玩家要怎麼移動呢？晚上的精靈村看起來會有什麼不同？要確保天氣的效果都會影響玩家角色、機制、敵人以及關卡中其他元素。假如其中一個元素沒有被天氣影響，會毀了整個效果。請賦予關卡各種不同的氣氛效果以及時間以保持新鮮感。

除了玩法應該有變化以外，關卡物件也是。室內與室外環境交替出現可以避免讓你的關卡感覺都在同樣的空間內。不需要每一個區域都交替，但可以在感覺合理的地方分段。玩家通常在較大的空間會感到安全；而狹窄的空間感覺比較神祕、比較危險。關卡設計的每一環節都要注意鏡頭位置，在狹小的空間中給予玩家與攝影機足夠的空間移動，或乾脆直接使用固定式或軌道式攝影機。當你在設計戰鬥時，較大的空間可以讓你放入更大更多的壞蛋，而狹窄的空間較適合一對一戰鬥。

垂直位置在設計關卡時非常重要。高度的轉換可以讓環境感覺更自然，提供不可或缺的變化，並且讓設計師可以替雕像、大景、地平線等畫面設計「拍照點」。當玩家往上行走或攀爬時，會感覺到他們有進展，並在前往目標的路上。

不過，當玩家往下移動，他們有可能會試圖往下跳以快速縮減高度。如果玩家從高處落下會死掉，務必讓他們有辦法往下看並評估下落的高度。當你以為從這樣高度落下不會有事結果卻摔死，那真的很討厭。假如你不想要玩家往下掉，就利用往返斜坡、梯子或其他可以攀爬的表面將他們導向你想要的行進方向。

對於關卡設計，我有個黃金規則，就是以下這個超重要的重點：

如果有個地方玩家看起來到得了，那他們就應該能到得了

在關卡中建立一種視覺語言，協助玩家釐清哪邊去得了或去不了。利用矮牆、樹叢、石牆等提示玩家關卡中到不了的區域，他們會了解這些視覺提示代表「這邊過不去」。不管你怎麼做，都別偷懶使用隱形牆。

沒有什麼比高大聳立的無形牆更能瞬間破壞沈浸感，並讓關卡感覺不像真實的地點。

要跟玩家玩心理遊戲嗎？讓角色從右到左移動，尤其當你做的是 2D 遊戲的時候。西方玩家習慣從左到右閱讀與看資訊。就算玩家說不上來是什麼原因，讓主角從右邊往左邊走會讓玩家覺得不自在。我發現這現象在遊戲尾聲主角走入魔王巢穴時效果最好。

另外一個可以利用關卡物件折磨玩家的有趣做法，就是強迫他們利用細長的平台橫跨高處、沸騰的岩漿、轉動的漩渦等。可以利用鳥瞰視角觀看提升危險感。我都說這些危險場景讓人括約肌緊縮，在我所有的關卡設計中都會採用。即便玩家根本不會有死亡的風險，他們一定會有這樣的感覺。

　　在與遊戲美術人員合作時，請確保所有玩家能站上去的物件（例如平台）基本上是平的，除非設計上就是要看起來像斜坡、樓梯、自然上升的地面等。大部分的角色都沒有可以依照不平坦地面而調整的身體設計，而即便有這樣的設計，也有可能在播放步行動畫時「抖動」或出錯。試著在平面之間建立平滑的轉接，即便落差再小也要做，來避免這個問題。

　　雖然將關卡做得像真實的地點可以協助設計師創作關卡，但要記得，你不應被真實情況綁住。畢竟這終究是遊戲，唯一限制你能夠做得多真實的人是你自己。

　　不過，有關真實性，我有一個警世故事。我有一個朋友在動作射擊遊戲的團隊裡擔任設計師，遊戲關卡已經由美術人員製作完成。他們對於能夠做出符合建築理論的大樓感到驕傲，這些大樓有擬真的角落、樓梯、比例正確的走廊，甚至每一層樓都有廁所。但這些大樓幾乎完全無法在遊戲中使用，因為它的空間不允許遊玩也與遊戲攝

影機不相容。這樣講好了：在《星際大戰》中，我們從來沒有看過死星上的馬桶。我是堅信馬桶就只是在鏡頭畫面外，但因為我們沒有必要看到，於是我們就看不到了。大樓、寺廟、城市中那些不會協助你述說故事的部分，就跳過吧。

▎地圖的總結

我講過了這麼多主題，接下來你要怎麼與團隊成員溝通呢？舉例來說，為鳥瞰視角的地圖設計高度差有點困難，不過以下這些技巧可能可以幫上忙：

- 可以用不同的顏色表達不同的高度，但我覺得這種方式在視覺上會太雜。
- 利用描圖紙或紙和燈板幫關卡分層，然後以玩家的高度做區分。
- 記得要清楚標示個別高度，觀看者才能以正確的順序閱覽。
- 同時，將連續地圖頁面編號或用膠帶黏成一張大地圖，方便閱覽。
- 紙張是方的不代表你的設計必須是方形的。剪裁、折疊、延伸，只要地圖可以正確呈現你的設計，做什麼都行。
- 假如你畫的是關卡地圖的側視圖，先決定角色的身高，再依照比例繪製地圖。
- 垂直的玩法最容易用側視呈現。有時你會需要結合側視與鳥瞰圖。

並不是只有等距視角的遊戲才能用等距視角的地圖呈現。這種地圖在繪製上比較複雜，需要一點美術技巧才能製作，但呈現高低層等的效果非常好。

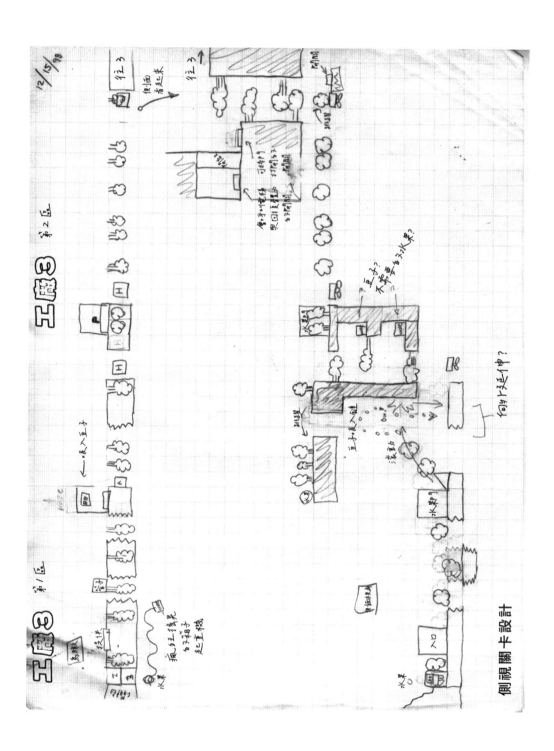

側視關卡設計

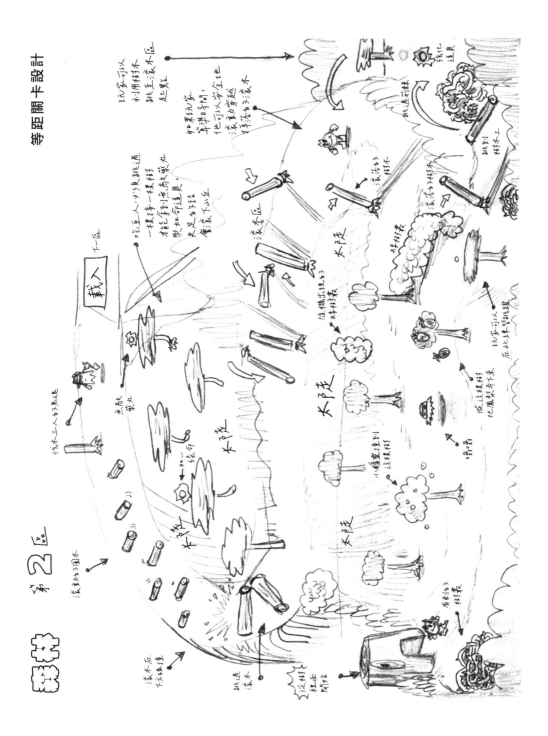

等距視角的地圖最適合用來呈現 2.5 D 視角的遊戲。假如你需要標示出深度或者關卡地圖中被物件遮蔽的區域，可以利用剖面圖或者 X 光透視圖來呈現。或者也可以製作一張讀者可以翻開看底下有什麼東西的翻翻頁。為了傳達關卡的概念，你需要製作多少圖層，就做多少圖層。我做的關卡，有的內容格數多到看起來像倒數曆一樣！

你還可以在關卡設計地圖加入以下這些資訊：

- 敵人出現的位置與他們的偵測／引怪半徑
- 「麵包屑」收集物（例如錢幣或《小精靈》中的豆子），可以指引玩家過關路線
- 隱藏入口／可破壞的牆或其他隱蔽的區域
- 障礙與阻擋物，如牆壁、樹木、墓碑等等
- 清楚標示的地形，如受詛咒的土地、沼澤水體、濕滑的冰、炙熱岩漿等

灰色地帶

備好關卡地圖後，你現在可以開始製作（或者請美術人員開始製作）遊戲關卡。慢著！小伙子！在你還沒開始思考敵人、機制、物件細節以前，你必須要以灰盒形式完整做出關卡。

灰盒關卡是以美術工具（Maya 與 3D Studio Max 是業界最常用的兩種美術工具，不過也有其他工具，例如開源的 Blender）。灰盒關卡會標示比例尺、大小以及基本元素與鏡頭及角色量度之間的關係，在決定比例尺、鏡頭、步調上非常關鍵。花點時間讓遊戲角色在灰盒關卡中到處晃晃，讓別人玩玩看關卡，去找出那些讓人困惑的區域與困難點。在還可以輕易地做出大幅度的改變時反覆修改關卡，你會發現假如整個刪除關卡中的某一段，再把前後接起來，關卡整體會變得更流暢。將直直的長廊改為迂回曲折，可以將「老掉牙」的敵人、機制、與寶藏轉變成出乎意料的驚喜。

在打造關卡時，你可能會想，一個關卡應該要多長呢？在製作流程的前期，你應該自己走過關卡來決定整體長度。在灰盒關卡中，讓角色從頭開始走。不要擔心關卡中的危險物或戰鬥或想去收集所有的音符，只要從頭走到尾，你從 A 點走到 B 點所花費的時間大概就是最終在遊玩中所需要花費的時間的一半。所以假設你的關卡的平

均長度必須是半小時，那應該只花 15 分鐘就能走過整個關卡。雖然這樣做似乎很奇怪，但你要記得，許多發行商與評論家都很在乎遊戲的整體長度。我都跟設計師說，單人動作遊戲應至少可玩八到十小時。比八到十小時長也很棒，但要確定製作時程與團隊有以此爲依據去計劃。

另外一個設計步調的技巧是每 15 到 20 分鐘變更一次玩家的情緒。可惜的是，大部分電玩遊戲中能體驗到的情緒光譜很狹小[19]，但你能夠單單只用遊戲內的物體就讓玩家的感受從懸疑變成驚奇、恐懼、驚慌。

將遊玩體驗劃分成「重要時刻」與「不重要的時刻」，不要連續將太多重要時刻串在一起，玩家會感到疲勞。反過來說，只有在連續經歷太多個平靜的小時刻的時候，玩家才會覺得無聊。《汪達與巨像》就成功地讓與巨型魔物戰鬥的重要時刻和平靜地在廣大遊戲世界中移動取得平衡。

等等！停一下！你還沒做灰盒關卡吧？

好險，因爲你會想要先做一個「遊樂場」。遊樂場就是一個沒有要用在遊戲中的灰盒關卡，它是額外可以拿來測試遊戲機制與危險物的場地。所有的機制與危險物都

19　平心而論，絕大多數的電玩遊戲只讓玩家感受到八種情緒：生氣、驚慌、絕望、意外、驚奇、滿足、歡樂及失望。而有些遊戲只讓人感受失望。

應先在遊樂場中測試與微調到好，然後就可以用在你的關卡中。以下有些可以在遊樂場中測試的事物：

- 製作有坡度的地面來測試基本的走路、跑步、逆運動學（IK）以及其他技術，確保玩家卽便在不平的地面移動看起來也還正常。
- 在各個不同的高度建造多個簡易的箱子以透過跳躍、拉撐、搖搖欲墜等動作測試玩家量度。應建立各種特定長度與高度的物件測試兩段跳與蹬牆跳。
- 測試機制與危險物來決定距離、時間點、致命程度等。

而遊樂場的姐妹場所就是**競技場**。這就跟遊樂場一樣，但被開發團隊用來測試戰鬥系統、掩護系統、敵人等。想辦法快速產出並測試不同的敵人組合來創造最棒的戰鬥體驗。我想要晚點再講這個主題，因爲——劇透警告——接下來的兩章就是在講戰鬥與敵人！

▌ 將訓練關卡放到最後

訓練關卡就是玩家學習所有基本玩法的地方，它會教導玩家遊戲的基礎，也會提供玩家遊戲玩法的第一印象，可以引發玩家對整個遊戲的熱情。[20] 你會認爲這應該是遊戲中最重要的關卡。

會這樣認爲對不對！

不幸的是，訓練關卡通常會被留到遊戲製作流程的最後。我知道這樣做的原因：開發人員會跟你說，在玩法全都放入遊戲之前，你不會知道遊戲玩法最重要的部分在哪裡。他們會堅持說，開發過程中通常會加入新的玩法元素，所以應該到最後所有的元素都確定了以後再做訓練關卡。他們也宣稱，在遊戲製作的最後階段，美術團隊能夠爲訓練關卡做出最好看的美術與效果，因而讓遊戲的第一個關卡擁有最高的價值。有時他們也會宣稱玩家會在玩遊戲的過程中學會基礎。

但事實上，製作時程通常很緊，優先順序也會改變，最後就是訓練關卡通常得不到它應得的愛與關懷。

20　誒，我好像找到第九個情緒了！

你也許可以考慮先製作訓練關卡。當然它也許看起來不會很美，但團隊最後還是可以回過頭來把它變漂亮。先做的好處是你跟玩家會一起學習基礎，並可以在設計師的盲點變大之前精準辨別玩家需要學什麼。訓練關卡總是可以透過一雙不同的眼睛得到好處。

甚至，把訓練關卡整個拿掉更好。我發現在最棒的遊戲中，玩家總是在學習新的招式、拿到新的裝備、體驗新的玩法並隨時在學習。何不把**整個遊戲**當作訓練關卡？

▌沒有角色的關卡

我已經花了一整個章節解釋怎麼樣為以角色為基礎的遊戲設計關卡，那假如關卡中沒有角色怎麼辦呢？如果是解謎遊戲、駕車遊戲或飛行遊戲呢？此章節中大部分的建議都一樣適用，但針對這些遊戲類別，以下有些額外的建議：

- 依照新機制量身設計關卡。假如玩家現在開始可以為他們的車輛購買氮氣推進了，那就要確保關卡中有一個需要氮氣推進才能跨越的跳台，或者必須要適當地使用氮氣推進才能贏得勢均力敵的賽事。
- 就算你的遊戲沒有所謂的環境，但並不代表不能有個主題。許多人沒有意識到即便是抽象的遊戲如《俄羅斯方塊》也會有主題：每一個背板都是以蘇聯時代俄羅斯的文化或建築成就為基礎設計。
- 就算你在設計的是一個純抽象的遊戲，像是《超級六邊形》、《Hundreds》、《Impossible Road》，三不五時改變關卡的顏色可以協助提示進度。
- 假如你的遊戲採用的是一個「空」的環境，例如開闊的天空或外太空，改變任務也能讓玩家的感覺不同。試想看看，護送的任務跟全力攻擊感覺起來會有什麼不同。

好，你要開始創造你的關卡了，要用什麼填滿它呢？我有預感你會在下一章找到答案。

第九關的普世真理與聰明點子

- 即便是老把戲也能引人入勝。
- 利用「墨西哥披薩」技法讓關卡主題變得獨一無二。
- 關卡名稱可以協助傳達氛圍與資訊給玩家。
- 從上而下做設計：從世界、關卡、體驗，到遊玩中的每一個片刻。
- 利用關卡地圖與海報提供資訊並建立期望。
- 決定關卡的主題：逃脫／生存、探索、教育還是學習道德觀念。
- 儘早決定要使用腳本導向或程序生成的玩法。
- 利用節奏表來找出遊戲整體設計中的弱點。
- 設計遊戲時只用一小組玩法系統與機制，但透過重複使用將效益最大化。
- 玩家總是能找到玩壞遊戲的方法。
- 你的關卡是巷道還是島嶼？依照各個形式的優點去做設計。
- 製作關卡的地圖與灰盒，用來規畫鏡頭放置位置並避免建築與玩法問題。
- 走路絕對不算是遊玩！
- 每一隻手指支線最後都應有個獎勵，就算只是垃圾桶也好。
- 玩家需要變化，而驚喜其實就是玩家沒有預料到的變化。
- 如果一個地方看起來去得了，那玩家就應該能去得了。
- 利用遊樂場與競技場測試量度與系統。
- 整個遊戲都應訓練玩家。
- 就算是沒有劇情的遊戲也能有主題。

10 | LEVEL 10 The Elements of Combat
第十關　戰鬥元素

每個動作都會隸屬三種類別之一：看守、打擊或移動。因此，以下就是無論在戰爭或拳擊中都會出現的戰鬥元素。

——B·H·李德哈特

英國軍事理論家巴塞爾·李德哈特爵士（Sir Basil Liddell Hart）儘管在電玩遊戲變得流行前就已過世，但他的話語卻精巧地涵蓋電玩遊戲戰鬥中的基本要素。戰鬥是種需要開發團隊投入大量思考與勞力的系統。但開始談戰鬥前，我們得先看看暴力這塊燙手山芋。

「許多電玩遊戲都很暴力」，這就是純粹的真相。

讓我修改這句話。

電玩遊戲和**動作**有關。有些是暴力動作，像打擊、射擊、刺擊和謀殺。

不過，任何認為所有電玩遊戲都很暴力的人，顯然對電玩遊戲一無所知。有大量電玩遊戲不仰賴暴力：從第一個電玩遊戲《雙人網球》，一路到最新的iPhone解謎遊戲都是這樣，我可以用非暴力遊戲的目錄填滿這整本書。但不知怎地，得到關注的總是《毀滅戰士》、《真人快打》和《俠盜獵車手》，為什麼呢？因為：

1. 電玩遊戲中的暴力寫實又戲劇化，也非常血腥。

2. 由於上述特質，它讓玩家得以做出最快速的正面反饋循環。

玩家做出動作（打擊或射擊）並看到即時結果（敵人遭到攻擊殺害），並取得獎勵（經驗值、金錢或加強能力）。這種簡單巧妙的反饋循環，促使玩家迅速而頻繁地與世

界互動。這是寫實的佛洛伊德快樂原則（pleasure principle）。[1] 響起鈴聲，就會得到獎勵。那何必要停止響鈴呢？

暴力經常出現在電玩遊戲的另一項原因，是由於很難在遊戲中再現其他種人類互動，像是交談、談戀愛、幽默和操控！結果是（a）比起暴力玩法，開發團隊不太常探索不同的遊玩方式；（b）因為遊戲玩家經常一再購買類型相同的遊戲，（c）開發商覺得難以販賣新的遊玩風格。[2]（d）本意良好的父母和其他社會團體，常不先找出所有事實，就驟下結論認為所有電玩遊戲都很暴力。

讓我們做個負責任的社會成員，不讓較年輕的玩家玩成人遊戲，以避免這種壓力。市面上還有很多不同的遊戲可供選擇。你不會帶小朋友去看限制級電影，那你為何會讓他們玩限制級電玩遊戲呢？

我在第四關中提過，娛樂軟體分級委員會（ESRB）會對遊戲內容進行評論與制定分級。在它的網站上[3]，你可以找到委員會對遊戲中的暴力表現的描述：

- **喜劇幽默**（Comic mischief）：具有粗俗或暗示性幽默的描述或對話。
- **卡通暴力**（Cartoon violence）：暴力行為與卡通化的情境和角色有關。可能會包括角色在動作發生後毫髮無傷的暴力。
- **幻想暴力**（Fantasy violence）：具有奇幻本質的暴力動作，牽涉在能與現實生活輕易劃分的情境中遭遇到的人類或非人類角色。
- **暴力**：與激烈衝突有關的場景。可能包含無血肢解。
- **極端暴力**（Intense violence）：具體而寫實的物理衝突詮釋。可能會出現極端或寫實（也可能兩者兼有）的鮮血、血汙、武器和對人類受傷和死亡的詮釋。

設計遊戲中的暴力時，你得明白它取決於內容。玩家自己做出越多暴力活動，分

---

1 難以忽視的是，有個名叫「id」（譯注：意指「本我」）的開發商發明了第一人稱射擊遊戲，這種類型與佛洛伊德的快樂原則直接相連。

2 美商藝電（EA）的行銷團隊試圖在整個開發階段中，取消該公司的暢銷遊戲《模擬市民》，因為他們以為沒人會買！

3 www.esrb.org/ratings/ratings_guide.jsp

級就越高。問問自己下列的問題，以幫助你決定遊戲的恰當分級：

- 玩家會自行使用暴力嗎？他會使用寫實的武器嗎？
- 玩家會多常進行暴力行為？
- 遊戲會獎勵玩家做出暴力行為嗎？遊戲會以任何方式顯示暴力「不恰當」嗎？
- 暴力有多赤裸？有肢解畫面嗎？遊戲畫面會停留在暴力表現上嗎？
- 會殘留血跡或碎塊等等嗎？畫面圖像更好，代表畫面圖像更真實，也代表暴力表現更寫實。
- 暴力是用來對抗「壞人」的嗎？
- 當敵人遭到殺害或擊敗時，會受苦嗎？

既然你已經知道自己的遊戲玩法有多暴力，就能開始設計暴力會如何發生了。

▌給新來的傢伙四百夸特盧！[4]

為角色設計戰鬥動作時，要先考量角色的個性。你的角色和《刺客教條IV：黑旗》的愛德華‧肯威一樣身手矯健嗎？你的角色和《雷射超人》的雷曼一樣善於彈跳嗎？和《俠盜》的加洛特一樣善於匿

蹤嗎？和《狂彈風暴》的格雷森‧杭特一樣殘忍嗎？這些角色都有獨特的戰鬥風格，因為他們每個人都有獨特性格。

你的遊戲是什麼類型？你想讓玩家有哪種遊玩體驗？這些問題會幫助你決定你的角色會用什麼武器。也許你會想讓你的英雄拿雷射彎刀和電漿光槍，就只因為看起來很帥，但你還是得考量他攜帶這兩種武器的後果，因為這會影響你的遊戲和玩家在裡頭的行為。

在戰鬥中，使用的攻擊取決於玩家和目標之間的距離。讓我們看看戰鬥中的四種範圍：近距離、中距離、長距離和區域效果。

4　譯註：夸特盧（quatloo）：科幻影集《星艦迷航記》中的外星貨幣。

- **近距離戰鬥**：包括扭打、拳擊、打擊、掃堂腿、搔癢戰和快速攻擊，像頭槌和上鉤拳。
- **中距離戰鬥**：包括揮舞武器、飛踢和衝刺攻擊。
- **長距離戰鬥**：包括射擊或向敵人投擲拋射物或下咒。
- **區域效果**：像智慧型炸彈（smart bomb）和「超級」攻擊，會在長距離外或整個螢幕上影響敵人。

弄清楚角色的戰鬥距離（或多種不同距離），對玩家在遊玩時如何進行戰鬥會造成極大差異。《瑪利歐》遊戲幾乎只有近或中距離戰鬥，《魂斗羅》則是長距離戰鬥遊戲。因此，瑪利歐得靠近才能擊敗敵人，而在《魂斗羅》中，玩家的目標是遠離敵人，並在遠處射擊以防止對方靠近。

此外，可以從站立、低位、高位和空中這四種高度發動攻擊，為戰鬥營造變化。儘管你不需在遊戲中使用全部種類，還是得為這些高度設計獨立的攻擊模組，因為它們會讓玩家用截然不同的方式面對戰鬥。

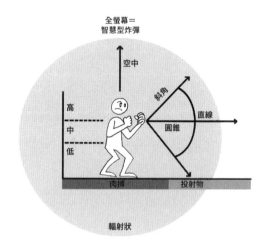

- **站姿**是玩家的基本肩膀高度。可以從這種高度打擊體型和人類相當與更高大的對手。
- **低姿態**攻擊位於敵人的腰部高度（或更低），並透過蹲姿或跪姿發出。
- **高姿態**攻擊瞄準平均身高敵人的頭頂。必須先跳躍再攻擊，才能發出這招。高度攻擊用來對付飛行或大型敵人，像是魔王。
- 玩家跳躍或飛上空中攻擊時，會採用**空中**姿態。空中攻擊可以是延長跳躍，像《惡魔獵人》和《但丁的地獄之旅》中的方式，或可以像《漫威英雄：終極聯盟》或《黑暗虛空》中一樣使用真正的飛行。

來自任何高度的攻擊，都能透過**垂直**或水平方式發出。在《王子復仇記》中，我們設計只能用這兩種攻擊之一打敗的敵人。

有個骷髏守衛穿戴了護甲頭盔，能抵擋主角馬克西默的高舉垂直攻擊。另一個骷髏戰士使用會擋住馬克西默水平攻擊的盾牌。解決方法是使用另一種方向攻擊來打爛骷髏。

攻擊矩陣（attack matrix）能有效追蹤和戰鬥動作有關的重要資訊。攻擊矩陣應該包含下列資料：

- 攻擊名稱
- 控制方式
- 攻擊範圍
- 攻擊速度
- 攻擊方向
- 傷害：力量與數字傷害（通常用數值或百分比顯示）
- 特點：讓該攻擊和其他攻擊行動產生區別的任何要素

以下是攻擊矩陣的好範例：

攻擊	控制	範圍	速度	方向	傷害	特別
劈砍	正方鍵	近	中	水平	中（十點生命值）	能被盾牌擋下
高舉攻擊	三角鍵	近	中	垂直	中（十點生命值）	能被頭盔妨礙
突刺	搖桿向前，三角鍵	近	快	前	強（二十五點生命值）	擊倒敵人
跳擊	X鍵，搖桿向下，三角鍵	近／中	慢	下	強（二十五點生命值）	擊暈兩單位範圍中的任何敵人

你可以自由添加攻擊矩陣所需的欄位，加入包括嚴重度和防禦物品、防禦行動等等項目。

你能用攻擊矩陣來追蹤戰鬥招數，並比較和對比極端不同的數值。每個攻擊都應該有獨特性，也能使用在特定戰鬥情境中。

在你開始揮舞刀劍，和用槍轟掉眼前所有東西前，先看看最危險的武器……手。

▌ 把手舉高！

自從早期的格鬥遊戲和對打遊戲以來，徒手戰鬥就是電玩遊戲的標誌之一。角色的戰鬥方式，取決於角色是誰。你沒辦法找到比《快打旋風》更棒的範例了，每個角色都是不同武術風格的擬人化身。即便你的角色住在瘋狂的奇幻世界中，你也應該研究真實世界的打鬥風格，好讓角色顯得更逼真且獨特。讓我們來看看某些不同的徒手戰鬥招數：

- **強攻與弱攻**：動作與格鬥遊戲中的攻擊經常能分為兩種類別：強攻和弱攻（也被稱為**重攻**或**輕攻**）。這兩種類型的攻擊可以由拳擊、踢擊或其他招數組成，但最重要的是它們造成的傷害，以及對手遭到襲擊時的反應。強攻比弱攻能造成更多傷害，強攻也經常有更長的動畫。讓攻擊擊中對方的時間，就是玩家為了更高的傷害而甘冒的風險。弱攻非常快速，但只會造成些許傷害。不過，弱攻經常是一連串攻擊的起手式，最後產生超級大招。弱攻經常能被格擋抵禦，而強攻則無法格擋。強攻的額外好處或許是能做為破盾攻擊，或能擊昏或擊倒對手。

- **拳擊**（punch）：拳擊必須快速出招，當玩家按下按鍵
（或螢幕），角色就該立刻揮拳。揮拳的動畫不該花太
久收尾，除非是為了某種超級必殺技。製作拳擊的動
畫時，要注意角色和拳擊目標位置之間的距離。距離
不能短到因攝影機角度糟糕或敵人擋住視線，而害玩
家看不到過程。快速揮出一拳後，玩家能發出**連擊**
（chain），也就是在短時間內打出好幾下拳擊。但速度並不是對拳擊唯一重要
的因素。當敵人做出反應時，拳擊感覺起來才強。更強的拳擊，像是**上鉤拳**，
應該要震盪敵人的世界。好的反應動畫、音效和特效能有效讓拳擊變得氣勢磅
礴。我之後會多談如何正確使用這點。

- **踢擊**（kick）：你人得夠靈活才能踢出一腳，而踢擊則
比拳擊更靈活。可以是瞄準敵人軀幹的迅速一踢、對
腿部揮出的**掃堂腿**，讓敵人失去平衡並摔倒，或者是
飛踢攻擊——戲劇化的空中翻筋斗攻擊或一連串踢
擊，像春麗知名的百裂腳攻擊。比起拳擊，踢擊在玩
家和敵人之間提供了多一點距離，這招也經常能擊倒
敵人。踢擊在格鬥遊戲中有許多變化，所以出現了像
《飛踢》這類整個遊戲都以踢擊為主題的作品。

- **浮空**（knock-up）和**浮空連擊**（juggling）：有種特別強
烈的攻擊叫做**空中技**（launcher），能夠使勁一擊，把
敵人打飛半空中。取決於敵人掉下來的時間，玩家能
跳上空中攔截，再重複攻擊對方，使敵人懸浮在空中，
完全無法防禦自己。《惡魔獵人》系列讓玩家角色但丁
用諸多組合技來使用手槍和劍，做出精彩的一連串浮
空連擊動作。

- **匿蹤暗殺**（stealth kill）：這種快速攻擊是用於一
擊殺死或擊倒敵人，而不會讓附近的敵人察覺。
通常會在使用蹲姿、掩護姿勢或讓玩家躲在目
標後時使用這些招數。它們經常使用QTE式的

指令來啟動動作，並獎勵做出戲劇化擊殺的玩家。請確保匿蹤暗殺只能在特定情況下執行（在掩護下或陰影中採取正確姿勢），不然玩家就會持續用這類攻擊來占便宜，而不使用一般攻擊。別讓玩家覺得酷炫招數變得無聊。

- **扭打**（grapple）：這招類似匿蹤暗殺，玩家能在特殊狀況下啟動它。當角色抓住另一個角色，壓制對方並做出額外攻擊時，就會做出扭打動作。扭打在早期遊戲中十分罕見，因為撞擊的程式編碼很難寫，但扭打需要撞擊看起來才有說服力。不過，許多摔角遊戲已讓扭打變得完
善，這招式也順勢進入更多格鬥與動作遊戲中。和抓住物品一樣，你該讓玩家易於抓住和放開對手。許多遊戲把這招變成和內容有關的招式，就像蝙蝠俠的拷問招式，他會抓住敵人，並轉換到蝙蝠俠向敵人索取資訊的過場動畫。扭打也是**打樁機攻擊**（piledriver attack）的基礎，敵人會被頭下腳上抓住，一頭撞上地面。唉唷！痛死了！

- **丟擲**（throw）：丟擲的功用是將敵人從玩家身邊拋開。玩家抓住敵人，再丟到自己想要的方向。可以將丟擲用作防禦，讓玩家有多一點時間能準備下一波攻擊、讓玩家在遭到敵人包圍時清出一點空間，或是趁敵人被擊暈倒地時，能準備另一波攻擊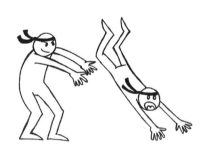
的方式。丟擲經常可用來將敵人拋下懸崖或平台，常會讓對方摔死；有些遊戲則可把敵人丟擲進陷阱中，讓陷阱幫玩家做骯髒事，像是《瘋狂世界》。

- **打巴掌**（slap）：打巴掌是用來擊暈對方的，而不是造成傷害。巴掌戰在遊戲中並不常見，但《薔薇與椿》就讓維多利亞時代女子痛賞彼此耳光。就像《薔薇與椿》一樣，打得特別好的巴掌反應應該要拉長敵人的脖子和頭，以便讓玩家感受到那種刺痛。如果你的巴掌擊暈了敵人，別忘了暈頭轉向的站姿、飛舞的金星或在敵人

頭顱旁飛舞又啾啾叫的鳥兒。拍打地面的動作則稱爲**地面打擊**（ground pound），在這種招式中，玩家會像綠巨人浩克一樣用雙拳擊打地面，讓所有站立的敵人失去平衡摔倒在地。地面打擊有明顯的後果與戲劇化的反應，讓人們、車輛或甚至是靜止的物品飛走。

- **格擋**（block）**與取消**：你要承受所有拳擊、踢擊和巴掌嗎？當然不用！格擋和取消讓玩家或敵人不會遭受傷害。格擋阻擋了敵人的攻擊（有時冒著遭到丟擲的風險），而取消（也稱爲打斷〔interrupt〕）則會確實打斷攻擊動畫，讓對手能自行做出攻擊。取消系統經常和格擋系統一起使用，讓玩家能取消自己的格擋招式，並做出快速攻擊，或利用敵人攻擊動畫中空隙來占優勢。

- **撥擋**（parry）**與反擊**（counter）：格擋能避免傷害，撥擋則讓玩家能阻止攻擊，經常會擊昏或擊倒敵人，或是解除對方的武裝。反擊讓玩家不只能阻止攻擊，還能用自己的招式回擊！《蝙蝠俠：阿卡漢》系列和《秘境探險》系列等動作遊戲會警告玩家有攻擊即將到來，讓玩家能做出反擊招式。

- **集中攻擊**（focus attack）：集中招式在《快打旋風IV》中首度出現，讓玩家能爲攻擊「集氣」，並在釋放時對敵人造成大量傷害。集中攻擊有許多階段，每個階段都會逐漸增加傷害，讓玩家用更多攻擊接續前一波攻勢。不過，集中攻擊並非總是天下無敵；特殊的**破甲**（armor break）招數能打亂它們。

- 嘲諷（taunt）：當你的對手採用龜縮策略（turtling），不願像個男子漢一樣和你決鬥時，你就只能嘲諷他。嘲諷動作大多只會嘲笑你的對手，試圖讓對方氣到出手攻擊。有時嘲諷能增加玩家的生命值，降低對手的力量值，或甚至像《絕地要塞2》中的火焰兵的波動拳嘲諷一樣能造成傷害。

一二……

　　時間點是打出一場好戰鬥的主要關鍵之一。當玩家壓下按鍵，角色就該立刻進行攻擊。如果你要讓戰鬥動畫變得流暢，就得努力讓你的遊戲每秒跑上六十幀。儘管許多遊戲能以每秒三十幀運作得令人滿意，但在這些低幀率中會發生的延遲與遲滯，確實會影響玩家的戰鬥體驗。別浪費時間特地製作漫長的充能動畫，這會擾亂玩家抓的時間點，可能會讓他們錯失時機，或在他不想要時出擊。快速招式可以迅速連續使用，但它們經常導致玩家狂按按鍵。

　　為觸碰式螢幕或動作控制做設計時，要讓招數適應當前系統。別讓玩家一路滑過螢幕或房間，請讓玩家有很多機會能伸展身子並休息一下。

　　突刺（lunge）是更流暢的推擠動作，能讓角色回到他原本的站姿。合併快攻與突刺，你就能創造出戰鬥連續技（combat chain），讓玩家的基本攻擊不至於無趣。

　　要創造戰鬥連續技，就要創造出三個以上連續發動的攻擊招式。如果玩家按出攻擊招式一次，就播放第一段動畫；如果玩家在短時間內（通常是一秒內）再壓下按鍵，玩家角色就會做出第二段攻擊招式，這項第二段攻擊招式通常會造成更多傷害，所以將這些攻擊「鍊」在一起的玩家，就會取得優勢。第三段攻擊還會造成更多傷害，以此類推。

第一次壓按鍵　　　第二次壓按鍵　　　　　第三次壓按鍵

如果玩家能連續打出好幾下攻擊，要確保你的動畫（或遊戲編碼）也能讓玩家角色往前移動，否則敵人被往後擊倒時，玩家就無法連續打出下一段攻擊。下方圖片中的英雄沒打中，是因為他不會順勢前進；當他往前移動時，攻擊才會成功。

好，記得在幾個段落前，我曾說你不該特意製作充能動畫嗎？我是說真的──但只有在那個情境是這樣。特意充能很棒，因為它們會產生強大的攻擊，能把玩家打上空中，或是把敵人劈成兩半！當玩家使用超大型或重裝武器時，這些招式的效果就很棒。漫長的充能過程迫使玩家要冒險等待使出更強大攻擊後的獎勵！風險對上獎勵，記好了。成果會非常驚人。

提到獎勵，請使用粒子和視覺效果，讓攻擊感覺起來更戲劇化和有成就感。例如《鬼武者》中劍攻擊的殘影特效和衝刺招式的速度線條；或是那些老派的既有效果，像是《瘋狂世界》中的火焰走道與四濺的血跡。如果攻擊造成的傷害很大，你可以讓角色的雙手或武器冒出火焰，泛出閃電弧光，或是閃爍神祕的魔法光芒。讓聲勢變得浩大，充滿動感，加上戲劇化！做出誇張的動作招式，像是地面打擊和猛烈的上鉤拳大螢幕效果，讓螢幕充滿瓦礫、塵埃、螢幕閃光和其他吸引目光的效果。越壯觀越好！

▌必殺技

電玩遊戲中最壯觀的招式，就是大招（super move）。這些精采絕倫的攻擊經常出現在一串組合技後，或是原本出現在格鬥遊戲和日式角色扮演遊戲（JRPG）的大招。它們闖入了其他類型中，讓必殺技變得盡可能酷炫。以下是你做出大招所需的一些概念：

- 大招幾乎都需要集氣才能啟動。玩家得努力爭取打出大招的權利。

- 大招需要一連串特定的控制方法。這些招式太酷了，玩家不該只按一個按鍵就能發招，必須先完成一系列招式，才能贏得發出大招的機會。

- 當玩家終於做出大招時，停止動作並將玩家的注意力聚焦在當下發生的狀況上。方法包括：讓螢幕變暗，消去背景，並帶入其他角色。《力石戰士》、《魔域幽靈》、《漫威 vs 卡普空》和《Final Fantasy》系列等遊戲，都有特別酷的大招，你能從中找到靈感。

- 大招需要超級炫的視覺效果。當玩家做出大招時，螢幕應該要亮起來，讓遭到打擊的對象也能欣賞奇觀。

- 大招會造成大量傷害，或直接解決對手。它們又稱為「必殺技（finishing move）」可不是空穴來風！

- 大招應該要給予玩家額外點數、獎勵或執行某種特殊動作。它們是給玩家成就感的好方式。

- 大招（幾乎）永遠不會打偏。在格鬥遊戲中，對方玩家該可以有機會對大招做出反擊。沒什麼比扭轉某個自以為把你逼到死路的人手中局勢，來得更令人滿意了。

- 如果你在多人遊戲中放入大招，請確保發招後有一小段暫停時間，讓其他玩家不會因延遲而受到不公平的懲罰。

所以當大招或其他攻擊確實打中敵人時，會
發生什麼事？這個嘛，我先前提過，如果攻擊少
了敵人反應的動畫搭配，玩家就無法感到擊中了
任何東西，攻擊彷彿只滑過敵人表面。如果你無

法讓敵人擁有反應動畫（比方說由於記憶體限制），那至少要用視覺效果和音效來表
示成功擊中目標。強烈的音效讓攻擊感覺更有成就感，敵人的聲音反應總是讓人滿
意，像大聲的「唔！」

把強烈攻擊的衝擊感做得更誇張，就能加強
攻擊力道的感覺，並增強戲劇性。無論敵人的何
處遭到攻擊，都該做出反應。被打中頭部嗎？敵
人的頭（和一些牙齒）該飛走。踢斷他的腿，就

該有根骨頭裂開，或者至少敵人該倒地。只要在遊戲編碼內使用Havok和PhysX這類
布娃娃物理系統，製作這種動畫就比較容易，但有時沒什麼比得上老派的關鍵影格動
畫。

如果衝突就是戲劇，那戰鬥就該是誇張的歌劇，裡頭有拿著長矛的飛天女武神，
和打破玻璃的胖小姐！要加強戲劇效果！格外強大的攻擊應該配上攝影機抖動，控
制器上的致動器也傳來震動，或是讓戰鬥變慢，以凸顯打擊力道。從《決勝時刻》到
《Peggle》等許多遊戲，都使用慢動作來顯示玩家擊敗了戰鬥中遭遇的最後一個敵人。

我差點忘了，還有一句至理名言：勢均力敵的戰鬥比較刺激。別搞錯我的意思，
痛宰大批敵人固然令人滿意，但得確保玩家在遊戲中大部分時間都有與其技術程度相
當的對手。

如果你用上電影風格必殺技（cinematic finishing move），讓動作變慢或凍結，並
用攝影機環繞動作場面的話，就可說是使出了渾身解數。這種必殺技經常出現在《劍
魂》和《快打旋風》系列等格鬥遊戲中，它們看起來實在太酷，所以就不知不覺擴展
到其他動作遊戲中！會發生這種現象，是由於以下這個超重要的重點：

人們想玩讓自己看起來很酷的遊戲

沒什麼比組合技與必殺技能讓玩家看起來更酷了。看看底下的超級臭蟲（Mighty Bedbug）吧。你得承認，按按鍵會營造出精心編排的戰鬥順序，讓戰鬥看起來精采絕倫。

來講個好例子：在《蝙蝠俠：阿卡漢瘋人院》的戰鬥中，蝙蝠俠要靠QTE來編排戰鬥招式，而不是讓玩家自行摸索。為什麼？因為蝙蝠俠永遠不會打歪。既然如此，玩家就不該打歪吧？衍生出的結果是……？當玩家成功按出正確的戰鬥順序時，就會覺得自己像個戰鬥專家——就跟蝙蝠俠一樣。

▍以劍之道……

從古至今，有一大堆手握招牌武器的英雄：亞瑟王揮舞斷鋼聖劍（Excalibur），美猴王用如意金箍棒戰鬥，索爾用雷神之鎚「妙爾尼爾」（Mjolnir）痛毆食人妖，日本戰國武將本庄繁長則用「本庄正宗」刀擊敗大軍。

　　電玩遊戲人物也一樣。這些新英雄有他們的招牌武器：林克（Link）手握大師之劍（Master Sword），克雷多斯（Kratos）用他的鎖鍊雙刀劈砍怪物，士官長（Master Chief）用他的電漿劍對抗星盟（the Covenant），蝙蝠俠則用大量蝙蝠形狀的武器來防衛高譚市。

　　無論武器是什麼（劍、斧頭、匕首、鎚子、棍棒、鍊刀、手杖、迴力鏢和雙節棍），你都會想讓你的主角擁有招牌武器。武器與他使用武器打鬥的方式，會成為該角色性格的延伸，角色的武器顯示出他如何戰鬥。《阿格斯戰士》的主角萊卡那面可投擲的盾牌創造出的戰鬥體驗與《生化奇兵》大老爹的肉搏鑽頭截然不同。即便你的主角使用非傳統武器，像巨型鍋鏟或泡泡魔杖，你都該讓玩家用這些武器使出不同攻擊與招式。越獨特和越讓人難忘，就更好了！

　　攝影機擺得太後面導致玩家無法好好觀察他的武器，這種事經常在遊戲中發生。在玩家首度獲取這項武器的當下，或在能讓玩家旋轉並檢查武器的物品欄畫面中，給他近看武器的機會吧。

　　設計武器的用法時，想想它的速度、範圍、造成的傷害量和其他效果，像是火或毒。如果能升級武器，就確保能在武器上看到效果。光是讓數值多個+3，無法提供玩家應得的遊玩資訊和視覺獎勵。

　　當玩家四處揮舞武器時，要注意別讓武器穿透物體，看起來會很糟。你反而該讓武器對世界做出反應，像是從石頭或金屬表面彈開，或是刀刃深入木質表面。小心這種情況的反面效果：玩家的武器會從世界中任何無法破壞的物品上彈開。請謹慎設計戰鬥環境，運用這點讓玩家占優勢和劣勢。比方說，主角會發現在擺滿無法破

壞的石柱的競技場中，他無法揮舞巨斧，不然就會陷入從石柱上彈開的風險，反而讓

骷髏有機會攻擊。

別忘了玩家角色也能使用隨機應變的武器，像是道具、鉛管、椅子或甚至是車子等等！讓玩家能輕鬆找到並撿起這些物品，有必要的話，就在螢幕上提供提示。

讓玩家自覺像專家的另一種方式是什麼呢？使用鎖定系統（lock-on system）。《禁咒的紋章》的鎖定系統深具創意，讓玩家用DualShock手把的類比搖桿做出「雷達式」的掃描動作，以便瞄準玩家能設定的敵人順序。遊戲創作者還為這種技術申請了專利。《薩爾達傳說》系列遊戲有特別優秀的鎖定系統，玩家只要壓一下按鍵，就能鎖定離自己最近或在自己前方的敵人，再撥動類比搖桿來選擇左右下一個敵人。鎖定時，角色依然能進行閃避和後退。只要壓住按鍵，玩家就會鎖定敵人，每解決掉一個敵人，瞄準系統就會切換到下一個敵人身上。鎖定系統需要抬頭顯示器效果來幫助玩家追蹤目標。以下有些範例：

地面記號　　　　指示箭頭　　　　　閃亮光環　　　　生命條棒

▎現在你得親我

讓玩家失手並不算太糟。玩家會被迫更加提升自己的攻擊技巧，當他掌握戰鬥時間點後，就會覺得自己超讚。或者，如果玩家就是沒辦法上手，當他連續失手或死太多次時，你總能以動態方式增加玩家接觸敵人的機會，要不然你也能讓遊戲的難度下降。盡你所能讓玩家繼續玩。

▎來防禦吧

如果你學過任何武術，很快就會得知防禦的招式和攻擊同樣重要。眞實世界中打鬥[5]的目標就是**不要**被打中。電玩遊戲哪有差別？讓你的玩家可以做出撤退或避開傷害的動作，還有能與戰鬥招式組合的動作，讓玩家能發出更快或更強的攻擊。

閃避（dodge）和**翻滾**（roll）讓玩家能立刻閃避，迅速躲開攻擊。這些動作使用起來應該要快速又簡單，壓一下按鍵和控制搖桿動一下就好。注意你設定的度量和行動距離，玩家才不會從平台、世界或競技場邊緣滾下去。閃避招式是用於躲開危險的反射動作，別將防禦動作變成弱點，要確保閃躲動作能讓玩家完全躲開大範圍攻擊和戟與巨劍等長距離攻擊武器，或是爆炸和魔咒等輻射狀攻擊。不然的話，你就會做出《魔獸世界》中所謂的「墓園騷動（the graveyard hustle）」。

在玩家閃躲後，就該有空檔讓他重整態勢，這種空檔不只會讓玩家穩住自己，還可以避免他把閃避當成作弊手段。

讓玩家用閃避和翻滾來躲開危險物。當玩家角色衝過關上的門、或在搖擺的刀刃下翻滾時，這些動作都能增加效果不錯的緊張時刻。但要小心，在翻滾或衝刺時，攝影機常常會撞上玩家想躲開的東西。我不建議讓攝影機穿過危險物（看起來太懶了）或讓攝影機和玩家一起向下傾（因爲那會讓人感到暈眩）。當玩家閃躲時，想辦法讓攝影機維持在原位，當玩家脫離障礙時，再讓攝影機「追上去」。

衝刺（dash）是能用於防禦或攻擊的前進動作。玩家該能迅速使用衝刺，這點和躲避一樣。許多動作遊戲都有衝刺招式，還能透過更強大的劍或拳擊招式來強化，像

5　我並沒有提倡在眞實世界中打架。記好，鬥陣俱樂部的第一條規定是……哎呀，我說太多了。

是《惡魔獵人》和《末世騎士》。就連基礎衝刺動作,都應該產生移動玩家以外的效果。你會想讓衝刺動作感覺起來快速又強大,我猜,同時也得動作瀟灑?

玩家該能使用衝刺來衝撞敵群,或撞碎可破壞的物品。即便衝刺只瞄準一個敵人,你也能讓玩家的動能持續下去,一次撞倒好幾個敵人,或創造出「音爆」來打飛壞蛋!好耶!

跳躍(jump)儘管通常用於移動,但也能成為戰鬥招式。瑪利歐如果少了知名的「屁股彈跳(butt bounce)」,他該怎麼辦?撞擊區應該像件好穿的長褲,留給屁股很多移動空間。別讓這些動作成為完美的攻擊。攻擊成功後,用後座力反彈
(recoil bounce)將玩家移動到短距離外,讓玩家不會落在敵人身上或身旁,進而受到傷害。如果屁股彈跳沒殺死敵人,那就讓敵人陷入擊暈狀態,把玩家遭遇的風險降到最低。

許多遊戲都讓玩家在這段後座力反彈時能夠行動,以讓角色在許多敵人頭頂進行連續彈跳攻

擊！每多一個壞蛋受到彈跳攻擊，記得給玩家節節高漲的獎勵。讓這成為玩家的光榮時刻——他剛剛做了很酷的事！

你不需要當矮小的義大利水管工，就能做出跳躍攻擊。手持武器的硬漢也能做出這些招式，只要確定有遵循以下指南就行：

- 請確保玩家的最高跳躍高度，比你能跳躍攻擊的最高敵人還高，否則角色會撞上敵人的頭或肩膀，看起來很奇怪。
- 當玩家落地時，就運用和攻擊衝擊相同的規則：讓敵人或世界的動作靜止一拍，製造空檔、產生爆炸效果、讓控制器震動——任何能讓攻擊感覺起來更強的做法都行。
- 就算玩家失手，攻擊也會產生部分輻射狀效果，比方說擊昏或擊倒周圍敵人。
- 讓玩家迅速恢復到一般狀態，他會想立刻回到戰場。
- 你也可以給玩家一段延遲期，作為進行攻擊的風險或獎勵。比方說，在使用屁股彈跳後，瑪利歐的屁股扎實地撞擊地面，如果他沒打中敵人，就會陷入一段脆弱的空檔，能遭到敵人傷害。

如果對你的硬漢太空陸戰隊或士兵來說，跳躍感覺起來太過輕佻，可以讓他撐物跳過（vault）障礙物，增加戰場動作的變化。撐物跳對掩護系統（cover system）（參見後方段落）和蹲姿非常有用。當玩家能撐著翻越矮牆時，《戰爭機器2》就會提供玩家提示。

▌閃避子彈

　　子彈時間（bullet time）首度出現在1999年的電影《駭客任務》中，這招式結合了閃避和攻擊。玩家角色躍過空中，躲開壞蛋的子彈，還一邊發射自己的慢動作拋射武器……電玩開發者立刻愛上了這種畫面。《江湖本色》是第一個使用子彈時間的遊戲，此後也成為第三人稱動作遊戲的標竿。這招你想怎麼叫都行：反應時間（Reaction Time）（《靚影特務》）、反射動作（Reflex）（《戰慄突擊》）、死亡之眼（DeadEye）（《碧血狂殺》）或龍舌蘭時間（Tequila Time）（《槍神》）都可以。為你的遊戲設計子彈時間時，有以下幾個小技巧可用：

- 讓玩家知道它生效了。讓螢幕上閃過效果，降低色彩飽和度，播放獨特的「啟動」音效——任何讓玩家得知自己進入這種超現實狀態的線索都行。

- 圍堵玩家。當玩家居於劣勢，一切也似乎毫無希望時，子彈時間最有效。能夠在大型槍戰或搏鬥中一一撂倒敵人，會讓玩家感到所向披靡——至少到他耗光量表前。

- 玩家依然該移動得比別人更快。讓玩家在其他角色行動前先做出動作。畢竟你想讓玩家覺得他在對付壞蛋時占了上風。

- 給予玩家精準射擊的機會。隨著玩家每次做出精準射擊，《江湖本色3》的子彈時間都會增加主角麥斯的招式組合。《紅色死亡左輪》讓玩家打掉對方頭上的帽子，也打掉手中的槍，以及在死亡之眼模式下精確做出致命瞄準。

- 讓配樂符合動作。讓音樂變慢，或讓音效變模糊，彷彿用慢動作運作。

- 效果永遠不嫌多。從彈殼、綻開的槍口火光、炸開的頭顱到碎裂的玻璃，子彈時間的魅力在於看到世界陷入慢動作時，所出現的各種碎屑和閃光。

- 讓子彈時間成為「偶爾出現」的機制，或只將它保留在特殊場合。如果玩家到處都能用子彈時間，就會濫用它。要求玩家集氣或收集強化道具，以限制使用此能力的機會。

- 把這招留給「超級戲劇化」的時刻。惡棍拿槍對準總統的頭，你只有幾秒能開槍。時值正午，土匪們已包圍了你。你和你的女朋友意外闖入了黑幫犯罪現場。你的超級英雄在戰鬥回合中要揍最後一名敵人了嗎？這就是你該用子彈時間的時機。

關於防守

小心！

你得飛快地應付攻擊，所以你得確保自己能迅速使用**格擋**！格擋可以分為一般或位置性。

一般格擋（general block）出現在動作遊戲中——壓一下按鍵，就能將武器十字交叉，或交叉手臂，或舉起盾牌格擋即將到來的攻擊。這些萬能格擋動作能用來對付任何情況或敵人。無論你的盾牌是單手圓盾或高大的羅馬盾板都一樣，功能完全相同。玩家壓下按鍵，就能格擋攻擊，並在接下來的戰鬥中把盾舉在一旁。

別低估了和格擋相關的音效。響亮的「鏘！」能讓玩家知道自己成功執行了格擋。音效能為玩家提供資訊，也能幫助劃分失手和成功格擋的差異。讓擋住的攻擊創造出一些火花或其他效果（不是血就好，把這東西留在角色遭到擊中時），讓玩家看到視覺提示。有些格擋會讓玩家後退一點，迫使他必須移動回來才能站穩陣腳。讓成功的格擋伴隨些許弱點，是有點惡劣的手段，但如果你想的話，就放手做吧，畢竟那是你

的遊戲。

位置性格擋（positional block）與特定的高度有關，也需要搖桿動作或壓按鍵（有時須兩者併用），才能在恰當高度格擋，無論高度是高是低。格鬥遊戲中最常出現這類格擋。你得決定玩家是否能保持格擋狀態。手臂格擋通常很快，會在一秒左右後放下。其他格鬥和動作遊戲允許玩家無限期維持格擋，或至少直到有敵人發動攻擊，並打破玩家的格擋，或將玩家打倒在地。盾牌格擋能撐得更久，讓玩家能花更長的時間「躲」在盾牌後頭。有些設計師不喜歡讓玩家窩在格擋狀態中，但只要利用可破壞的盾牌、無法格擋的攻擊或讓敵人使用擊倒攻擊的話，就能解決這點。對了，當玩家蹲低以阻擋低姿攻擊時，別讓盾牌穿過地面。

作為設計師，你得決定究竟盾牌能不能遭到破壞，這項決定會對玩家使用盾牌的方式帶來極大差異。在第一代《王子復仇記》遊戲中，我們有可破壞的盾牌。在遊戲過程中，玩家能將它升級成更強大的盾牌，不過，由於盾牌依然是有限資源，我們發現玩家不太願意使用，寧可使用跳躍閃躲攻擊。在續作中，我們想鼓勵玩家使用盾牌，於是我們將盾牌設定成無法破壞。因為不用擔心損壞，玩家變得更喜歡格擋。但盾牌不只能用來格擋，你還可以用盾牌來做這些事：

- 結合衝刺招式，用來清理障礙物
- 近距離打擊敵人
- 當短程拋射武器投擲
- 滑下陡峭斜坡
- 當角色上方有碎石或熔岩落下，用來提供保護

- 移動大型物體時用作橇棍
- 裝在玩家背上時，可以防止敵人進行背刺。

　　嘿，像《阿格斯戰士》一樣把盾牌裝在鍊子上的話，就變成一種新武器了！

　　如果盾牌提供的保護不夠，那**護具**就派上用場了。給玩家護具時，得注意幾件事，**負重**是其中之一。玩家穿越多護具，速度就變得越慢（發出的噪音也越大）。你通常會在角色扮演遊戲中發現負重的機制，動作遊戲中則不太常出現。如果你想走「寫實風」，也沒有關係，但如果你的遊戲強調的是動作與戰鬥，那不使用這項機制可能比較好。

　　或許你的遊戲在戰鬥中會區分身體不同部位？這麼一來你就能用「紙娃娃」系統來處理護具，玩家得為角色的頭部、軀幹、雙臂、雙手、雙腿和雙腳套上護具。這感覺起來更寫實，也讓玩家能購買和收集更多物品。不過，這種作法的確需要介面──而且通常很大，因為得顯示整個身體。請確保玩家能輕易找到、選擇並改變護甲，也能自由丟棄或賣掉不想要的護具。

　　你的英雄終於打敗了第一個魔王，並贏得獎品：一套新護具。但別虎頭蛇尾，只給玩家一件 +2 鎖子甲。每次玩家的護具升級，就讓它看起來明顯不同。比方說，全套鋼板盔甲看起來和無袖皮革夾克大不相同（也更酷）。當你改善護具的外觀，玩家一眼就能看出他的「階級」。

　　也給它取個獨特的名稱，像是「神聖護甲」或「龍鱗甲」。這會讓玩家覺得他贏得了某種重要又值得擁有的東西。

　　但護甲不是只有保護功能。《絕命異次元》中，主角艾薩克的太空裝在脊椎骨位置有生命值顯示器，玩家不需要看抬頭顯示器，就能檢查自己的狀態。

　　《魔界村》也會顯示健康狀態……但狀況相反：當護具脫落時，玩家就更接近死亡。這也是用在敵人身上的好招數，因為可以讓玩家得知還要打幾下才會擊敗敵人。

護具升級是給玩家新能力的絕佳方式。沒辦法移動那塊沉重的磚嗎？這套液壓強力護甲能幫上忙。它甚至不需要是「一套護甲」。瑪利歐的狸貓裝[6]不只提供保護，也讓他可以飛行、變大，和變成無敵雕像。

護具有個優點，是能讓玩家客製化他們的角色，而不需要改變基礎模型——雖然這當然取決於護具本身。鎖子甲無法改變模型，但鋼板盔甲或全罩式頭盔可以。護具升級的優勢在於，當別的玩家看到你酷炫的新頭盔時，她也會想要。這是鼓勵玩家花更多時間在遊戲中找出超酷戰利品的優秀方法，不僅限護具，也可以是帽子、獨特武器或坐騎。讓玩家爭取、尋獲和購買的裝備，越獨特越好。

6　瑪利歐會穿狸貓睡衣，頭上還有浣熊耳朵。超可愛。真的。

▎砰砰藝術的狀態

噢！槍，槍，槍！

──克拉倫斯‧波狄克（Clarence Boddicker）（《機器戰警》）

射擊很簡單：用槍瞄準，再扣下扳機，對吧？但讓我們來看看最受歡迎的幾個多人射擊遊戲，觀察它們和彼此有多不同：

- 《雷神之鎚》的地圖鼓勵玩家多用直線動作和好預測的循環行動模式。武器和護甲道具能在一瞬間改變動作的動態。

- 《最後一戰》玩起來很像運動，它擁有比賽般的遊玩模式。動作節奏比許多射擊遊戲慢，部分原因是玩家的生命值會逐漸恢復，而且遊戲也提倡「攻擊後撤退」的策略。運輸載具在遊玩中也扮演了重要角色。

- 《決勝時刻》系列的多人模式把重心放在動作緊湊的短程戰鬥上。玩家能專心升級他們的武器和角色，就像在角色扮演遊戲中一樣。

- 《絕地要塞2》類似角色扮演遊戲，但玩家扮演的是以大不相同的技能為基礎的角色。遊戲模式提倡團隊合作，而非單人玩家行為。比起先前的遊戲，從「遊玩到角色死去」開始的翻盤時間非常快，因為一發子彈就能殺死玩家。

- 《惡靈勢力》系列也與團隊合作有關；事實上，不合作你就贏不了。儘管大部分多人射擊遊戲是讓玩家一對一對決，但這個遊戲則是讓一小隊玩家對抗無止盡的殭屍大軍。和其他射擊遊戲相比，《惡靈勢力》的遊戲模式更像故事。

即便在射擊不是主要遊玩重點的遊戲中，**遠距離戰鬥**（ranged combat）依然能立刻改變遊戲的動感。因此我推薦，如果遊戲的性質不是射擊類，就該把槍留到遊戲晚期。讓玩家先習慣他們的招式和沒有槍時的攻擊。當你覺得他們已經學到所有該學的事，再放手讓他們攜械。

創造過許多知名射擊遊戲（如《最後一戰：戰鬥進化》和《海豹特遣隊3》）的創意總監哈迪‧勒貝爾（Hardy LeBel）說遠距離戰鬥得創造獨特節奏。有好幾種因素會影響那股節奏，像是瞄準方式、裝彈次數、武器射速、武器準確度、人物射速和致命性、彈藥取得難易度、區域效果武器（像是手榴彈）的取得難易度，和玩家生命值機制等等。甚至連關卡設計、人工智慧行為和遊戲機制都會影響遠距離戰鬥的節奏。呼！要消化太多東西了，所以我們從三A開始吧：動作（action）、瞄準（aiming）和彈藥（ammo）。

動作代表槍的裝彈、開火和退膛。你得問問自己以下這些關於武器動作的問題：

- 玩家重新裝彈的速度能多快？
- 玩家需要壓按鍵才能重新裝彈，還是會自動裝彈？你可以透過重新裝彈，創造一些風險或報酬很大的玩法，因為玩家在裝彈時破綻百出（像是在《戰爭機器》中，重新裝彈動作做得對速度就會變快，但動作出錯會使速度更慢，也會讓玩家陷入更長的無助時期）。
- 彈藥有限量嗎？玩家真的有必要重新裝彈嗎？
- 槍枝的射速有多快？射速較快的槍，消耗彈藥的速度會比單發武器更快。武器一次可以發射單發或點放？
- 開槍時的火光會擋住玩家視角嗎？
- 一發子彈一次能打到一個以上的敵人嗎？

　　瞄準是玩家對準敵人的方式。瞄準在遊戲中是莫大問題，可以成就設計遊戲，也可以毀了它。早期的射擊遊戲仰賴玩家將游標擺在目標上時的反射動作和技巧，在《最後一戰：戰鬥進化》出現之前，成功的第一人稱射擊遊戲大多數都是在個人電腦上玩──部分原因是滑鼠能輕鬆瞄準。在《最後一戰：戰鬥進化》中，對於用Xbox的類比搖桿進行瞄準這種麻煩差事，遊戲為了幫助玩家，會使用瞄準輔助功能，比如當游標移到目標上時，游標就會變「黏」，這讓玩家更容易鎖定目標。自從《最後一戰》後，人們開發了其他瞄準輔助，像是**十字捕捉**（reticule snapping），如果十字準星靠近敵人，就會立刻鎖定，或是**自由瞄準**（free-aiming），玩家能射擊目標身上的不同部位，以獲取不同效果。

　　無論你使用哪種瞄準方式（瞄準輔助、自動瞄準和自由瞄準等等），你都需要為目標客群設計和執行瞄準機制：

- 玩家要如何瞄準？有瞄準鏡嗎？瞄準鏡會擋住玩家多少視野？
- 場地效果的深度會如何影響瞄準？有種有效的視覺把戲，是在使用遠距瞄準觀察模糊的遠方物體時，物體就會突然變得清晰。
- 玩家得手動瞄準嗎？槍會飄移嗎？玩家可以讓射擊保持穩定嗎？有些遊戲讓狙擊手「憋氣」，以便防止飄移。玩家該從多遠的距離外開火？
- 瞄準會自動化嗎？有快速射擊模式嗎？有自動瞄準或鎖定系統嗎？
- 開槍時會產生後座力，讓玩家的瞄準失誤嗎？槍管會像湯普森衝鋒槍（Thompson submachine gun）一樣上揚嗎？
- 有諸如雷射瞄準器、子彈時間或追熱彈藥等系統能加強玩家的瞄準嗎？
- 玩家在瞄準時可以移動嗎？玩家能瞄準的位置有限制嗎？像是斜角或頭頂可以瞄準嗎？
- 瞄準鏡會偵測到其他能看到目標的方式，像是紅外線、動態偵測或心跳嗎？玩家能以任何方式改造槍枝，讓它消音或擁有榴彈發射器或刺刀等額外補充武器嗎？
- 玩家能用射擊來解謎或施展花招嗎？射擊目標？射下門鎖？把槍從敵人手中打掉？讓子彈彈飛到敵人身上？
- 玩家能解除瞄準機制，或用別的方式取代它嗎？

　　瞄準十字或武器上的鐵製瞄準器，應該要是你的遊戲中最複雜的回饋機制之一，它們需要傳達出瞄準、子彈散布、後座力、卡彈、過熱、彈藥、成功命中和差點擊中、眼前是友是敵等概念，這串清單毫無止盡。它們既得達成目標，同時還得對玩家保持有用且不能張揚搶眼。

　　彈藥是玩家發射出的東西。彈藥有自己的問題：

- 彈藥在哪，又該如何攜帶？玩家攜帶的彈藥數量有限制嗎？你需要讓正確的槍枝使用正確彈藥嗎？
- 彈藥有火焰、毒素、熱追蹤或破甲等特殊效果嗎？
- 子彈沒打中目標時，會發生什麼事？會擊中環境裡某些東西嗎？會影響該物體嗎？打破玻璃？撞碎灰泥？從金屬上彈開？

把那東西移開！
你會害死我們！

以下幾個小技巧可以讓你的槍枝玩法更有效：

- 用音效強調槍戰的刺激與危險：武器開火、子彈撞擊、敵方槍火和呼嘯的子彈等等。
- 無論目標離玩家有多遠，都將槍聲和子彈撞擊的特殊音效放到最大聲。這會讓玩家得知自己有沒有成功擊中目標。別忘了讓玩家聽到他的目標遭到擊中時的反應。
- 別忘了武器視覺特效。槍口閃光、彈出的空彈殼和槍管中冒出的煙，都能讓體驗更寫實。

- 一般而言，玩家喜歡短距離槍戰，因爲狀況更刺激。近距離不只讓玩家更容易瞄準，也讓他們能看到自己是否成功擊中目標。

- 無論武器擊中的視覺效果有多生動，當子彈擊中目標時，都要顯示出某種衝擊效果──從火花、爆炸到噴濺的血漿都可以。

- 無庸置疑的是，談到建立遠距離戰鬥的節奏時，關卡設計就等於遊戲設計。如果你設計出具有開闊長廊的空間，且戰鬥模式高度致命的話，玩家就會玩得謹慎。如果你放了很多掩體，也經常阻斷玩家視線，加上使用了生命值再生模型，當玩家們攻擊和躲起來治療時，槍戰感覺起來就更像是兩架戰機旋轉纏鬥。

設計射擊用的瞄準十字時，你可以投入大量時間去創作，但無庸贅言，這個**超重要的重點**會有幫助：

玩最棒的射擊遊戲，並研究它們的解決方案

花點時間解構此類遊戲中佼佼者的機制與行爲，能對你的遊戲玩法增加莫大助益。

勒貝爾先生給了我們這項重要想法：「一般而言，玩家會期望遠距離戰鬥應該感覺起來強大又令人滿意。遊戲創作者容易犯下一個錯誤，就是因爲覺得玩家手中擁有過強力量，而嘗試削弱遠距武器以彌補。壓抑那股衝動，試著對玩家『慷慨』一點，他們會感激你的。」

▍最適合你的槍

當你在設計槍枝時，就算你創造的是虛構武器，從它們在眞實世界的對應武器開始著手，也很有幫助；畢竟，武器扮演了特定角色，能直接在遊戲中發揮用途。但做了這些也只是完成一半，你還該思考它們的效果。

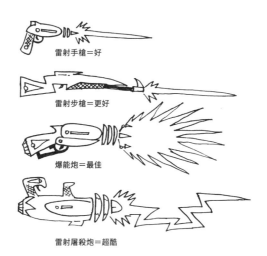

雷射手槍＝好

雷射步槍＝更好

爆能炮＝最佳

雷射屠殺炮＝超酷

　　但為武器設定平衡很困難，特別是如果你用真實世界中的對應武器為藍本。對於哪把槍比較好、還有它們該如何運作，有些槍械宅玩家有自己的意見。如果你想討好所有人，就準備發瘋了，所以首先該按照你的遊戲需求來設計武器。以下是開始著手的幾項指南：

- **手槍**以直線開火（除非你是《刺客聯盟》的主角），這點決定了你能射擊的位置和對象。除非子彈一次貫穿了好幾名敵人，否則手槍一次只會擊中一個敵人，而這會讓射擊步調變慢。手槍通常也需要頻繁重新裝彈，因為它們的彈匣只能裝六到十五發子彈。

- **步槍**，特別是狙擊步槍，代表玩家得先瞄準再射擊。你通常無法把步槍靠在腰間開火，這代表玩家會變得易受傷害，而且會常常在看瞄準鏡，表示玩家視野會變得極其狹隘——聽起來像是讓敵人偷襲的良好機會。許多步槍會裝載大量彈藥，有些步槍的彈鼓能裝載一百發子彈。

- **散彈槍和噴火槍**以圓錐狀方式開火，而不是直線。圓錐狀比手槍或步槍的射擊距離短，但能同時擊中好幾個敵人。這兩種武器都能在近距離對目標造成高度傷害。散彈槍的彈藥較少，射速也比手槍或步槍慢，噴火槍則以高速發射噴射劑。噴火槍的轟擊能維持長時間，並在射擊結束後仍持續造成敵人燒傷。

- **自動武器**讓你迅速開火，但毫無準確度。這種高射速也會快速耗盡彈藥，無論彈匣有多大。將機關槍設計成會產生一點後座力、飄移或掃射，不只能讓它感覺寫實，也迫使玩家得學會精準使用它。你的自動武器是單手還是雙手武器？

玩家可以同時使用兩把嗎？這會決定玩家射擊時能做的其他動作。

- **重型武器**的火力十足，但通常得花點時間熱身或冷卻。《絕地要塞2》的重裝兵使用的迷你砲（minigun），一開始會花一小段時間才開始旋轉，但即便當玩家沒用它開火時，都有辦法讓槍枝維持旋轉。缺點是，敵人在大老遠外就能聽到你過來。**榴彈砲**也比較難瞄準，但爆炸時能對敵人造成大幅損傷，也能讓你射擊可能躲在牆角旁的敵人！使用榴彈砲有種風險，當投射物在發射後四處彈跳時，就可能對玩家和目標產生危險。這類武器的彈匣尺寸，從十幾顆榴彈到快速射擊的迷你砲使用的數百發子彈都有。**火箭發射器**（以及它們的科幻表親：雷射砲）讓玩家能用更長的重新裝彈或充能時間，換取一擊必殺的優勢。它們的彈藥經常有限，但對裝甲載具和士兵都十分有效。

無論是哪種武器，都得考量它們的射程、速度和力量。你可以使用像以下的攻擊矩陣來追蹤這些數值，再對武器進行超級多種比較與對比。

武器	距離		
	短	中	長
雙持手槍	強	弱	無
攻擊步槍	強但慢	非常強	弱
散彈槍	非常強	無	無
狙擊步槍	無	中	非常強

注意看看，武器特質很少有重複，而確實重複的項目則有缺點，像是射擊速度或重新裝彈速度。讓這些武器變得獨特，能使遊戲感覺起來更完整。

遠距離戰鬥並不總是用槍。比方說，奇幻遊戲有大量拋射武器，從箭矢、魔法飛彈到冰錐都有。無論類型是什麼，只要你用槍枝指南來設計遠距離戰鬥（距離、傷害與三A），那就沒問題了。

最後一個問題，是你該不該接受在多人遊戲中**友軍誤擊**（friendly fire）的機制。你的選擇完全取決於遊戲模式。在玩家對玩家模式（PVP）中，友軍誤擊的機制似乎比在合作模式裡更合理。無論你怎麼選，都該讓玩家能自由開關這項功能。

噢，不……你用光子彈了。現在怎麼辦？

　　當玩家在玩射擊遊戲，卻沒有東西能開火時，就會感到極度無力！所以給你的玩家一把從不離身的肉搏武器，可以是刀子、拳頭或甚至是用手槍毆擊，或用步槍槍托當棍棒擊打。給玩家這種選項來毆打壞蛋，讓狀況變得公平又寫實。《戰爭機器》系列遊戲不搞這招：它們在槍上裝了電鋸！

　　俗話說，槍永遠不夠用，但你不會想讓玩家帶著裝滿槍械的高爾夫球袋到處跑。很多遊戲都限制只能帶主要槍枝和隨身武器，但如果你那樣做，就得能在兩者之間迅速切換，最好是壓一下按鍵就能辦到。《決勝時刻：現代戰爭2》讓你用比舉起步槍更快的速度掏出隨身武器，在需要快速射擊的情況中，這很有幫助。

　　自從《戰爭機器》上市後，許多動作遊戲都加入了**掩護系統**，不只讓玩家能靠著

牆面或障礙物找掩護，以防止遭到擊中，還能「盲射」或以受限方式向敵人開火。在
掩護下，玩家經常會因避開風險而受到處罰，因而無法瞄準。掩護系統通常需要玩家
壓按鍵或發出指令，以便進出這種模式。小心別讓掩護系統變得太「黏」，讓玩家得
花時間和精力擺脫掩護，否則玩家就可能在不想要的時候誤入掩護。

「我要等他用光子彈再說話。」

▋ 跑和槍

在電玩遊戲中，有許多方式能射擊東西：從飛機上，火車上，盒子裡，和射狐狸
——有各種方法！看看這張射擊場遊玩過程的圖片，再注意裡頭所有元素：

1. 砲塔顯示出武器和玩家
2. 可射擊的物體包括獎品或強化道具
3. 地面目標
4. 指示玩家為何不能「往螢幕外」射擊的視覺元素

5. 空中目標（注意看，有個明顯的指示讓玩家知道擊中了目標）
6. 較小的空中目標（通常會給更多分數）
7. 較小的地面目標（也會給更多分數）

　　射擊玩法的主要類型之一，就是**射擊場**（shooting gallery）。在有些射擊場類型遊戲中，玩家會被鎖定在單一螢幕上，大量敵人和目標則會進出螢幕，就像《打鴨子》和《派對總動員》一樣。**固定遠距離戰鬥**（mounted ranged combat）就是這種射擊場式的玩法，玩家在其中抵禦數波敵人。固定遠距離戰鬥可以發生在任何地點；它改變了遊玩風格，讓玩家射擊一大堆東西。如果武器有無限彈藥，玩家通常會持續開火；如果沒有，就會使用短點放。假如武器需要冷卻時間，你也能讓玩家們以短點放方式開火。為了幫助玩家瞄準，可以加入曳光彈，這些子彈不只看起來很酷，還能輔助玩家「追蹤」快速移動或行動模式不穩定的敵人。要讓玩家知道武器的射程。如果他們不許擊中特定目標，就創造出良好的視覺理由，解釋為何螢幕上有他們打不中的地方。

　　因為目標與武器兩者在**空中戰鬥**（aerial combat）和**載具戰鬥**（vehicular combat）時都會移動，要讓玩家有機會能用瞄準器對準目標。如果他們有機會看到目標過來，就能瞄準目標，接著對它開火時，他們就會感到握有控制權。如果太多目標在玩家沒機會反應的狀況下掠過玩家眼前，他們就會盲目開火，讓體驗變得無腦又煩人。用自然或人工方式調整目標或載具的速度，讓玩家有足夠的射擊機會。

　　另一種射擊場遊戲是**軌道射擊遊戲**（rail shooter），玩家被鎖定在捲軸式環境中，有大量敵人和目標會跳出來供玩家射擊。軌道射擊遊戲從玩家手上奪走行動（除了瞄準和射擊以外）與攝影機控制，於是玩家就能專注在動作上——彷彿玩家在軌道上移

動，這類遊戲因此得名。很聰明，對吧？《死亡鬼屋：過度殺戮》和《射擊》都是軌道射擊遊戲。

軌道射擊遊戲的獨特優勢，在於遊戲開發者完整控制了遊戲攝影機和事件順序，使得開發者能創造事先安排好的動作橋段與驚嚇點，知道玩家會經歷這些情境，而不需擔心玩家移動攝影機而錯過酷炫事件。

事實上，有些軌道射擊遊戲很像迪士尼樂園的幽靈公館[7]這類主題樂園的黑暗冒險（dark ride），而不像電玩遊戲。現在，互動式黑暗冒險開始出現在全世界的主題樂園中[8]，完成了黑暗冒險變成電玩遊戲又變回黑暗冒險的靈感循環。

提到鬧鬼地點（無論是不是迪士尼的那棟公館），如果你想要在軌道射擊遊戲或其他類型的遊戲中嚇唬玩家的話，就能使用以下的花招：

1. **讓玩家知道他們會被嚇到。**沒什麼比期待感更能累積恐懼了。如果他們清楚遊戲會嚇到自己，就越容易受到驚嚇。
2. **別害怕使用「廉價驚嚇」。**發出碰撞聲的窗簾、噴發的蒸氣或跳出來的貓──移動快速、害人轉移注意的東西，能讓玩家嚇一大跳。
3. **別只仰賴黑暗。**玩家可能會做出相反反應，或是改在明亮的房間玩遊戲。玩家

7　這讓我想起迪士尼樂園的《幽靈公館》真正成為射擊遊戲的時候。在1974年的夏天，有個迪士尼樂園的訪客拿點二二手槍射擊舞廳場景中一名決鬥者鬼魂，子彈在用來創造該場景中佩珀爾幻象（pepper ghost）的巨型玻璃上打出一顆洞，管理階層驚慌無比。原本需要用台直升機來安裝巨型玻璃，他們還得拆掉遊樂設施的天花板，以便替換玻璃。不過，有個聰明的幻想工程師看了玻璃上的蜘蛛網型裂痕一眼，就把一隻橡膠蜘蛛貼到彈孔上。萬歲，問題解決了！蜘蛛至今還在原處。

8　你下次度假時，何不在環遊世界時玩玩互動式黑暗冒險呢？巴斯光年的太空騎警航行（*Buzz Lightyear's Space Ranger Spin*）（佛羅里達的華特迪士尼世界）、MIB星際戰警：外星人攻擊（*Men In Black: Alien Attack*）（佛羅里達環球影城）、《雷射劫盜》（*Laser Raiders*）（英國溫莎樂高樂園）、圖坦卡門的挑戰（*Challenge of Tutankhamen*）（比利時六旗樂園〔Six Flags〕）、牛頭人迷宮（Labyrinth of the Minotaur）（西班牙特拉米蒂主題樂園〔Terra Mitica Theme Park〕）和玩具總動員瘋狂遊戲屋（Toy Story Midway Mania）（迪士尼加州冒險樂園〔Disney's California Adventure〕）──這些都是黑暗冒險軌道射擊遊戲。

有太多方法能讓你的遊戲變得不嚇人，所以別只用一招來營造氣氛。

4. **聲音是最嚇人的東西。** 玩家的心智，是你能用來對抗他的最強武器。利用聲音讓玩家覺得有不存在的東西出現，任何怪聲很快就會讓他們驚慌失措。當他們只能靠聲音來判斷是否有東西出現時（像《沉默之丘》中的無線電），狀況就更可怕了。

5. **別累積驚嚇感。** 如果你持續嚇唬玩家，他們就沒時間放鬆了。但他們須在驚嚇時刻之間放鬆，才會準備好再受到驚嚇。這像是雲霄飛車，低處和高處同樣重要。

6. **你可以噁心，但別太噁心。** 電玩遊戲中的屍體和血腥或骯髒的環境，缺乏了兩種讓它們噁心的重要元素：觸覺與氣味。如果你過於仰賴惡劣環境，玩家就會習慣這一切。乾淨房間中央的一小灘血，比屍體有如聖誕裝飾般大量吊掛的房間更有衝擊性。

7. **碰！（我有嚇到你嗎？）** 沒什麼比一個東西出乎意料地衝向或撲向玩家，更能讓人的腎上腺素激增。如果你真的想攪亂玩家的心智，就在嚇他們前，先讓他們聽到特殊聲響。他們會習慣聽到那種聲音，並在聽到時感到慌張。慌張幾乎都會導致玩家死亡。

說到驚嚇，在設計射擊場玩法時，你得給玩家時間辨認威脅、瞄準目標並射擊。敵人和目標能在近距離中出現，這會嚇到玩家；如果在長距離中出現，就會給玩家機會來預測並瞄準目標。交替使用這兩種距離，能讓射擊場變得更耐玩。

▋ 不只是射擊

你不會真的需要槍或肉搏武器來擊敗敵人。方法有很多，很難知道該怎麼選！你在戰鬥中引進越多變化，玩家就會得到越多樂趣。

當玩家投擲手榴彈時，讓他們預測弧線。《戰爭機器》和《秘境探險》系列使用「投擲路徑（throw path）」瞄準輔助來幫助玩家。別忽視手榴彈爆炸時的效果，當你炸掉遊戲中任何東西時，就激起塵埃和碎片，並把道具炸上天，讓爆炸變得顯而易見。

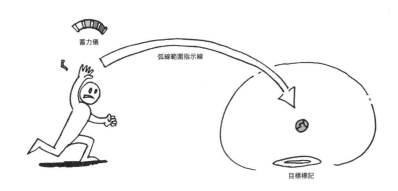

蓄力儀

弧線範圍指示線

目標標記

　　投擲手榴彈應該都要有因拿太久而意外爆炸、或拋出後彈回玩家身上的風險或獎勵。士兵拉開插銷後，會握住手榴彈來「蓄力（cook）」，以確保它們在落地處爆炸。《決勝時刻：現代戰爭》不只使用抬頭顯示器警告玩家有手榴彈飛來，也讓玩家撿起手榴彈丟回去！記好，步槍和發射器也能發射手榴彈，具有帶來更高的準確度與更遠的射程。

　　由於許多玩家投擲手榴彈後，會蹲回掩護處後，因此即便他們沒有往手榴彈落地處看，也得確保你提供了足夠的音效、視覺效果和手把震動。如果玩家太靠近爆炸的手榴彈，別猶豫，把他們也炸了吧。

　　有時你得炸掉所有東西。無論你要稱作地毯式轟炸或魔法隕石風暴都行，**智慧型炸彈**是優秀的一次性解決方案，儘管只維持幾秒，卻能阻止壞蛋追趕你。讓玩家看智慧型炸彈的控制方式，他們才不會把它和一般攻擊搞混。啟動時，智慧型炸彈應該要摧毀螢幕上除了玩家以外的所有東西。如果周圍有可摧毀的物品，它們也得爆炸。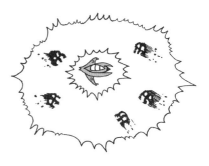

　　玩家如何啟動智慧型炸彈，你有幾種不同選擇，取決於你想創造多少緊張感。在《保衛者》中，智慧型炸彈會立刻爆炸，而在《R-Type》中，玩家在發射智慧型炸彈前，得先幫它充能。讓玩家得知他們的努力目標，他們才能對使用時機做出精確決定。小心別讓炸彈太快充能或受到過度頻繁使用，不然的話，所有你在戰鬥中精心設計的壞蛋，就會在一眨眼間遭到消滅！

只要有爆炸，就會有火。有時就算沒有爆炸，也會有火——總是有東西得燒。火能創造出漂亮的視覺效果，也對敵人和環境造成持續傷害。但火不會偏袒哪方，如果玩家不小心踏進火焰，就該受到燒傷。火最後應該要熄滅，免得玩家把自己逼進滿布燒夷彈色彩的角落。

火也代表噴火槍。玩家越靠近敵人，火焰槍就該造成更多傷害。火焰槍是不喜歡瞄準的玩家的標準武器，讓他們用火焰「忘情開火」或「澆灌」敵人。燃燒傷害讓玩家有機會轉向處理不同威脅。不過，那不代表他們不會遭到著火的敵人攻擊。

別忘了把火類武器用作遊戲機制。火焰劍和其他火焰武器不只對冰類敵人造成額外傷害，也能點燃火盆、引爆炸藥、燒穿繩索、照亮黑暗區域或燒灼傷口。遊玩可能性近乎無限。

另一項持續性間接攻擊是**毒**。確保你有用相關視覺效果來呈現有毒物品。綠色氣體效果，滴汁的刀刃，飄浮的「死神頭顱」效果——這些都是傳統的電玩毒物指示。當玩家拿起有毒物品，或對敵人下毒時，就該能看出效果，請讓視覺效果變得獨特顯眼。當中毒角色失去生命值時，請務必讓每次毒物增量，都會產生清楚的音效和相關視覺效果。你創造的是一種計時器，使玩家的焦點從一般玩法轉到「尋獲並使用解藥」。如果解藥是種放在物品欄中的東西，就別讓玩家難以取得。即便毒物並不尋常，也得讓解藥變得普遍。在電玩遊戲中，沒有什麼比讓玩家覺得死亡無可避免來得更糟糕了。永遠要給他們奮鬥的機會。

玩家的另一種可怕感受，是控制權被奪走。儘管**擊昏**、**擊倒**、**變形**、**失去平衡**和**滑倒**是取代承受傷害的好工具，設計師也應該明智地使用它們。

- **擊昏**（stun）：遭到擊昏時，玩家會失去對角色的所有控制一小段時間，通常會

讓角色陷入遭到敵人攻擊或施展必殺技的風險。擊昏通常伴隨著視覺效果（像是卡通式星星或「啾啾叫的鳥」）與音效。

- **擊退（knockback）**：玩家遭到擊退，在空中飛了一小段距離，接著掉到地面。如果玩家待在平台上或站在岩架旁，擊退就可能致命。小心別讓玩家陷入能被擊退「雙重螺栓（double bolted）」[9]的狀況。

- **擊倒（knockdown）**：玩家遭到擊倒在地，需要一兩秒才能起身。在地上時，玩家無法防禦額外攻擊。在有些遊戲中，玩家會自動起身；其他遊戲則需要狂壓按鍵、扭動搖桿或做一次QTE。

- **攀附（latching on）**：敵人抓住或攀附在玩家身上，制住他的雙臂，並限制他的行動。敵人能在攀附的每一秒造成傷害。玩家可以移動控制鍵，或是進行跳躍或旋轉招式來甩掉敵人。

擊昏　　　　擊退　　　　擊倒　　　　抓住　　　　變形　　　　　失去平衡

- **變形（transformation）**：某種魔咒擊中玩家，將角色變成別種型態。在《魔界村》中，主角亞瑟變成了青蛙。在《王子復仇記》中，英雄可以被轉變為蹦跳的老人和腳步蹣跚的嬰兒。玩家的招式組合會受到限制，無一例外；他無法攻擊或跳躍，在某些情況中，還幾乎會失去所有控制。在變形狀態中，遊戲控制可以受到扭轉，以便營造玩家的困惑（比方說，往左推控制鍵，角色就往右動）。

9　「雙重螺栓」一詞來自樂高（Lego）電玩遊戲，當玩家遭到敵人擊中時，就會損失螺栓，那是遊戲中的貨幣單位。如果沒有去收集的話，螺栓在一段時間後就會消失。不過在某些狀況中，敵人會把玩家撞進另一處危險物或別的敵人身上，導致更多螺栓從玩家身上飛出。玩家遭到攻擊擊昏，恢復的速度也不夠快，無法在第一波螺栓消失前收集，更別提撿回剛從身上飛出的螺栓了。因此，玩家從第一波攻擊中失去了雙倍螺栓。

儘管玩家可能會覺得這點有趣或驚奇，但我建議迅速結束變形，因為在玩家失去控制後，新奇感很快就會消失。只在特殊狀況下使用變形，因為一旦太常使用，玩家就會感到疲倦。

- **失去平衡**（loss of balance）：這種動畫用來表示動作搖搖晃晃。當角色對失去平衡做出反應時，玩家會短暫失去完全控制。比起使人無法動彈的招式，這種狀況比較適合用在表示角色的狀態，而不是讓角色失去動作控制。
- **滑行／打滑**（sliding/skidding）：在奔跑、衝刺或跳躍後，角色會滑行以便重拾平衡。儘管這種動畫會為角色增加性格，但它確實惱人，特別是在玩家努力想讓角色停下時，卻連續發生好幾次滑行。和擊退一樣，打滑能害玩家直接滑出狹窄平台的邊緣。

別只讓敵人享有製造這些狀態的樂趣！你也要設計出能讓玩家癱瘓敵人的招式，讓玩家在戰鬥中取得優勢。不過，創造導致這些狀態的攻擊時，務必要小心。請考量它們對玩法所增加的特性，告訴自己這個超重要的重點：

即便你把玩家置於失去控制權的境地，也得努力讓玩家奮鬥

記住，別只讓敵人享有製造這些狀態的樂趣！設計出能讓玩家癱瘓敵人的招式，讓玩家在戰鬥中取得優勢。他們會感謝你的。

▌該死，瓊斯！哪裡不痛？

為了讓戰鬥有意義，玩家得有能失去的東西。那就是**生命值**與**生命**。

為了計算玩家的起始生命值，我建議用玩家能承受的最大傷害來計算。比方說，在遊戲一開始，你的主角能承受敵人二十次攻擊，才會在沒有補血的狀況下失去一條命。接下來，判斷普通敵人的攻擊會造成多少傷害。在這範例中，正常攻擊會造成十點**傷害值**（hit point）。那代表玩家的起始生命值應該是十點傷害值 × 二十次＝兩百點生命值。

有許多方式能告訴玩家失去了生命值。**數字**簡單好懂但無聊，它們在雜亂無章的抬頭顯示器中十分明顯，就像出現在大型多人線上遊戲和角色扮演中的數字。注意要

讓字體清晰好讀。

　　生命條棒（health bar）放在螢幕頂端或底部不會占用太多空間，可以用主題美術框住它，讓它看起來更有趣，也成為抬頭顯示器的一部分。不過，如果傷害量微小，會比較難判讀。可以將生命條棒分段，變得更好辨認。

　　如果你想展現藝術感，**圖示**（icons）就能用簡單視覺效果來象徵玩家的生命值：由綠變紅的人類輪廓（《激爆職業摔角》）、裝血的水晶球（《暗黑破壞神》）或是心（《薩爾達傳說》）。

　　有些平台遊戲使用**同伴角色**（companion character）作為角色生命值計量器。比方說，《袋狼大進擊》中有顆提基雕像（tiki）頭顱跟著玩家，玩家每次遭到擊中，頭顱就會掉下羽毛。這種系統的問題是，它無法負擔大量生命值。

　　角色性生命值（character-based health）系統更直接。《魔界村》用從玩家身上脫落的護具象徵生命值。《絕命異次元》和《魔鬼剋星》的角色護甲或設備上都有狀態表。當《惡靈古堡》的角色受到傷害時，就會按著自己的腹部一跛一跛前進。許多汽車戰鬥與駕駛遊戲會在車輛顯示出明顯損傷。在《俠盜獵車手》中，當你拖著保險桿，引擎也冒煙時，你就知道自己的車子快爆炸了！無論你使用什麼方法，都需要某種反饋：玩家無法一直盯著生命條棒，所以這些角色性反饋機制讓玩家測量自己離死亡或重玩有多近，他們隨後能用這種知識來改變策略（撤退和治療自己等等）。請確保這些系統不會干擾角色的行動或攻擊。

（那個精靈
很需要食物！）

　　許多現代遊戲都向**無抬頭顯示器生命值系統**（HUD-less health system）靠攏。當玩家受到傷害時，螢幕就會濺滿鮮血，隨著玩家受到更多傷害，血跡就越趨濃厚。也可以使用更多戲劇化效果，像是讓整個螢幕變紅、變成黑白或變得模糊。音效和音樂也可以消失，由沉重呼吸聲和心跳取而代之。

這幾年來出現了其他難以分類的系統。在《音速小子》中，只要玩家拿到一枚可收集的戒指，他就不會被殺。另一方面，《武士道之刃2》中有一擊必殺攻擊，所以完全捨棄了生命條。

玩家可以透過強化道具的輔助恢復生命值、增加等級或經驗值，甚至還能獲取時間。《最後一戰：戰鬥進化》在第一人稱射擊遊戲中率先採用再生生命值。只要玩家沒有受到傷害，生命計量器就會以緩慢但穩定的速度重新變滿。《拉捷特與克拉克》系列遊戲完全捨棄生命值，因為開發者想讓玩家一路抵達遊戲結尾，而不是持續看到遊戲結束畫面。

無論使用哪種方式顯示生命值，玩家都該清楚知道自己何時受傷和損失血量。別吝於使用戲劇化動畫和粒子效果，也該播放**擊打音效**（hit sound effect）和**人聲反應**（vocal reaction），像是「啊！」「嗚！」等等。生命值減少的模樣應該顯而易見，因為每次受到攻擊，玩家都越逼近失去生命。

▌ 死亡，這東西有什麼用？

有些遊戲設計師認為生命和**遊戲結束畫面**（Game Over screen）是過時的概念。

當電玩遊戲剛出現時，它們的目標是從玩家口袋中迅速吸走美金二十五分硬幣。達成這項目標的最佳方式，是讓玩家儘管經常陣亡，卻依然想繼續玩。對玩家而言，取得更多生命成為留在遊戲中的優秀短期目標。當遊戲角色取代了光點與太空船後，就帶來了死亡的概念。（畢竟，太空船不會死，不是嗎？）死亡的終結感所帶來的情緒衝擊（除非……快！再塞一枚二十五分硬幣到投幣孔裡！）太好用了，不該忽略它。當遊戲移入家用系統時，生命也隨之跟上──但玩家已經付錢買遊戲了，遊戲公司也沒更多硬幣可賺。那幹嘛殺玩家呢？

殺死玩家常會帶來另一項問題，就是這會阻止玩家用公平方式繼續遊戲。如果玩家因死亡而面臨喪失裝備、技能或金錢的威脅，他們就會回到較早的存檔點。比如說，《毀滅戰士》的玩家發現

從存檔中重啟遊戲，比從遊戲內存檔點開始還容易。利用這種漏洞後，玩家就不再擔心死亡，甚至再也不會看到遊戲結束畫面。

許多開發者都理解了這種變通方案，並捨棄了玩家生命的概念。與其殺死玩家並結束遊戲，遊戲會重置，讓玩家回溯到關卡內的存檔點，從那裡不斷嘗試直到成功推進。在《波斯王子：時之砂》中，玩家能「時光倒流」到角色依然安全的地點。不過，得小心使用這種機制，玩家有可能會陷入時光倒流得不夠遠的狀況，導致無法避開死亡，就會再死一次。當玩家從存檔點重新開始時，旁白告訴玩家說：「故事不是這樣。」在《蝙蝠俠：阿卡漢瘋人院》中，玩家有機會能按QTE，以防止這位披風戰士[10]摔死。如果玩家成功了，蝙蝠俠就會爬回安全處。

生命和**遊戲結束畫面**對許多類型都至關重要，像是生存恐怖和第一人稱射擊遊戲。如果你得殺死你的角色，就記住以下事項：

- 讓玩家知道他們有生命，也會失去生命。玩家會保護他們的角色，也會擔心角色的安危。
- 在抬頭顯示器中清楚顯示生命數。當角色失去生命時，讓玩家能清楚知道。
- 給玩家很多機會重新賺取生命。這些機會可以出現在升級時，或是成為強化道具，或是收集物品後取得的獎勵。
- 殺死玩家角色時，就迅速下手。別做出冗長的死亡動畫，迫使玩家在遊戲變難時一再觀看。
- 遊戲結束畫面也一樣，別讓玩家呆看漫長的死亡過場動畫。讓死後重新開始遊玩的道路盡快展開。
- 殺死角色時，在你所處的分級的限度中讓情況變得盡可能暴力。當死亡發生時，讓玩家確實感覺到某種痛苦。對遊戲角色的同理心，會驅動玩家進行自我保護。
- 如果玩家在一條命中得到某種東西，當他們失去那條命時，別用奪走那東西來加重處罰。
- 如果在魔王關殺死玩家的話，別讓玩家得再度玩完整個過程。何不讓他們在彷彿無事發生的情況下繼續，或只增加魔王一點生命值作為懲罰呢？

10　譯注：Caped Crusader，蝙蝠俠的綽號之一

- 話說回來，死亡的威脅會成爲玩家的龐大動機，能刺激玩家做得更好，並學會那種技巧或控制方法。公正地使用這種力量，好嗎？我相信你。
- 如果你使用不同的死亡系統，例如NPC同伴死亡會導致玩家陷入瀕死，那就要清楚讓玩家知道（a）玩家得盡全力保護夥伴角色，和（b）如果他們不保護對方，自己就會死。

仔細考量要不要在你的遊戲中使用生命機制。如果你不認爲殺死玩家會讓遊戲體驗更好或更刺激，或是你覺得反而會變得更令人沮喪的話，就別這樣做。因爲有這個**超重要**的重點：

你想讓他們繼續玩

永遠不要給玩家停止遊玩的好理由。一但你失去他們，就永遠找不回來了。與其使用遊戲結束畫面，何不創造「**再接再厲**」畫面呢？當玩家死亡或離開遊戲時，就展示下一關的預告、下一個故事點或下一個寶藏物品、武器或強化道具。讓玩家偷看一下，讓他們興奮到不願罷手不玩！

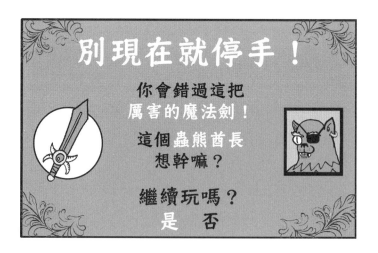

不含戰鬥的衝突

儘管許多批評電玩遊戲的人宣稱所有遊戲都極度暴力，但沒什麼比這種言論更不準確了。有《鬼屋歷險》，就有《時空幻境》；有《俠盜獵魔》，就有《戲幕》；有《眞

人快打》，就有《塊魂》。其實，極度暴力遊戲是特例，並非鐵律。這還沒算上成千上百的益智遊戲、音樂遊戲、運動遊戲、冒險遊戲和農場遊戲……這只是一小部分。不過，這些遊戲確實需要衝突。程式設計師約翰‧羅斯（John Rose）說衝突的基石是緊張感……和釋放。[11]以下幾種方式能爲遊戲放進衝突，但不需要扣扳機或揮拳：

- **計時器**：無論你與時間賽跑的目的是找出潛藏的物品、組合拼圖或繞跑道一圈，都沒什麼比滴答作響的時鐘更能讓心跳加速。確保你的時鐘讓玩家剛好有時間完成任務，別強迫玩家精準無比，因爲他們很可能辦不到。我放棄過很多遊戲，就因爲計時器並沒有給我足夠的時間。

- **速度**：如果你要讓情況變得緊湊點，就讓遊戲變快。《俄羅斯方塊》是利用速度累積緊張感的王者。玩家的進度越多，方塊就掉得越快。這是街機電玩的時代經常使用的招數，當時編碼出招的速度比人類玩家更快。速度太快的話，對玩家就不太公平了。

- **有限選項**：限制玩家能使用的行動數量，或讓他們只能以有限方式移動棋子——像《西洋棋》一樣。有限選項會強迫玩家開始策略性思考，因爲每個行動都很重要。

- **有限空間**：如果玩家只能在有限空間中移動，他們就得額外小心，使緊張感上揚。不過，你得確保沒有犯錯的空間，即便玩家沒發現這點。

- **精準度**：精準度能創造緊張感，如果玩家必須玩得太精準的話，也經常會搞砸。節奏遊戲經常使用精準度來讓玩家冷汗直流。

- **道德兩難**：我們在第九關中討論過這點。當玩家能清楚看見兩條路時，逼玩家選擇對錯或兩種不同選項，會大量刺激緊張感。他們在接下來的遊戲中，都會思考如果自己選了「另一條路」的話，會發生什麼事。

- **花費**：當玩家得開始思考東西的花費，就會感到得花錢花得明智的壓力。確保玩家有很多選擇但經費有限，這樣下決定才會變得更困難。當然了，每個選擇都應該有優缺點。

既然我已經提過了所有打鬥與衝突類型，該看看是誰造成這些麻煩：敵人！

11　John Rose 著，〈*Addressing Conflict: Tension and Release in Games*〉，2010年，www.starming.com/index.php?action=plugin&v=wave&tpl=union&ac=viewgrouppost&gid=56&tid=8033

第十關的普世真理和聰明點子

- 創造暴力玩法時，小心娛樂軟體分級委員會的指示規範。

- 暴力與內容有關：如果是玩家做出暴力行為，該行為感覺起來才暴力。

- 給你的角色招牌攻擊或武器。

- 創造出攻擊矩陣以便追蹤戰鬥招式與反應。

- 人們想玩讓自己看起來很酷的遊戲。

- 使用鎖定系統，讓玩家在戰鬥時有能力奮鬥。

- 近身戰更刺激。

- 使用QTE來加強戰鬥的戲劇性，但別用過頭了，因為很快會變老套。

- 對抗敵人應該要很好玩。

- 設計拋射武器時，注意三A。

- 使用攻擊來阻止和打倒玩家，而不是殺死玩家。

- 讓玩家清楚知道他們受到傷害。

- 即便打倒了玩家，也要努力讓他們有辦法還擊。

- 讓玩家持續玩下去。

- 你可以在不加入戰鬥的狀況下增加衝突。

11 | LEVEL 11 They All Want You Dead
第十一關　他們都想殺了你

　　電玩遊戲充斥大量想殺你的人：外星人和機器人、海盜和寄生蟲、傭兵和蘑菇人。不過，我清楚不是每套電玩遊戲都有流口水又拿著劍的敵人——他們經常也會用槍。

　　是啦，你想得對，我明白有很多其他電玩遊戲使用別種衝突來挑戰玩家，像時間、彼此競爭的玩家，或甚至是玩家自己的技術。但我說的不是那種遊戲。[1]當我翻回第三關時，就想起故事中會發現的三種衝突：人對抗自然（像颶風或巨型白鯨），人對抗自我（角色與自己的內心問題對抗，像是「該去哪吃午餐」[2]），和人對抗人，而電玩遊戲中的狀況，則是人對抗殭屍，或是人對抗忍者海盜，或是人對抗用你船員屍體的皮做的醜陋外星生物。

　　我在談的是上述類型的敵人。儘管殭屍、忍者海盜和外星怪物敵人設計起來很好玩，你依然得先遵守這條**超**重要的黃金定律：

1　我還沒談到那。
2　我看過這種內心衝突徹底癱瘓了一大群成年人。

型態以功能為準

嘿！我看到你想設計那個長著翅膀的骷髏敵人，卻沒想到他要怎麼攻擊。[3] 把筆放下，我再說一次，因為這真的很重要：

型態以功能為準！

你得（不是「有點想」）先決定敵人的功能。有許多要素取決於你構想的決定：程式設計師要如何為它編碼，動畫師要如何將骨架綁定模型，美術人員又該如何設計它的質地。這些重要的敵人特質包括：

- 尺寸
- 行為
- 速度
- 行動
- 攻擊
- 侵略性[4]
- 生命值

這些特質和關卡的主題，會讓你決定你的敵人是誰、他們最後看起來的模樣，以及他們在遊戲中的效果有多好。一再重新設計敵人角色，會讓你的團隊士氣大傷，也浪費龐大的時間與金錢。[5]

---

3 不過他看起來很酷。
4 我知道侵略性被視為行為的一部分，但由於設計師經常將戰鬥當作獨立系統，所以它得以獨立成一項。
5 而且這樣很不負責任。請不要當不負責任的設計者。

▊ 打量敵人

提到龐大，敵人有各種不同的尺寸：

矮小敵人不比玩家角色的腰部高。

一般敵人約莫和玩家角色一樣高。

大型敵人比玩家角色高出好幾顆頭。[6]

龐大敵人至少比玩家大上兩倍。

巨型敵人大到只能在遠方才能看到全貌。

矮小　　一般　　大型　　　龐大

敵人的尺寸會決定玩家該如何對抗它。比如說，矮小敵人只能用蹲姿或用低攻擊對抗，像是上掃擊或放射狀旋轉攻擊。另一方面，要攻擊龐大敵人的脆弱頭部，也只能用跳攻。設計好你的戰鬥，讓玩家角色向敵人「一路往上打」：玩家角色應該能用低姿或中攻擊打中平均敵人，也該能用低、中或高攻擊打中龐大敵人等等。

嘿！
別打了，
你這大惡棍！

尺寸也會影響生命值。傳統而言，較大的敵人比較小的敵人有更多生命值（也更

6　美術人員用「頭」來測量角色──就是平均人類頭部的高度。比方說，平均一百八十公分高的人類有七顆頭高，而英雄角色則是八個半顆頭高。

難殺）。這或許能解釋為何許多魔王都大得離譜。尺寸也決定敵人對攻擊做出的反應。用擊退攻擊打中矮小敵人的話，他就應該被打飛。用同種攻擊打中大型敵人，那對方可能會動也不動。如果是巨型敵人，他有注意到你的攻擊就不錯了，更別提要他產生反應了。

俗話說變化是生活的調味料。我是不懂調味料，但我知道變化才會避免玩家感到無聊。尺寸也會影響玩家的情緒，擊敗龐大敵人能讓玩家感到英雄氣概十足，而打倒矮子會讓他自覺像惡霸。

▌壞行為

既然你決定好尺寸了，就問問自己，敵人的行為是什麼？

- 敵人如何移動？
- 敵人在戰鬥中會做什麼？
- 敵人受傷時會做什麼？

回答這些問題，你就擁有打造強健敵人的基礎了。當你設計敵人行為時，目標是別讓不同敵人角色重複同種行為。如果能將敵人行為設計成與彼此配合，那就更好了。

巡邏者（patroller）會機械式地前後或上下移動。行動路徑可以不只如此，但行動本身總是可以預料。

玩家一旦靠近或滿足其他條件，追擊者（chaser）就會追趕對方。在許多遊戲中，當巡邏者看到玩家、或玩家攻擊他們時，就會變成追擊者。

射擊者（shooter）會用拋射武器開火。擁有射擊能力的巡邏者和追擊者一看到玩家角色就會立刻開火。由於攻擊性質，這種敵人會試圖在自己和玩家之間保持距離，而不是直接面對對方。

守衛（guard）這種敵人的 AI 主要目標，是守護
某個物品或地點（像門口），而非主動追趕敵人。如
果玩家成功偷走物品或溜過守衛面前，守衛行為就
能與追擊或射擊輕易結合。

飛行者（flyer），嗯⋯⋯會飛。飛行者是空中巡
邏者，但由於飛行（確實）賦予動作另一種向度，使
這些角色能取得屬於自己的分類。飛行者能撲下來
攻擊玩家，或者從安全距離外發射拋射物。飛行者
是玩家處理起來較棘手的敵人，因為難以預測他們
的動作和攻擊模式。試圖攻擊飛行者的玩家，通常
會停下來瞄準或進行跳攻。

轟炸者（bomber）是從上方攻擊的飛行者。要
先警告玩家，讓他們知道上空的轟炸者即將落下（或
丟下爆裂物），這樣才不會造成卑鄙的偷襲。在使用
第三人稱視角攝影機的遊戲中，玩家很難看到轟炸
者，因為他們攻擊時會飛在主角上空。

挖掘者（burrower）擁有無敵狀態，讓他能進入
攻擊玩家的有利位置。玩家攻擊他前還得先等敵人
冒出來。

瞬間移動者（teleporter）能在遊戲場景中改變位置。玩家得迅速攻擊，以免敵人透過瞬間移動逃離傷害範圍。瞬間移動者和挖掘者的差異在於，瞬間移動會瞬間發生，讓玩家沒時間攻擊。給你的玩家一種方式干擾敵人的瞬間移動，像是擊昏或一種干擾式攻擊。

封鎖者（blocker）會自己用盾牌或其他防禦道具抵擋玩家攻擊。玩家可以從另一個方向或高度（像是從低矮角度或從後方）攻擊以繞過盾牌，或是可以用特殊招式或攻擊解除敵人的武裝。盾牌能讓敵人暫時變得無敵，迫使玩家得用特殊招式或動作擊破盾牌，或是等到無敵狀態解除。

分身（doppelganger）是種看起來像玩家的敵人；他使用模擬玩家行動的AI來移動或攻擊。分身敵人強迫玩家用不尋常的方式使用招數或武器，以便擊敗「他們自己」。

設計這些不同類型的行為，目標是做出能互補的敵人。敵人應該彼此「和諧共處」，為玩家創造出有趣的戰鬥挑戰。

當你創造出合作順暢的敵人行為後，就會催生出遊戲性。處理這些敵人組合時，玩家將學會如何進行**威脅分析**（threat analysis）。他們會發現，有時先解決脆弱敵人比較容易；其他時候先攻擊更致命的敵人，並忽略小傢伙會比較好。身為設計師，你能強迫玩家在戰鬥中做出這些有趣決定。

以下是幾個我覺得配合起來很棒的敵人組合：

- 一個封鎖者搭配身後一個射擊者。當玩家試圖削弱封鎖者時，射擊者便會大肆射擊玩家。

- 大型追擊者配上一批小型飛行者。當玩家去追大傢伙時，那群小傢伙就會攻擊。不過，如果玩家放過大傢伙，轉而追逐飛行者的話，他就會被踩扁。

- 瞬間移動者和追擊者。當玩家試圖抓住瞬間移動者時，就會使自己有空隙，遭受追擊者攻擊。

▪ 守衛和轟炸者。當玩家忙著應付守衛時,轟炸者就會從上空攻擊。

▌多快才算快?

　　取決於**速度和行動**,敵人可能變得更危險、更難瞄準也更嚇人。為你設計的敵人使用**靜止、慢速、中速、快速與迅速**等不同速度。

　　危險物和敵人之間的差異,在於可動性和AI,但每條法則都有例外。就只因為某個敵人不能自由移動(non-mobile),不代表他不能做出動作。行動＝角色與生命。龐大的克蘇魯(Cthulhu)風格生物可能因為太大而無法走動或飛行,但玩家還是會把他當作敵人。就連砲塔這種「無生命物體」,都可以聰明到能讓玩家吃上苦頭。做些設計,讓玩家在攻擊不可動物體時保持興趣,無論是擋在敵人和玩家之間的計時謎題,或甚至敵人本身就有一部分是謎題。

敵人的速度、尺寸和力量[7]成反比：小敵人快但不強壯，大敵人強壯但不夠快。中型敵人可壯也可快，但如果你同時給出這兩種特質，他們就會變得「廉價」，因爲他們得到玩家比不上的優勢。無論敵人是極度強大，或做出太完美的攻擊，感覺起來就像玩家在對抗人工智慧，而不是眞實生物。

但我離題了。

慢速敵人在數量眾多時最有效。一隻殭屍不太嚇人，但十幾隻移動緩慢的不死生物，就能讓最堅定的英雄感到有些緊張。慢速敵人的攻擊經常十分有力；如果玩家遭到擊中，就是他們自己的錯。或者你可以讓移動緩慢的敵人擁有快攻能力，讓玩家保持警惕。慢速敵人常常內建防禦，讓他們能準備好抵禦玩家的攻擊，或輕鬆地把對方拍到一旁。如果你想讓敵人感覺起來強大，就讓他們緩慢移動，像是《惡靈古堡》系列中的暴君（Tyrant）、追跡者（Nemesis）和薩爾瓦多博士（Dr. Salvador）。壞人持續逼近主角，這個無可避免的狀態能讓玩家驚慌而犯下致命錯誤。

7　嘿！這是三S！Speed、Size，和Strength。

　　中速和字面上一樣：敵人行動和攻擊的速度，很可能和玩家自己的速度相同。中速可能有點好預料，但在大多狀況中都有用。我發現，讓中速敵人跑得比玩家角色稍慢很有幫助，特別是在追趕時。這讓玩家有必要時可以用跑速撤退，而不需害怕從後頭遭到伏擊。玩家隨後能重新調整整狀態面對敵人，並即時揮出攻擊或有效防禦。可以調整此處的速度數值，以便取得你想要的效果。這點沒有硬性規定，你只需要作出正確公平的決定就好。

都怪《28天毀滅倒數》！

　　快速敵人要不直衝向前快攻並後退，要不就迅速四處移動，接著跳過來做出多重攻擊。快速敵人在恐怖與動作遊戲中非常有效。玩家應付衝來的敵人時，反應時間會更少，也可能會驚慌而犯下白癡錯誤──直到他們學會保持冷靜。不過，別讓快速敵人持續攻擊玩家，因為當他們持續遭到自己無法還擊的東西打中時，就會感到頹喪──除非這就是你要的策略。敵人越小，速度就越快。為移動快速的敵人加上不穩定的行動模式，就能讓玩家面對真正的挑戰。

迅速敵人以暴衝方式移動。他們能用令人炫目的高速移動——快到似乎對玩家不公平，但你能限制他們的攻擊與招式來達到平衡。可以播放警告動畫，幫助玩家看到逼近的迅速招式，就能讓玩家在敵人完成迅速招式前，就閃躲、格擋或攻擊。

行動風格

你的敵人的行動風格（movement style）是什麼？敵人會像憤怒的公牛一樣衝向玩家嗎？他會不穩定地用之字形方式移動，以便躲避敵火嗎？他會直線衝刺，然後撤退嗎？他會跳到不同掩護處嗎？他會爬到牆上，從上空伏擊玩家嗎？他會跑掉並完全不攻擊嗎？[8] 清楚知道敵人的行動風格，不只會決定他的攻擊，也會決定他的個性。

請決定你的敵人該以隨機或可預測方式移動。避免極端狀況，並加入變化性。太過隨機的話，玩家會覺得敵人移動地太隨便了。太好預測，又會讓敵人感覺起來太「像遊戲」了。

最佳解決方案不包括「無法預測」。在《袋狼大進擊2》中，頑皮狗公司（Naughty Dog）嘗試創造更接近實際行為的 AI，並減少使用簡單的行動模式。他們召集來討論此事的焦點團體覺得簡單的行動模式表現不佳，玩家喜歡接下摸清敵人行動模式的挑戰。反過來說，玩家在運動遊戲中喜歡不可預測性。可預測的行動模式會成為玩家可利用的「漏洞」，這會毀了遊戲體驗中的真實感。

8　我個人認為，能和敵人打鬥的話，他們會比較有趣。

使數個敵人的行動變得協調，會增加複雜性。想一想你設計的敵人在打鬥時會如何行動和團結起來。有些敵人能靠著群聚行為，創造出寫實的團體行動。

看看不同動物、鳥類和昆蟲的移動行為以找尋靈感。人類通常以直線前進；狼或老虎等掠食動物包圍獵物時，會繞圈圈移動；螃蟹側身移動，而不是直線往前走；當鳥群利用上升氣流輔助飛行時，就會做出往下俯衝的動作模式；昆蟲飛行時，會在更正路線時繞之字形路線。賦予敵人不同的行動模式，能讓他們感覺起來更真實。

讓我們想想李小龍電影打鬥戲中的壞人會做出什麼行為。幾十個空手道高手圍住李小龍，但同時出手攻擊的從來不會多於一到二人，那些功夫壞蛋還真是有禮貌。這種策略在遊戲中也有效，可以讓你能創造出團體的幻覺，卻不會對遊戲和玩家造成過度負擔。

請和你的程式設計師一起創造路徑控制AI（pathing AI），決定敵人的需求，進而想出他們要如何移動。你在創造路徑控制和行為AI時，需要考量這些問題：

- **敵人有多靈活？**他們有一種以上的行動速度嗎？他們能突然奔跑起來或滑行到停止嗎？他們會跳過障礙物或開關門嗎？

- **敵人多有侵略性？**他們是快速移動、嘴角流下白沫的狂戰士，或是緩緩前進的冷血殺手？敵人甚至能表現得謹慎或懦弱，害怕受傷或死亡。給予敵人自保的意識，能讓他們感覺更像真人。

- **敵人有多團結？**你的敵人會發出警報，通知其他人來幫助自己嗎？他們會不會試圖壓制玩家，另一人則逼近使用肉搏攻擊或更好的射擊角度？他們會不會嘗試把玩家趕進空曠處，讓另一個敵人取得優勢？其中之一會抓住玩家，另一個

敵人則同時攻擊嗎？他們有看門狗或攻擊無人機之類的「夥伴」嗎？

- **敵人有多擅長防禦？**他們會蹲下或躲到物體後嗎？他們會使用掩護處或堅守防線嗎？當他們發現玩家時，會靜悄悄地行動嗎？他們會試圖從背後攻擊或偷襲玩家嗎？他們有盾牌或防禦系統等防禦物品嗎？

- **敵人有多會應變？**他們能撿起並使用掉落的武器或生命值嗎？他們會駕駛載具，或操控武器砲台嗎？如果其他敵人遭到殺害，他們能接手對方的職務嗎？他們能飛行或做出非地面行動嗎？

大多 AI 角色會使用**航點導航系統**（waypoint navigation system）來移動。設計師鋪下網格或通道，以決定 AI 移動的方向。當 AI 移動時，程式設計師就能決定該播放哪種動作和動畫，創造出特定的 AI 行為。可以根據遊戲世界的幾何構造，將區域設為「可去」或「不能去」區域，或者營造出特定 AI 行為。

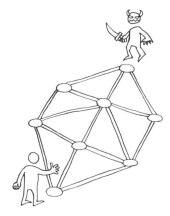

這一切代表的是，你的壞蛋要不沿著預設的路網行動，要不就在隱形盒子（或球體）的限制中四處遊蕩。

使用這種系統讓設計師能用敵人安排世界事件——像是在特定時間撞破牆壁或抵達特殊地點。不過，放置航點相當耗時，航點也並非總能達成 AI 需求。

由於受到航點指引的大多敵人，都被設定為會判斷走向玩家最短也最快速的通路，所以得小心角落或物體害敵人卡住。你可以調整航點位置去改善這種狀況。將航點放在角落或靠近物品的地方，以便修正這種行動。

▌ 派出壞蛋

玩家走進墓園，蜿蜒穿過墓碑時，看到有具骷髏擋路，準備打上一架。

等一下，倒帶。你可以用更戲劇化的方式讓這個壞蛋進入遊戲世界。

玩家走進墓園，蜿蜒穿過墓碑。當他經過時，其中一座墓碑搖晃起來，忽然間，攝影機聚焦在玩家角色臉上，螢幕隨之搖晃，控制器也隆隆作響。鏡頭迅速轉到一座墳墓上，一隻骷髏手掌鑽出地面！墓碑裂成上百萬塊碎片，一個骷髏戰士也從墳墓破土而出，雙眼散發邪惡光芒，並握緊骨頭手指，準備好攻擊！

這才刺激！

敵人介紹（enemy introduction）是種有效手法，能讓玩家知道他們碰上了新穎刺激又危險的東西。

- 凍結攝影機動作或聚焦在此生物上，讓玩家好好看看要痛扁自己的東西！
- 在螢幕上顯示敵人的名稱。玩家喜歡為敵人取名。
- 暗示即將發生的事。《惡靈古堡2》在玩家碰上敵人舔食者（licker）前，就讓敵人衝過窗口，此時機效果絕佳，讓玩家心想「那是什麼鬼？」，這個暗示為舔食者實際出現在玩家面前那一刻預作準備，營造了懸疑感。做成一個特殊事件吧！
- 用非常戲劇化的方式介紹敵人。讓他們撞破窗戶、踢倒門板，在爆炸或特效中衝進遊戲世界——任何能讓你的壞蛋製造良好第一印象的事都行！

記住，並不是所有遊戲都需要敵人介紹。多人遊戲的玩家不會想讓遊戲在介紹出現時暫停。（如果他們能攻擊觀看介紹的玩家的話，或許就會想了！）

讓敵人在世界中再生（spawning），和移除他們一樣重要。你得確保玩家不能在敵人抵達現場前，就把敵人殺光。有些遊戲讓敵人再生時進入無敵狀態，或讓他們在玩家無法觸及的螢幕外再生。你也可以考慮創造一個危險物或機制，讓敵人在戰場上出現而不致被殺。

在《王子復仇記》中，我們創造了會破土而出的棺材，用來把敵人送進世界。如果玩家撞上棺材，就會被往後彈開。如果他攻擊棺材，就會打破棺材，但裡頭的敵人不會受傷，也會開始攻擊。我們想確保敵人在進入遊戲世界時能活到和玩家開始戰鬥。

為何要這麼麻煩？因為這個超重要的重點：

和敵人戰鬥應該很好玩！

趁我還沒忘，還有另一個超重要的重點：

敵人的用途是戰鬥，而不是避開

我說的不是在打鬥時你得趁他們擊中你之前就躲開的那種敵人。不對。我在說的敵人，是「這敵人太難，太廉價，打起來太浪費時間，所以我不想打他」這種。但是，我總會在遊戲中看到以下種類的敵人：

有時候你就是弄不掉炸彈！

這種敵人有炸彈或某種爆炸裝置，敵人會衝向玩家，如果玩家沒有被捲入爆炸，敵人就會跑走。儘管這聽起來很刺激，但在我的經驗中，這種敵人總會造成問題。

當玩家奔跑時，如果遊戲採第三人稱視角，那攝影機就容易轉過去顯示玩家背部；在第一人稱視角中，玩家甚至看不見跟蹤自己的敵人。在這兩種狀況中，玩家都完全無法看到敵人，所以敵人爆炸時就會成為卑鄙的偷襲。你當然可以給玩家抬頭顯示器警告或遊戲內警告指示器，但最終你還是得設計各種權宜之計，以幫助玩家察覺敵人——但那就與敵人的目的背道而馳了，不是嗎？這種爆炸敵人終究不是很棒的設計。

在動作遊戲中，玩家得與許多敵人打鬥，所以你得盡量讓動作變得**超酷**！爆炸效果、幽默或戲劇化的擊中反應動畫、酷炫的或血腥的擊殺（也可能既酷炫又血腥），當然了，還有許回饋和獎勵。[9] 為何要對付敵人呢？

- **他們有戰利品。**黃金、物品、螺栓、經驗值和生命值——無論是什麼都不重要，只要他們有你要的東西就行。

- **他們擋路了。**你可以用人工介入的方式擋住玩家來迫使對方戰鬥，像是競技場。

- **他們有鑰匙。**你需要鑰匙才能穿過通往下一座房間、區域或關卡的大門。我總是覺得很好奇，為何你打的最後一個敵人，總是持有鑰匙的那個人？

9　我在第十三關中會談如何有效利用獎勵。

- 你需要拿走他們的力量。不想被射中嗎？擊敗那些敵人，奪走他們更大更好的槍！想把你的 +1 釘頭錘升級成 +2 武器嗎？你得打敗那隻半獸人才能搶到！

- 他們在嘲笑你。嘲諷是刺激玩家投入戰鬥的絕佳方式。如果玩家站立不動太久，就讓敵人嘲諷或挑戰他們，這不只會迫使玩家發動攻擊，也能賦予敵人一些個性。

嘲諷在《快打旋風》這類多人格鬥遊戲中很有效，玩家一旦為了譏諷敵人而暫停戰鬥或防禦的話，就會冒上風險。

- 打鬥很好玩。沒什麼比穩固的戰鬥系統更能讓玩家繼續打鬥了。要達到這目標，請參閱第十關。

別忘了讓敵人也有使壞的機會！讓你的敵人擁有以下這些厲害的攻擊：

- 肉搏攻擊：他們會使用雙手、爪子、觸手、雙腳戰鬥嗎？他們會摳抓攻擊或拳擊嗎？他們懂武術嗎？他們能擒拿或誘捕嗎？他們能做出投擲嗎？他們能「地面打擊」或造成地震攻擊嗎？

- **武器戰鬥**：他們會使用武器嗎？是單手或雙手武器？他們是野蠻的或高強的戰士嗎？他們能解除玩家的武裝，或遭到玩家解除武裝嗎？玩家能使用他們的武器嗎？武器能伸長、投擲，或當作迴力鏢使用嗎？

- **拋射物戰鬥**：他們會使用槍枝、魔咒、遠程武器嗎？他們的攻擊有多精準？他們會盲目開火，還是等待完美攻擊呢？他們在瞄準時會追蹤行動或方向嗎？他們需要重新裝彈嗎？他們的拋射物會爆炸嗎？能解除他們的武裝嗎？一旦遭到攻擊或解除武裝，他們有近距離肉搏攻擊方式嗎？

- **持續傷害**：敵人的攻擊有諸如酸、毒、燃燒等副作用嗎？它會隨攻擊一同造成傷害，或變成持續效果？玩家能治療這種狀態嗎？或是它會隨時間減弱？玩家裝備的物品或護具能抵禦這種傷害嗎？

對於效果良好的戰鬥，**傳達攻擊**（telegraphing attacks）十分重要。敵人該有動畫顯示「跡象（tell）」，讓觀察敏銳的玩家得知敵人準備抽刀、開槍或用爪攻擊。跡象包括：

- 把拳頭往後舉，準備出拳。
- 在揮舞武器或衝鋒前吼叫或叫喊。
- 攻擊前移動身體的一部分（例如顫動的尾巴或爬蟲類般的鰭）。
- 武器的雷射瞄準器在開火前找到目標。
- 武器或咒語在開火前「充能」。

並非每種攻擊都得對玩家帶來傷害。有許多方式能為玩家造成麻煩，卻不會製造永久傷害。

- **格擋／撥擋**：敵人能格擋或撥擋玩家的攻擊，導致玩家的戰鬥節奏出錯。這能打斷戰鬥連續技，重設戰鬥量表，並導致玩家的武器反彈或彈飛。無論格擋的來源是力場、實體盾牌或防禦性擒拿，都別讓玩家搞不清楚發生的原因。

- **擊退**：玩家遭到擊中時，不是受到傷害，而是會往後倒。在敵人與玩家間拉開距離，能打斷任何戰鬥連續技，或破壞玩家進行的任何活動，像是施咒或操作機械。當站在狹窄平台上的玩家被擊中時，這招特別有效，能推倒或摔死他。

- **擊昏**：玩家遭到擊昏，陷入毫無防備的狀態。玩家應該要暫時失去控制——只要不持續太久就好，否則玩家會因此感到頹喪。可以加上繞圈星星或是鳴鳥效果。

- **凍結／癱瘓／捕捉**：這種攻擊類似擊昏，但玩家能透過狂壓按鍵或激烈地搖晃控制搖桿來從中逃脫。角色經常會因冰凍攻擊而受困，或是陷入蜘蛛網內，或困在某種網子中。玩家有可能在這種攻擊中受傷，但也可能不會。請確保當玩家重拾控制時，你能展示很酷的「成功脫困」動畫和效果。

- **修理與治療**：敵人會恢復生命值。我建議不要太常使用這種行爲，因爲玩家會覺得不公平。如果敵人有治療動畫和生命條棒來顯示他恢復了完整（或部分）健康狀態，效果就最顯著。你可以考慮讓玩家攻擊敵人，以便打斷對方的治療。

- **增強**：這種效果類似治療，但敵人會取得力量，強化攻擊。爲魔法攻擊充能時，通常就會發現這種效果。你也會在射擊遊戲中發現它，壞蛋會爲武器充能，並往玩家宣洩怒火。在增強過程中，敵人若不是處在無敵狀態中，就是完全相反，而後者可能會讓敵人失去他企圖取得的優勢。

這越來越不公平了。

- **偷竊**：敵人會從玩家身上偷竊金錢或裝備，導致遊玩目標從「對抗敵人」變成「抓住那個偷走我鎖子甲的小賊！」請確保玩家有公平的機會能奪回遭竊的東西。永遠不要偷走玩家買下或在遊戲進度中贏得的物品，讓被竊的物品是某種（或多或少）能輕易取代的東西。

- **吸取**：敵人會吸乾玩家「充能」過的資源，包括超級計量表的力量、瑪納（mana）、護盾力量或甚至是燃料等。通常玩家沒機會從發動攻擊的敵人手上奪回資源，一旦不見，東西就是不見了。玩家很快就會明白，得盡快解決有吸取能力的敵人。

- 發動出乎意料的行為：如果玩家預期敵人會展現某種行動模式或攻擊，那麼讓敵人留一手，就能在衝突中增加不錯的變化。變化能加強一種錯覺：敵人彷彿學會做出反應並抵禦玩家。玩家得調整他的戰鬥計畫，而不是使用同種方法。

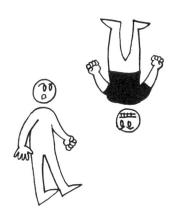

- 展現弱點或抗性：請確保玩家能弄懂這兩點，也理解其邏輯。當然了，那個殺紅眼的雪天使沒辦法抵抗火焰，就像當你向那具火葬堆裡爬出來的燃燒屍體搖晃手裡的火把時，對方只會嘲笑你一樣。讓玩家做出合乎邏輯的聯想，別讓他還得思考為何有些東西沒效。敵人的嘲諷足以傳達那種資訊。敵人的嘲諷越得意、越尖酸，效果就越好。不要做過頭就好，重複第三次後，就連最好笑的台詞都會被噓。

即便敵人擁有兇猛的攻擊、敏捷的防禦和酷炫的行為，都還是有方法能殺掉他。你該用判斷玩家角色生命值的方式，來決定敵人的生命值。用玩家的攻擊來平衡敵人的生命值。首先，從你想讓敵人承受多少打擊才死開始。下決定時，先考量主角的所有不同攻擊，哥布林敵人或許能接下三下正常攻擊，但火焰劍或許光靠一擊就能解決。

▌我喜歡設計敵人

敵人讓你有機會運用設計師的創造力，想出駭人怪物和邪惡壞蛋非常好玩。我個人認為，敵人是故事中最有趣的角色。不只是「大壞蛋」魔王而已，看看電影和漫畫中所有偉大砲灰：《星際大戰》的帝國風暴兵（Imperial stormtroopers）、半獸人（orcs）、《特種部隊》的眼鏡蛇士兵（Cobra trooper）、食死人（death eaters）、漫威漫畫的超智機構科學家（AIM）、DC漫畫的天啟魔（parademon）、納粹士兵，和007電影中只要有手榴彈爆炸，就會在空中彈飛的爪牙。

但我能驕傲地說，沒人比電玩遊戲設計師更能想出創意十足的砲灰了。在遊戲中，**任何東西都能擔任敵人！生氣的醃黃瓜！憤怒的烤吐司機！不知道是什麼鬼的蘑菇！**[10]有一整個充滿病態可能性的世界供你選擇……但與其讓龐大清單壓垮自己[11]，我創造出了……你看！

---

10 譯注：goomba，《超級瑪利歐兄弟》中的小怪
11 再說，那就是專家級龍與地下城怪物圖鑑（AD&D Monster Manual）存在的目的呀！

▎以字母排序的動物選擇目錄

A代表蛛形綱（Arachnid），我們那位有毒又令人
畏懼的朋友。小心牠在網子上的腿，不然你就會碰上
黏答答的死期。

B是戰鬥機甲（Battlemechs），這些龐大的金屬物體
會用大砲開火。站在它們腳底下的話，你就會像葡萄乾一
樣被踩扁。

C代表罪犯（Criminals），他們是一幫懦夫。最好趕
快逮住他們，不然你可能會中彈。

D代表在咬我屁股的恐龍（dinosaur）。誰說基因工程是好點子？

邪惡（Evil）又鬼鬼祟祟的孩童，他們的空虛眼神悲傷地瞪視著。解決他們很容易（有個大老爹守護他們時例外）。

爬牆時，飛行（Flying）惡魔會干擾你。在牠們害你摔落前揍一拳，擊退牠們。

我討厭那些單指是因為習慣就追我的鬼（Ghosts）。
但如果我吃一顆強力丸的話，它們就會嚇跑了。

爪牙（Henchmen）、傭兵與士兵：他們會為錢宰了
你。要聽我的建議嗎？先對他們開槍。如果他們回擊，就
蹲下。

輻射汙染（Irradiated）昆蟲！牠們入侵了我的房
子。有人知道我該去哪找三公尺高的雷達殺蟲劑嗎？

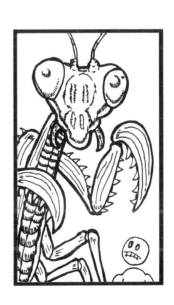

別射殺叢林野獸（Jungle Beast），好心對待牠，即便牠偷了你女友，還往你的頭投擲木桶。

殺人植物（Killer Plants）看起來可能很漂亮，但別停下來聞氣味。射擊荊棘和鞭草會把你直接送進地獄。

巫妖（Lich）只是名字很帥的骷髏。你應該把一大堆這類怪物放進遊戲裡。

　　M 代表因輻射而受傷的變種怪胎（mutant freaks）。他們黏答答的皮膚需要擦一點乳液。

　　紅忍者（Red Ninjas）會消失在玩家的視野中，對你投擲手裡劍。如果他們發動其他攻擊，記得要把他們染藍。

　　半獸人（Orcs），所有騎士或巫師的標準敵人。暴雪（Blizzard）做的所有遊戲中都能打上大量半獸人。

P代表航行七海的海盜（pirates），他們搭乘的船裝滿了寶藏和滿身疾病的船員。

龍、蜘蛛、外星人……無論是哪種妖怪，當牠們名叫「女王（Queen）」時，總是更難對付。

機器人（Robots）是種矛盾的存在──它們應該讓生活品質變得更好，但當它們進入電玩遊戲時，就總會害我死透。

作爲敵人，太空船（Spaceships）有各種形象。試試《小蜜蜂》、《Sinistar》或熟悉的《太空侵略者》。

T代表寶箱（treasure chest）；應該要禁止怪物擬態成它們。你先伸手拿黃金，接著就失去了自己的手。

該死的邪教徒（Unholy cultists）！他們的惡魔是種災難。他們都瘋了，但少了這些傢伙，就沒人可打了。

吸血蝙蝠（Vampire bats）總是興奮躁動，還飛得很快。試圖瞄準牠們，就讓我感到頭暈。

狼人（Werewolves）有可怕的爪子，又利又準備好傷人。但繪製那些毛髮，會使遊戲速度變得極慢。

異形（Xenomorphs）就是星系間的害蟲！牠們會吃掉你的腦子，在你的船上出沒，並從你的胸口破體而出。

看看這些昔日（Yore）敵人！戈爾貢（gorgon）和動物人。（首席設計師又在看哈利豪森〔Harryhausen〕的電影了。）

殭屍（Zombies）是最後一個敵人，所以拿起你的槍，好好瞄準。要不是它們出現在每個遊戲中，可能就會更嚇人點。

如果你不想使用上述那些傳統敵人，別緊張。你自己創造敵人！方法如下：

- 由你設定的主題著手。以你的遊戲環境為基準，絞盡腦汁想出敵人類型。比如說，冰世界能有殺手雪人、大雪怪、心懷不滿的溜冰者、丟雪球的巫師和拿機關槍的企鵝。
- ……或由你的故事著手。誰是故事中的敵人？比方說，在一套《星際大戰》原版三部曲遊戲中，無論我在哪個星球上，都會準備好對抗風暴兵。其他惡棍可以出現，但應該持續提醒玩家記住他們的宿敵。

- 想出統合兩者的方式。有什麼視覺線索或行為線索，能區分敵人和遊戲中的其他角色？和其他遊戲的敵人相比呢？在你的遊戲中，你可以根據形狀、顏色、物理特質、武器或制服，來創造敵人團體。

- 用經濟實惠的方式設計敵人。盡可能重複使用模型、動畫與紋理，以便妥善運用製作經費。創造行為與攻擊模式各異的相似敵人時，讓他們擁有一眼就能看出的差別。我稱這種設計心理為「紅忍者／藍忍者」，因為紅忍者可能會跳起來投擲手裡劍，藍忍者則可能用名叫「釵」的武器發動衝刺攻擊。《真人快打》非常有名的兩個角色絕對零度與魔蠍原本只是彼此的不同造型版本。[12]

- 決定敵人是否屬於你的世界。你不會預期在《超級瑪利歐》遊戲中碰到生化死亡機甲，那個世界太過詼諧，無法容納這種「嚴肅」敵人。相反地，在寫實的《榮譽勳章》風格遊戲中，蘑菇看起來也非常不適合。

- 讓敵人看起來一臉就是敵人的樣子。發光紅眼、惡魔般的角、獠牙、長有爪子的手、尖刺、頭骨裝飾品、破爛披風、恐怖面具和蒙面頭盔。對，這都是刻板形象，但如果你的玩家看到世界中的角色擁有這些特色，就會先開槍再問問題。刻板形象自有其道理：它們讓觀眾比較好理解。別害怕用它們輔助自己。

- ……或是打破預期印象與典型。你也可以反其道而行，為敵人的視覺形象搭配反差行為。可愛兔寶寶變成流口水的殺手？或是遭到攻擊就會大哭的巨型食人妖？為敵人增加越多個性，讓他們的感覺和外表都顯得壞得獨特，效果就越好。[13]

我恨透你了

讓魔王在玩家眼前登場時，就用令人印象深刻的方式進行。誰忘得了達斯·維德在《星際大戰》中的出場戲？請確保玩家能好好看到反派，讓他們明白這就是他們遲早會對抗的「壞蛋」。你永遠都會想讓主要反派[14]得到「小丑時刻（Joker moment）」，讓壞蛋處決爪牙或其他非玩家角色，以便彰顯出他是多可怕的惡人（或惡女，或不分

---

12 當然了，在絕對零度與魔蠍的範例中，則會變成「藍忍者／黃忍者」，但聽起來不夠味。
13 記得不要破壞怪異三角形。
14 如果主要反派以外的其他敵人也能有這種「使壞」時刻，那就更棒了。

男女的惡魔），這件事可以發生在遊戲內或過場動畫中。

讓魔王登場前，先讓其他角色談到魔王有多可怕。或是透過可收集的物品給予玩家資訊，像是錄音、資料檔案或信件，以便警告他們有關敵人的事。當你想提供玩家如何擊敗敵人或魔王的提示時，這招非常有效。提供他們知識與火力。如果玩家知道大戰即將來臨的話，就會更期待對抗魔王。

當我在製作改編自電影《超級戰警》的遊戲時，設計師碰上了一個有趣的挑戰。電影裡的壞蛋賽門（Simon）一直到遊戲尾聲才和主角決鬥，但設計師都清楚賽門這個反派必須在遊戲中一再出現，於是他們想出了聰明的解決方案。

在每個關卡開頭，賽門會跑到螢幕前對玩家揮拳，接著逃之夭夭。玩家的反應相當激動，他們會揮拳回應並說：「喔喔！那個可惡的賽門！我要抓到他！」接著在半小時的遊玩過程中殺出一條血路。等到玩家抵達下一關時，他們可能因為大開殺戒而暈頭轉向，忘了自己為何來此，直到賽門又跑出來揮拳，並再度激勵玩家。這教了我一個超重要的重點：

要讓玩家痛恨他們的敵人

要怎麼做？很簡單，讓魔王確實做出壞事！這就是反派為何總會殺掉自己的手下——如果他們無法殺掉主角，總還有人能殺！讓敵人奪走玩家需要或在乎的某種東西。殺掉主角的父母、綁架他的公主女友、燒毀平靜的村莊——你懂的。無論敵人做什麼，都請確保這會影響遊戲過程與故事。讓父母之一擔任把魔法劍送給主角的鐵

匠。當主角造訪女友的小屋時，她會治癒他嗎？再也不會了！因為敵人剛綁架她了！既然村莊已經徹底燒毀，玩家該去哪儲藏他找到的收集品？日式角色扮演遊戲把這招用得很好：他們會殺掉玩家的女友，她也剛好是你的最佳團隊成員。我看到你的眼淚了嗎？你是因為失去摯愛而流淚，還是因為你再也無法隨時治療了？

　　設計魔王戰時，你不需要在每場戰鬥結尾殺死魔王。事實上，不殺還比較好，如此一來，你就給了玩家之後能在遊戲對抗的角色。由於你的玩家已經和這個壞蛋有了「恩怨」，就會更痛恨他！如果你在第一幕就殺掉敵人，那玩家還能對抗誰？在缺乏動力的狀況下，你的主角失去了動力，便開始酗酒，再搬進他父母家。[15]

　　真悲哀。

　　更重要的是，這樣不好玩。

　　嘲諷是讓玩家對敵人發火的優秀方式，但你得小心別使用過頭。我改編蜘蛛人（Spider-Man）說過的話：「能力越大，玩家越容易聽膩一再重複的對話。」不只用言語，你也可以用物理方式嘲諷玩家，甚至可以將嘲諷置入敵人的攻擊招式中。比方說，《王子復仇記》中有個持劍骷髏，每次他成功擊中玩家，就會拿劍做一點小花招，像槍手在收槍前轉槍一樣。創造這種花招，是為了讓玩家有機會反擊，抹掉那個傲慢小傢伙臉上的笑容。

15　喔對，他父母死了！現在你把你的主角變成無家可歸的遊民了。你開心了嗎？

發呆或嘲諷等簡單動畫，能讓敵人感覺起來比實際上更聰明，也提供了許多性格描寫。玩家撤退得太遠，讓敵人無法攻擊嗎？那就讓敵人責罵玩家，或做出「給我過來」的手勢。玩家成功透過匿蹤躲過敵人了嗎？那應該讓敵人聳聳肩咕噥說自己一定看錯東西了。有些遊戲中的敵方守衛會去抽煙放風，或在崗位上打瞌睡，讓主角更容易偷他們身上的東西。但記好，你不會想讓所有敵人都有這種行為；不然的話，你就會破壞自己想達成的獨特感。

還有最後一件和敵人有關的事：有時你得讓壞蛋贏。

我指的不是殺掉玩家好讓敵方獲勝，但你也不該寵壞玩家。[16] 偶爾讓敵人打中一次（或是成功暗算人）；讓敵人得到暫時無敵的攻擊狀態；強制玩家必須逃跑或至少格擋攻擊；讓敵人數量超過玩家好幾倍；讓玩家冷汗直流，擔心自己是否能在戰鬥中倖存……玩家應該覺得自己確實受到敵人威脅，如果玩家不需要努力擊敗壞蛋的話，敵人的威脅感就不會太高，而如果敵人無法提供挑戰的話，玩家的勝利就會變得十分空虛。

▌ 非敵對敵人

我在本章開頭提過，並非每個遊戲都有得用炙熱子彈或冰冷鋼劍打敗的實體敵人。有很多方式能逼迫和處罰玩家，而不須要他們對抗生物：

- 小精靈（gremlin）：這個角色看似敵人，但不會直接對玩家動手，反而會透過破壞玩家的進度來打擾遊戲。比方說，《模擬城市》中有哥吉拉般的怪物會踩過玩家的城市，留下斷垣殘壁。

- 凌虐者（tormentor）：在遊戲過程中，這種敵人會挑戰並嘲諷玩家，但從不直接面對或攻擊他。《Space Fury》的外星人霸主和《傳送門》中的智能電腦GLaDOS都是凌虐者敵人的範例。在《傳送門》中，玩家能扯爛GLaDOS來「擊敗」她，但劇情暗示（**暴雷警告！**）她在遊戲結束時依然「活著」。

- 時間：「時間壓力讓人們想到比現實更複雜的事。」[17] 主要在基於技術的遊戲中

16　我會在第十三關中深入探討困難度，所以別太急。

17　這句言簡意賅的話是《傳送門》設計師金・斯威夫特（Kim Swift）在2008年的遊戲開發者大會（GDC）所說的。引自：Portal Creators on Writing, Multiplayer and Government Interrogation Techniques，克里斯・費洛（Chris Faylor），Shacknews.com（http://www.shacknews.com/featuredarticle.x?id=784）。

出現，像是駕駛／賽車和解謎遊戲，滴答作響的時鐘是讓玩家感到緊張的絕佳道具，能在不使用敵人的狀況下營造壓力。有些遊戲讓玩家延長或減緩時鐘，以便取得短暫鬆懈。如果玩家沒有在既定時間內達成目標或完成任務的話，就會失去一條命，或是使場景重置。時間也能用在遊戲的最後階段，玩家得在基地爆炸前逃出去。

- 人類競爭者：玩家對玩家，競爭或合作——無論遊戲模式為何，我發現多人遊戲最棒和最糟的地方都是⋯⋯其他玩家。[18] 你的朋友（和完全不認識的陌生人）總會在遊戲中找到虐待、凌虐和羞辱你的新方法。身為設計師，永遠別低估勝人一籌和復仇的力量。給玩家在這些動機下所需的工具，接著坐下看戲。俗話說得好，親近你的朋友，但更要親近敵人，因為有時他們是同一個人。

如何創造世上最棒的魔王戰

電玩遊戲魔王：（名詞）巨大或具有挑戰性（或者兩者兼具）的敵人，會阻礙玩家的進度，並擔任遊戲環境、關卡或世界的高潮或結尾。

乍看之下，魔王戰或許會像是遭遇非常、非常、非常巨大的敵人，對方還有過多的生命值。但這低估了狀況。魔王是非常複雜的生物，有許多需要該仔細設計的獨立運作部分。和敵人相同的是，魔王創造起來很有趣。但在你開始設計魔王前，得先確定你完全設計好了玩家的移動與攻擊組合。完成後，你就能用三種不同的方式設計魔王戰：

- 已學到的招式：魔王遭遇戰是基於玩家現有的招式組合而設計。你不需要教玩家新東西，當他們擊敗魔王時，就會覺得自己掌握了那些技巧。《瑪利歐》系列用這種方式設計魔王。
- 新能力：魔王遭遇戰是基於讓玩家取得新武器或新招式所設計。玩家的學習曲線是魔王回合困難度中的一部分。你能在《薩爾達傳說》系列中找到許多這類魔王。

---

18 我想起尚－保羅・沙特（Jean-Paul Sartre）的名言：「他人即地獄。」由於沙特在 1980 年過世，我們永遠無法得知他是否喜歡不錯的死鬥（dead match）。

- 組合：你能嘗試在單一魔王戰中使用這兩種做法，但為何要為玩家把事情複雜化呢？別這麼壞。

誰是魔王？

魔王設計就像敵人設計：型態應該遵循功能。知道魔王的行動和攻擊，就能決定魔王的外表：如果你的魔王能射擊，就給他一把槍（或是魔咒、火箭彈發射器或用來擤出鼻子哥布林的大鼻子）；如果他能自我防衛，就給他一塊盾牌（或是力場、防護罩或能反彈飛彈的空手道招數）。簡而言之，如果魔王能用道具的話，就該擁有它。

接下來，想想魔王如何和主角產生關聯。不，我指的不是「達斯・維德是我父親」那種方式，而是魔王所代表的意義。1960年代和1970年代的007電影有很棒的反派公式，基本上龐德得擊敗三種「魔王類型」。

物理　　　　　心理　　　　　全球

第一種惡棍是主要的爪牙：**物理敵手**（physical adversary）。肌肉結實的打手會痛打龐德，直到他用間諜道具或靈巧的柔道招數把敵人丟進裝滿食人魚的水池中。龐德電影中的物理敵手包括大鋼牙（Jaws）、泰・海伊（Tee Hee）與奧德賈伯（Oddjob）。在電玩遊戲中，這些角色如同怪物般龐大，醜陋無比，還武裝齊全。

第二種惡棍類型是主謀：**心理敵手**（mental adversary）。龐德在電影高潮中會對抗這些惡棍。主謀的智慧通常會讓主角陷入危機，還得對抗壓倒性的攻勢。在電玩遊

戲中，此時魔王會穿上機械裝對主角開火，或迫使玩家解開環境謎題，一旦解開後，就能打倒奸笑的惡棍。

即便打敗主謀，也依然還有一個「惡棍」要解決：**全球威脅**（global threat）。與其說這是一個人，倒不如說這是對主角世界的威脅，可以是金手指（Goldfinger）核彈上的計時器、雨果·德瑞斯（Hugo Drax）的致命孢子炸彈，或是惡魔黨（SPECTRE）會吞食太空膠囊的火箭。

以下是設計魔王時該考量的一些問題：

- **是什麼特質讓魔王有資格擔任敵手？**大多魔王在體型、力量、火力和防禦上對玩家占了上風。在戰鬥開始前，請確保玩家清楚自己有麻煩了。

- **魔王對英雄代表什麼？**在許多遊戲與電影中，惡棍只是阻擋主角贏得真愛（拯救公主）的阻礙，或是對和平的威脅。但別滿足於那些概念。惡棍可以象徵英雄的內在魔鬼。在《絕地大反攻》中，路克天行者（Luke Skywalker）必須抗拒黑暗面，並成為和他父親一樣的人物，才能擊敗皇帝（或至少驅使老爸把皇帝丟下井道）。

- **英雄擊敗惡棍後，會贏得什麼？**不該是寶藏、武器或力量。在大多電影與遊戲中，英雄只滿足於拯救世界和恢復現狀。但在經典的「英雄旅程（Hero's Journey）」故事結構中，英雄會帶著知識從冒險中歸來。比方說，在《魔宮傳奇》（*Indiana Jones and the Temple of Doom*）中，印第安納·瓊斯會發現財富與榮耀並非生命中唯一重要的東西。

- **魔王的動機和目標是什麼？**給魔王比「他很邪惡」更令人著迷的動機。我發現「人類七宗罪」（淫慾、貪吃、貪婪、懶惰、憤怒、嫉妒和傲慢）是惡棍動機的優秀起始點。謎語人（The Riddler）想證明他比任何人都聰明，佛地魔想重拾他的肉體與力量，惡星只是肚子餓。無論惡棍的動機和目標是什麼，都會與主角的動機和目標產生衝突。魔王是阻止主角成功的主要障礙。只有在擊敗惡棍後，主角才能確實達成目標。

- **魔王的工作是什麼？**在電玩遊戲中，大多魔王都是守衛者，守著魔法武器、遭擄的公主或遊戲進度。但設下這種侷限的話，你就對惡棍太壞了。請給你的魔王行事動機。

- **你的遊戲改編自獲得授權的智慧財產嗎？**記好，這些魔王戰是粉絲遊玩經歷中

的重點。如果你不是該系列粉絲的話，就得做足研究，找出玩家想做什麼。《星際大戰》粉絲肯定會覺得和達斯‧維德進行的光劍決鬥，比射下他的先進鈦戰機更刺激。

恭喜！你做得很棒，讓你的魔王擁有令人信服的動機、明確目標和有趣的背景故事。他看起來充滿威脅感，也有優秀的攻擊和行爲。但讓魔王看起來可怕又危險的最普及方式，就是讓他變得巨大。

尺寸很重要

更大的魔王就是更可怕的魔王……以及更大的攝影機問題。你總能透過將攝影機聚焦在魔王上，去解決這問題。由於魔王應該要完全吸引玩家的注意，你就得嘗試將魔王放在攝影機視野中（除非玩家做了某種蠢事，像是背對魔王）。請避免把攝影機放得：

- 太高：高角度會降低戲劇性和魔王的尺寸。
- 太低：前縮法會使抵達魔王前的距離變得難以測量，也很難看見卽將到來的攻擊。如果攝影機穿過關卡幾何圖形的話，也會產生裁切問題。

　　使用關卡中的高處和魔王來輔助改善這類問題。讓玩家能透過攀爬幾何結構來抵達更高的位置。或者你也能讓魔王降到玩家的高度，及時讓玩家狠狠揍敵人的臉一拳。你會想避免的一件事，就是打胯下，這種狀況發生在玩家的身高只觸及高大魔王的胯下。

　　魔王體型大，代表攻擊招式也大。當你能讓魔王丟車子時，為何只讓他丟石頭呢？何不讓他丟房子？或是整座街區？你的攻擊越誇張，就越讓人印象深刻。從《魂斗羅》和《戰神III》等遊戲中的誇張魔王汲取靈感。無論攻擊有多壯麗，你都得讓玩家有機會反擊，玩家得想出何時是攻擊的安全時刻，也得記住魔王的**攻擊模式**。模式處於每場傳統魔王戰的核心，當數次攻擊與行為組合成可預測的順序時，就會創造出模式。以下是描繪出模式創造過程的簡單範例：

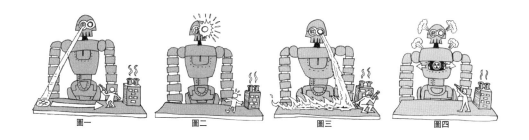

圖一　　　　　　圖二　　　　　　圖三　　　　　　圖四

　　假設玩家和裝有雷射砲的巨型機甲打鬥，大砲的雷射瞄準器掃過競技場三次（圖一）。一旦瞄準器鎖定目標（玩家），大砲就會發射一連串雷射光束——先往右，再往左，接著轉向競技場中央。機甲的大砲隨即變形成更大的武器，這種新型態花了一秒充能（圖二），然後發射出一道飽滿的光線，掃過整片競技場，只能透過跳躍或蹲在掩蔽物後來避開這種攻擊（圖三）。當攻擊結束時，機甲的胸口護罩就爆開，並冒出蒸氣（圖四）。幾秒後，護罩噴出一股電流並用力關上，機甲則將大砲再度變為原本結構。攻擊不斷循環，直到玩家打斷了這股模式，像是玩家受傷、瀕死或成功攻擊魔王。

　　這項範例彰顯出魔王戰的要素：主要攻擊、無敵攻擊、脆弱狀態和時機。

雷射光這項**主要攻擊**創造出供玩家牢記並遵循（左，右，中心）的**行動模式**。只要玩家清楚順序，就能避免受傷。

玩家應該能輕易記住行動模式，但你可以自由改變事件順序，增加多樣性。可以使用隨機行動模式，但我發現許多玩家覺得那種模式難以預料，而如果他們沒有「幸運」碰上偏好模式的話，就會感到頹喪。

充能砲擊這種**無敵攻擊**，是種戲劇化的大規模攻擊，迫使玩家採取躲避動作。在這段攻擊過程中，由於玩家無法傷害魔王，玩家得打破遊玩模式，進行防禦。

機甲的胸口護罩打開時的**脆弱狀態**，會對玩家顯露出魔王的弱點，護罩也無法抵禦玩家的攻擊。這應該成為玩家對魔王帶來最多傷害的機會。應該為魔王的弱點設計出對玩家顯而易見的視覺效果：讓它閃爍或發亮，或是用其他方式突顯，它應該要顯得特別突出。你可以透過擊昏或使魔王無法動彈來延長脆弱狀態。玩家會明確理解，他有機會在不需要擔心遭到反擊的狀況下進行攻擊。請務必用某種攻擊或事件來結束脆弱狀態（在這範例中是電流爆擊），這會把玩家從魔王身邊趕走，讓玩家得知他攻擊魔王的機會結束了。

大砲變形這類**時機**（opportunities），是玩家能攻擊的機會。時機通常比脆弱狀態提供的時間短。嘲諷對這招也很有效。別過度使用任何音效，不然玩家就會厭倦一再聽到那種聲音。

我喜歡把魔王戰想成敵人和玩家之間的舞蹈，它讓魔王與玩家交替進行攻擊與防禦。透過改變時間點、速度與範圍，就能為魔王攻擊和招式帶來更多效益；確保這些改變會不斷加強就行。大多魔王一開始很簡單，並隨著過程變難。因此許多魔王有好幾個模式回合：魔王發火，威脅性便一直升高到魔王遭到擊敗時的最終高潮。

即便當魔王試圖殺死玩家時，你也要盡力讓戰鬥繼續進行。提供玩家大量機會在戰鬥中恢復生命值或力量。**動態困難度**（dynamic difficulty）等工具會透過程式設定來判斷玩家得達成什麼目標。你可以把動態困難度應用到敵人 AI 或反應時間——事實上，什麼都可以。在玩家需要時送上正確的強化道具，能讓魔王戰感覺起來刺激又戲劇化。

我也認為遊戲裡的最終魔王戰應該最簡單。為什麼？因為我要讓玩家興高采烈地結束遊戲，並自覺像個勝利英雄。他已經經歷最難的部分了——也就是玩完整場遊戲。

玩家讓魔王得到報應後，請利用動畫、音效線索和視覺效果來顯示玩家正在傷害他。機器敵人能射出火花，有血肉之軀的敵人則會噴出血或膿液，其他魔王瀕死時則會跛行或爬行。請和美術人員合作打造魔王，讓他身上有部分能被切除，或是利用諸多模型來顯示逐漸嚴重的傷害狀態。無論你的魔王變得如何，都得記住這個超重要的重點：

讓玩家使出致命一擊

戰鬥中的最後一擊必須由玩家揮出。讓玩家覺得自己獲勝，在心理上非常重要。這是衝突的高潮，別用過場動畫或老套動畫奪走玩家的勝利。等魔王一死，就用慶祝文字、音樂或特效讓玩家享受那一刻。

有時候，由於故事或授權需求，敵人會在魔王戰結尾脫逃。當敵人逃跑時，讓他逃得獨具風格。為了下次再較量而讓敵人逃走，就會讓玩家得知他是個有價值的敵手，未來也將有另一次衝突。但即便魔王逃跑，你還是得讓戰鬥結尾感覺起來令人滿意。你得先打倒魔王，之後他才能起身逃跑。讓攝影機停在潰敗的魔王身上一下，讓他咒罵玩家的好運（因為打敗壞蛋的從來不是技巧，對吧？），確保玩家清楚他打贏了。

當敵人遭到擊敗或殺害時，他會發生什麼事？他會消失在一股煙霧中，還是像肥皂泡泡一樣破碎？他會戲劇化地抓住心口痛苦而死嗎？他會爆炸嗎？打敗敵人後，玩家要如何取得寶藏？[19]

---

19 看起來第十三關簡直是為了這個主題而生！

　　請決定該如何從世界中移除敵人模型。他會消失，只在身體原本的位置留下可撿起的武器嗎？他會化成一堆黏液，接著溶解消失嗎？還是身體會留在螢幕上，成為你戰鬥後剩下來的那堆血腥物體？記好，在敵人身上發生的事會影響遊戲的娛樂軟體分級委員會分級。

　　還有一點：有時玩家會死。當他死時，就確保他會回到安全的重生點。直到玩家準備好戰鬥前，魔王不該攻擊。當玩家重生時，你可以考慮讓魔王的遊戲狀態維持在玩家死前，玩家就能從先前離開的進度繼續戰鬥，而不須從頭開始整場魔王戰。

▌ 地點，地點，地點，

　　魔王戰發生的地點，和戰鬥設計本身同樣重要。關卡是魔王戰的延伸……有時候，關卡本身就是魔王戰。

　　基本的魔王戰發生在圓形競技場或與螢幕同寬的直線走道上。這讓攝影機能聚焦在魔王身上，他通常居住在房間中心或後頭，有時會繞到側邊或外緣。要製作更有動感的魔王戰，就為競技場加入高度。《惡魔獵人》有場有趣的戰鬥，玩家在其中不斷交替對抗位在城堡牆壁高處和下方城堡廣場的魔王。

　　想想魔王與環境之間的關係。魔王會如何利用關卡環境來行動或攻擊？加入動態元素，像是崩塌的雕像或牆壁，或是塌陷的地板，這能讓狀況保持刺激又令人訝異，因為環境在戰鬥中會遭到魔王（或玩家）破壞。該走了！要注意，如果玩家得重玩魔王戰的話，看到該場景一再出現，可能會有點無聊。

　　能設計出擁有動態關卡元素的魔王競技場，就兩全其美了。競技場含有會對魔王的特定攻擊或動作做出反應的動態物品與元素。這些元素可以是可擊碎的窗戶、可打破的地板和可壓爛的電腦控制台等等。這樣的話，無論魔王在戰鬥中用哪種順序和這些元素互動，有趣的事都會發生，每次都會創造出不同的經驗。

　　在捲軸式戰役（scrolling battle）中，玩家和魔王會一路打過好幾個地點，營造出充滿動感的魔王戰。請先決定玩家在戰鬥中的移動方式：玩家和魔王會步行打鬥（追逐彼此？），或是站在載具上（像是《秘境探險2：盜亦有道》中的移動火車，或像《追魂女煞》中一樣跳上不同車頂），或同時駕駛載具？（或許他們就是載具！）小心點，因為捲軸式魔王戰需要比完整關卡更大量的製作心血。

　　另一種變體是謎題魔王（puzzle boss）：這種魔王無懈可擊，玩家也無法用直接攻擊打敗對方。與其打鬥，玩家得在魔王的攻擊下存活得夠久，以便使用關卡中的物品來打敗它。在《蜘蛛人2》中，蜘蛛人無法傷害犀牛魔王，但如果蜘蛛人能騙犀牛撞上電力機械的話，就能擊敗對方。最明顯（和最好笑）的謎題魔王範例，就是《You Have To Burn The Rope》（http://www.youhavetoburntherope.net），要擊敗其中的大笑巨人（Grinning Colossus），只能……這個嘛，我讓你猜猜該怎麼贏。[20]

20　暴雷警告：你得燒斷繩子。

爲何不要創造世上最偉大的魔王戰

有些設計師相信魔王戰太「老派」了——因爲它們會害遊戲進度停止；花在創作魔王無法重新使用的美術設計、寫死的行爲和獨特動畫上的時間與心力，完全搭不上製作成本。魔王戰創造出技術門檻；每次有人跟我說他們放棄某遊戲時，理由通常是魔王太難了。

將魔王戰完全扭轉後，就能找到這些問題的解決方式。與其將它設計爲和一個尺寸巨大的生物有關，不如用它呈現衝擊巨大的戲劇性事件。讓戰鬥和玩家產生個人連結，也和故事中的關鍵時刻更有關聯。

設計師保羅·古伊勞（Paul Guirao）是我朋友（他做了《絕命戰警》和《爆炸頭武士》），他創造出我覺得自己聽過最棒的魔王戰設計。在遊戲早期，玩家得知一項比腕力機制。在遊戲的高潮，惡棍將主角打倒在地，還企圖把匕首插進主角的眼睛！玩家得利用那種比腕力機制把匕首推開，最後用匕首反擊惡棍本身。

保羅的設計確實讓我對魔王戰的可能性大開眼界（這說法太土了吧），這個設計聽起來酷炫又戲劇化，和我在遊戲中看到的其他東西都不同。那不只是另一個到處踩腳的大魔王。我很喜歡它的原因是：

- 比起規模，更強調戲劇性：不需要發射火箭彈的巨人踩遍城市，它就夠刺激了。
- 使用親近度來創造緊張感：由於攝影機近距離拍攝（只拍出兩名角色的臉、他們的手和匕首），迫在眉睫的危險躍升到大多電玩遊戲中見不到的程度。
- 把既有要素用得更淋漓盡致：戰鬥中的所有要素（主角，惡棍，匕首，腕力抬頭顯示計量器）都使用在遊戲的其他部分中。不需要創造新東西，就能讓這場魔王戰有好玩之處。

- 用魔王戰講故事，而不是用過場動畫：電玩遊戲是互動娛樂，所以遊玩故事總是比光用看的好。

暴雷警告！

多年後，當我在玩《決勝時刻：現代戰爭2》時，就想到保羅的刀戰設計。在《決勝時刻：現代戰爭2》中，遊戲的反派刺傷了玩家角色，當壞蛋企圖謀殺你的夥伴時，玩家得（痛苦地）從胸口中拔出刀子，把它丟向壞蛋的眼睛（一切都用戲劇化的慢動作發生）。

Infinity Ward的設計師是否聽過保羅的刀戰設計點子？或者那只是時機終於到來的魔王戰好點子？我只知道，那和我多年前聽到保羅的魔王戰點子時一樣，感覺起來酷炫又戲劇化。

第十一關的普世真理與聰明點子

- 型態以功能為準。
- 將敵人行為設計成彼此配合但又有差異。
- 小心平衡敵人的力量、速度與尺寸。
- 和敵人戰鬥應該要很好玩。
- 應該和敵人戰鬥，而不是躲開他們。
- 不是每種敵人攻擊都得造成傷害。
- 你總會想讓玩家痛恨敵人。
- 利用動態困難度給玩家某些幫助。
- 創造體積龐大的魔王時，要小心攝影機問題。
- 魔王戰發生的地點，和玩家對抗的對象一樣重要。
- 玩家得給魔王致命一擊。
- 除了到處跺腳的大怪物外，還有別種類型的敵人。
- 比起規模，更強調戲劇性。

12 | LEVEL 12 The Nuts and Bolts of Mechanics 第十二關 遊戲機制的具體細節

如果你找到一條沒有障礙的通道，那它很可能不會通往任何地方。

——作者未知

　　沒什麼比你剛走過的空蕩關卡還糟[1]，所以你得開始往玩家要走的路上丟東西。好東西，壞東西，讓玩家開心大叫和悲傷哭泣的東西。你需要機制（mechanics）。幸運的是，這類美妙的東西有四種：機制、危險物（hazards）、道具（props）和謎題（puzzles）。

▌機制的機制

　　在你細讀前先記好，「機制」這個詞彙受到MDS影響，所謂MDS就是多重意義症候群（multiple definition syndrome）。桌遊設計師說機制是用來玩遊戲用的遊玩系統，內容有回合、動作點數、資源管理和競標，甚至還包括擲骰子。

　　電玩遊戲機制是種物品，當玩家和它們互動時，它們就會產生遊戲性。可以跳到它們上頭，壓一下按鈕以啟動功能，或是推動它們。請將它們和有趣的關卡配置與敵人組合在一起。有些常見的電玩遊戲機制包括：

- 移動平台
- 開啟／關閉的門
- 可推的磚塊
- 開關與操縱桿
- 曲柄
- 滑溜的地板
- 輸送帶

平台是動作遊戲設計師熱愛的機制，有種類繁多的風格與特色，能用於干擾和娛

1　因為走路不算玩遊戲！

樂玩家。我設計了下面這個圖表來幫你判斷各種平台，很適合拿去裱框供起來。小心點，有些平台會咬人！

平台入門

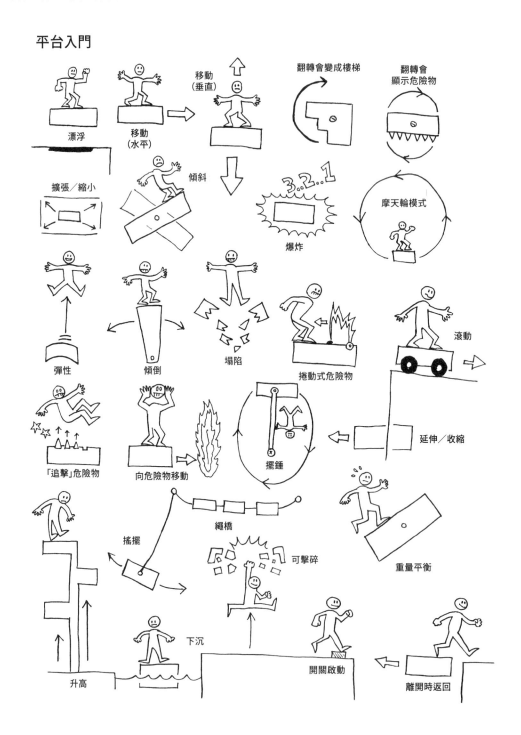

你可能會認為像門這種東西，設計起來很容易；畢竟大家在真實世界都用過門，對吧？但門一開就會面臨問題。想想玩家要如何開門。態度如常？小心謹慎？帶有侵略性？當你想這點時，記住：角色的性格會帶來影響。《戰神》的克雷多斯會踢開門，《決勝時刻》的「索普」‧麥克塔維什（"Soap" MacTavish）則用炸藥把門轟開，《惡靈古堡》的吉兒‧范倫廷（Jill Valentine）緩慢又謹慎地開門。玩家開門前得先撬鎖嗎？

注意你的門往哪個方向打開。往內開嗎？會像閘門般向上升嗎？會往下降嗎？還是會往外轉開嗎？這些開門動作都會導向不同的遊玩場景。你可以將開門化為玩法：有些多人遊戲會讓幾位玩家合作來同時扳開一道門；《貓捉老鼠》則用門來打擊和暫時擊昏敵人。動作遊戲中的閘門可能會在上升後再度下降，因此需要玩家在門下降前先衝過底下。即便是生存恐怖遊戲中的簡單門板，都能對敵人迎面關上，為玩家爭取重新裝彈或脫逃的機會。

儘管有好處，門也自有其問題。迅速打開的門會撞到玩家身上，或把玩家撞倒。請確保你的玩家不會卡在門板和門口幾何圖形上。這種問題似乎微不足道，但在上百座門口卡住之後，你的玩家就會發火。因此許多遊戲把開門做為老套的動畫片段。早期的《惡靈古堡》遊戲將關卡載入的過程設計為呼應玩家的開門動作，這項設計不只隱藏了關卡區域的載入過程，也在門緩緩打開時營造了緊湊感。

請確定你清楚這些問題的答案，再讓進門方式在整套遊戲中維持一致。

你可以把門用作關卡閘控（level gating）機制。你或許還沒打算讓玩家進入下一個房間或關卡，那他或許得找到正確鑰匙，解開正確謎題，完成正確任務，或是賺取更多經驗值。關閉的門不需要看起來像門，它可以是擋住玩家通路的魔鏡、神祕傳送門、一池水、長滿藤蔓的牆、力場、瓦礫或一名守衛。

有些門不該被打開。上鎖的門是讓玩家穿越關卡找另一條路的完美機會，但請務

必明確解釋他們無法通過的原因。上鎖的門可以看起來像用無法破壞的金屬所製，門上可以裝巨大門鎖而玩家沒有開鎖用的鑰匙，或用玩家無法移動的礫石將門堵住。無論選擇爲何，外型都必須非常明顯，才能避免玩家搞混。上鎖的門經常（有些人說太常了）被用來介紹一種常見的遊戲情境：尋找鑰匙的任務。[2]

開關（switches）和操縱桿（levers）在遊戲中是較爲古老的可用物品，有些設計師很愛用它們，其他人則避之唯恐不及。我承認，沒什麼比看到房間中央的操縱桿更容易讓我翻白眼，這簡直就是對我大喊「電玩遊戲」。不過，操縱桿可以是非常有效的遊戲機制。如果你會使用開關與操縱桿，就讓它們在視覺上保持單純。我知道設計電玩遊戲的一大樂趣，就是創造奇特的玩意，但如果你想讓玩家在遊戲世界中辨識出這些物品，就該讓東西保持現實感。

無論你最後如何處理開關和操縱桿，都得確保：

- 加入了視覺線索。可以考慮在開關或操縱桿上添加亮光或圖示。既然操縱桿經常以細桿子的方式呈現，玩家可能很難看見。
- 玩家看得到啟動開關或拉動操縱桿的效果。代表你得切換攝影機或用語音或音效來表現後續發生的事。
- 開關或按鍵的外型改變，以彰顯出它的新狀態。讓它改變顏色、位置或形狀。如果你使用單向開關（只運作一次的開關），就播放豐富的音效來表示它已永久改變狀態；如果它是重設式開關，就播放「計時器」音效來顯示開關會變回原始狀態。你甚至可以顯示計時器圖像，讓玩家清楚他們還剩下多少時間。

曲柄（cranks）和操縱桿與開關一樣，得花時間讓玩家啟動。有些曲柄只需持續

壓住按鍵，其他曲柄則需要激烈地敲擊按鍵才能打開。有種常見的遊戲情境，是讓玩家使用曲柄開門，接著玩家得在門關上前跑回去。有些遊戲將旋轉曲柄變成節奏遊戲，玩家得讓壓按鍵的動作與螢幕上角色的動畫保持同步。你甚至能將曲柄變成戰鬥謎題，就像《惡魔獵人》裡面的作法。如果旋轉曲柄需要花上特定秒數才能啟動，當玩家轉曲柄時，就讓敵人來攻擊他。如果玩家被敵人擊中，他就會被撞離曲柄，導致曲柄的進度歸零。玩家會需要在和敵人戰鬥和旋轉曲柄之間來回。

　　需要一點幫助來想出機制嗎？在獎勵第七關中剛好有份清單。

是死亡陷阱！

　　危險物是遊戲機制的卑鄙小老弟，它會趁你不注意時，把M-80型鞭炮塞到你的內褲裡。危險物看起來像機制，也經常表現得像機制，但會只因為玩家打呼太大聲就殺了他。危險物可能類似敵人，但關鍵差異在於智慧或機動性（或智慧加機動性）。所有危險物都有可預測的行動模式和受限的行動，通常也不太聰明。它們包括：

- 裝有尖刺的坑洞
- 砸過來的磚塊
- 噴射火焰
- 爆炸木桶
- 有雷射導向的飛彈發射砲塔

　　當你設計危險物時，首要法則就是確保它們看起來危機重重，也就是可以運用尖刺、火焰、冰霜、火花和毒素。有必要的話，就在上頭貼個大骷髏頭。

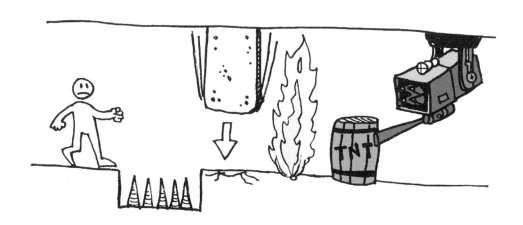

創造機制時，就從遊戲關卡汲取靈感，創造出看起來屬於該關卡的東西。比方說，在《王子復仇記》的地下城關卡中，我們有：

- 囚犯從鐵柵中伸出來抓握的手
- 一套拿著劈斧的盔甲
- 帶有尖刺的旋轉鐵處女
- 塞滿漂浮棺材平台的有毒下水道

也請從真實世界中看似危險物的東西取得靈感：從長滿尖刺的仙人掌到刺鐵絲都行。使用形狀、顏色、音效與粒子效果——對玩家明確表示，如果他們碰觸或撞擊這項危險物的話就一定會受傷，只要能達成這個目的的東西都可以用。別讓玩家猜測你的意圖。請利用視覺捷徑和刻板印象，它們能為玩家提供簡單快速的好用提示。為了彰顯這點，我講一個和我意思相反的絕佳範例。

有一次我在設計一種危險物，就把設計交給負責製作模型的美術人員。我建議將

危險物染紅，因為在許多文化中紅色與危險物都有關。美術人員說：「那太好預測了。我想它該有黑黃條紋。」我很感興趣（我想到卸貨碼頭邊上黃黑相間的危險提醒標誌），於是我問她原因。她回答：「因為蜜蜂有黑黃條紋，每個人都知道蜜蜂很危險。」

　　故事結尾一號：最後我們把危險物塗成紅色。

　　那段故事讓我想起另一段故事：有個設計師和我正在審核關卡設計，某個特定關卡中有艘船，這個關卡開始時，船就會駛離，玩家得跑去追，不然就會錯過那艘船。我告訴設計師說，我認為當玩家剛開始進入關卡，會停下來四處張望以做好準備，但如果玩家花時間這樣做，他就會錯過船。如此一來玩家會發生什麼事？設計師說：「噢，我們可以把一顆大岩石砸到玩家頭上，他就會死掉，並重新開始關卡。」

　　故事結尾二號：我們沒有製作那個關卡。自此之後，我將一個超重要的重點當作我的座右銘：

不要把石頭丟到玩家頭上[3]

　　造成即死（instant death）的危險物很爛，既廉價又充滿惡意。如果玩家會因危險物而死，應該是因為他不專心或沒弄對時間點。讓玩家明白，死掉是自己的錯，而不是設計師認為他得死。死亡從來不是教育玩家的好方法，那只會害玩家感到沮喪又悲傷。

▌ 我從害小孩哭所學到的事

　　每次我遇到玩過《王子復仇記》的玩家，他們經常告訴我說，遊戲太難所以他們從來沒破關。你知道嗎？這遊戲的確很難，會要求玩家做出完美的畫素跳躍，也得在落到敵人面前時準備好戰鬥，甚至還有實在不必如此的殘忍存檔系統，而被稱為史上最困難的PS2遊戲之一[4]。它是個困難的遊戲，在製作那套遊戲和看過評價後，我學到了身為遊戲設計師最重要的教訓：難度與挑戰是有差異的。

> 難度（difficulty）＝提升痛苦感與增加損失
> 挑戰（challenge）＝提升技巧與造成進步

　　困難遊戲會盡力懲罰玩家；有挑戰性的遊戲會讓玩家碰上障礙物，對方能用技巧與知識克服困難。我相信，有挑戰性的遊戲比困難遊戲感覺起來更報酬豐厚。

　　有些玩家非常喜歡困難遊戲。難度誇張高的遊戲名單可以塞滿這整個章節：《惡魔靈魂》系列、《忍者外傳》系列、《魂斗羅》、《斑鳩》、《忍-Shinobi-》、《惡魔獵人3》、《魔界村》系列、《超級肉肉哥》和《忍者蛙》。我承認，玩完困難遊戲是種莫大成就，但只有少數人玩得完。如果你想讓玩家玩完你的遊戲，就得讓遊戲有挑戰性，而不是難度高。

　　當我剛開始設計電玩遊戲時，我會將挑戰與難度間的平衡稱為「樂趣曲線（fun

3　我這句不只是隱喻，從字面上來看也是這樣。
4　www.ign.com/articles/2005/04/27/the-top-10-most-challenging-ps2-games-of-all-time

curve）」。在遊戲中有個點，會讓一切從「有挑戰性」直接墜落成「困難又麻煩」。設計師的目標是永遠不要脫離樂趣曲線。多年後，我得知其實有種和樂趣曲線有關的心理學理論，叫做「心流（flow）」。我立刻就順流漂動了。

　　我避免讓玩家「脫離樂趣曲線」的關鍵，就是打造**斜坡式玩法**（ramping game-play）。設計師得基於上一個玩法系統，打造出新的系統，教導玩家學會新招式，和如何用它來對抗機制和敵人。當遊戲往前推進時，這些玩法元素會合併和逐漸變得激烈。但我說太快了。如果我們要談鐘錶，就得先檢查發條。

▍受死時間

　　當我想到時鐘，就會聯想到時間；我一想到時間，就想到**計時謎題**（timing puzzles）。計時謎題是會移動的機制，當玩家得等待正確時機來衝過旋轉刀刃或砸下來的鐵塔時，它們就非常適合用來創造緊張時刻[5]；而當玩家須等待正確時機跳到移動平台上時，它們就會帶來一股期待感。計時謎題應該要有以下特色：

- 危險物得有可供玩家判斷的移動模式，可以是前後、上下、Z字形或8字形移動⋯⋯只要玩家能追蹤危險物的行動、並判斷何時出手就好。
- 危險物得有可預測的出手時間點。適合出手的時間點如果是隨機的，就對玩家不公平，他得理解模式才能成功。
- 機會或許很緊湊，但絕對能成功。在機會的開頭與結尾留給玩家一些餘地。
- 在世界中使用「跡象」來給玩家線索，指示站在哪裡是安全的、站在哪會受傷或被殺。跡象包括血跡、地面的凹槽、光影、音效、粒子效果、幾何和裝飾元素——玩家會注意到這些東西，並學會利用這些標記邁向成功。

5　直到今天，我還是會想到《龍穴歷險記》中鬼魅室（Spectre chamber）裡的旋轉船槳，那場景可能是史上第一個電玩遊戲計時謎題。

等等……　　　　　　等等……　　　　　　……上吧！

　　道具是吃過一頓感恩節大餐的機制，除非有人要它們離開沙發去洗碗，不然它們不會移動。設計師和美術人員能將這些物品放入關卡中，讓它感覺起來更像真實地點。有時候道具會擔任玩家得避開、跳過或躲在後頭的路障或障礙物：

- 書桌和椅子　　　　　·消防栓
- 靜止車輛　　　　　　·郵筒
- 路障　　　　　　　　·檔案櫃和工具箱
- 雕像與墓碑　　　　　·電腦主機
- 冰箱　　　　　　　　·桌子、衣櫥和梳妝台
- 圍牆與牆壁　　　　　·木箱
- 棺材與祭壇　　　　　·盆栽和飲水機

　　思考要放哪些道具，可以是一種用自由聯想與腦力激盪進行的趣味活動。從你能在關卡中找到的可預測物品開始。我們來練習一下：請盡量為以下的關卡主題想出大量物品和道具：

- **簡單**——蠻荒西部（Wild West）城鎮上的街道
- **中等**——超級惡棍的巢穴
- **困難**——中國的成衣工廠

專業提示：如果你覺得自己的腦力激盪過程越來越蠢或煩人，你就會知道該停了。讓點子休息一個晚上或一兩天，再繼續開始。或是放個研究假，在書本、遊戲、電影或網路上找尋更多靈感。

　　別光是想出裝飾遊戲世界的物品就滿足了，要讓玩家和它們互動。從自然反應開始。如果你射擊飲水機，它就該炸出一片水花。讓玩家撞倒輕量物品，或推倒沉重物

體。讓玩家仔細檢視有趣的雕像、書架上的物品或畫作。

你可以射擊或砸爛道具，以便進入新區域或找出寶藏。在樂高遊戲中（像是《樂高星際大戰》和《樂高蝙蝠俠》），你幾乎能摧毀一切：所有東西都會掉出圓栓，那是遊戲中的貨幣。沒什麼比打爛垃圾並獲取大批財寶更令人滿足了，但試著別過度使用這招，否則會讓你細心設計的關卡化為塞滿瓦礫的空房間。

木箱（crates）是藏有獎品的可破壞物品，還能當作平台使用，但它們也是遭到濫用的老套道具，甚至成為遊戲業中的笑話。木箱的視覺外觀非常無聊，而且老實說，對不想耗費腦力思考更有趣的可破壞物品的設計師和美術人員而言，它也是一條偷懶的退路。

電玩網站 Old Man Murray[6] 創造了名叫木箱出現（start to crate）的評分系統，來測量玩家在遊戲中首度遭遇木箱的時間。儘管該文章諷刺意味濃厚，我卻覺得那是評估你的遊戲有多少創意的良好指標。與其重新發明輪子……應該說木箱，你可以用這份包含五十種可破壞物品（但不含木箱）的清單，來讓你的遊戲變豐富：

木桶、寶箱、花瓶、缸、垃圾桶、信箱、書報攤、嬰兒車、鐵桶、貨櫃、紙箱、籠子、提燈、路燈、檔案櫃、魚缸、玩具箱、小木桶、乾草捆、一堆骷髏頭、狗屋、鳥屋、提基像、雕像、算命機、教堂捐獻箱、意見箱、提款機、空樹墩、公事包、保險箱、行李箱、電視螢幕、油槽、冰箱、烤箱、烤麵包機、辦公桌、衣櫥、靜止車輛、

棺材、遊戲機台、汽水機、消防栓、販賣機、氧氣筒、滿載的購物車、吃角子老虎機器、影印機和馬桶。

好了，你再也不需要在遊戲中放木箱了。不客氣。

還有一種機制，是最罕見的，就是「只為了好玩」的機制。它可以是人一靠近就奏出一股旋律的自動鋼琴，也可以是玩家一和它互動就沖水的馬桶。別怕，在你的遊戲中加入只因好玩而存在的道具吧。

機制的音樂

在電玩遊戲設計這一大鍋辣椒燉肉中，危險物就是豆子。它們和豆子的共通點是，負責在肉不夠多時撐場面……能幫助設計師製作「音樂」。[7] 良好關卡設計，目標是幫助玩家達到心理學家米哈里·契克森米哈伊（Mihaly Csikszentmihalyi）[8] 所稱的心流。（我說過我們會回來談這點。）

契克森米哈伊的理論主張在乏味與困難之間有個中繼點。玩家在此聚精會神，變得精神飽滿又專注，也沒注意到時間。但為了創造心流，你得知道該如何安排這些元素。

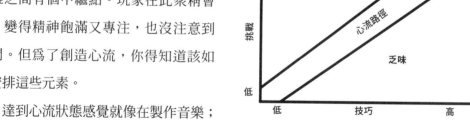

達到心流狀態感覺就像在製作音樂；那正是優秀關卡的節奏。當玩家在關卡中移動時，他的行動和動作的自然節奏（或是心流）就開始浮現。[9]

對我而言，對置入遊戲元素的安排，就像是謝爾蓋·普羅高菲夫（Sergei Prokofiev）的〈彼得與狼〉中的樂器。在這首知名樂曲中，每個角色（彼得、鴨子、貓、小鳥和野狼）都由不同樂器所代表。曲子先由走過森林的彼得（以弦樂代表）展開。這段音樂主題營造出動感，就像玩家學習遊戲中的基礎動作，包括走路、駕駛或控制遊

7　對，這就是我的說法。

8　發音是「奇克森特米哈伊」。

9　古希臘人證明音樂和數學有關聯；每個更高的八度，都比底下的八度頻率高出兩倍。同種概念也能運用到數學觀點上，遊戲元素和機制會組合為成功的遊玩公式。比方說，PlayStation 遊戲《嗶噗緞帶》使用任何音樂 CD 中的音樂節奏，來產生遊戲機制和危險物。

戲角色等。

接著小鳥加入彼得，於是音樂加入更高亢的高音笛聲。兩種旋律彼此交錯，爲音樂本身增加刺激感——就像寶藏和可收藏物品讓玩家感到興奮，也激勵玩家繼續遊玩。鴨子（由雙簧管代表）隨後加入，音樂也加快並變得更複雜，類似爲你的設計加上複雜的玩家選擇和關卡機制。當低音貓（單簧管）出現時，音樂便在貓追趕小鳥時加速，爲曲子增加了點衝突感——宛如關卡中的危險物。

當所有角色齊聚一堂後，野狼危險的主題曲就出現了；這點呼應了遊戲中敵人角色的登場。隨著野狼吃掉鴨子，並遭到小鳥攻擊，進而發出威脅並與這些主要角色決戰，直到前來營救的一群獵人拯救了他們時，《彼得和狼》中的音樂便逐漸變得緊湊。

讓我們看看要如何和《彼得與狼》增加樂器的方式一樣，在遊戲中介紹並安排遊玩元素。

一：一開始，讓玩家角色用簡單的動作挑戰在世界中行動，包括走路、跳躍和收集物品。

二：剛開始先使用單一機制。重複幾次，讓玩家理解它如何運作。

三：增加第二項機制，也讓玩家學會。接著結合第一項與第二項機制。

四：用危險物使情況變刺激。讓玩家習慣做他在遊戲中會做的正常行爲（移動、收集物品和與機制互動），但現在在公式中加入危險物。

五：敵人進攻！給玩家機會學習如何對抗。

六：讓敵人與危險物結合，產生更多刺激感。

七：最後，當玩家習慣這些遊戲元素時，就完全扭轉某項元素，讓玩家感到緊張！

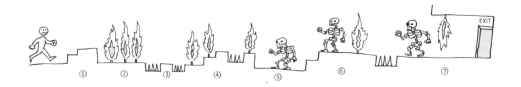

如果你創造出互補的敵人與危險物[10]，當它們在關卡出現，就會成為多變的工具。請思考你想讓玩家執行的活動順序，並安排讓玩家摸清楚的場景。以下幾個範例示範該如何結合敵人和危機，讓你的玩家過得更慘。

- 玩家得跳過危險坑洞，敵人則在另一側等待。將敵人擺在遠處，這樣玩家在跳躍後安全落地時，敵人才不會攻擊玩家。為了讓此場景變得更緊湊，請務必讓坑洞擁有計時元素：例如坑洞會開闔， 有鐘擺來回擺盪，火焰往上噴射，有磚塊往下砸等等。

- 有個敵人會在危險物移動的路徑上投擲或發射拋射物。可以算好時機，讓投射物在通過時機出現時越過危險物打向玩家。解決方式是讓玩家在衝過移動危險物前，先擊敗敵人（用他自己的拋射物）；或者玩家能用移動障礙物當作掩護靠近敵人。

- 如果玩家撞上這座房間內的旋轉鋸刀，就會被砍成兩半，這使對抗眾多敵人成為一種挑戰，玩家得在戰鬥與躲避危險物間來回切換。不過，鋸刀刀鋒也能殺

10 這很簡單，因為形式總會依功能而定，對吧？

死敵人，因此當玩家誘敵並成功利用鋸刀解決敵人時，就會覺得自己很聰明。讓玩家有大量機會反過來利用死亡陷阱對付遊戲製作者吧，壞蛋該受到報應了！

　　火坑、移動障礙物和旋轉刀刃——你能用這三種機制做出許多組合。如這些範例所示，你只需要幾種機制和敵人類型，就能產生豐富的遊玩經驗。一套設計良好的遊戲只使用少許機制，關鍵是如何組合。玩 Treasure 公司（作品包括《銀河快槍手》、《螞蟻超人》、《斑鳩》）或頑皮狗公司（作品包括《袋狼大進擊》、《秘境探險》）等開發者製作的遊戲，就能看到很棒的範例……或者你也可以讀下一節內容。

█ 有其父必有其子

　　我相信最棒的機制，也是最有彈性的機制。改變機制的內容和用處後，你就能創造出全新挑戰。讓我們瞧瞧在許多動作與冒險遊戲中都能找到的一種機制——可推擠的磚塊。儘管這種機制經常遭到責難，被視為緩慢、不寫實或無趣，許多設計師依然持續使用可推擠的磚塊，因為它的用途彈性多元。跟著我們的主角穿越地下城，看看我們能用哪些不同方式，在遊戲中運用可推擠的磚塊。

歡迎來到地下城！不幸的是，有座大石塊擋住了我們主角的去路。但只要把它推開，我們就能進去了。

現在我們的主角得爬上那座岩架。沒問題，我們可以推座石塊來做出能讓他能跳上去的平台。

啊，又是常見的開關門。如果我們的主角站在開關上，大門就會打開，但他一離開，大門就會閉合。該怎麼做？我知道  了！讓我們把那座磚塊推到開關上，它的重量就會讓門保持開啟了！

這是什麼？噴出一束火焰的管道口？讓我們的主角把石磚推到上頭。現在火被擋住了，主角就能在不被烤熟的狀況下前進。

真奇怪。這些可推擠的磚塊上頭有字母。這一定是謎題！沒人說我們在遊戲中得思考！把這些磚塊推到正確排序後，我們的主角就能離開房間了！

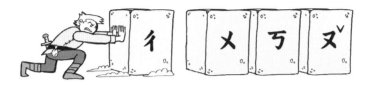

是誰把酸液池放在我們的去路上？真是骯髒的招數！幸運的是，我們的主角能把石磚推進池子裡當作墊腳石。

這隻怪物在找我們！但當主角躲在石磚後，怪物就看不到他。如果他交替使用推拉和躲藏的話，就能成功脫逃！

那個骷髏弓箭手讓我們的主角過得很辛苦，但如果推石磚來做掩護的話，主角就能活著抵達房間遠端。

噢不！我們的主角要如何從獨眼巨人哨兵的眼皮底下溜進去？把石磚從懸崖邊推到巨人頭上，應該就沒問題了！

光是一塊可推擠的磚塊，就能有很多變化！我們甚至還沒探索如何應用拉扯磚塊！小心點，如果反覆用這招太多次，玩家很可能會感到乏味，所以得好好思考要在哪種背景下使用。好的機制就像棒球投手，你得在遊戲中將它們移進移出，才能讓它們保持新鮮又有效。

▊ 舒服的平靜小地點

既然你平安度過了危險物，就該來談談比較友善的機制：**檢查點**（checkpoint）。檢查點是關卡中預先設定好的地點，玩家能在那儲存進度，休息一下，或重新評估他們對裝備和路線等要素的選擇。它們可以是玩家看不見的要素，也可以是看得見的，你可以決定哪種方式對你的遊戲比較好。

　　一方面，看得見的檢查點在關卡中給了玩家一個目標，也在啟動時提供了安全感，也是播放刺激或有趣動畫的機會。每次玩家抵達並啟動一處檢查點時，都會感受到一種成就感。

　　但另一方面，看得見的檢查點看起來可能有「遊戲感」，有時也需要解釋要如何啟動它們。

　　玩遊戲時，隱形檢查點不會破壞玩家的沉浸感，不過由於看不見，玩家或許無法確定自己啟動了檢查點，或自己死後會在哪個位置重生，這會令玩家感到沮喪，因為他們會想知道自己會回溯到關卡哪一階段的地點。

　　無論你使用哪種風格的檢查點，都能記住以下幾條經驗法則：

- 永遠都讓檢查點面對你想讓玩家前往的方向。否則玩家就得在重生時轉身，或得幫自己或攝影機重新定位。
- 絕不要把檢查點放在危險物旁，或擺在敵人的感測區中。如果玩家剛出現（或剛再次出現）在關卡中就遭受傷害，這樣就太惡劣了。
- 玩家應該重生在地面上，而不是半空中。別讓玩家等待角色落地。同理可知，也請避免冗長的重生動畫。
- 將檢查點擺在平坦的地面，以避免玩家重生時出現任何碰撞問題。
- 每當檢查點啟動，都請確保遊戲保留了存檔資料。別讓玩家還得為了存檔而進入另一個選單。

▌猜猜看

　　謎題機制很難搞，不只因為很難設計，或由於你經常需要獨特的資源才能創造這類機制，更是因為謎題很難歸類。我發現了一種「謎題」的定義：

　　謎題不只有趣，還有正確答案。

──史考特‧金（Scott Kim）

儘管金先生設計過的謎題比我多上太多[11]，我卻覺得這項定義不太對。讓我心煩的，是「有趣」這詞。有趣是全然主觀的詞彙，就像「好笑」和「性感」一樣。我覺得有趣的東西，對你而言可能不然。老實說，我也不覺得電玩遊戲中有什麼有趣的謎題。對我來說，沒什麼比想不出解答的謎題更糟了。對抗困難的魔王級怪物，你至少可以用蠻力取勝，但你無法對謎題這樣做。所以，抱歉了，金先生，我創造出了自己的定義：

謎題是擁有正確答案的挑戰。

——史考特・羅傑斯

差異在於「挑戰」這詞。挑戰玩家，是謎題的任務（也是整套遊戲的目的！），謎題提供的挑戰是「解開我」。

玩家首先得知道解開謎題會有什麼獎勵，可以是能夠打開一道門、畫出一幅畫像，或翻譯一則訊息。讓玩家知道他們得先做什麼。我總認為有以下這項超重要的重點：

先讓玩家看到門，再派他們去找鑰匙[12]

創造謎題時，讓謎題的要件保持單純又模組化。你只需要幾個要件，就能拼湊出許多組合。使用的謎題要件數量要儘可能少，以避免玩家混淆。玩家在旋轉或翻轉要件時，要能輕易操控。當要件遭到調整或改變，請確保玩家能看出它已受到調整，也有明確方式能調回原本位置，玩家常常會容易搞不清楚進展到哪了。除非不規則性是謎題的一部分，否則得保持要件的特質一致，特質若一致而連貫，就能讓玩家輕易理解如何組合不同元素。讓他們把注意力放在謎題本身，而不是操控謎題要件的動作，當玩家和要件互動時，簡單壓一下按鍵就該顯示出結果，這樣或許不會自動解決問題，但玩家應該能理解，只要用不同方式做出動作，最後就會成功。

---

11 去http://www.scottkim.com看許多好謎題，還有免費遊戲！
12 不需要真的用門，也不需要真的鑰匙。我只是在打比方。

當我在遊戲中碰上謎題時，我就會透過自己擁有的所有能力、攜帶的每件物品和房內的每個物品來「檢查謎題」。這是解謎遊戲最大的問題，它們經常變成無聊的置換流程。請想想謎題要件是什麼，以及它與其他要件和整個謎題的關係；如果謎題要件間的關係並不清楚，就很容易陷入困境。還有另一點：別引用文化典故（這會使外國受眾摸不著頭緒），或逼玩家用怪異或笨拙的方式使用要件才能解謎。

舉例而言，《惡靈古堡2》中有個謎題，玩家得打開警察局的門，謎題要求玩家把西洋棋擺到控制台上。這是在幹嘛？首先，你什麼時候能在警察局中找到西洋棋了？更別提是能操作控制台的棋子了。如果是……我不確定……例如警察局中四處可見的警官屍體上的識別證，謎題可能就會比較合理。我想說的是，要將謎題和遊戲的故事或設定連結起來，玩家就不會覺得謎題毫無邏輯或突兀。

玩家解謎所需的工具都該在附近，我喜歡把謎題要件擺在離謎題解答不超過兩個房間的位置。讓玩家跑遍關卡並不公平，更別提要他們橫跨整個遊戲世界，一邊想有哪些東西能解開謎題、而哪些不行了。

謎題的配置方式，和碎片一樣都是線索。比方說，如果你做出了西洋棋盤式的配置，玩家就能在處理問題前，先用棋盤作為指引，來想像出行動與模式。如果能以特定方式移動謎題要件，玩家就能想像移動棋子的後果。行動與配置會幫助玩家看出能幫助他們達成目標的模式，這點和計時謎題情況相同。

電玩遊戲中的謎題基本上是閘控機制。如果你有很多謎題，就得確保有多重進展路線。最後，玩家得回去解決曾阻礙自己的謎題。要給玩家時間來想出解決困難謎題的方法，同時也要給他們另一個待解的謎題。

你可以告訴玩家他們是否快要找到解答了……或是沒找到。記得那個小孩在玩的

尋物遊戲嗎，就是你要找某個藏起來的物品，而取決於你有多近，另一個玩家會說「你很熱」或「你很冷」作爲提示。基本上，那就是遊戲設計師得爲玩家做的事。請讓提示與謎題相關。問問你自己：「目前我想知道什麼？」提醒玩家他們的目標是什麼。你可以切換攝影機來展現解謎時出現的肇因與效果，也可以利用語音和音效來提供正面幫助。解開謎題的方法，確實只有四種：理性、知識、技術或單純好運，但最佳的謎題，會讓玩家多多少少全用上這四種方法來解謎。你自然不想讓玩家碰巧發現解答，但如果情況如此，那卡關的玩家至少還能用這招。

你得讓玩家能靈光乍現，「啊哈！」一聲，這種情形就是他們明白了謎題如何運作，也摸清了解答。他們或許仍然得把謎題解完，但解謎應該迅速進行；到了那地步，就只需把過場走完。

不過，如果玩家沒能「啊哈！」，也無法解開謎題，那也別想得太嚴重。你得找個方法，讓玩家不管是誰都能解開謎題有必要的話，就給他們提示，甚至是答案。當然了，在沒解開謎題的狀況下取得解答，應該要讓玩家付出點什麼代價——例如分數或金錢，就像是《雷頓教授》系列遊戲中會降低獎勵一樣。如果玩家需要提示，就讓他們支付罰金，再讓他們跳過謎題往前推進。別讓他們一直猜錯而且因此受罰，也別讓懲罰嚴重到讓他們失去一條命。遊戲進展是玩家的權利，不是獎賞。

儘管我發現玩家解謎時通常會比你想得還聰明，但你也不該爲謎題設下艱澀或無厘頭的解答。最惡名昭彰的冒險遊戲謎題，出自《*Gabriel Knight 3: Blood of the Sacred, Blood of the Damned*》，爲了進入某個地點，玩家得僞裝成NPC，而僞裝的方法是，玩家得把膠帶貼在圍牆上的洞，有隻黑貓會穿過這個洞，貓的背部會摩擦到膠帶，讓毛黏到膠帶上，玩家接著得用貓毛製作僞裝用的假鬍鬚。不過，玩家假扮的那個角色**根本沒有鬍鬚**！此後，我對創造謎題的**重要座右銘**便成爲：

不准用貓毛鬍鬚

換句話說，別太過自作聰明，害玩家永遠解不開謎題。如果你為謎題創造出魯布·戈德堡風格[13]的解答，那你就真的想太多了，必須簡化謎題。玩家該面對的衝突不該是「遊戲設計師對上玩家」，而是「玩家對上遊戲」，所以好好控制你的自傲，為玩家和遊戲做出正確選擇。

▌考考我

當然了，到現在為止，我談的都是你會在故事取向的遊戲中找到的謎題，但謎題還有許多其他種類。解謎類型是電玩遊戲中最廣泛的類型，這種遊戲在內容和玩法上有非常大的變化。讓我們來看看一些不同種的解謎遊戲：

- **邏輯謎題**經常出現在冒險遊戲中，像是 LucasArts 和 Sierra 公司的經典遊戲，玩家需要找到物品清單上的物件，組合起來以便解開謎題。請確保物品與解答是合理的（別用貓毛鬍鬚！），並讓玩家在找尋解答時能輕易組合和測試物品。
- 在《寶石方塊》系列和《Dungeon Raid》系列等**三消謎題**（match three puzzles）中，玩家得配對三個以上的圖標（或是珠寶、海盜頭骨或拼布泰迪熊）以取得分數。三消遊戲專家賈斯柏·朱爾（Jasper Juul）將這些「消去遊戲」（breaker）分成四種設計基礎：控制，配對標準，必要配對和時間。每種因素都能對遊戲的玩法產生巨大作用，也會影響遊戲難度。三消遊戲的遊戲時間短，因此在行動裝置上非常受歡迎。這種極度有彈性的類型和其他遊戲類型很配（又來了），像是角色扮演遊戲、文字遊戲甚至是恐怖遊戲。

---

13 魯布·戈德堡（Rube Goldberg）是個報紙漫畫家，曾畫出做出簡單小事的複雜有趣方式。知名桌遊《老鼠與起司》便是對他漫畫的非官方改編作品。

- **數學謎題**用算術、減法、乘法、除法、空間幾何和數字順序來挑戰玩家。如果你要在遊戲中置入數學謎題，做點潤飾包裝不會有什麼壞處的。你可以在遊戲中加入學習內容，但玩家一發現自己在學習時，就不會想再玩了。給他們別的東西（也就是遊戲性！）以便在學習同時繼續玩。

- 《憤怒鳥》和《No, Human》等**剛體物理謎題**（rigid body physics puzzles），會模擬物體與環境在真實世界中的互動狀況，為玩家創造挑戰。重量、密度、動量、力量、速度和動能都成為用來創造挑戰的設計工具。這類遊戲的玩法基礎可以是堆疊物品保持平衡、建造穩定結構、發射符合空氣動力學的載具，和砸爛東西！

- 《鱷魚小頑皮愛洗澡》與《Enigmo》這類**液體物理謎題**（liquid physics puzzles），會模擬水流與巨浪的流體動力學。別忘了水有動量、黏度、力量、阻力與浮力，都會影響你的海洋遊戲的相關元素。

- 創造小知識（trivia）和**知識謎題**（knowledge puzzles）時，別認為每個人都懂你做的東西。請讓你的問題簡短清晰。做好研究，再判斷你的受眾回答哪種問題會覺得好玩。玩家會因為知道答案而自感聰明。問題的難度務必廣泛，從簡單到艱澀的都有，但大多都該保持簡單。請寫下**大量**問題，因為從所有問題都答完的那一刻開始，知識型遊戲就不好玩了。玩家有許多回答問題的方式。你的遊戲適合哪種呢？

  - 多重選擇：給玩家一連串選擇——至少三個。請設下和答案相似、卻能輕易與正解混淆的「接近的答案」。可以三不五時改問「哪個答案不對？」這類的問題來增加變化。

  - 找到物品／圖像：玩家得在大量圖像或物品中找尋答案。別讓搜尋過程變得極度完美。反之，在物品周圍留下一點空間，讓玩家遲早能發現並選出解答。為了讓玩家持續搜索下去，你可以改變圖像方向、顏色和尺寸。

  - 填入答案：這種回答通常需要鍵盤或手寫輸入板。請確認你的文字分析功能夠靈活，能夠分辨錯字、同義字、俗語和不同地區特有的用詞。《塗鴉冒險家》的字庫中有兩萬兩千八百零二個字！如果你的謎題的字庫比它小，就考慮讓玩家得知有哪些字可選，這樣他們才不會浪費時間猜測未收錄在字庫中的字。

- 《數獨》（Sudoku）和填字遊戲等**傳統謎題**（traditional puzzles）提供了簡單的

挑戰。這種遊戲的關鍵是簡單明瞭，請確保謎題只有一個解答。讓玩家在提出最終答案前，先作筆記或嘗試不同解答。請給玩家嘗試的機會和有幫助的提示。比起使玩家感到頹喪而停止遊玩，幫助他們比較好。請爲不同等級的玩家創造多層次的挑戰。

- 視覺謎題（visual puzzles），特別是像《Nick Chase》系列或《刑事案件》等隱藏物品遊戲，則取決於玩家的觀察技巧，和三消遊戲一樣，你會發現視覺謎題遊戲包含許多類型，包括解謎、恐怖與羅曼史，這或許是因爲隱藏物品遊戲在女性玩家間相當受歡迎。以下是設計隱藏物品遊戲的幾項要點：
  - 人們會找尋形狀、尺寸與色彩等視覺線索，調整這些元素後，你就能輕易藏起物品。
  - 可以讓物品以不符典型外觀的方式出現，以打亂玩家期待。
  - 把物品藏在衆目睽睽之處。最容易受人忽視的圖像，就是玩家面前的那一個。
  - 方向與旋轉能讓人們判斷物品的方式產生極大變化。將物品轉四十五度或一百八十度，就能混淆玩家。
- 《Scrabble》、《Words with Friends》和《Letz》等**文字謎題**把重點放在拼字上。創造文字謎題時，請小心使用俚語和口語。文字遊戲的視覺外觀不該顯得複雜，設計遊戲介面時腦袋要清楚些，也要小心別使用難懂的字體。好好思考你該如何呈現自己的文字遊戲，像《死亡鬼屋打字版》一樣採用較有趣的方式。

呼！我才剛談到解謎遊戲的皮毛而已。你想設計哪種解謎遊戲都無妨，只要確保遊戲公平、目標簡單、邏輯也順暢就好。

▌小遊戲和微型遊戲

小遊戲（minigame）是種簡單遊戲，用來提供多樣性、代表性活動和爲產品增加價值。許多小遊戲都改編自經典街機和經典家用主機遊戲，或只是它們的變異版。

微遊戲（microgame）是只需花幾秒玩的小遊戲。微遊戲中有一半的挑戰，都是在有限的短暫時間中學會玩法。《瓦利歐製造》系列就是微遊戲合輯。

微遊戲爲遊戲開發者提供了許多好處，它們製作和測試起來很快，玩起來很簡單，也能用來當複雜玩家活動的隱喻。我確實相信小遊戲能代表任何活動。來看看吧：

- 撬鎖：《上古卷軸IV：遺忘之都》
- 破解電子產品：《蝙蝠俠：阿卡漢》系列
- 肖像繪畫：《海綿寶寶與亞特蘭提斯》
- 牆壁塗鴉：《戰士聯盟幫》
- 煮晚餐：《料理媽媽》
- 送上晚餐：《美女餐廳》
- 挖鼻孔：《瓦利歐製造》

……任何活動都行。

設計小遊戲時，請務必：

- 讓控制方法保持簡單。小遊戲的本質就是能輕鬆上手的玩法。
- 讓遊戲過程保持簡短──不超過兩到三分鐘，有些小遊戲甚至只持續幾秒。
- 緩緩提升難度。小遊戲的目的是提供多樣性，不是虐待玩家。
- 在每關都增加點新東西。就連不同的背景美術、音效或歌曲，都能防止遊戲變得乏味或重複。
- 用單一按鍵、觸碰控制或非常簡單的控制方式來設計小遊戲的控制方法。
- 如果可能的話，就允許玩家進行客製化。網站小遊戲《Upgrade Complete》（Kongregate，2009）能讓玩家升級一切，包括玩家的船和背景圖形，甚至還有版權畫面！
- 讓玩家清楚知道勝利條件。你的小遊戲要如何結束？它有盡頭嗎？有些遊戲能「永遠」玩下去──或至少到死亡畫面出現時。

　　你甚至不需要將小遊戲從主遊戲中分隔開來。平台兼解謎遊戲《Henry Hatsworth in the Puzzling Adventure》（美商藝電，2009）和角色扮演兼解謎遊戲《Puzzle Quest》（D3，2007）就結合了兩種遊戲風格：平台移動或角色扮演與解謎。如果你在自己的遊戲中這麼做，就得確保玩家有時間在兩種遊戲風格中「改變思考」。用「準備」畫面或動作中的暫停，讓他們有時間重整狀態。

最後，當你用光關於小遊戲與謎題的所有創意點子，你總能採用打地鼠（Whack-A-Mole）。

說真的，拜託不要。我認為打地鼠是設計師創意發想旅程中的最後一站。以下就是原因：

- 這種玩法只取決於玩家的反應時間，完全不需要玩家思考或決策。
- 它具有隨機性，玩家無法使用策略。
- 遊戲過程很重複，可能除了地鼠跳出的速度外，遊戲都沒有變化。
- 除了單一動作、壓按鍵或點擊以外，這類遊戲幾乎不需要玩家做動作。
- 它是「無止盡遊戲」——除非設計師指示，不然沒有盡頭。玩家停手通常是由於他玩累了。

我知道你能設計出更有吸引力的東西！所以接下來讓我們談談更刺激的東西：強化道具！

第十二關的普世真理與聰明點子

- 請設計出既能配合敵人運作，也能彼此互補的遊戲機制、危險物和道具。
- 好的遊戲設計就像音樂，具有玩家能感受到的節奏。
- 請重複使用機制來創造新挑戰。
- 遊戲該有挑戰性，而不是過度困難。
- 別用石塊砸玩家角色的頭：懲罰玩家時，得保持公平。
- 請有創意點，除非必要，不然別使用木箱或打地鼠等老招。
- 不要弄出貓毛鬍鬚：請不要做出玩家無法靠邏輯、知識或技巧去解決的艱澀費解謎題。
- 謎題是擁有正確答案的挑戰。
- 先讓玩家看到門，再派他們去找鑰匙。
- 提供許多檢查點，給玩家喘息的時間。
- 讓解謎遊戲簡單公平。
- 讓小遊戲和微遊戲玩起來簡單又簡短。

13 | LEVEL 13 Now You're Playing with Power
第十三關　現在你玩弄起力量了

各種遊戲類型中都能找到**強化道具**，從駕駛遊戲、解謎遊戲、動作冒險遊戲到射擊遊戲都有。遭到擊敗的敵人會遺留下強化道具，或者藏在寶箱中，有時道具則散落在道路中央。

設計良好的強化道具是濃縮的動作。玩家只需要碰碰它，就能變得精力充沛，能夠以閃電般的速度行動，炸毀世界，和從死亡中復活！強化道具的優點，是它會立刻發揮效果：誰不想立刻取得強大力量！？唯一的缺點是，它的效果通常只是**暫時**的，所以得妥善利用那股力量。

▎強化

設計強化道具時，設計師應該聰明點，也得提出以下問題：

- 強化道具會產生什麼效果？
- 它看起來像什麼？它（或它的效果）如何在遊戲世界中看起來顯眼？它會發光或閃爍嗎？會旋轉或彈跳嗎？
- 強化道具的效果能夠疊加嗎，還是一次只能有一個道具生效？玩家能取回沒使用或棄置的強化道具嗎？
- 它會影響玩家行動的哪個層面？速度？攻擊的次數或類型？健康或狀態？
- 它的效果會如何透過視覺表現出來？或是透過聲音？
- 玩家使用強化道具時會付出哪些代價？受到強化道具影響時，有些道具會降低速度或機動性，或是限制玩家能做的行動類型。
- 如果強化道具的能力是暫時的，有什麼跡象能讓玩家知道能力要結束了？有抬

頭顯示器元素嗎？有視覺跡象嗎？有音效跡象嗎？有音樂跡象嗎？它會持續到玩家失去一條命嗎？

考量玩家會如何收集可收集物品或強化道具：

- 玩家得走過去收集嗎？
- 玩家得主動伸手撿起它嗎？
- 當玩家離強化道具有段距離時，有些道具會自動被吸過去。這樣的話，玩家得靠多近？這種狀況的發生速度又有多快？
- 當玩家靠近強化道具或可收集物品時，它會啟動嗎？

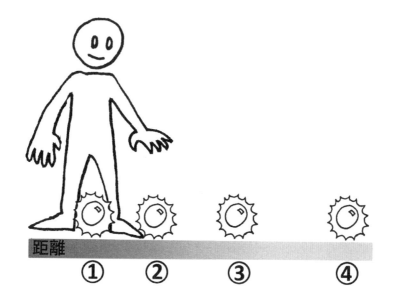

如果你清楚玩家得靠得多近才行，就能幫助你決定收集強化道具後所觸發的效果。強化道具能分為四種類別：**防禦性、侵略性、行動**和**改變遊戲**。

防禦性強化道具幫助加強玩家在傷害下倖存的能力，讓玩家能在遊戲中繼續前進。最常見的防禦性強化道具包括：

- 補血：這種強化道具會重新補充玩家的生命條棒，可以恢復部分或全部。如果你做了治療量不同的多種強化道具，請確保每種的外型都不一樣。

- 補充能力：這種強化道具類似補血道具，但它補充的是能力條，而不是玩家的生命值。

- 額外生命：當玩家取得這種強化道具時，就會多得到一條生命或者重來的機會，能在失去所有生命值後繼續遊戲。

- 刀槍不入狀態：這種強化道具能讓玩家抵抗敵人攻擊帶來的所有傷害。但刀槍不入的玩家仍有可能會受到以物理和幾何方式運作的危險物傷害（比方說，落下懸崖），否則撞擊偵測會出現問題。

- 無敵狀態：和刀槍不入狀態一樣，有了這種強化道具後，玩家不會受敵人或其攻擊所傷，但與敵人碰撞時卻能自動摧毀大多數敵人，就像《密特羅德》的螺旋攻擊，和《瑪利歐賽車》的無敵星星。許多遊戲都不讓這種能力在魔王身上生效，就算有效，也只會造成小傷害。

- 保護功能：這種類型的強化道具包括暫時力場、物理力場或光圈，能保護玩家不受敵人拋射物、火焰或有毒地板所傷。保護性強化道具或許會有自己的「生命條棒」或計時器（但也可能沒有），來顯示剩下多少保護力。保護性防禦和刀槍不入狀態與無敵狀態不同，因為玩家通常能加強、改造和延長效果。

- 間接攻擊：經常出現在快速移動的車輛戰鬥和卡丁車競賽遊戲中，這種強化道具讓玩家用煙幕、浮油和頂端有導火線的黑炸彈「射後不理」，對他身後的不

幸敵人和玩家帶來混亂。

▪ **智慧型炸彈**：當情況變得太艱困，或是玩家需要在動作場面中喘息時，這種強化道具提供了清理遊戲畫面的功能。

攻擊性強化道具能加強或改變攻擊，讓玩家擊敗敵人的速度更快、更有效或更壯觀。

▪ **彈藥增加**：這種強化道具會重新替玩家裝填彈藥。大多數彈藥增加道具都與玩家物品欄中的特定武器有關。

▪ **增益（buffs）**：這些強化道具會在短時間內增加玩家的技巧與能力。可以選用酷炫的火焰效果。

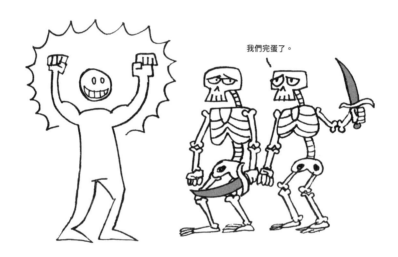

我們完蛋了。

▪ **多重武器**：這種強化道具會加強玩家目前的武器，但不會改變它的基礎。《魂斗羅》的散射攻擊會以扇狀方式發射五發拋射物，而熱追蹤導彈則會鎖定敵人。

▪ **武器升級／交換**：這種強化道具會增加玩家攻擊的力量、速度和傷害，或是將武器改成全新版（有時變得更強，有時則跟原本同樣強大，但擁有可能更恰當的不同能力，因此在特殊狀況下更有用）。新的視覺外觀通常也會伴隨著改變出現。比方說，《魔界村》讓玩家從長槍換到匕首，再換到火把。當武器升級時，就算沒有變得更壯觀，至少也該改變尺寸與效果。

▪ **傷害改變**：火！毒！冰！電！這些強化道具會加強玩家的基礎傷害，通常還伴隨著充滿動感的視覺效果。

▪ **方向**：這種強化道具讓玩家改變或增強攻擊的方向。它最常在射擊遊戲中出

現，讓玩家射擊後頭，以及自己的上下方。方向改變也能運用在拋射物上，像是追擊敵人的飛彈。

- 同伴：當玩家撿起這項強化道具時，會有個小物體出現在角色身旁，提供額外的攻擊或防禦功能。同伴或許會有生命值（也可能沒有），許多都會持續到角色遭到摧毀，或是持續一段特定時間。《大蜜蜂》增加了全新轉折，讓遭到捕捉的一艘船成爲你的同伴。你失去了一條生命，但取得了雙重射擊能力。

行動強化道具讓玩家加強既有的一種行動，或是增添新動作。比方說，在《新超級瑪利歐兄弟Wii》中，玩家們能利用推進器頭盔飛越關卡中的大部分地區。這種強化道具讓玩家飛越關卡與危害，同時也能避開壞蛋。設計玩家度量時，得特別小心注意這些強化道具。

- 速度改變：氮氣加速和其他強化道具讓玩家能以高速移動。但代價是由於反應時間變短，玩家對載具或角色的控制能力通常會下降。

早說過啦。

- 通路：透過這種強化道具賦予的能力，玩家能進入通常無法抵達的地點。有諸多進入方式，包括飛行、搭直升機、滑翔和游泳。比方說，你可以回想一下瑪利歐在《超級瑪利歐銀河》中的蜜蜂裝。
- 尺寸變化：改變尺寸能啟動一系列能力，至少會有能鑽進小洞的能力之類，這取決於不同遊戲。在《超級瑪利歐兄弟》中，超級蘑菇不只會讓玩家體型變大，

也讓玩家能額外承受一次攻擊，還能打碎磚塊進入新地點。《新超級瑪利歐兄弟》中的迷你蘑菇讓瑪利歐縮小，讓玩家能跳到長距離以外。

遊戲改變道具會以顯著方式更改遊玩上的動感，以及玩家和遊戲的互動：

- **改變狀態**：這種強化道具會改變遊戲中的遊玩動感。比方說在《小精靈》中，玩家會逃離鬼魂敵人，但玩家吃下力量藥丸時，鬼魂就會變得脆弱，玩家也能成為攻擊者。

- **分數／寶物改變道具**：無論是《瘋狂計程車》的車費增加器或《搖滾樂團》的明星力量，玩家收集的任何點數或寶物的價值，在短期間內都會增加。
- **磁力**：這種強化道具能將寶物吸向玩家，讓玩家不需進入危險區域，或免去在戰鬥後「清理」寶物與可收集物品的工夫。

- 隱形／偽裝：使用這種強化道具時，敵人和危險物會暫時無法探測玩家，讓他能安全避開可能致命的戰鬥，和進入由戒備森嚴的煩人警衛所看守的地點。
- 喜劇強化道具：這種強化道具的存在意義就只是讓玩家感到驚喜和發笑。《MDK》的「蚯蚓吉姆（Earthworm Jim）」強化道具會把一頭牛丟到敵人頭上。

大多強化道具都只會待在原地，耐心地等待玩家吸收它們，但也有些道具會有更強烈的自衛感。有些強化道具從藏匿處中生成時會移動，就像《新超級瑪利歐兄弟》中的超級蘑菇。而有些強化道具發現玩家時，則會跑去躲起來，像《MDK》中的「懦弱強化道具（cowardly power-up）」。請給玩家機會來捕捉這些活動強化道具（mobile power-ups），別讓它們動得比玩家更快，或讓它們抵抗磁力強化道具的吸力。

你可以把強化道具設計為需要特殊條件才能運作。在《王子復仇記》中，我們有種護具強化道具，只有在玩家收集整套盔甲才會生效。另一種則需要特殊能力才能啟動。只要玩家清楚取得這些特殊能力的條件，你就沒理由不將這種技巧加入你的設計點子儲存庫。

並非所有強化道具都多采多姿又有用。躲在阿爾卑斯山高處祕密巢穴中的邪惡設

計師，創造出了**反強化道具**（anti-power-ups）。就像塞滿狗屎的松露巧克力一樣，這種歹毒的可收集物品看起來像是稀鬆平常的良好強化道具，但它們其實內有致命驚喜。有毒的強化道具能吸收生命值、減緩速度、榨乾經驗值或甚至讓玩家變成殭屍，再加上逆轉控制方式。儘管它們很好玩，卻也只會好玩一兩次。我建議該明智而謹慎地使用反強化道具。

▍「愛汝之玩家。」

很久以前，有個日本遊戲總監[1]告訴我說，這句話應該成為所有遊戲設計師的座右銘。我同意他的想法，不過我的用詞不同：

遊戲設計師該成為玩家屁股上的溫柔手掌，持續把他往上推。[2]

設計師能在遊戲中使用許多系統輔助玩家，我們也在其他關卡中談過部分系統了，像是檢查點、拉撐與搖搖欲墜、瞄準輔助和斜坡式難度等等。但還有其他值得討論的系統，包括：動態難度平衡（dynamic difficulty balancing，DDB）、難度調整（difficulty level adjustment）、橡皮筋式調整（rubberbanding）、遊戲長度，和自動存檔。

- **動態難度平衡**是種按照玩家表現來調整挑戰和獎勵的方式。比方說，如果玩家在對抗敵人時太常死掉，敵人的生命值就會稍微降低，或是敵人不會經常發動攻擊。如果玩家在生命值較低時打開寶箱，就會有補血道具掉出來；但如果玩家打開寶箱時的生命值並不低，他就會取得寶物。DDB的

1　順道一提，此人不同於第四關中「漁夫」的日本遊戲總監。
2　沒那麼簡潔，但更好念。

目標是在玩家需要道具輔助來邁向成功時，把所需的道具交給他們。

- 如果探測到太多參數（像是玩家多次死亡），**難度調整**就會給玩家將遊戲調到較低難度的選項。玩家可以拒絕，或者調整會自動產生。從我個人觀點，我不建議採用後者，因為有些玩家會覺得這樣太羞辱人了。

- **橡皮筋式調整**主要出現在賽車遊戲中，當落後的玩家需要獲得一點好處才能平衡競爭時，你隨時都能使用這招。好處需和玩家落後的程度成比例。橡皮筋式調整的項目不侷限於物理距離，《NBA 嘉年華》和《NFL Blitz》都透過調整對手 AI 或速度，來為玩家提供優勢。在玩家有需要時，橡皮筋式調整是能給予輔助的優良解決方式。

- **遊戲長度**其實是調整難度的好工具。拿競技場舉例，如果玩家和壞蛋打了三到五分鐘，不只生命值夠高，還有一點技巧的話，他就應該能順利存活。不過，讓玩家打上半小時的話，玩家的疲勞感和消耗感就會開始浮現。玩家很有可能無法從衝突中倖存，因為他累壞了……或至少感到無聊。

相信你的感覺，路克。在你玩了同一道關卡上千次後[3]，就會清楚關卡何時會變無聊了。不過，你一定得非常、非常小心，因為你可能會發展出我所謂的**設計師盲點**（designer blinders）。當你玩自己的遊戲太多次，導致你比消費者需要更困難的關卡才能感受到挑戰，這時設計師盲點就會出現；畢竟消費者只會玩幾次而已。這是遊戲開發中極度常見的問題，我看過非常多次了。之後我會在第十八關討論如何解決這種問題。在此同時，請把關卡做得更精實，刪掉無聊的部分！無聊去死吧！如果刪減元素能強化遊戲，就別害怕動手。

3　老實說，從設定遊戲關卡，把它變得豐富，測試機制、危害物與戰鬥，擺設並重新調整可收集物品，一路到最終試玩，你確實會玩同一道關卡（至少）上千次。

- 如果遊戲會定期自動記錄和儲存遊戲，這就是**自動存檔**。這樣的話，玩家就能專心玩遊戲，而不需煩冗地一一管理遊戲的儲存檔案。當遊戲當機[4]，或如果玩家忘了在重要部分儲存遊戲，又隨即死亡的話，自動存檔就很有用了。許多遊戲載入新地區時，都會自動存檔。

▍說眞的。「愛汝之玩家。」

在玩家難度的每種正面範例中，總會有一項負面範例。以下有個故事，與我對設計玩家難度的說法完全**相反**：我曾和某個創意總監一起審核一場敵人遭遇戰，我告訴他說，我認爲這場遭遇戰並不糟，但可以更有挑戰性一點。他同意，並對我下達指示：「玩家在前進之前，得死六次。」我心想：「對不起，創意總監先生，我知道你是我的老闆，但你眞是個白癡。」但我沒這麼說，因爲我還想要我的工作。

我確實做的事，並不是設計那場遭遇戰，讓玩家得死三次才能前進。你也不該這樣做。玩家死亡永遠不該是遊戲設計的衡量標準，用傷害或死亡來「獎勵」玩家，是種負向獎勵。

在《王子復仇記》中，有個敵人是寶箱模擬怪——這是種有趣的敵人，當箱蓋「打開」時，它會立刻關上並像狗一樣攻擊玩家。但它有種不幸的副作用，我看到玩家在打開寶箱前畏縮，因爲他們以爲那是模擬怪。儘管看玩家被整，會讓設計師覺得好玩，但對玩家而言並不有趣。這破壞了遊戲的重點：好玩。玩家會因此痛恨你，並罷手不玩，這點很糟糕，因爲所有遊戲設計師的終極目標，都是讓玩家繼續遊玩。如果我再度創作這種敵人，就會給玩家一些線索，讓他們能發現這種敵人並做好準備。線索可以包括簡單的改變顏色，或是搖晃的壺會有敵人躲在其中，就像在《薩爾達傳說：大地汽笛》中一樣。

4　但你的遊戲不會當機，對吧？

　　在我看來，如果玩家能通關整款遊戲，他們就會感到開心。他們會開心到告訴別人自己有多喜歡你的遊戲，也會開心到買你的下一套遊戲。這對所有人而言都是雙贏局面。

▋ 超越想像的財富！

我不知道耶，我可以想像出很多錢。

—— 韓索羅（Han Solo）

　　遊戲設計師有許多強力工具能讓玩家繼續遊玩。我們已經談過謎團、喜悅、驕傲和力量，但我們現在要談這些工具中最強效的兩種：貪婪與獎勵。

　　貪婪會讓玩家做出有趣的事。他們會農（grind）最難農的大型多人線上遊戲，以便拿到更強的劍，和那頂獨特帽子，以及抵達下一關。他們會跳上滿滿致命陷阱的小平臺，就為了抓到額外的那枚硬幣。他們會對抗最大最兇狠的敵人，就為了瞭解故事接下來的發展，或是得到那項成就。以下**超重要的重點**千真萬確：

永遠不要低估玩家的貪婪

　　但是……與其懲罰玩家的貪婪（引誘玩家邁向死亡，以證明你這個遊戲設計師比玩家還聰明），反而可以往好方向運用他們的貪婪。

- 承諾給予寶物與物品，來驅使玩家對抗敵人。
- 給玩家可客製化的個人空間，用於展示他們的戰利品與獎勵。當他們看到有些「架子」開始擺滿東西後，就會想「得到全部」。
- 利用「我也是」因素。對玩家而言，與他人並駕齊驅是強烈的動機，在多人玩家空間中尤其如此。有次我在玩《魔獸世界》，本來在做我自己的事，我看到另一個玩家駕著一隻機械雞坐騎經過，忽然間，我的遊玩目標從「抵達下一關」變成「我得擁有機器雞」！

- 放置寶物和隱藏物品時，請建立「準則」。敏銳的玩家會發現這些準則，他們的觀察也會得到獎勵。比方說，在《王子復仇記》中，埋起來的寶箱會被擺在樹木邊；如果關卡中沒有樹，它們就會被藏在相似的垂直建築元素，像是柱子或墓碑旁邊。

- 就像《吃豆人吃遍世界》中的圓點，和任何《音速小子》遊戲中的戒指，你能將可收集物品在關卡中擺成一條線，以便指引玩家下一步的方向。

▪ 《戰慄時空》用了種有趣方式來向玩家介紹新武器或物品。首先，玩家會從別的角色口中聽說那項新物品。第二步，玩家會看到別的角色擁有該物品。第三步，玩家會看到別的角色使用該物品。最後，玩家會自行取得並使用新物品。等到新物品出現在玩家手中時，他們就不只知道它的長相、本質與功用，自己也想要擁有了。

和貪婪一樣，**獎勵**是強烈的玩家誘因。獎勵就是玩家終究想努力取得的目標。畢竟，少了勝利條件，你就做不出遊戲，而且你也永遠不該製造毫無獎勵的勝利。

眞是值得。

▪ 在遊戲早期就讓玩家得知獎勵是什麼。如此一來，他們就會有份長篇清單，包含在遊戲中「該做」的事，以及他們會由此獲得的東西。

▪ 給玩家獎勵，要盡快給、經常給，而且讓獎勵有些變化和驚喜。比方說，在《王子復仇記2》中，有時玩家會得到金錢作爲擊敗敵人的獎勵，但其他時間他們則會取得強化道具。玩家永遠無法確定自己會拿到什麼，這也讓過程變得有趣。

▪ 勝利條件必須彰顯出成功的證據。誇獎永遠不嫌多。戲劇化一點、刺激一點，甚至滑稽點也行⋯⋯或是非常滑稽！施放煙火，在玩家周圍玩些精彩的攝影機運鏡，讓玩家角色興奮地跳到空中，播放群衆歡呼聲和角子機音效。使用視覺效果和粒子，還得要大量粒子！多多益善！你會想讓玩家覺得自己既是第三次世界大戰的勝利者、棒球賽中致勝一球的得分者，也是樂透贏家。

▪ 無論獎勵爲何，都要讓它對玩家產生意義。給玩家在下一關增加優勢的獎勵，

該獎勵同時還能解決在上一關讓玩家頭痛的問題。最棒的獎勵，是玩家在拿到前都不清楚自己需要的東西。

在電玩遊戲中，有形形色色的獎勵：計分、成就、寶物、戰利品、強化道具、紀念品、特別獎勵、讚美、驚喜和進展。

■ 高分

在電玩遊戲的史前時代裡[5]，玩家唯一的獎勵就是取得高分。計分是個有用的系統，一個數字和三個小字母，這樣非常簡單的方式就能顯示玩家的成功。有點難向現今的人們描述，為何在街機遊戲螢幕上看到你的姓名縮寫字母時，會令人感到相當刺激，但這有點像在未乾的水泥上寫你的名字：全世界都會看到，你就是這遊戲的大師——至少直到當晚遊戲電源關閉，計分板也重設為止。[6]許多玩家都熱衷於競爭，即便是對抗自己，也熱愛隨著高分而來的自誇。但遊戲中的計分還有重要性嗎？

那是許多遊戲開發者在1990年代晚期自問的問題。當街機風潮沒落，大多數遊戲也轉向PC和家用主機後，計分就代表了舊派思維。昔日遊戲設計的唯一目的，就是讓玩家繼續把二十五美分硬幣丟進投幣孔，計分則被視為這種設計的遺族。與收集遊戲中所有的祕密和完成遊戲劇情相比，計分很快就成為毫無意義的數字。簡單的數值分數不比優異的結尾動畫來得吸引人或有電影感，遊戲中的分數幾乎和渡渡鳥一樣死透了。

幾乎啦。

在2000年代早期，由於《寶石方塊》和《Feeding Frenzy》（波普凱普，2004）等網頁遊戲的走紅，計分再度產生重要性。當Xbox Live引入排行榜時（日後也傳至PlayStation Network），計分便重返高峰。現在玩家能在PlayStation Network、Game Center、Steam、Google Play和Windows的Game Explorer分享自己的積分，開發者也企圖透過開發自己的追蹤系統來達成這項目標，像是育碧（Ubisoft）的Uplay和美商藝電的Origin。

5　在當時，我們能玩的唯一一款電玩遊戲，就是拿兩塊石頭，用藤蔓把它和另外一塊大石頭連在一起。滾離我的草皮，你們這些臭小子！

6　因此在7-11取得高分比較好。那些店永遠不關門！

■ 成就

成就就是高分再配上特性。成就首度於Xbox 360上的《最後一戰2》出現後，便驅使玩家展現遊戲技巧和吹噓自己的成就。執行某件任務X次、完成擊敗魔王等遊戲目標、收集一項特定物品（或所有特定物品），或單純完成遊戲，這一切都是可行的成就。

創造成就對開發者而言很有趣，就像玩家收集起來也很有趣一樣。你可以爲成就賦予巧妙名稱和有趣標誌。成就清單通常會在遊戲上市前釋出，擁有揭露遊戲中的「待做」清單的功能。成就是種很棒的東西，能讓設計師向玩家指出他們可能不會想到要嘗試的遊戲概念。無論開發者有什麼打算，都可以用成就進行獎勵。以下是我最喜歡的幾個範例：

- 最簡單的成就：按開始以展開遊戲（《辛普森家庭》）。
- 不防彈：在簡單關卡中死亡（《五角：防彈》）。
- 清道夫：把五具屍體藏在乾草堆中（《刺客教條II》）。
- 彬彬有禮：讓敵人看到你脫帽行禮的定格鏡頭（《絕地要塞2》）。
- 謝弗的六度分隔：和任何擁有這項成就的玩家合作或對抗彼此（代表在這一連串玩家互動中，至少有一個玩家與遊戲創製者提姆・謝弗玩過遊戲。《惡黑搖滾》）。
- 你浪費了生命：閒置五分鐘（《奪魂鋸》）。
- 失心瘋：用盾牌把隊長斬首（《Conan》）。
- 唔唔唔！：在血泊中連續滑行一百公尺（《Fairy Tale Fights》）。
- 屎痕：拉扯別人內褲頭五十次（《惡霸魯尼：獎學金版》）。
- 我覺得很臭：被衝來的鬼魂噴灑黏液（《魔鬼剋星》）。
- 賈瓦人果汁機：用垃圾處理室中的磨碎機壓爛五個賈瓦人（《星際大戰：原力釋放　終極西斯版》）。
- 蛋糕：你找到蛋糕了，眞好吃！（《X戰警：金鋼狼》）。

■ 錢！錢！錢！

誰不愛得到寶物？聽聽金幣噴出寶箱時發出的愉快鏗鏘聲，看看它們從無頭敵人的身體灑落到地上時發出的閃光。它們在空中旋轉，誘惑你跳過死亡火圈和插滿尖竹

釘的坑洞……

　　是呀，收集寶物很棒，但你要把寶物花在什麼東西上？要讓寶物有意義，就需要**經濟系統**。為遊戲設計寶物時，就為它們創造逐漸提升的價值：一，五，十，五十，一百……你懂的。但也別把價值的落差設得太大，你最不想要的，就是一分錢硬幣的虛擬替身——那種寶物可沒人想撿。

　　電玩遊戲中我最喜歡的其中一件事，就是我比現實生活中更富有。當玩家家財萬貫時，他們會感覺很棒。擁有大筆金錢的好處，是玩家在購物時會有許多選擇；但要達成這項福利，你就得確保有夠多東西可以讓玩家買。讓玩家在兩個好東西之間做選擇，總是很有趣。他們不只會在購物時經歷愉悅的猶豫感，也會使他們在下次購物時抱持期待。請在商店中置入各式各樣的物品，並找出方式來更動存貨，使選品不致變得乏味。接著，請決定物品的價格。你可以先透過稀有度來分類寶物、戰利品和其他可購買物品，稀有度包括常見、少見、稀有與獨特等，接著再為每個物品加上價格。思考你想讓玩家在遊戲開始時取得哪些物品。永遠都要有些能迅速購買的東西，以及無法觸及的誘人物品。如果我有多一點硬幣就好了！

　　當你創造出初步經濟後（別擔心要定下這件事，當你想出玩家想要或需要什麼時，價格便會在生產過程中改變），就想想如何把寶物放在遊戲世界中。如果你想讓玩家付三百塊美金來買東西，就確保關卡中有至少價值三百塊美金的寶物。你得回答這問題：「寶物會重生嗎？」會的話，就得小心玩家會在關卡中「挖取」寶藏，這可能會完全搞砸你的經濟系統。另一方面而言，若少了寶物來當動機，重玩同一關卡對玩家來說也沒什麼樂趣。你可能會想讓玩家多次重玩同一道關卡，讓他們能收集足夠金

錢，以便購買自己需要的東西。金錢短缺會鼓勵玩家重玩⋯⋯或是探索破關道路以外的地帶。如果你打從遊戲一開始，就讓玩家們接觸到能購買的所有物品（透過像《但丁的地獄之旅》中出現的「技能樹」），玩家就能開始規劃自己賺到錢後要如何花用。有時玩家得購買比較便宜但必要的裝備以便繼續前進，像是彈藥或補血道具。讓他們選擇購買方式與能升級的物品。

　　使用顏色來區分寶物的價值，像是常見而老套的銅色、銀色與金色；或使用不同的形狀，像硬幣、布袋和寶石。別搞得太複雜或瘋狂，不然的話，玩家會把寶物誤以爲是強化道具。

　　你的寶物會是個負擔嗎？我的意思是，玩家是否有攜帶量上的限制？如果有的話，他們要如何攜帶？許多角色扮演遊戲和大型多人線上遊戲（MMO）對負載量都有限制，迫使玩家尋找其他儲存方案，像是魔法儲存袋或是銀行。無論解決方案爲何，都得確保玩家不需把錢從儲存庫移到商店，讓錢從玩家的帳戶中匯出就好，以避免徒生麻煩。

　　寶物甚至不需要是錢，可以是《拉捷特與克拉克》中的螺栓，樂高遊戲中的圓栓，《戰神》系列中的靈魂，甚至是垃圾，像《異塵餘生》中的瓶蓋。寶物的外型不重要，只要它看起來亮晶晶，並在你收集時發出響亮的鏗鏘聲就行！

　　提到寶物，你的玩家要到哪花那些錢？大多角色扮演遊戲有友善（和不太友善）的商店，會販賣各種冒險商品。《邊緣禁地》和《生化奇兵》使用販賣機。讓你製作的

遊戲擁有特有的商店：賽車遊戲可以有車庫，玩家能到裡頭買車輛升級道具和客製化道具；運動遊戲可以使用運動用品店。增加商店是讓遊戲增加特性與主題的另一種方式。

嘿，或許那個在巷子裡穿大衣的詭異傢伙有我們要找的魔法劍？去跟他談談吧。

是誰在那裡？進來吧，進來吧。我有大膽英雄要活下去所需的一切。四處看看吧，需要幫忙就問我，別怕：

- **攻擊**：需要新劍嗎？渴望那把更強的槍嗎？來個不錯的魔法飛彈咒語如何？它的前一位擁有人是個只在星期天使用它的嬌小老巫婆。
- **防禦**：盔甲、盾牌、頭盔和力場產生器……我有一堆能格擋刀刃或反彈雷射光束的東西。
- **維修**：揮劍揮得太用力了，是吧？好吧，你只要花幾枚硬幣，就能讓它完好如初了。
- **可補充資源**：彈藥、補血藥水、電池和汽油……我們很快就能讓你繼續上路！
- **技術**：想學旋風劍擊嗎？還是為你的準確技術添增 +2？來個好用的工具組，賦予你撬鎖能力怎麼樣呢？你只需要花上一點錢……
- **通路**：我有鑰匙和藏寶圖，甚至還有看起來或許能插進洞裡的雕像。我敢說它能打開某處的祕門。
- **虛榮**：你戴那頂帽子看起來很潮。那套新服裝也是──我斗膽覺得比你的舊服裝好多了。

- 奇想：噢，先生，我當然認爲你的頭髮染成粉紅色好看多了。沒錯，女士，妳需要的正是八字鬍。
- 資訊：只要幾枚硬幣，我就能告訴你，國王會在哪給像你這樣的冒險者工作。
- 存檔：只有最殘忍的設計師會爲了讓對方繼續玩而收費……總共是一百枚金幣，好心的先生。非常感謝你，請再度蒞臨！

我們走吧。這裡的東西價格太貴了，更何況你可以在關卡中找到大多這類物品。

戰利品就是你能買到的棒東西，但完全免費！這個嘛，如果你認爲穿過永恆痛苦神殿、和擊敗哥布林大軍算是免費的話。你買的戰利品和你找到的戰利品之間的差別，就是你總能在冒險中找到更好的戰利品。戰利品像是某種升級系統，請讓它成爲故事中的一部分，就像《薩爾達傳說》中知名的「獨自動身太危險了，帶上這個……」時刻。取得新武器或道具，可以象徵遊戲中的進展。把最好的武器、最堅固的盔甲和最好開火的槍留作戰利品，讓玩家解謎、從危險物中倖存和擊敗魔王，才能獲取獎賞。也得記好這個超重要的重點：

最棒的獎勵最難入手

■ 紀念品

紀念品是玩家在遊戲中冒險時取得的實體（這個嘛，是虛擬啦）贈禮。紀念品能被展示在玩家的基地、城堡、太空船或公寓中。請給玩家炫耀它們的特殊地點，像是《古墓奇兵：重返禁地》中主角蘿拉‧卡芙特的戰利品室，或是裝有恰當照明的好架子，也可以是《樂高印地安納瓊斯大冒險》中的動態互動式展品，或《祕境探險2：盜亦有道》裡的虛擬博物館。無論你選擇哪種風格，可以使用近拍鏡頭或幻燈機讓玩家好好看它們，再加上標籤，以提醒他們在哪找到紀念品。

不過，不該把所有紀念品都擺在架上。將紀念品轉爲有用的遊戲物品，會使那些物品得到更多意義。在《魔獸世界》中擊敗巫妖王後，玩家會拿走他的劍；《洛克人》

中擊敗機器大師時，會奪走他們的力量。與其給
玩家龍皮地毯，何不給他一雙龍皮靴呢？如此一
來，只要玩家穿著靴子，每個人就會知道是誰宰
了紅龍。記得也給紀念品特殊功能，例如那雙紅
龍靴或許能讓玩家抵抗火焰攻擊，或讓他們能踏
過熱炭或岩漿，或許還能給他們特殊火焰踢擊。讓效果變得特別，玩家就會想趕去下
一場遭遇，看看自己能贏得什麼。

好酷的靴子！　　　等級七十的紅靴！

關於特別收錄的特別區

　　特別收錄（bonus features）的最大問題，就是製作團隊通常在最後一刻才創造它
們。請早點設計它們，但它們仍該是你最後創造的東西，這樣你就能透過將它和遊戲
其他內容相比，判斷出什麼對玩家而言算是「獎勵」。特別獎勵包括：

- 服裝改變：服裝改變能為特別收錄增加一點多樣
  性（和幽默）。《星際大戰：原力釋放》中的弒星者
  （Starkiller）能穿上來自遊戲其他關卡的服裝，《戰神》
  中的克雷多斯能解鎖西裝或主廚服裝。

我不太確定這
哪裡好笑。

- 不同模型：為你的主角或反派創造新外型！在《秘境
  探險2：盜亦有道》中，玩家能解鎖胖版的英雄，而
  在《蝙蝠俠：阿卡漢瘋人院》裡，玩家能把所有敵人
  變成骷髏。

- 不同模式：啊，大頭模式。編碼起來很容易，也能讓
  人哄堂大笑。我們這麼喜歡耍蠢模式有什麼好驚訝的
  嗎？耍蠢模式形色各異，從把敵人爆炸的肢體變成生
  日禮物，到將遊戲中所有車輛變成粉紅色。能限制你的，只有想像力和製作時
  程還剩多少時間。

- 可下載內容（DLC）：通常會透過主機網路下載，像是Xbox Live Arcade、Play-
  Station Network或WiiWare。可下載的內容形形色色，包括這份清單上的許多
  獎勵。DLC用額外武器、遊玩模式、成就、角色模型和新關卡，為遊戲提供

了延長平均遊玩壽命的方式。

- 新關卡：這是製作上最耗時的額外獎勵，新關卡（與遊戲內容）已成為相當受歡迎的DLC類型。許多主機遊戲都引進了季票（season passes）的機制，消費者在遊戲發售時購買季票，就能進入日後發行的新關卡。《生化奇兵：無限之城》、《刺客教條III》和《蝙蝠俠：阿卡漢起源》是透過季票以新關卡和故事來拓展遊玩體驗的幾個範例。將這些季票安排為在遊戲上市後發行的額外內容後，開發團隊就能對關卡投入更多時間精力與細細打磨，維持內容的品質。

- 音樂：想在沒玩遊戲時聽遊戲的音樂嗎？這好解決。請創造出讓玩家聽音樂的音訊播放器，或者讓他們把遊戲光碟插入CD播放器中。

- 講評：團隊或許能在音軌中談到遊戲的開發過程。從《戰慄時空2：消失的海岸線》開始，開發商維爾福讓互動式遊戲內講評成為它標準的特別收錄內容之一。

- 「製作過程」影片：另一種特別收錄，是探索遊戲創造過程的紀錄片式花絮（或功能）。這些影片製作起來非常耗時，不過也是讓辛苦團隊處在聚光燈下的良好方式。

- 模型檢視功能：玩家能查看遊戲中的3D模型和資產。讓玩家控制攝影機，在模型上進行運鏡、旋轉、放大和縮小，以便用最佳角度展示。這項功能在即時戰略遊戲這類遊戲中特別有用，因為玩家通常會從更遠的攝影機角度觀看角色。

- 美術檢視功能：這些檢視功能是最常見的特別收錄：只要掃瞄前期製作的美術草圖……鏘鏘！你完工了！好了，懶惰鬼，你可以做得更好。別光是輪番展示團隊的美術作品就滿足了，可以為圖片配上音樂或是美術人員的講評。展示環境、道具、地圖與設計材料，能讓玩家感激你為遊戲付出的努力。請確保玩家能控制展示速度，別讓他們還要等下一張美術圖出現。何不加入放大鏡，讓他們能仔細放大來觀察美術圖？（你甚至可以在美術圖中藏入獎勵，讓玩家自行尋找！）

- 宣傳資料：續作中比較會看到宣傳資料，因為通常這類資產要到遊戲製造過程中的晚期才會創造。如果在一個長青系列放入這類資料的話，便能帶來特別有趣的懷舊感。

- 預告：電影預告（如果遊戲是電影的相關產品，預告片就特別切題）、其他遊

戲的預告，和續作的搶先看片段。別讓觀看過程變成義務，讓玩家選擇是否要跳過它們。

- **小遊戲**：儘管有些遊戲完全以小遊戲組成[7]，但也別忘了把小遊戲加進更大型的遊戲中。它們在漫長冒險的艱苦過程中為玩家提供休息的機會，還不需要「退出光碟」。給小遊戲一個生存地點，像是街機。小遊戲做起來相對簡單，只要找出你遊戲中某些最有趣的玩法，並在概念上重新改造就行。在《戰神》中，我們就這樣做——小遊戲「諸神的挑戰（Challenge of the Gods）」中的一切已經在遊戲編碼裡了，它只是給玩家不同的勝利條件。有些小遊戲會給予能夠在主遊戲的經濟系統中使用的獎勵；有時候它們是宣傳工具，像是 iPhone 遊戲《質量效應：銀河系》；完成遊戲後，玩家就會在《質量效應2》中收到獎勵。

- **多人模式**：要描述多人遊戲，就得花上一整個章節[8]，但還有其他和遊玩本身直接關聯較少的模式。資產交易、聊天功能、觀察者模式、朋友和對手名單，甚至讓你能檢視朋友的遊戲數據——這些額外模式能為你的遊戲賦予價值。記得讓介面保有對使用者友善的直覺性功能。

- **不同結尾**：玩家會變得善良或邪惡呢？拯救世界或被炸死？拯救女孩或男孩？許多角色扮演遊戲、冒險、動作與生存恐怖遊戲為故事提供了多重結局。舉例而言，《質量效應》系列給出了不同結局，取決於玩家角色的性別，和與其他 NPC 在遊戲中建立的關係。多重結局是讓玩家重玩遊戲的好方式，前提是他們清楚有多重結局。光靠在遊戲中幾個關鍵時刻做出的決定，來營造出幾個結局，我發現這招已經不夠用了。如果善惡與彼此匹敵的話，爭鬥就更有趣了。請創建出系統與機會，讓玩家能為不同結局「修正走向」。讓結局成為玩家的選擇，而不是遊戲決定好的終曲。

- **作弊**：作弊通常是只讓開發團隊在製作期間使用的功能。開啟作弊模式，可以讓玩家得到無限資源，像是生命值、彈藥、生命或常見的無敵能力。我建議直到玩家破關遊戲一次前，不要開啟作弊模式，否則他們就在**作弊！！！**這會害他們無法得到應有的遊戲體驗。有些遊戲還會鼓勵「正確」玩法：可能無法透過作弊得到遊戲的「好」結局，或是他們可能會像在《俠盜獵車手》中一樣被

7　比方說，看看 Wii 上大多遊戲就知道了。
8　的確，第十四關就是這樣。下一關就是了！

標記為作弊者。在《絕地要塞2》中，沒使用作弊功能的人會得到特殊的可穿戴式天使光圈，名叫「作弊者的哀嘆（cheater's lament）」。

如何在失敗時勝利

我們這個業界真的真的很擅長讓玩家感到真的真的很糟。我們毫不猶豫地殺死玩家角色，將他們逼入近乎無法脫身的困境，並在他們失敗時大加譏諷。我們瞬間偷走他們的東西，並無時無刻攪亂他們的心。我們非常不擅長提供**讚美**。然後我們這個業界才在疑惑為何玩家會抱怨遊戲。我們需要做的，反而是讓玩家感覺自己就像世上最棒的人。我

看過給玩家讚美的最佳範例，是《寶島Z：紅鬍子的祕寶》。當玩家做出正確行為時，就會出現以下效果：

- 遊戲播放出一段「成功」曲調。
- 主角會做出好笑的反應或勝利動畫。
- 主角身上會飄出粒子效果。
- 玩家的猴子跟班威奇（Wiki）會以文字恭賀玩家剛做出的行為；威奇也有自己的配樂和粒子效果。

當玩家完成謎題時，不只有上述效果會發生，還有：

- 用流星將螢幕染成一片黃的噴發特效。
- 播放一段比曲調還長的成功配樂。
- 主角做出「看看我！」動畫，並展示出他們剛贏得的謎題線索或物品。
- 顯示玩家剛贏得的物品名稱。

這些用角色動畫、視覺效果、音樂與文字來獎勵玩家解開謎題的效果一共有八種！太棒了！這套遊戲讓我覺得自己像是世上最聰明的玩家，結果我就想繼續玩了！但要記好，好東西太多也未必是好事。如果你什麼都沒做，或只是做出小事，就得到

讚美的話，它就不再有意義了。

請觀察你在遊戲過程中能滿足玩家的自尊多少次。《神鬼寓言》中的NPC會恐懼地從玩家身邊退開，或是讚美玩家，取決於他的陣營為何；而這正是玩家想聽到的東西，特別是在他們花了這麼多時間營造自己的善惡取向後。

除了寶物之外，還有其他獎勵。我指的是**驚喜與樂趣**。迪士尼樂園的海盜巢穴（Pirate's Lair）是個有海盜主題的遊樂設施，在裡頭訪客能與好幾個物品互動，包括艙底幫浦和轉輪。當你旋轉轉輪時，滑輪上的繩索就會開始從水底拉起一只寶箱。如果是在電玩遊戲中，當寶箱現身時，玩家就會取得寶物，並揚長而去。

不過，如果你繼續旋轉輪盤拉起寶箱，就會讓一具試圖占有寶箱的骷髏露出水面。骷髏本身只是用來讓觀眾會心一笑的。電玩遊戲中沒理由不能有這種細緻時刻。有些遊戲開發者會做類似的事，像是漫威漫畫（Marvel Comics）的作者史丹·李（Stan Lee）出現在《漫威英雄：終極聯盟2》中，《潛龍諜影3》的叢林

關卡中有《捉猴啦》裡的猴子，或是《時空幻境》有對瑪利歐的世界1-1的致敬內容。

有些人主張**進展**不太算是獎勵，也認為玩家不該因完成遊戲而得到獎賞。畢竟，破關不就是目的嗎？有很多東西在競相爭取玩家的空閒時間，要怎麼讓他們保持專注呢？你只需要很棒的故事，匠心獨具的關卡設計，酷得誇張的魔王戰，以及絕佳的升級機制就行。很簡單，對吧？但萬一同時不只有一個玩家想玩呢？這個嘛，因此我們要前往第十四關了！

第十三關的普世真理與聰明點子

- 請創造出能配合玩家的行為與攻擊並加以補強的強化道具。
- 愛汝之玩家！給他們動態難度平衡和橡皮筋式調整等工具以邁向成功。
- 如果你覺得遊戲中有東西太難或太無聊，那肯定就是這樣。刪了它。

- 永遠不要低估玩家的貪婪，用它來激發有趣場景與挑戰。

- 為整套遊戲規劃經濟系統。依據你想讓玩家取得物品的時機來標價。

- 為玩家提供足夠的金錢，讓他們在購物時能做選擇。

- 準備大量可供購買的酷玩意，逼玩家在（至少）兩項好東西之間做選擇，讓他們回來買更多東西。

- 判斷計分機制適不適合你的遊戲，並在玩家取得高分或成就時獎勵他們。

- 別忘了特別收錄和可下載內容。記好，做這種內容得花時間，所以別等到製作期的最後階段才處理。

- 有些獎勵純屬好玩。

14 | LEVEL 14 Multiplayer—The More the Merrier
第十四關　多人遊戲──越多人越好玩

　　我記得玩過的第一套真正多人遊戲是雅達利在 1985 年出的《聖鎧傳說》，四個人可以同時遊玩。我玩《聖鎧傳說》的大多印象，除了「精靈很需要食物」外，就是由於街機機台的架構，我朋友和我在玩遊戲時會互相推擠。儘管《聖鎧傳說》是合作遊戲，我們也肯定沒那樣玩。我們總試圖搶奪生命值，或是搶先啟動「智慧型炸彈」藥水。

　　推擠持續到數年後的《忍者龜》和《美國隊長與復仇者聯盟》。當《毀滅戰士》揚起它的醜陋惡魔頭顱後，物理上的推擠動作就變成了虛擬行為，透過我們的區域網路連線進行。我這裡說的推擠，指的是在死鬥中用電漿步槍轟炸彼此。多人遊戲推擠此後演化得更進步。

- 正面交鋒（head-to-head）：兩個以上的玩家在同一個遊戲系統上與彼此即時競爭。大多運動、動作和某些第一人稱射擊遊戲都可以進行正面交鋒模式。

- 網路／對等式網路（network/peer-to-peer）：兩個以上的玩家在透過網際網路連上廣域網路（wide area network/WAN）的機器上與彼此即時競爭，該廣域網路可以由遊戲開發者或玩家創造。也可以使用任天堂 3DS 或行動裝置在無線網路上玩遊戲。

- 用戶／伺服器（client/server）：這些電腦系統夠大也夠快，能夠同時應付多名使用者。有些大型多人線上遊戲（MMO）和大型多人線上角色扮演遊戲（massively multiplayer online role-playing games，MMORPG）使用用戶／伺服器來處理大量資訊傳輸。伺服器是執行遊戲模擬代碼的電腦，用戶是連接到伺服器

的電腦，會從使用者端送來資料，並為他們展示遊戲世界。系統可能會包含能執行模擬過程的遊戲伺服器、處理玩家登入的帳號伺服器，以及儲存永久遊戲資訊的資料庫伺服器。

- 無線隨意網路（ad hoc WiFi）：這種連線讓玩家能在不使用纜線或網路的狀況下進行裝置間的連線。這在行動遊戲裝置中十分常見，但它的缺點是無法傳輸大量資料，玩家在遊玩時也得待在近距離內。

當你決定玩家要如何連線後，就得決定他們該玩什麼。多人遊戲中有三種截然不同的遊玩風格：

- 在**競爭類**遊戲中，玩家有同樣的目標，但得對抗彼此——經常會爭鬥「到死」，以便率先完成目的或取得最高分。（另外，光是和彼此對打也很好玩！）

- **合作類**遊戲給玩家同樣的目標，同時（理論上而言）也得合作才能達成。和我那些笨蛋朋友玩過《聖鎧傳說》後，我就明白即使是合作類遊戲都能迅速化為競爭類遊戲。

- **共軛類**（conjugate）遊戲方式讓玩家共享遊玩空間，但沒有同樣的目標。隨著大型多人線上遊戲與大型多人線上角色扮演遊戲崛起，共軛類遊戲方式已逐漸變得普及，數以百計的玩家同時在遊戲中東奔西跑，每個人都有自己的目標與動機。

多人遊戲

所以這些動機是什麼？哎呀，真高興你問到這點，不然我接下來幾頁就沒東西可寫了。看看多人遊戲中的這些遊戲模式——有些只出現在此類型中。你可以輕易結合這些模式，創造出共軛類遊戲場景：

- 死鬥／大亂鬥（death match/free-for-all）：當玩家與彼此競爭高分、或競爭最佳武器時，就會鬥個你死我活。通常，玩家在死鬥一開始都處於相同處境，也會在遊戲過程取得（或失去）讓他們取得優勢的裝備。

- **團隊死鬥**（team death match）：這種模式讓玩家團隊為了爭霸而彼此廝殺，甚至還有競爭目標，讓同隊玩家能為最高分競爭。

- **決鬥**：兩個以上的玩家入場，但只有一人會站著離場！為格鬥遊戲造成問題的通常不是飛舞的亂拳，而是連線速度。在一瞬之間的行動會帶來莫大差別的遊戲中，如果連線速度很慢，那種「延遲」就會使遊戲過程受害。請確保團隊裡的程式設計師清楚有預測編碼的解決方案，像是東尼・卡農（Tony Cannon）的GGPO網路編碼。

- **生存**：通常，生存遊戲模式的目標是擊敗所有敵人，或是活著從A點抵達B點。《惡靈勢力》系列的玩家在戰鬥中會互相掩護，並在危險中治療彼此。

- **地區／區域控制**：玩家得前往特定地點，並保護或防衛此地不受AI敵人或人類玩家攻擊。當玩家企圖把戰線移動到最終區域時，攻擊、撤退和奪回目標時的拉鋸戰便會帶來刺激感。只要有恰當的兩支團隊，地區控制地圖遊戲就能玩上好幾小時。

- **防衛／山丘之王**（defend/king of the hill）：這種遊戲模式很像地區／區域控制，但一隊玩家會得到特定地點，並得在特定時間中防衛該地。

- **搶旗子（capture the flag）**：這種遊戲模式讓一個玩家因為取得某個物品（像旗子或《最後一戰》的骷髏頭），或因被遊戲編碼指派，而成為其他玩家的目標。擔任目標的玩家，有時會因此受限。這種模式能以競爭和合作方式進行，並讓其他隊友保護該玩家。

- **競速／駕駛**：競速模式讓玩家在排名或時間上競爭。如果玩家得到在競速時惡搞其他玩家的方法，賽局便經常會變得可怕（像是《瑪利歐賽車》中的強化道具）。對戰鬥式競速而言，你可以使用遞減式系統，讓前方玩家變得更容易受到後方殺來的玩家攻擊。《橫衝直撞》引進了「輕鬆駕駛（Easy Drive）」模式，讓多名玩家能在駕駛時參與活動與進行社交。[1]

1　這會不會催生出虛擬手機法？

- **團隊目標**：玩家得到一項目標，通常是只能透過合作達成的類型。《遺跡保衛戰》和《太空小隊》都需要「全體動員」才能贏得遊戲。

- **非同步（asynchronous）**：玩家需對抗彼此，但不是在同時間進行。玩家能在《Words with Friends》、《幕府將軍的頭骨》和《你畫我猜》中輪流進行，或是可以同時遊玩，而不與其他玩家互動，像是在《惡魔靈魂》、《急凍突觸》或《狂飆賽車3》。

- **賭博**：在運氣成分的遊戲中，玩家會以競爭方式或合作方式達到最高分（或至少「打敗機率」克服困難）。請避免出現富者恆富，貧者恆貧的漸進式系統。

- **反射動作**：你扣扳機的速度有多快？問答與解謎遊戲經常要玩家看看誰的速度快以便定勝負，或至少給他們機會運用他們的……

- **知識**：沒什麼比證明你比坐在沙發隔壁的人聰明來得更棒的事了。這種類型持續出現在電玩遊戲中，像是《You Don't Know Jack》、《Buzz!》和《Scene It?》系列，以及電視遊戲節目改編版本，像是《百萬富翁》和《價格猜猜猜》。

- **創造**：《機器磚塊》、《Minecraft》和《Spore》中的多人遊戲橋段讓玩家造訪其他玩家的創造物，或與之互動。這種模式是延長遊戲壽命的絕佳方式，因為你的玩家會幫你創造內容！舉例來說，《小小大星球：年度完整版》展示了由社群中的頂尖玩家創造者製作的十八道全新關卡。還有，當《模擬市民》的玩家得到工具而能製造屬於他們角色的「故事」時，就出現了新的「遊玩」子類型。這些電影和遊戲一樣受歡迎！

- **虛擬生活**：PlayStation的《第二人生》和《動物森友會》僅是玩家能在其中客製化自己的虛擬世界、並與其他線上居民互動的眾多遊戲之二。原本的文字聊天室，現在已成了尼爾·史蒂文森（Neil Stephenson）充滿遠見的著作《潰雪》中描述的現實。（那我的武士刀編碼在哪呢？）

再問自己一個重要問題：我的遊戲有多仰賴多人功能？比方說，有些遊戲只有多人功能，例如《英雄聯盟》、《精兵總動員》和《神兵泰坦》，它們無法提供單人遊戲體驗。在設計過程一開始就清楚答案的話，就會影響你的其餘設計。

數字多少才正確？

你可能會想，多人遊戲系統該支援多少玩家？拿肉搏格鬥遊戲《快打旋風》當例子。如果這種遊戲有超過兩個玩家的話，就會出現各種問題：玩家打鬥時會湊在一起，使外人很難看到單一玩家，然後撞擊偵測很麻煩，也會變成多人混戰，而不是造就優秀格鬥遊戲的技術競賽。另一方面而言，如果《魔獸世界》這類大型多人線上角色扮演遊戲只讓幾百名玩家同時遊蕩的話，感覺起來便十分空蕩。所以遊戲裡頭該有多少玩家？讓我們來看看數字：

- 格鬥遊戲（《快打旋風》）＝兩名玩家
- 格鬥遊戲（《力石戰士》）＝四名玩家
- 社交遊戲（《Uno》）＝四名玩家
- 動作平台遊戲（《小小大星球》）＝四名玩家
- 駕駛遊戲（《橫衝直撞》）＝八名玩家
- 第一人稱射擊遊戲（《決勝時刻：現代戰爭2》）＝十六名玩家
- 第一人稱射擊遊戲（《精兵總動員》）＝六十四，一百二十八或兩百五十六名玩家（取決於遊戲模式）
- 大型多人線上角色扮演遊戲（《魔獸世界》）＝每個伺服器約有四千到五千名玩家。

如你所見，玩家人數之間有莫大差異。請想想你要讓玩家進行的互動。行動裝置等較小的螢幕無法處理一名以上的玩家（這代表需要無線網路或線上解決方案），而如果有太多玩家同時在一台螢幕上遊玩的話，就連最大的電視螢幕都會變得太擁擠。當他們玩遊戲時，角色會彼此擠在一塊嗎？有時數量和遊戲性息息相關，像是《任天堂明星大亂鬥》系列；其他時候，它就只會造成撞擊問題。玩家在遊戲環境中的行動、死亡和重生會有多快？這些數值經常能用來幫助製作團隊決定玩家數量。最後，你總是該對遊戲進行「壓力測試」，看看它故障前能處理多少玩家。

大型多人線上角色扮演遊戲，或稱他人即地獄

大型多人線上角色扮演遊戲類型迅速演進出自己獨有的特色與遊玩模式，有些幾

乎不算是「遊玩」。熟悉這些特色並加入你自己的設計中，不只能填滿遊戲，也能維持你的競爭力：

- **增強**：施咒不只影響施咒者，也會影響整個團隊。這種玩法讓玩家能在遊戲中扮演特定角色。比方說，如果有牧師準備好在玩家遭到傷害時使用治療增強（透過熱鍵），他就能完全恢復他們的生命值，讓他們繼續戰鬥。

- **角色客製化**：所有大型多人線上遊戲的一大賣點，就是能扮演另一個角色，並投入奇幻生涯中。玩家角色客製化的程度，少至預設角色模板，多至讓角色連性別、眼睛顏色與鼻子長度都能完全客製化都行。在遊戲中你可以繼續鼓勵客製化，並讓玩家購買或贏得適合他們扮演的角色性格與階級的服裝、武器、盔甲、裝備和坐騎。

我自己做的！

- **聊天**：現今你的遊戲一定得有文字或語音聊天系統才行。玩家會使用大型多人線上遊戲當作社交聚會場所，而不只是玩遊戲的地方。

- **製作**：玩家組合了收集到、尋獲或買來的物品，創造出全新的裝備與武器。玩家得先找到製作物品所需的「配方」與「零件」，才能打造出物品。和允許角色客製化一樣，請讓玩家把物品製作爲獨特作品。製作物品所需的時間取決於物品或武器的力量。有時玩家能在工坊進行製作，或付虛擬或眞實貨幣來減少製作時間。請爲製作功能創造獨立畫面，這樣玩家才能專心製作。要成功啟動製作過程之前，你可以先讓玩家進行一場需要技巧的小遊戲。有些遊戲的製作步驟允許「嘗試與犯錯」，並讓玩家承受在嘗試失敗時損失零件的風險，但別讓玩家失去難以取得或昂貴的製作零件。懲罰玩家兩次並不公平！

- **經濟系統**：許多大型多人線上遊戲都靠經濟系統而茁壯。玩家贏得寶物，讓他們能客製化角色，購買更好的武器與裝備、住處和坐騎，甚至還能買下他們自

己的城堡！（或是太空站和祕密總部等等。）請在賺錢和購買間做出平衡，讓付出努力的玩家覺得這一切值得。讓玩家把戰利品與物品存放在私人保險櫃或公用銀行。很多大型多人線上遊戲都開發出與眞實世界交會的經濟系統，讓玩家用眞實世界金錢購買遊戲內貨幣。在營利章節，我會探討更多如何將這點融入設計的方法。

- 農：當玩家讓角色升級時，他們的進度就會慢下來。遊戲進度變太慢的話，玩家就會體驗到「農」。製作方想以人工方式延長遊戲時間時，就經常使用農，但覺得浪費時間的玩家也可能因此感到焦躁。《100 Rogues》的設計師基斯‧柏剛（Keith Burgun）這麼說：「農是玩家爲了取得眞實獎勵而能夠重複做的低風險行爲。在能夠農的任何遊戲中，農都是最佳行動。對玩家而言，問題並非『最佳行動是什麼』，而是『爲了獎勵，我能讓自己無聊多久？』」[2]

  以下有幾個建議，能幫助你在設計中減少農的衝擊：

  ▫ 如果內容太雷同，遊戲的重複性就會變高。請增加多樣性。

  ▫ 玩家會農，是由於他們覺得缺乏力量、能力或金錢，因此無法取得遊戲進展。讓遊戲難度緩緩上升，而非突然飛漲。

  ▫ 給玩家更多自由，別讓他們總是遵照由設計師設置的目標。

  ▫ 給予更多獎勵。農經常是對營利的回應。如果玩家能追求不同獎勵的話，再三重複的活動感覺起來就不會這麼農了。

  ▫ 讓農的行爲本身就是一種獎勵。讓大量做某件事的行爲得到獎勵或特殊狀態。

  ▫ 減量！讓你的遊戲或勝利條件變得更短，專注在「好東西」上就好。記好，如果東西感覺起來太長或無聊，肯定就是你想的那樣！

- 副本：爲了讓大型多人線上遊戲成爲獨特體驗，可以將地下城改爲副本。這代

2　www.cheatcc.com/extra/pokemonshowedmehowgrindingcanbeagoodthing.html

表敵人、戰利品甚或關卡地圖等內容，都會以隨機方式產生，在每次遊玩時提供不同體驗。這些地下城存在於遊戲世界「外頭」，可以讓好幾批玩家同時待在相同但版本各異的地下城中，玩家就不需等待地下城在玩家互動之間「重置」。

- **物品收集**：在大型多人線上角色扮演遊戲中，物品收集是重要的遊玩動機。玩家創造出能強化戰鬥與其它遊戲內能力的物品——特別是乏味的能力，像是製造、挖礦或收割。大多物品都有稀有度層級，例如普通、少見、稀少和獨特。只有透過擊敗特殊生物，才能取得特殊物品（取得這些物品就稱為「掉寶〔drops〕」），而且季節性物品只有在一年中的特定時間、或透過參與特定世界活動才能取得。

- **開放世界結構**：大多大型多人線上遊戲都有沙盒世界，讓玩家（理論上）能去任何地方做任何事。不過，那只是種你得為玩家維持的幻象。事實上，你得用你想要玩家怎麼玩的方式打造世界。關卡或裝備需求等閘控機制（gating mechanisms）會避免玩家前往他們還沒準備好去的區域。有些遊戲允許玩家晃進高等級區域，但他們在敵人手中受到的屈辱，會迫使他們撤退，直到他們達到對抗該區域敵人的必要等級。

- **玩家對戰（PVP）**：玩家喜歡透過殺死其他玩家角色，來觀察自己的角色有多強悍。不過，不是每個人都想在玩遊戲時冒著隨機被殺的風險。作為預防措施，許多大型多人線上遊戲都有獨立的玩家對戰伺服器。另一種方式，是把玩家對戰限制在遊戲世界中的特定地點。

- **擾人行為**：當有玩家透過持續殺死另一名玩家的方式騷擾對方時，那就叫做擾人行為。你可以創造出系統來處罰玩家的惡劣行為，或將他們隔離到友方砲火伺服器中。請確保玩家明白你的政策，警告和零容忍系統也能幫助維持平靜。

- **公會**：玩家是社會動物，所以會組成團體。玩家會組成名叫公會的角色團體，以便探索、社交與進行團隊副本。身為設計師，你就會想創造出遊戲中的聚會所，讓公會進行社交。你可能也會想設計工具來推廣遊戲世界中的公會，儘管這需要花上不少工夫。實用的公會工具包括溝通工具、數據追蹤、團隊副本行事曆和公會資產客製功能。

- **玩家住處**：每個人都喜歡扮家家酒。請給玩家個人空間，讓他們能炫耀成就、展示紀念品，或單純在一段段遊玩過程之間讓玩家角色安全地「窩著」。擁有住所能讓玩家覺得與遊戲世界更有連結，也更有「在家」的舒適感覺，於是這裡就會成為他們想一再回來的地點。

- **團隊副本**：當玩家組隊擊敗困難的遊戲關卡，像是攻擊城堡或擊敗特別可怕的敵人時，他們在進行的就是團隊副本。召集並領導團隊進行團隊副本的玩家，得同時扮演策略家、管理人和社交總監。身為設計師，你該創造出能讓多種團隊組合攻克的關卡，甚至允許玩家進行創意思考，或仰賴運氣。創造並發展一套關於這些團隊副本目標的傳說，會讓玩家知道自己得集結軍力才能擊敗對方。請設計出一個系統，讓玩家在團隊副本結束後，能根據玩家表現來輕易分享戰利品。

- **再生守點**：玩家會運用這種方式，在再生點等待敵人或玩家出現，以便殺掉對方。你可以在關卡設計中創造許多再生點，來解決這種惡習，讓玩家難以長期

待在守點位置，或是讓再生守點位置變得容易看見。

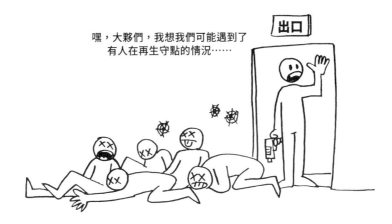

- 貿易／競標（trading/auctions）：因為玩家經常會得到許多相同戰利品，或是他們的角色職業無法使用的物品，因此貿易與競標就成為幫助玩家清理物品欄的好方法。請確保玩家能交易物品，而不會對彼此漫天喊價。請在遊戲世界中創造出能宣傳貿易的地點，有些遊戲有競標所，裡頭經常舉辦競標會，玩家也能利用遊戲內寶物來競標物品。

設計多人遊戲關卡

既然我已經用多人遊戲設計的相關資訊把你沖昏頭，就讓我們來看看多人遊戲中最常見的其中一項元素：關卡。

你讀過第九關了嗎？就是關於設計關卡那章。很好，因為說到製作多人關卡，那些資訊大多依然有效，但其中還有些重要差異。以下是製作多人遊戲地圖的三個階段：策畫、製作地圖和構築。

策畫關卡

策畫關卡時，記好這些問題：

- 遊戲玩法是什麼？玩法的類型決定了關卡的設計。比方說，「山丘之王」關卡會有個中央地點，不同團隊會在此競爭誰能控制山丘；而搶旗子則會被分為三個地區：第一隊基地，第二隊基地，和無人地帶，而這裡的遊戲重點，就是讓玩家在基地之間來回衝刺。

- 故事是什麼？玩家為何要在這裡打鬥？弄清楚劇情，就能幫助你設計能講述故事的關卡物體。比方說，你可以用毀壞的路障、牆壁被炸開的房屋和廢棄坦克，來述說遭到戰火摧殘的村莊的故事。

- 主題是什麼？主題不該對地圖起壓倒性的作用。別只因為不適合主題，就犧牲良好的遊戲區域。把不同主題結合起來不是什麼壞事（記得墨西哥披薩嗎？），多人遊戲關卡不需總是合理，只需要好玩就行。

- 是什麼讓你的地圖令人印象深刻？新玩家在多人競賽中最難做的其中一件事，就是既要摸清楚關卡，同時又要保住小命。令人印象深刻的幾何結構和關卡物體，能幫助玩家進入關卡時識別方位。當他看到物體時，就會對自己說：「啊哈！我知道我在哪了。」

- 為各種類型而設計。許多多人遊戲有不同的玩家角色，你也需要考量這些不同遊玩風格。請確保你創造出讓每種玩家類型都能發揮全力的有趣空間。

■ 為關卡製作地圖

以下是製作地圖的幾項要點：

- 讓地圖保持簡單。地圖簡單些會比較容易讓玩家理解如何行動。使用簡單的形狀，像正方形、八字形和圓圈，來製作通道和開放空間。簡單的地圖會讓指引玩家和強調目標更簡單，如果得改變東西的話，也容易進行更動。

- 仿效你的地圖。拿起你的地圖設計，複製、反轉，再貼上！這不只節省了製作時間，玩家還能探索自己的區域，並在進入敵人基地時清楚該如何行動。

- 使用牆壁。使用牆壁來引導玩家抵達目標。可以用隧道和橋梁等狹窄空間，為玩家指出正確方向，並創造對峙場面。

- 設立可防禦區域。玩家抵達目標時，該清楚他們要在哪戰鬥。當玩家接近可防禦區域時，就讓他們看得到。比方說，團隊可能得在控制點遊戲中「守住平台」，如此一來玩家就能觀察到戰鬥將在何處發生，並依此策畫戰略。

- 加入無人地。「無人地」是最危險的地區，也是戰鬥發生的地點——不然的話，掩護處就失去重要性了。如果玩家想通過無人地，就讓他們冒著遭受攻擊的風險。有些遊戲會在無人地周遭或底下提供不同路徑，不過如果別的團隊發現了，戰況就會轉移到這些通道！

- 善用再生點。玩家該有機會能看到另一個玩家出現，但不該利用那種機會來破

壞樂趣。請給玩家活著逃離再生點的機會，例如讓空間變得開闊或難以進入，使得敵對玩家在團隊基地前「再生守點」的行為風險大增。許多遊戲利用大門避免敵人進入，讓玩家能在不被殺的狀況下進入戰場。

- **確保玩家能找到路線**。可以利用大大小小的關卡物體來輔助導向。你會想幫助玩家在當地和整個遊戲世界都能找到方向。使用第九章提到的熱狗，像是一座大城堡，就能在玩家首度進入關卡時，幫助他們摸清自己的所在地；但當玩家人在城堡的走廊和地下城中時，城堡就成為無用的導向工具。

- **提供不同的抵達路線**。玩家能偷偷竄過隧道，逃上屋頂，游過水中，或用溜索穿越地圖嗎？讓玩家使用這些不同路線，使他們覺得聰明又行蹤神祕，並讓遊戲變得更難以預料。

■ 構築關卡

構築關卡時請仔細注意這些項目：

- **檢查衝擊**（check collision）：創造灰盒（gray box）關卡時，請確保裡頭沒有會讓玩家「卡在」關卡幾何的地點。特別小心階梯、角落和壁架。注意「縫隙」，以免害玩家遭到撞擊後就掉出世界！

- **試玩**：在灰盒中建造關卡後，請盡量和諸多不同玩家一起玩。使用熱圖（heat maps，在遊戲過程中，指示玩家該去哪和該做什麼的編碼），來決定玩家該去哪戰鬥、躲藏與死去。請用那些資料來改造地圖，你的目標是創造出遊玩空間，讓玩家想在其中到處遊玩，而不是只聚集在同一個地點。

- **紋理**：在地面和牆上使用明顯不同的紋理，讓玩家能看出地面上的走道。請小心使用看起來有鑲嵌效果或有視覺上很凌亂的紋理。可以利用淺色紋理，創造玩家能跟著前行的通道。

- **顏色**：顏色是另一種能讓玩家迅速判斷自己在哪道關卡的方式。他們會將主要顏色與每道關卡做連結──即便這可能是潛意識的行為。你可以利用顏色理論來輔助設定氣氛：綠色感覺濕冷，紅色感覺危險，藍色則感覺鬼鬼祟祟。

- **光源**：可以利用光源指出物品和通道。玩家喜歡躲在陰影中，所以創造出許多陰暗的突出物、門口和隧道讓他們躲藏。使用當天不同時刻的光源來進一步設定關卡的氣氛，只要改變日夜光源，就能給關卡截然不同的感受。

- **聲音**：利用背景音效來幫助玩家進入氣氛。除非你想讓玩家神經緊張，不然就

避免使用玩家會誤認為是別的玩家的聲音——像是會被誤認為敵方行動的沙沙樹聲，或可能被錯估為敵軍砲火的遠方爆炸聲。

■ 六人突擊隊

學習製作第一人稱射擊遊戲多人地圖的最佳方式，就是拿一個來玩。以下是你該嘗試的幾個經典。希望它們能提供你一些製作優秀多人關卡的靈感：

- 血腥峽谷（Blood Gulch）——《最後一戰》（在《最後一戰2》中被重製為凝結〔Coagulation〕，也是《最後一戰3》的英靈殿〔Valhalla〕，和《最後一戰：瑞曲之戰》的熔爐世界〔*Forge World*〕）
- 雙堡壘（2Fort）——《絕地要塞經典版》（在《絕地要塞2》中經過重製）
- 威克島（Wake Island）——《戰地風雲1942》
- 炙熱沙城（de_Dust）——《絕對武力》（在每套《絕對武力》遊戲中都受到重製）
- Rust——《現代戰爭2》
- Overgrown——《決勝時刻4》

第十四關的普世真理與聰明點子

- 一開始就將多人系統設計入遊戲中。
- 提供玩家各種遊戲模式與目標。
- 遊戲玩法決定了玩家的正確數量。
- 讓玩家客製化他們的角色、物品，和世界。
- 當玩家取得創作工具時，就會出現新遊玩模式。
- 決定你要讓玩家與其他玩家在哪道關卡進行負面互動（像是玩家對戰）。
- 玩家永遠會做出你最沒料到的事，但有時沒關係。
- 不該將多人關卡設計得像單人關卡。

15 | LEVEL 15 Everybody Wins: Monetization
第十五關　眾人皆贏：營利

「錢的重點呀，老兄，在於它會讓你做出你不想做的事。」

——電影《華爾街》中那個不是哥頓·蓋柯（*Gordon Gecko*）的人

▋ 繼續遊玩？

　　自從《通關升級！》第一版上市以來，有種設計系統就對遊戲工業變得越來越重要，那就是營利（monetization）。營利是什麼？它是開發者使用的一系列策略，試圖讓玩家在購買遊戲之後，再繼續支付額外金錢。

　　遊戲開發者一向喜歡讓玩家擺脫金錢。從遊戲業初生開始，我們就有這種習慣了：如果你想繼續玩，就得繼續付錢（直到你變得厲害到能用二十五分硬幣玩上好幾小時，或好幾天！[1]）。當今也不例外。來看看開發者用來賺點小錢的幾種傳統方法：

- **付費遊玩**：早期的機台遊戲玩家得用二十五分硬幣換取額外生命。儘管在家用主機出現的早期和街機衰退時，付費遊玩逐漸式微，但當玩家能進行線上金融交易時，它就再度流行起來。從PC上的遊戲開始，付費遊玩在社群遊戲中變得越來越盛行，只要玩家付費，就能繼續玩遊戲。

1　最長的個人機台遊戲紀錄，目前由艾德·希姆斯柯克（Ed Heemskerk）保持，他連續玩了《Q伯特》六十八點五小時！

- **遊戲內廣告**：從1982年南夢宮的遊戲《Pole Position》中的百事（Pepsi）與佳能（Canon）廣告牌開始，開發商就樂於向廣告商販賣宣傳空間。當免費遊戲出現在電腦上時，廣告也隨之而來——以惱人的彈出式廣告方式。當彈出式廣告開始擠進手機遊戲，開發者就想出了新花招：付費移除煩人的廣告！

- **虛擬商品**：最早的虛擬商品是販賣給多人地下城的玩家，他們明白有時付錢購買物品，比贏得它的代價更低。隨著《魔獸世界》虛擬經濟的成功，開發者就見識到了虛擬商品的可能性……與獲利能力。有些遊戲中的虛擬商品銷售量帶來可觀的獲利，使開發者免費提供遊戲主程式。虛擬商品會花你多少錢？從《絕地要塞2》中要價四十九分美金（促銷價）的武器，到《安特羅皮亞世界》中會花掉你六百萬美金的虛擬星球都有。

- **可下載內容（DLC）**：DLC讓玩家在初次購買遊戲後繼續延長他們的遊戲體驗。早期的可下載內容以促銷代碼的方式出現，但開發者很快就明白，玩家想讓一切都與遊戲有關聯，於是他們開始收費。服裝與外觀，新武器和載具，關卡與遊玩模式，全新故事線……每種內容在這種全新市場中都會出現。

有些設計師（和許多發行商）覺得，為了讓遊戲在當今的市場上產生競爭力，營利系統非常重要，但也有其他遊戲設計師覺得營利系統毀了遊玩體驗，避之唯恐不及。你聽過成功的案例：《糖果傳奇》、《自行車比賽》、《The Simpsons: Tapped Out》和《CSR賽車》……讓遊戲營利有多困難？賣幾頂帽子、要求玩家付費購買能量、賣些增強道具給他們，然後你看！他們會把一卡車的錢載給你，對吧？

但我也看過因營利系統構思差勁而取消開發的遊戲，就像Supercell在2012年所做的《Battle Buddies》，這是個射擊遊戲，但你得買槍給自己用！要更糟的範例的話，

就看看開發商MikenGreg。儘管他們的遊戲《Gasketball》有二十萬筆下載量，開發者最後卻無家可歸，還得借錢求生。原因是什麼？糟糕的營利計畫。

如果這些範例有給我什麼教訓，那就是得下一番工夫來創造營利系統，也得專心一致才能做出正確調整，如果用得太多或太少，都會毀了遊戲體驗。聽起來很嚇人，但別擔心，我們會共同探索這塊難以捉摸的水域。讓我們從你著手製作這些系統時會考量的問題開始吧：

- 這系統對你的遊戲有多重要？比方說，有些遊戲極度仰賴營利，不讓玩家在不付費的狀況下繼續遊戲。其他遊戲讓它成為選項，讓玩家選擇何時要花錢……如果有必要的話。在設計過程開頭就做出這種決定，就會對其餘設計產生重大影響。

- 你的遊戲有多仰賴這系統？《蝙蝠俠：阿卡漢起源》下載時是屬於基本免費的分類，能讓玩家看一套動態漫畫，但除非玩家支付九十九分美金的解鎖費，不然無法開始遊戲。

在設計過程早期，你就得付出不少心力在營利系統上，別留到最後一刻才處理。你可以利用這些系統的某些要素，來改善整體設計的所有層面。比方說，《Card Hunter》（Blue Manchu，2013）中的卡牌獵人俱樂部讓付費會員在完成關卡時，得到第三項寶物。

既然你問到了關鍵問題，就讓我們想想你該遵循哪種商業模式來賺錢。你有很多模式能選擇：

- **試玩版**（trial）：免費版本的規模極度受限（通常只有少數關卡），只夠讓玩家試玩遊戲，希望他們會購買「高級」版本。

- **免費增值**（freemium）：免費增值是最知名的營利模式。這種無限試玩版或「天鵝絨繩（velvet rope）」模式，讓玩家不需付費即可遊玩，但儘管玩家能玩大部分內容，其中卻缺乏關鍵要素。在某個階段，玩家能付費購買「高級」版遊戲。

自從樂線（Nexon）用它2005年的免費增值遊戲《跑跑卡丁車》取得莫大成功後，免費增值模式就成為趨勢，但這套模式其實是透過《FarmVille》（Zynga，2009）才讓名氣扶搖直上，玩家能付費來加速需要朋友（招募自玩家的Facebook清單）或時間才能完成的遊戲過程。如果付費就能立刻搭建你的農舍，那何必要花時間等呢？當

《FarmVille》取得五千萬名玩家和一億美金的利潤時[2]，業界就注意到這點，營利也成為新模式。

- **基本免費**（free-to-play/F2P）：玩家可以免費下載這些遊戲，但如果不想農或想快速推進，就可以付錢購買更多貨幣、力量或時間。《Smurf Village》、《The Simpsons: Tapped Out》和Zynga的《Ville》系列都遵循這種模式。

- **可下載內容**（DLC）：遊戲提供能強化或改善體驗的內容。玩家依然能在遊戲中取得進展，但看起來可能沒那麼酷。DLC可以是裝飾用的物品，像《絕地要塞2》的帽子或《小小大星球》的戲服，但也可以是完整的遊玩體驗，像《俠盜獵車手：酷男之歌》或《邊緣禁地》的《奈德博士的殭屍島》。

- **季票DLC**（season pass DLC）：「季票」最常在傳統主機遊戲中出現，以折價商品包的模式提供大量內容，從新篇章、武器到裝飾用物品都有。季票越來越常在遊戲上市第一天就一同推出，確保玩家玩完核心遊戲後，還有很多東西能玩。

- **會員制**（membership）：會員制讓玩家取得一般玩家缺少的福利，例如特殊寶物、服裝、小遊戲或其他體驗。非會員玩家經常會看到這些體驗，為的是吸引他們加入。會員制經常能移除會打斷或阻擋遊戲的煩人廣告。

- **高級**（premium）：完整版本的遊戲通常會以「高級」價格販售。即便玩家已付過全額，遊戲依然可以將DLC、會員制和其他遊戲內商品賣給他們。

- **訂閱制**（subscription）：訂閱制要求定期付費，通常是每月支付。訂閱模式的挑戰，在於你得持續增加內容，讓玩家覺得他們付錢付得划算。《魔獸世界》是最大型的訂閱制遊戲之一。

▌獲利

就這樣，你說服玩家付錢了，但你要讓玩家把錢花在什麼上面？以下是玩家可能會想花錢買的東西：

- **機會**：如果玩家有機會能增加他們的成功率，他們就會付錢。機會可以是增加數值的物品，或是只能使用一次的強化道具，能暫時改變遊戲的條件。

- **客製化**：無論是裝飾虛擬房屋，或戴上虛擬帽子，玩家都喜歡透過客製化來表

達他們的身分。

- **便利性**：現今的玩家玩遊戲的時間比較少，而且如他們所說，時間就是金錢，所以與其等南瓜長出來、或是等角色做雜事，何不花錢加速呢？有些遊戲給玩家選擇來找朋友幫忙（真麻煩！），或是付錢讓他們自己做。請確保福利明確，你提供的東西也優秀到不該錯過！

- **獨家性**：許多玩家會珍惜稀有物品和體驗，你可以創造有限或昂貴物品來餵養他們的虛榮心與彰顯身份地位，接著其他玩家會看到這些物品，就也會想買！

- **進度**：卡關了嗎？想繼續玩嗎？為何不付費推進呢？經濟學家拉敏·修克里札德（Ramin Shokrizade）列出遊戲進度有兩種不同的「門」：軟門和硬門。對於軟門，玩家遲早能靠農來度過，不過，他們也能付錢來加速過程。對於硬門，玩家就別無選擇，只能付錢。有個常見技巧，是讓玩家付錢通過硬門，卻發現接下來還有更昂貴的門。因為玩家已經付錢穿過一道硬門了，何不再花錢度過下一道門呢，對吧？

錢是這個那個之本

　　營利有個陰暗面。遊戲公司會想要玩家玩上好幾年，而不只有幾個月，而營利則能讓玩家繼續回來玩，因為他們付越多錢，就會感到越投入遊戲。這些持續花錢的玩家被稱為「課長」（whale），他們是**強制營利**（coercive monetization）的目標——這種技術是設計來讓玩家即便不想花錢仍會花下去。

- **貨幣混淆**（currency obfuscation）：你的遊戲內貨幣（由玩家所賺）和高級貨幣（用真實金錢來購買內容）兩者得有差別。比方說，《龍族拼圖》使用錢幣作為遊戲內貨幣，魔法石（或是蛋）則作為高級貨幣。玩家擊敗怪物可以賺取錢幣來購買遊戲中的物品，再用真實金錢購買魔法石來購入高級貨幣（包括更多錢幣！）很簡單，對吧？更令人困惑的是兌換率：一千六百微軟點數要價十九點九九美金。所以每個點數值多少錢？如果遊戲要花一千兩百點，你剩下四百點要花在哪？有東西嗎？我得買更多點數，才能負擔更多東西！懂了嗎？如果你讓標價變得難懂，顧客就無法確定自己到底能買多少東西。

- **同捆包**（bundling）：同捆包讓物品更有吸引力，也讓玩家覺得自己談了筆好

交易。比方說,《絕地要塞2》中的鹿角帽要七點四九美元,但如果我花十四點九七美元買2012年聖誕佳節包(Smissmas)的話,我就會多拿到花圈和糜角鹿(Reindoonicorn)(要價額外二十三塊美金),即便我一開始沒打算買它們!常見的售價花招,是列出「實際」花費,再於底下列出捆綁銷售價,讓玩家能看到自己收到的折扣。嗯……虛擬商品到底要花多少錢?

- 調高難度(ramping):你可以調高遊戲難度,導致玩家得購買強化道具才能推進遊戲。《糖果傳奇》有極度銳利的難度曲線,迫使想成功的玩家得掏錢購買。

- 玩樂痛苦(fun pain):羅傑・狄基(Roger Dickey)任職於Zynga時,提倡了一種叫「玩樂痛苦」的概念來輔助營利。他說你得同時提供玩家樂趣與痛苦。比方說,在《FarmVille》中,玩家為了執行任務所做出的持續點擊,是種「痛苦」動作——這需要時間與精力,但最後會為玩家產生「好玩」的結果。他警告說,點擊太多次也會趕跑玩家!設計玩樂痛苦是種巧妙的平衡行動![3]

- 取消獎勵(reward removal):另一項受歡迎的招數,是威脅玩家說除非他們付錢,不然就會取消獎勵。放上斗大計時器(只剩三天!),就會強迫玩家決定——要買還是不買?(那就是問題!)在遊戲玩得正熱烈的當下,會比較容易讓玩家進行數位支付;在熱度開始前或結束後,玩家有時間想那叢藍色小精靈莓子要花多少錢,這時掏錢就難

了。另一招是給玩家許多獎勵,讓他們無法留下全部,因此他們得付費購買更多空間,這真狡猾!

如你所見,這些模式都有缺點。當遊戲不讓玩家在免付費的狀況下推動進度時,玩家就會感到被占了便宜。他們會持續被要求付錢購買自己不要或不需要的額外物品。即便在購買產品後,他們還得付費解鎖完整遊戲體驗。這些狀況會導致對遊戲與發行商的不良觀感。結果就是營利與基本免費在遊戲社群中變得相當有爭議性,有些

---

3 參見羅傑・狄基對營利遊戲的想法:http://vimeo.com/32161327#。

開發者因爲使用營利技術而變得富有，其他人則覺得這些技術占了玩家便宜。不過，資本主義並非全盤皆惡。營利還是有許多有良心的進行方式：

- **提供不同賺錢管道。** 讓玩家明白有很多方式能達成目標。付錢能提供捷徑，但他們也能透過玩更久來得到相同成果。
- **警告玩家這個遊戲得付費遊玩。** 一開始就讓玩家知道他們會碰上的狀況。如果玩家很享受你的遊戲，也覺得「理應」支持它，有時就能爲你逆轉局勢。
- **如果他們付費，就提供折扣。** 使用捆綁銷售、遊戲早期玩家和會員制，來對玩家提供福利，也讓他們省點錢。如果他們覺得自己省了錢，就更可能花錢。
- **讓玩家可以選擇取消購買。** 別強制玩家付費。如果他們後悔或誤買，就讓他們取消。如果他們清楚自己現在不會後悔這樣做，未來就會更願意花錢。

談到錢時，人們就可能失去理智，所以己所不欲，勿施於人。如果你覺得你的營利方式占了玩家便宜，或許就該重新思考那項計畫。長期下來，你的玩家會感謝你的。

第十五關的普世真理與聰明點子

- 決定你的遊戲有多仰賴營利。

- 從一開始就把營利系統納入遊戲設計。

- 別忽視強制營利的力量。

- 設計有良心的營利系統。

16 | LEVEL 16　Some Notes on Music
第十六關　音樂小插曲

　　當幻想工程師們在迪士尼樂園創造出「星際大戰：星際旅行（*Star Wars Star Tours*）」時，他們原先打算讓該體驗有「真實感」，觀眾只會聽到星際飛艇三千（Starspeeder 3000）發出的聲音與飛行員的台詞。不過，當他們測試設施時，就覺得有些東西不太對勁。少了約翰・威廉斯（John Williams）的經典主題曲後，這個遊樂設施感覺起來就不太像《星際大戰》，所以他們添加了音樂。

　　音樂為所有娛樂體驗帶來更多感受，無論是主題遊樂園設施、電影或電玩遊戲皆然。但這也需要下大量工夫，和團隊中許多成員的合作，導致音樂與音效經常是製作晚期才加入的要素。不過這樣不對，音效與音樂能為遊戲帶來各種優勢，若留到最後一分鐘才處理，就代表你會錯失某些優異的設計機會。

　　遊戲中的音樂與音效在短時間內進步許多。早在1970年代和1980年代，街機與家機的程式設計師只有電子嗶啵聲能用。但即便有那些限制，遊戲創作者也能為《小精靈》、《大金剛》與《薩爾達傳說》等遊戲製作出簡單卻令人難忘的音樂主題曲（甚至只是叮噹聲）。所有系統中幾乎都出現過音效進步，語音合成與MIDI格式音效則

1　聽懂了嗎？插曲？

代表音樂變得更加豐富了。不過,由於音效與音樂檔案在卡匣上占了太多空間,遊戲創造者也因而受到限制。

以CD為媒體的遊戲出現後,遊戲音樂也出現了大躍進。從紅皮書(Red Book)音效開始(紅皮書是CD的標準規格),遊戲中的音樂開始聽起來像其他的音樂錄音了,也能在CD上儲存更多音樂。隨著遊戲進入DVD媒體,音效與音樂最大的問題,也就是儲存空間,已經不再是難以克服的議題了。在當今,現代PC和主機遊戲都使用串流音效(壓縮成MP3、Ogg Vorbis或主機專用格式,也因音效晶片所需而解壓縮)。重心從音樂與音效的程式問題,轉移到該如何以有創意的方式使用它。

思考音樂設計時,你該自問的第一個問題是:「我想要哪種音樂?」答案有兩種:授權產品或原創產物。

授權音樂是預先錄製的音樂,付費後能獲得授權在遊戲中使用。當音樂發行商擁有預錄音樂的權利,為發行商工作的公司,例如「美國作曲家、作家和發行商協會」(ASCAP)和第三元素(Third Element),都會為授權交易進行談判。遊戲發行商通常會負責處理取得音樂授權和談條件的業務。

由於電玩遊戲目前在上市後不會產生版稅,遊戲發行商會為音樂授權談**一次性買斷費用**,時間應對「產品壽命」,為期七年。一首歌的授權費從兩千五百美金到三萬美金以上都有,歌曲越受歡迎,知名度越高,授權費就越貴。我不敢想《披頭四:搖滾樂團》的授權費有多少。

如果你想用在遊戲中的歌曲太貴了,別緊張,你還是有很多選擇,你可以購買沒那麼貴的翻唱版──《吉他英雄》第一代就這樣做過,或是在音樂庫中找旋律相似、但比較低價的歌。其實,如果你的遊戲需要大量的不同音樂風格,或需要背景配樂(像是錄音機裡的歌曲,或酒吧場景的背景配樂),音樂庫就很有幫助。

你到底要怎麼畫
授權遊戲音樂的圖片?

你的另一個選項，是使用**原創音樂**。原創音樂是為你的遊戲量身打造的曲目。除非你能作曲、演出並錄製音樂，不然我建議你雇用音樂總監和你的團隊共事。[2] 她不只能創作音樂，還能處理演奏樂器、錄音和為遊戲準備配樂所需的資源。即便這些任務是個大工程，但在抵達那階段前，遊戲設計師依然有許多準備工作得處理。

▌當我聽到時，就明白了

即便你無法編寫配樂、彈奏樂器或演奏旋律，只要能以音樂總監熟悉的專業術語和他對談，我覺得都能帶來極大幫助。你只需要知道自己想要什麼，並對此有想法！請把你想要的配樂範例交給配樂家，盡可能不要讓對方瞎猜。製作《王子復仇記》時，我給了作曲家一捲我自己選輯的電影原聲帶和歌曲的錄音帶，我覺得這類音樂很適合遊戲的關卡。儘管人們說「一知半解最危險」，但我覺得建立音樂詞彙庫非常有用，可以幫助你說出作曲家所使用的術語，如此一來，當你清楚自己該聽出什麼重點，以及它該如何稱呼之後，要求配樂家針對它改動就會輕鬆點。

以下是我覺得很有用的**音樂用語**：

- **重音**：加強某個節拍，讓它變得更大聲或更長。像「請在鼓的拍子上加入更多重音。」
- **節拍**：音樂的「脈動」。我們用節拍來測量音樂，音樂可以有快節拍或慢節拍。
- **和弦**：同時演奏三個以上的音調，以便創造和聲。
- **樂器**：發出樂聲的物品。合成音樂複製的是樂器產生的聲響。樂器的選擇能大幅改變曲子的主題與氛圍。
- **氛圍**：樂曲主題的「感覺」。樂曲的氛圍能奠基於情緒（恐懼或刺激）、動作（匿蹤或戰鬥）或甚至是地點（熱帶或俄國）。樂器能創造氛圍，並在速度與節拍中做出改變。

2　我是說，假如你的團隊裡還沒有音樂總監的話。

- **八度**：這是一段音高與另一段頻率只有一半或雙倍的音高之間的間隔。一個高八度有兩倍音高，低八度則有一半音高。你很可能會要配樂家讓某個段落「高八度」或「低八度」，以便讓該段落聽起來更高頻或低頻。

- **音高**：音調的高低感。你能把音調調高（聽起來像花栗鼠）或調低（聽起來有惡魔感）。你也可以調整音調的頻率，在不需創造新音效的狀況下，讓遊戲音效產生變化。比方說，改變刀劍的金屬撞擊聲頻率，玩家就不需一再聽到同樣的音效。

- **節奏**：音樂在時間中的受控行動。拉威爾（Ravel）的《波麗露》（*Bolero*）將節奏逐漸升上狂亂的結尾。

- **速度**：音樂的速率，從極慢到極快都有。甚至還有一種特殊的速度，呼應到行走，名叫行板（andante）！

- **主題**：樂曲的「核心」。一般而言，作曲家會先想出主題，再為它「賦予血肉」，以便達到所需的長度。比方說，當約翰威廉斯創造出〈法櫃奇兵進行曲〉（*Raiders of the Lost Ark March*）時，史蒂芬史匹柏無法決定他比較喜歡兩個主題中的哪一個……於是他要威廉斯把兩者合而為一！

- **音調**：特定嗓音或樂器發出的聲音或特性。

- **上拍**（upbeat）：每小節的最後一拍，但這個詞也可以用來指讓音樂聽起來更開心、更友善或速度更快。

- **音量**：音樂的柔和度或響亮度。

具有風格的音樂

　　既然你能和音樂總監溝通了，接下來就得考量遊戲的類型。你想為遊戲製作哪種風格的音樂？傳統路線通常會使用和該類型有關的音樂風格。假設你做的是科幻遊戲，你想要《星際大戰》約翰·威廉斯式的交響樂，或《銀翼殺手》中范吉利斯（Vangelis）的合成樂，還是 1950 年代的特雷門（theremin）³音樂，風格接近 1951 年原版的《當地球停止轉動》呢？你也能自由選擇另一種創意方向：科幻遊戲加上嘻哈配樂會怎麼

3　你聽過 1950 年代科幻電影中的古怪「威——嗚嗚——嗚嗚」聲嗎？那很有可能是用特雷門製作的——那是種不需碰觸就能彈奏的電子樂器。你可以在這裡聽聽特雷門的聲音：www.youtube.com/watch?v=JzRb1OVpat0。

樣？還是trance配樂？圓舞曲呢？

　　為遊戲創造**暫時配樂**（temporary soundtrack），能幫配樂家減少臆測的工夫，也讓他得到符合你目標的明確範例。比起過去，現在尋找音樂已變得相當簡單，當年我們得努力在CD蒐藏中搜索，或是帶麥克風和錄音器去「田野」，以便從真實世界中取得範例。但隨著iTunes、YouTube、Spotify、Pandora和其他音樂搜尋網站出現，組織音軌已變得易如反掌：輸入幾個關鍵字，你就能取得成千上百種結果。在製作過程中，你可以讓團隊裡的程式設計師在遊戲中插入這項暫時配樂，但記好了，你的團隊總是有可能開始喜歡（或討厭）暫時配樂，並在改變配樂時對此埋怨！還有，**絕對務必要確認遊戲中的所有音樂都取得了授權**。你或許得花上大筆金錢才能使用它，或得刪除那些心血結晶！

▎節奏繼續……

　　接下來，請準備一串音樂需求清單。為了確認這點，你得想出遊戲需要多少關卡、環境、章節、賽道、獨特遭遇。每個關卡都需要**背景音樂**，在背景播放的音樂確實會擔任遊戲過程中的音效背景。

　　傳統而言，背景音樂的主題會配合關卡本身。鬼屋關卡有陰森音樂，城堡關卡有中世紀音樂，叢林關卡有叢林鼓樂……你懂我在說什麼。

　　背景音軌通常會播放幾分鐘，然後再度重播，以便節省記憶體空間與作曲時間。請和音樂總監合作，確保歌曲開端與盡頭之間的轉換聽起來合宜，也不會有寂靜無聲或速度出現怪異變化的情況而影響遊戲本身。

　　下一個該問的問題，是你要不要（或更實際地說，你負不負擔得起）在每個關卡都安插背景音樂。你有可能必須在遊戲中重複使用音軌。比方說，在《王子復仇記2》

中，我們爲每個遊戲中的世界創作了兩首歌，也會切換播放，讓玩家不需連續聽同一首歌兩次。

　　與其擁有直線式的一關一歌曲系統，你或許會想要和音效程式設計師和音樂總監合作創造出**動態配樂**（dynamic score）。在這種爲遊戲配樂的方法中，音樂會被拆解成主題曲，並在特定狀況發生時播放。比方說，動態音樂能在戰鬥中出現，讓打鬥感覺起來更刺激，節奏也更明快。贏得戰鬥後，主題曲就會再度響起。

　　動態編曲與音樂傳統上說的**主導動機**（leitmotif）概念相仿，這代表特定角色或場景會有專屬於它的主題曲。最廣爲人知的主導動機來自《星際大戰》系列電影，達斯・維德、路克・天行者、尤達，還有莉亞公主與韓索羅的戀曲，都有獨特的主題曲，當角色出現在螢幕上時就會響起。如果有不只一個人在畫面中，就由配樂家來讓音樂交替出現，避免音樂變換聽起來太奇怪。

嘿！主題曲眞棒！

最常見的動態配樂主題包括：

- 　**神祕**：玩家進入神祕的新地點了，一點神祕音樂有助於營造氣氛。

- **警告**：當玩家進入危險區域或準備遭遇敵人時，就播放陰森不祥的或聽起來有威脅感的音樂。你可以在許多恐怖遊戲中找到這種主題。
- **戰鬥**：當玩家展開戰鬥時，就會響起刺激的音樂。
- **追逐／快速動作**：遭到恐龍追趕嗎？在追逐壞蛋嗎？身後有大圓石滾來嗎？節奏快速的追逐主題曲會讓動作感覺起來更刺激。
- **勝利**：請務必用音效獎勵玩家，即便只是非常短的樂曲，都能讓玩家知道打鬥已結束他們獲勝了，或是能慶祝遊戲中的事件已成功達成。《薩爾達傳說》系列遊戲有一些用音樂獎勵玩家的絕佳範例。
- **走路**：儘管大多遊戲會播放「走路」音樂，我相信如果你播的是慢速音樂，玩家就會緩緩移動；但如果你讓音樂節拍變得比玩家走路的速度還快，就會刺激玩家走得更快。換句話說，請記住這個超重要的重點：

音樂永遠都要比畫面上的動作還刺激

別忘了為標題畫面、暫停／選項／存檔畫面、遊戲結束畫面或遊戲中可能有的所有額外內容或小遊戲加入音樂。開場主題曲非常重要，它是玩家聽到的第一段音樂，也會為遊戲本身搭好舞台。我建議把你最棒的曲目放在開始畫面，好讓玩家對玩你的遊戲感到興奮。

環境效果（environmental effects）是我們周遭世界的音樂，不同地點會有其獨特背景音效。夜色中的墓園聽起來和午餐時間的城市截然不同。對特定環境或遊戲而言，有時音樂會感覺太過強勁或不太對勁，這時把環境效果與動態配樂結合起來區分或中斷動作場面，是非常有效的做法。在《王子復仇記》中，我們把中心關卡設計為使用環境效果音，以幫助玩家感受地點氛圍，而遊玩關卡則使用更多傳統背景音樂。

音效何時不是音效？**安靜無聲**時。無聲對聽眾有種強烈效果。遊戲設計師經常明智地使用音效來表明某種特別事件將發生在玩家或世界上。可以用它來代表高速（當玩家在《橫衝直撞》中啟動加速時，音樂就會變小聲）、緊湊動作時刻（像《戰慄突擊》中的「反射時間〔reflex time〕」）、懸疑或甚至是角色搞笑失敗時。[4]

▍聽起來像遊戲了

接下來，請收集一份音效清單。當你開發角色和敵人的動作設置時，也請一併製作音效清單。先從編排主角的基本音效開始：

- **動作**：從在特定表面（像岩石、礫石和金屬）上走路或奔跑的聲音開始，加上踏過水的聲響，讓你的角色感覺起來在世界中更踏實。跳躍、落地、翻滾和滑行也都需要音效，讓玩家清楚他們成功做出了行動。

- **攻擊**：讓揮舞和踢擊動作發出「咻」的聲音，能讓它們聽起來更動感。讓獨特攻擊聽起來獨一無二，像小精靈「吃掉幽靈」或是瑪利歐的跳躍／踩踏動作那樣。

4　通常伴隨著令人無語的烏鴉音效——所以我想不算無聲吧。

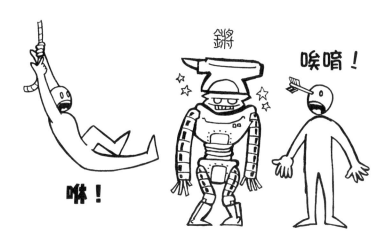

- **衝擊**：結實的「砰」聲，能讓拳擊或踢擊感覺起來更有力。武器、咒語和爆炸都需要動感的巨響，才能讓玩家清楚他們擊中某種東西或某人了。別忘了物體反應效果，像裂開的木頭、破碎的玻璃和鏗鏘作響的金屬。

- **武器**：槍聲、擊劍鏗鏘聲和雷射槍的「嗶嗶」聲。武器越大，音效就越浩大。你的武器聽起來應該要和外觀一樣獨特。比方說，光劍的經典嗡鳴符合它特殊的視覺效果。

- **擊打反應**：當你錄製「嗚！」「啊！」和「呃！」時，聽起來或許很好笑，但它們是遊戲中最重要的音效。當玩家遭到擊中時，他們得清楚這點，音效也會讓他們得知這件事。

- **聲音線索**：需要和玩家溝通嗎？請利用你的角色。當遊戲主角看到寶物時，讓他說：「這是什麼？」或在接受治療後說：「我好多了！」這不只能讓玩家知道他們達成了什麼，或是可能做出什麼，也提供機會來為你的角色增加性格表現。別忘了暗示用力的聲音，像推擠可移動岩石和拉扯僵硬扳手時發出的費力咕噥聲。

- **死亡**：沒什麼比淒厲尖叫更能表現出「你死了」。請確保你納入了各種恐怖死法的音效，從遭到殺害時的呻吟、溺斃時的咕嚕聲，到落下懸崖時的漫長尖叫。

- **成功**：請使用音效來表示玩家成功了。可以播放「短曲」來讓玩家知道他們獲勝了，也別忘了讓角色說出「唷呼！」或「好耶！」等語音慶祝。

至於暫時音效，我建議從 Sound Ideas[5] 或 Hollywood Edge[6] 等音效提供商那買 CD 資料庫。它們的資料庫擁有你不敢相信別人會有的東西，像是美洲獅的噴嚏聲或核子反應爐的嗡鳴，甚至還有來自某些當紅好萊塢電影和電視劇的音效。就算你的員工中沒有專業音效設計師，在工作室中音效仍是很有效的工具。要有心理準備花上好幾小時，試圖找出「正確」的音效。

你也可以在線上找到許多免費音效（但是，你自然永遠都該檢查版權問題——寧可小心，也不要在事後惹上官司）。不過，即便有這些優秀的線上資源，有時你就是無法找到自己需要的效果。因此我轉向 Sound Forge[7] 或 Vegas[8] 等音效編輯工具，有了這些工具，我就能輕易地迅速混合兩種以上的聲音，以便把想法交給音效設計師。

請判斷你要的音效聽起來是寫實或有卡通感。遊戲的主題通常會主宰這種選擇，但有時會有例外。寫實音效讓世界感覺起來更有真實感，但有時聲音聽起來太平淡了。卡通感音效非常誇張，很適合「電玩遊戲類」的東西，像是額外生命和寶物收藏，但有時它們太「突兀」了，也可能讓玩家無法體會遊戲世界。

5　www.sound-ideas.com/
6　www.hollywoodedge.com/
7　www.sonycreativesoftware.com/soundforgesoftware
8　www.sonycreativesoftware.com/vegaspro/audioproduction

　　請確保你的音效設計師發揮出聲音的最大潛力。讓音效的音高與速度「上揚」，便能製造出有正面感受的聲音，像是收集到一條額外生命，或是完成一項任務。讓音效「下降」，則能加強負面與失敗的情況。

　　有時音效設計師會「美化」某個音效，因為真實世界版本聽起來不太適合。比方說，我覺得碎骨聲聽起來不太對，它們聽起來更像是碎裂的乾樹枝。我的團隊反而用保齡球撞上球瓶的聲音來「美化」效果。

　　當你為角色創造出攻擊與反應音效時，就和動畫師一起決定時機（timing），你會想確保音效不會比動畫更慢或更快結束。決定動畫的時機後，就創造出相符的音效。請確認你的音效程式工程師知道該在哪格動畫上播放音效。

　　你也可以使用聲音來給玩家警告或線索，讓他們注意到遊戲中的其他東西。下墜砲彈的呼嘯聲能讓玩家有機會找掩護；靠近受到保護的門口時，電流劈啪聲或魔力的陰沉低音都能讓玩家暫停腳步。玩家能透過物品的滴答聲或鈴聲來找到它，像是遺失的懷錶或亂擺的手機。

　　小心別同時播放太多音效。為了避免製造雜音，你得排出順序。音效程式工程師能幫你把音效分成三種類別：**區域性、遠處和主要**。

- 當玩家靠近音效來源時，就播放區域性音效（local sound effects）。這可能是潺潺溪流、滴答作響的時鐘、響起的電話、機器嗡鳴或敵人吼叫。當玩家遠離來源時，這些音效就會淡去。

- **遠處音效**（distant sound effects）是玩家即便在遠離聲音來源時，也依然能聽到的聲音。這些音效包括爆炸、狼嚎、逼近的載具引擎聲或末日塔發出的陰森低鳴。

- **主要音效**（priority sound effects）是無論玩家身在何處，都會播放的音效。這些音效提供玩家遊玩回饋，包括失去生命值、收集到寶物或好東西、分數或連擊數增加、強化道具或倒數的計時、成功擊中敵人、死亡、落地、與遊戲世界的互動（例如撞擊或武器打擊），和腳步聲、游泳划水、翅膀拍擊。

主要音效　　　　　　區域性音效　　　　　　遠處音效

在製作過程中為檔案取名時，請幫音樂和音效取個能描述內容的短名稱，讓你的團隊夥伴不需瞎猜。比方說，遊戲中的第二關音樂可以叫做Lv2Song.wav，而敵方機器人的不同版本雷射槍射擊聲可以是roblast2.wav。

聲音不只能有效傳達遊戲中的狀況，也能使用在遊玩過程中。有數種類型的遊戲都環繞著音樂與音效，從《勁爆熱舞》、《Band Hero》到《血色桑格雷II》（Playground Publishing B.V.，2013）。製作以聲音與音樂為基礎的遊戲玩法時，別完全仰賴聲音，請運用視覺效果來呼應音樂與音效。為玩家提供的線索永遠不嫌多，你也能創造出身心障礙玩家能遊玩的遊戲。

- 《Simon》（米爾頓・布拉德利公司，1978）等**短期記憶遊戲**（short-term memory game）要求玩家記下並重覆演奏一小段音樂。為遊戲內容增添視覺元素很有幫助，不只能幫助玩家記住該演奏哪段旋律，也能照顧聽障（和音痴）玩家。

- 《PaRappa the Rapper》（索尼電腦娛樂，1996）、《太鼓達人》、《節奏天國》、《吉他英雄》系列和《Tap Tap》系列等**旋律遊戲**（rhythm game），要玩家及時跟上音樂節拍。許多這類遊戲需要用到類似吉他或沙槌的特定周邊設備，有時甚至在購買遊戲時就附上。設計旋律遊戲時，務必把玩家的疲勞納入考慮。對使用動態控制或跳舞墊的遊戲來說，這點則加倍重要，你不會想讓玩家心臟病發作的！在歌曲與關卡間提供強制休息時間，讓玩家能喘口氣再繼續玩。

- **音高遊戲**（pitch games）讓玩家配合遊戲中的音高唱歌。這類遊戲需要麥克風才能玩，《SingStar》或《卡拉OK革命》系列遊戲都有這種效果。

- **音樂創作遊戲**（music creation games）模糊了音樂創作工具與遊戲間的界線。

《電子浮游生物》和《Fluid》（索尼電腦娛樂，1998）擁有迷人的玩家角色和動態螢幕活動，不過，它們的最終目標並非勝利，而是創作與享受過程。

也有其他音樂遊戲難以歸類。《Vib-Ribbon》（索尼電腦娛樂，1999）使用玩家插入的任何CD，來創造出平台式遊戲玩法，每場遊戲都會打造出截然不同的遊玩體驗。《Rez》（Sega，2001）是款經典軌道射擊遊戲，隨著玩家摧毀每個敵人，他們也會創造出複雜的電子樂。在《Battle of the Bands》（THQ，2008）這款旋律遊戲中，當玩家對彼此發動攻擊時，就會玩起音樂拔河（比方說，從迪斯可舞曲到鄉村樂）。

如你所見，有很多方式能在遊玩過程中運用音樂與音效。別忽略它們，這是設計師的重要工具。

第十六關的普世真理與聰明點子

- 在製作過程的早期就決定音效需求。別等到最後一刻。
- 學習如何使用「音樂家的術語」，以便把你的需求傳達給配樂家。
- 用音效和語音線索向玩家傳達重要的遊戲行動。
- 別用你無權使用的音樂和音效。
- 使用音樂來推動故事的動作感。
- 利用音樂主題來幫助講述故事。
- 請決定音效與音樂的距離與時機，讓它聽起來更寫實也和玩家更能互動。
- 沉默的效力和音樂一樣強勁。
- 利用音樂與音效作為遊戲玩法（但要確保你為聽障玩家製作了相應的視覺效果）。

17 | LEVEL 17 Cutscenes, or No One's Gonna Watch 'Em Anyway
第十七關　過場動畫，又稱根本沒人想看的東西

　　過場動畫（cutscene）是一段動畫或真人片段，用來推進故事，創造壯觀場景，提供氛圍、對話和角色發展，和揭露線索（這類線索若以其他方式呈現，玩家在遊戲中就會錯失解謎機會）。播放過場動畫時，玩家經常無法控制遊戲。

　　我覺得過場動畫是把兩面刃。一方面而言，它們通常看起來很棒，讓你的遊戲世界和角色能以遊戲引擎辦不到的方式出現；不過另一方面而言，歷史上有許多過場動畫太過冗長，對故事並不必要，或是看起來非常無聊。許多玩家會跳過過場動畫（如果遊戲給他們這種選擇的話！）以便直接開始遊戲。為了避免這點，你該先自問這個超重要的重點：

為什麼不能**直接開始玩？**

我的遊戲玩法能處理動作場面嗎？

由於過場動畫製作起來非常昂貴，最好明智地使用。我說：「最好把過場動畫留給親吻和爆炸場面」，原因如下：

- 你可以在過場動畫中營造更多情感，因為你能直接控制所有要素。
- 遊戲中的物理碰撞表現不會比預先算圖影片裡的好，所以動畫裡兩個角色接吻（或牽手之類的）動作看起來會比較不生硬。
- 播放動畫時讓玩家無法控制角色通常會比較好，這樣他們才能沉浸在故事中，或對浩大場面感到驚嘆。
- 爆炸在預先算圖動畫中看起來棒多了。

█ 高級動畫

拍攝電影的方法很多，製作過場動畫的方法也同樣很多，例如全動態影像、動畫、Flash動畫橋段、預先算圖過場動畫、傀儡戲和預定事件。

- 當電玩遊戲剛開始出現在CD媒體時，**全動態影像**（full motion video，或稱FMV）過場動畫非常流行。《銀河飛將3：虎之心》、《終極動員令》和《The Horde》（晶體動力，1994）等遊戲就使用真人過場動畫，主打聘請好萊塢演員與擁有高產值。外部製作公司通常會提供FMV，因為它們需要電影製作上的所有資源。

  在1990年代，FMV變得非常流行，催生出好幾種專門播放互動式影片（interactive movie）的系統。3DO互動多人遊戲機（3DO Interactive Multiplayer）、PlayStation、飛利浦CD-I（Philips CD-I）和Sega Mega CD（以及PC）等早期遊戲系統，都擅長處理具有大量或可玩式FMV橋段的遊戲，像是《午夜陷阱》、《Sewer Shark》（Sony Imagesoft，1992）、《幽魂》和《通靈偵探》。即便DVD媒體能輕鬆容納影片，但FMV在近代已經不太受遊戲開發者歡迎了。由於遊戲的受眾可能不想看，它們通常被認為是製作起來太昂貴、遊戲觀眾又不想看的東西。

- 動畫式過場片段（animated cutscene）或全動態動畫（full-motion animations／FMAs）為FMV提供了不同風格的替代方案。賽璐珞動畫或停格動畫片段會

被轉換成遊戲的引擎能播放的影片格式，並在遊戲的標題畫面和劇情片段時播放。在這些橋段中，玩家無法控制遊戲。由於相關的製作過程通常包含漫長的拍攝時間和花費，動畫式過場片段很少在電玩遊戲中出現。不過，曾經有許多華麗的動畫式過場片段範例，像是《Neverhood》系列（Dreamworks Interactive，1996）、《猴島的詛咒》和《雷頓教授》系列。

- Flash動畫片段（Flash-animated sequences）是用Adobe Flash製作的影片，它使用靜止圖片與簡單動作，使得動畫擁有獨特的視覺風格，看起來經常類似圖像小說。《蝙蝠俠：阿卡漢起源－黑門》與《Sly Cooper》系列都採用這種敘事方式。

- 預先算圖過場動畫（pre-rendered cutscene）以遊戲的角色模型和環境的高解析度版本創造而成，並用電影式攝影機來營造動態性與戲劇性動作編排、畫面與敘事。在這些橋段中，玩家無法控制遊戲。有了足夠的金錢、時間和人力後，這些預先算圖過場動畫看起來就非常壯觀。看看任何暴雪遊戲、《Final Fantasy》系列遊戲或南夢宮格鬥遊戲，就知道我的意思了。[1]

- 遊戲內動畫（in-game cinematics）或「傀儡戲（puppet show）」使用角色或環境等遊戲內資源來創造過場動畫。它們被稱為傀儡戲的原因，是因為出現在這些早期版本過場動畫中的角色會以不尋常的方式移動，令人覺得看似牽線木偶。從視覺上來看，它們和遊玩過程的差異只在於電影式的運鏡手法。傀儡戲動畫中，玩家有可能無法與其互動，也有可能取得有限的角色與攝影機動作（像是讓主角頭部環視四周），在《刺客教條》和《決勝時刻：現代戰爭》系列中都能看到這種手法。

- 預定事件（scripted events）與傀儡戲相似，遊戲內資源會被用來創造動畫片段，但在片段中，玩家能與遊戲互動，幅度從有限到完整都有。自從它們出現在《戰慄時空》、《The Operative: No One Lives Forever》（Fox Interactive，2000）與《榮譽勳章》系列等遊戲中後，預定事件就成為在不打亂遊戲節奏下傳達劇情的熱門方式。它們在第一人稱射擊遊戲和動作遊戲中很常見，但如果沒有經過妥當安排，玩家就可能會錯過或沒看到事件。如果玩家在完成事件目標前就死亡，

1　製作《鐵拳3》時，我記得該遊戲的日本製作人驕傲地告訴我說，遊戲中華麗的動畫是僅僅兩位動畫師的作品。接著他告訴我，兩人都因為過勞而住院。

因而得重複體驗它們的話，效果也會變得冗贅。[2] 以下幾個方法能確保玩家觀看預定事件：

- 只有當玩家角色確實觀看或面對預定事件時，讓事件啟動播放。
- 打造關卡的幾何構造，「為場景設定框架」，讓玩家能清楚看到動作。
- 在環境中移動攝影機，讓玩家清楚了解周圍擺設與空間。
- 如果你有可動式攝影機的話，就確保從玩家的觀點或位置啟動事件。這點對使用遊戲內攝影機的過場動畫特別重要，才能展示幾何變換位置等事件，或提供解謎要素的提示，或是揭露敵人。你該一直讓攝影機顯示出明確的因果，像「拉這根手把，那扇門就會打開」。

現在有個好消息，你可以決定哪種敘事工具最適合你的過場動畫。壞消息是，現在你得動筆寫了。

如何以八個簡單步驟寫出劇本

由於有很多討論編劇的書，所以我壓根不打算和它們講述同樣的細節。如果你想閱讀深入探討編劇的資料，我就建議你看以下書籍：[3]

- 《實用電影編劇技巧》，Syd Field／著（中譯：遠流出版，2023）
- 《故事的解剖：跟好萊塢編劇教父學習說故事的技藝，打造獨一無二的內容、結構與風格！》，羅伯特・麥基／著（中譯：漫遊者文化，2020）
- 《Screenwriting 434: The Industry's Premier Teacher Reveals the Secrets of the Successful Screenplay》，劉・杭特（Lew Hunter）／著（Perigee Trade 出版，2004）

既然你在讀這本書，而不是那幾本，以下這些急就章的指引，能教你如何像專業人士般寫出劇本，供分鏡插畫家、動畫師或配音員使用：

第一步：製作故事大綱。如果你不曉得故事的開始、中間點和結尾，就不會曉得自己在寫什麼。但你已經在第三關學到這點了，對吧？

2　這經常導致「土撥鼠日（Groundhog Day）」現象，玩家會覺得他們困在時間迴圈中，得一再經歷同樣的事件。

3　幫我個忙，等你看完我這本書之後，就去讀這些書，好嗎？

第二步：一幕一幕分解故事，以便決定每個場景中會出現哪些角色，以及每幕戲發生的地點。這項資訊對舞台設計和創作遊戲資源的目的都至關重要。你或許無法讓一萬個半獸人戰士在傀儡戲動畫中衝過山丘。你或許會想要調整過場動畫的順序。也許你會想用回憶片段當開頭，因為之後的場景比第一個場景有更多動作。比方說，在《海綿寶寶與亞特蘭提斯》中，我們用故事的尾聲作為遊戲開頭，因為那是有最多動作的場景，我們也想讓遊戲用高潮迭起的場景展開。我覺得用強力開場來抓住觀眾注意力比較好。

第三步：決定故事中哪些場景會成為過場動畫，又有哪些會透過遊戲過程詮釋。我比較喜歡透過遊戲過程來講述故事，因為**玩遊戲就是玩家最常做的事**。

別光讓玩家看他們該做的事。讓玩家動手總會比旁觀好……等等，那是**極度重要**的重點。讓我再試一次：

讓玩家動手，總會比旁觀好

第四步：寫下場景與對話。決定什麼該發生，什麼該說。試著盡可能用動作來傳達場景，份量與文字相同（或更多）。請寫下充滿娛樂性的文字，好笑沒有害處。你只需要言簡意賅。如莎士比亞所說：「簡潔為智慧之魂。」換句話說，**別講太長**，別寫一堆嘮叨和技術性廢話。[4]嘗試用短短幾句話來表達意思。我經常把撰寫對話當成「猜歌」遊戲來玩。「喬治，我可以用十二句話來寫那段對話。」「是喔，好吧，我用八句以內就行了。」「寫‧出‧來！」

第五步：用正式的劇本格式來寫劇本。如果你要當專業作家（嘿，你在撰寫電玩遊戲故事，所以你猜怎著？你**就是**專業作家），就最好學會專家做事的方式。每個娛樂業專業人員都使用這種格式，所以沒理由發明新方法。以下是簡單的風格指引：

場景＃內景／外景（擇一）──地點──當日時間

攝影機角度

描述設定，以全大寫介紹角色

4　對，《潛龍諜影》系列，我看的就是你。

也用全大寫強調任何動作場面。

角色名稱

（給演員的指示放在括號中）

將對話寫在這裡。保持內容簡要。

　　那就是基本的編劇格式！如果你想省下在鍵盤上按Tab鍵的時間，有許多編劇程式可用，像Final Draft與或Movie Magic Screenwriter。

　　第六步：念出對話。當你寫下對話時，內容「在腦袋裡」通常聽起來很棒，但當你念出內容時，聽起來就古怪或笨拙。準備好重寫（一再重寫）對話吧。

　　第七步：讓成果熬一兩天。你經常會想到新點子或更好的方式來撰寫場景或機智對話。找別人讀稿，讓對方給你回饋。當他們提出回饋時，請努力別太緊迫盯人。

　　第八步：用Microsoft Excel等電子表格程式，來為配音員準備劇本。一句一句「分解」角色的對話台詞，因為這就是配音員讀稿和記錄對話的方式。把各個配音員的台詞獨立出來，就能讓他們和你在閱讀必讀的文件時更加輕鬆，而不需一頁頁翻過冗長的劇本。Excel表格上務必留下場景數字，也請記得要給每句台詞取個檔案名稱，這樣當音效工程師剪輯音軌時，就有名稱可以給每個聲音檔案使用。程式工程師將音軌放入遊戲時，會使用的就是這同一個檔案。我來舉個範例：

冷鋼 VO 劇本：傑克・史狄爾（Jake Steele）對話【演員尚未公布】

檔案名稱	對話	註記
Opening_01_01	蒙托雅，那些恐怖分子躲藏太久了。	開場動畫
Opening_01_02	好吧，他們該來嘗嘗冷鋼的厲害了。	強調「冷鋼」
Opening_01_03	準備好，老兄。我們要去打獵了。	
Opening_01_04	蒙托雅！不！	
Cutscene_01_01	就因為你把我像感恩節火雞一樣五花大綁，不代表你已經贏了，馮・廝殺特。	
Cutscene_01_02	就算我有地圖，也不會給你……呃！	當傑克說完台詞，馮・廝殺特就打了他一巴掌。

Cutscene_01_03	動手吧，混蛋。隨你想怎樣。	負傷但沒有被擊敗
Jake_Climb_01	呃！	爬山
Jake_Climb_02	哼！哼！	不同的爬山反應
Jake_Collect_01	來爸爸這裡。	收集可拿起物品或金錢
Jake_Collect_02	這會很有用。	收集可拿起物品或金錢
Jake_Collect_03	嘿嘿。	收集可拿起物品或金錢
Jake_Health_01	沒錯，就是這個。	喝下生命藥水
Jake_Health_02	真不錯。	喝下生命藥水
Jake_Yell_01	喝啊！！	傑克的衝鋒動作
Jake_Yell_02	我來了，混蛋！	不同的衝鋒動作
Jake_Victory_01	受死吧，混蛋！	
Jake_Victory_02	哈哈！我們以前就是這樣幹的！	
Jake_Hit_01	啊！	
Jake_Hit_02	嗚！	
Jake_Hit_03	唉呀！	
Jake_Death_01	啊啊啊啊！	傑克摔落懸崖
Jake_Death_02	呃！喔！	傑克被射中，倒了下來
Jake_Death_03	別再來了！呃！	不同的死亡方式
Jake_Death_04	呀啊啊啊！！！	燒死

你或許能從這項範例中看出，VO（喔btw，VO代表配音〔voice over〕；然後btw，btw是順道一提〔by the way〕的意思）劇本中有許多「呀！！！」、「嗚！」和「呃！」。配音員會照字面念出這些台詞，所以請用你想聽到的方式寫下這些對話。「啊！」和「呃啊！」對配音員而言，有很大的差異。一個是海盜的聲音，另一個則是瀕死喘息。

啊！　VS.　呃啊！

如果你不確定要如何寫出咕噥聲、擊打反應或瀕死慘叫，我建議你看看漫畫。裡頭充滿各種擬聲詞[5]，像「碰！」「轟隆！」和「唉呀！」

▋ 找到你的嗓音

既然你已經寫下劇本，也分解出各項重點，你就可能會發現製作暫時音軌（temp track）很有幫助，我是這麼覺得。這種音軌由資質中等的業餘演員和團隊成員（像是你）製作，每個人都會閱讀台詞，以便決定音檔大小與長度。錄製暫時音軌時，你只需要劇本、願意參與的演員、良好的麥克風、能錄製音訊的電腦軟體和錄音時不會產生回音的安靜地點。試著盡力念每句台詞，顯露出你最後想讓專業配音員表演出的感覺。不過，用暫時音軌來製作角色的唇語動畫是糟糕的點子，因爲專業演員的表演會與暫時演員截然不同。你該只爲了計時與預演的目的來使用暫時音軌音訊。

提到**配音員**，儘管你自己也可以扮演追捕國際恐怖分子的賞金獵人傑克‧史帝爾的角色，你還是該爲了最終版遊戲而雇用專業配音員。我很榮幸多年來能與數十位配音員共事，相信我，你從專業配音員身上看到的表現，與業餘人士**差太多了**。你想給自己的遊戲最好的待遇，對吧？那就雇個配音員。（或是兩個，或是三個，或是十二個。）但在你雇配音員前，先得雇個**配音總監**（voice director）。

配音總監會以你給他們的角色描述爲基礎，幫助你爲遊戲角色選角。請務必給出準確資料，別語焉不詳。有必要的話，就把你覺得完美適合該角色的演員名字，交給你的配音總監。誰知道呢，你或許眞能找那人來演出！[6]配音總監會預訂工作室，還能幫你找到最佳費率。他或她會幫你安排時間，以便爲配音員挪出最多的錄音時間。在配音過程中，配音總監會指導配音員，並與音效技師合作，以取得品質最佳的結果。

當你準備進行配音工作時，就把劇本寄給配音總監。那不需要是最終版本，但你務必要讓配音總監知道你還會修改劇本。在配音工作當天，請一定要帶以下物品：

- 多準備幾份紙本劇本。
- 一枝螢光筆，以便在工作時對演員標示出特定台詞。

5　這是「拼字方式和讀音一樣」的時髦說法。

6　這發生在遊戲開發者提姆‧謝弗身上，他以爲自己無法找傑克‧布萊克（Jack Black）來演《惡黑搖滾》的主角。

- 一枝原子筆或鉛筆，用來做筆記和記錄劇本上的改變。（相信我，一定會有改變。）

- 演員扮演的角色圖片。盡量帶東西來，讓每個演員得知他或她的角色外型。在許多狀況中，配音員會在你的遊戲中扮演好幾個角色（配音員的工會允許配音員在同一款遊戲中最多扮演三個角色），所以即便是「流口水外星人二號」，都該帶圖片來幫助演員賦予該角色生命力（也得提前把圖片傳給配音總監，對選角會有幫助）。

- 一本書或手持式遊戲。「快點來等」是娛樂業的座右銘。當配音員和音效技師準備工作時，總會有許多待機時間。別擋別人的路，但也別走太遠。

- 提供飲料和點心。配音工作會持續一整天，有時則花上一整週。根據配音員工會的說法，如果工作會持續一整天的話，你就得為演員提供一餐。即便你整天只是坐著聽配音員說話，可能還是很累人！

確認。確認一。嘶嘶！嘶嘶！

機器開了嗎？

如果你不是遊戲編劇或遊戲設計師，那麼當配音錄製工作進行時，請務必讓編劇或設計師也在場。劇本經常會需要重寫，配音員與配音總監也不見得總是知道台詞意義。你的遊戲或許需要非常特定的東西，別留給別人處理。即興表演不是什麼大問題

（讓演員自由發揮，可以為劇本創造很棒的補充片段和替代版本，將為你提供許多可用的素材，而且配音員也喜歡這樣做），如果他們喜歡和你共事的話，未來他們就會想再和你合作。

最後，玩得開心！記得喔，你光是坐在房裡聽配音員念你寫的台詞就能拿到薪水！沒什麼比這更好了！

第十七關的普世真理與聰明點子

- 過場動畫該符合遊戲的風格、成本和行程表。
- 學習用標準編劇格式來寫劇本。
- 用動作場面展開遊戲，來吸引觀眾。
- 讓玩家動手會比觀看來得好——請用遊玩過程來講述故事。
- 讓玩家能跳過過場動畫，別逼他們一再重看。
- 把過場動畫做得簡短，以節省玩家的時間和你的金錢。
- 利用過場動畫來描繪親吻和爆炸，把過場動畫留給大場面和親暱場景。用遊玩過程來做其他事。
- 專業配音員能帶來莫大差異。儘可能使用他們。
- 準備配音工作時，就整理好給演員使用的資料。

18 | LEVEL 18 And Now the Hard Part
第十八關　困難的部分來了

如果你遵循本書指示的話，現在就已經能想出厲害的遊戲點子，也做出了相應的遊戲設計文件。你擁有能製作真的電玩遊戲的一切了，對吧？錯！你的工作才剛開始呢。在你開始**製作**遊戲前，或許得找到某人來**發行**你的遊戲。

我說「或許」，是因為自從初版《通關升級！》上市後，電玩遊戲業就經歷了劇烈變化。我們等等會討論它有什麼改變，但如果你想做遊戲的話，就需要錢。而為了說服某人給你錢，你就需要**提案**。

提案是你的遊戲設計文件容易消化的精簡版本。它囊括了遊戲中所有絕佳的原創元素，而且摒除所有「繁瑣部分」。[1]

因為大多提案都會在會議室中向一群人進行，因此我非常建議使用PowerPoint、Keynote或其他簡報軟體來製作提案文件。為了幫上忙，我在獎勵關卡第十關中放了一份你應該加入提案簡報的要素大綱。這份文件的基本內容如下：

- 附有標誌的標題畫面
- 公司資料
- 高概念
- 遊戲的目標客群
- 為何別人該在乎你的遊戲
- 遊戲的內容
- 你的遊戲為何很棒／是什麼讓它與眾不同

準備提案簡報時，得記住製作簡報投影片的基本準則：選擇你能輕易閱讀的字體，別把太多資訊放在同一頁，也得記好：大家都喜歡圖片。其實，我看過一份很棒的簡報，裡頭只有圖片；但確保你只用上少數圖片。別讓你的觀眾盯著同張圖片太久。

1　「繁瑣部分」是遊戲業的行話，用於描述你奮力製作但在你對別人講述遊戲內容時其他人不需要聽的那些細節。這些部分對製作遊戲而言至關重要，但對無助於向發行商推銷。

請記住，觀眾和玩家一樣都喜歡變化。

▌沒人在乎你的愚蠢小世界

製作一份好的提案簡報，就像製作藝術家的作品集：你想要展現最棒的作品，但別加入太多東西，害觀眾感到眼花撩亂。

這是我聽過的某項故事提案。當編劇開始大談他的奇幻世界中的複雜機制，我就把他趕了出去。要一下子處理那些資訊，實在太費勁了。儘管創造世界很好玩，構築世界的細節好讓世界產生寫實感也很重要，但你得明白，在這階段，沒人在乎你的世界和那些細節。我不在乎誰是尼布隆人或銀河帝國的重要性在哪，我只想知道遊戲要怎麼玩。別用故事細節使你的讀者感到疲勞，請讓提案維持單純，更重要的是，那些細節自己知道就好……目前為止是這樣。

以下還有幾條提案時該注意的基本規則：

- 對正確的人進行提案。你得考量自己要對誰兜售點子。我曾在提案簡報中聽過這句話很多次：「提案很棒，但我們永遠不會發行那種遊戲。」這令人難過，因為如果開發者花點時間對發行商作研究的話，那種情況就絕對不會發生了。你不會想浪費自己的時間（更別提發行商的時間了）。有些發行商只發行特定類型的遊戲，別對專精硬派動作遊戲的發行商推銷家庭遊戲。不過，有許多發

行商確實會發行題材多元的遊戲，他們的公司目標也可能改變，所以時機點至關重要，我聽過許多故事說有人在發行商剛好想發行某類特定遊戲時作出提案。你永遠不曉得何時會發生！

▪ **在受控環境中進行提案。** 你永遠無法確定提案簡報會在哪舉行，但你會想在觀眾能全心關注你和簡報的地點，為你的遊戲做出提案。盡你所能掌控會議地點。和你的提案對象合作，以便在正確的環境下進行簡報。比方說，在E3展場為遊戲進行提案，比在私人會議室中難多了。

▪ **準備好。** 和其他表現相同的是，你得做準備。在同儕面前練習提案，請他們就內容和你的表現給予回饋。別害怕使用你心裡的演員性格，畢竟你會對發行商講述遊戲的劇情與敘事方式，所以你會想讓發行商的團隊對你的遊戲感到興致十足，就和你興沖沖地想製作這款遊戲一樣。如果你團隊中有人比較適合在團體面前發言，就改讓那人進行簡報——但你當然得監督。你還是該參與提案，並協助回答問題和補充細節。你會想以最好的方式呈現遊戲，你也只有一次機會能給別人留下印象。請確保你的電腦和任何設定都相容，也務必把備用資料放在隨身碟或光碟中，我看過簡報因音效沒有正常運作而中斷。請帶大量文件複本來，雖然很難知道該帶多少份，因為參與人數難以預料。以下有另一種該考量的狀況：如果停電的話，你還能進行提案嗎？所以啦，如童子軍所說：準備好。

- **徹底了解你的計劃（最好詳細點）。** 即便你甚至還沒做出遊戲，也該知道它的一切。發行商會發問，試圖在你的設計中找出漏洞，但他們並非故意表現出惡毒態度，只是想找出可能會在開始製作遊戲後造成麻煩的東西。你要能夠詳細談論自己的遊戲，但記得別嘮叨。除非觀眾提出要求，否則別向他們灌輸細節。如果你不曉得某個問題的答案，回答「我想聽聽你的看法」總是會有幫助的。

- **保持專注。** 製作團隊有時會帶好幾個提案點子來，企圖找出發行商對什麼有興趣。有更多提案代表：（a）會議會變得更長，（b）每段遊戲簡報能花的時間更短，（c）要決定最好的點子時，或許無法取得共識。總是會有個點子是鶴立雞群的，所以何必讓事情變複雜呢？我覺得該讓參與者專注在一個點子上。你或許需要再度拜訪發行商，以提出另一個遊戲點子。如果你在提案會議上提出了好幾個點子，就確保所有簡報都維持同等品質。

- **或許你需要組建團隊。** 如果你要提出一個以上的遊戲點子，就該從Double Fine身上學點東西。該團隊提出了三個點子，但他們不是讓同一個人提報所有遊戲的點子，反而是讓三個人提出不同遊戲。我身爲觀眾的一員很喜歡這點，因爲我能把每個遊戲對上不同人臉，而且每個人的簡報風格也截然不同，這也使每次提案都成爲獨立體驗。

- 透過提案來表現自己。即便你沒有很棒的遊戲提案或眞正的原創想法，但如果你擁有很棒的科技或原型遊戲機制，把它展示給發行商就沒有問題。有時發行商擁有專利權，但還沒選出工作室來將它發展成遊戲。時機點與好運，就和優秀的遊戲點子和有力的簡報一樣，都是提案過程的一部分。從我爲發行商工作而聽取大量遊戲提案的多年經驗中，我開發出了「提案方程式」：

試玩版遊戲 > 遊戲設計文件 > 簡報 > 提案

　　試玩版遊戲（game demo）需要花很多工夫，如果沒有妥善規劃，會奪走製作主遊戲的時間。它們眞的能打斷遊戲的製作節奏而導致趕工，你得花上漫長的時間，試圖在遊戲中增添內容。不過，試玩版遊戲顯示你對製作遊戲非常認眞，也允許潛在發行商有機會取得編碼，有時這是販賣你的遊戲最棒的方式。

▌誰要付錢？

　　當遊戲業剛開始發展時，許多開發者會在車庫中設計遊戲。[2] 這些年輕的遊戲創作者很快就成立了雅達利、動視和雪樂山等公司，最後也將他們的遊戲販賣到世界各地。[3] 當遊戲業開始蓬勃發展時，許多開發者成爲開發商，製作他們的遊戲和遊戲主機，最後還雇了其他開發團隊爲他們創作遊戲。

　　自從八〇年代以後，主機成爲遊玩電玩遊戲的主要系統，開發商取得了更多權力可以決定要製作哪些遊戲。在這段時期裡，你可以在缺乏發行商的狀況下製作並發行遊戲……但前提是遊戲在電腦上發行，而不是主機。儘管有些不投資在遊戲開發過程的數位發行商出現（例如 Stardock），但控制多數發行商品的仍是其他發行商，因爲他們能夠投資必要資本來開發主機遊戲。當擁有網際網路功能的主機成爲主流時，發行商就開始提供可下載內容，作爲他們零售遊戲的附加程式。在 2002 年，微軟與維爾福公司開始透過 Xbox Live 和 Steam 平台發行數位遊戲，因此改變了玩家購買遊戲

2　理查・蓋瑞特（Richard Garriott）《創世紀》〔Ultima〕系列）、威廉・安德森（William Anderson）《迪士尼阿拉丁》〔Disney's Aladdin〕，《七喜小子》〔Cool Spot〕）和丹尼・邦頓・波瑞（Danielle Bunten Burry）《M.U.L.E.》，《七金城》〔The Seven Cities of Gold〕）一開始都在家中創作遊戲，並把它們裝在塑膠袋中，販售給當地的電腦店。這些自製作品催生出許多遊戲創作者的職業生涯。

3　或是任天堂、南夢宮、Sega 和科樂美等既有公司開發了電玩遊戲業。

的方式。索尼、任天堂、Origin 和別的數位發行商很快就跟上他們的腳步。

當手機遊戲在 2000 年代早期出現時，真正的關鍵出現在 2008 年，當時蘋果發行了 App store。許多開發者立刻加入，而在初期的幾場成功後[4]，這股全新的遊戲淘金熱便開始大行其道。自此之後，情況就冷卻了下來，但數位發行的成功為遊戲開發者打開了許多新市場：

- **App stores**：蘋果的 App Store、Google Play、Android Market，和 Amazon 的 Kindle 商店。這些可下載遊戲的發行商，會提供玩家和主機不同的討喜選擇。整體而言，遊戲開發者把遊戲交給這些店家所花費的成本比較便宜。比起和它們功能相似的主機發行商，App stores 的利潤抽成較少，遊戲上架的規範限制也較小。不過，你得和成千上百套遊戲在過度飽和的市場中競爭。你要如何鶴立雞群呢？表現傑出就行。

- **數位發行商**：維爾福的 Steam、微軟的 Xbox Live、索尼的 PlayStation Store 和任天空的 Wii 商店等數位發行商，傳統上都是高成本遊戲的 PC 版本的大本營。但自從維爾福開始了綠光計劃（Project Greenlight），和 Xbox Live 開始了 Indie Games 後，新出道的開發者就能嘗試將他們的遊戲放上擁有數百萬使用者基礎的平台。

- **群眾募資**：於 2009 年上線的 Kickstarter 創造了遊戲開發者（與發明者和藝術家）能使用的平台，讓這些創作者的計畫可以得到個人贊助者的捐獻。Indiegogo 和 GoFundMe 等其他群眾募資網站很快就如雨後春筍般出現，讓遊戲開發者有賺取資本的新方式。儘管這個方法不保證能取得資金，但在一個月內就從八萬七千個贊助者手中賺到 345 萬美金的《破碎時光》，和賺到 293 萬美金的《荒野遊俠 2》等遊戲，都讓群眾募資成為受歡迎的選擇。

- **網頁代管**（web hosting）：Kongragate、Newgrounds、Addicting Games、Adult Swim Games 與 Pop Cap 等線上網站代管了各種程度的開發者所製作的遊戲，從業餘人士到經驗老到的遊戲創作者都有。這些網頁代管網站很適合吸引用戶，或將你的遊戲發行到另一個平台。許多知名遊戲一開始都是網頁遊戲，包括《寶石方塊》、《植物大戰殭屍》、《Robot Unicorn Attack》和《Peggle》等

4　《Trism》（Demiforce，2007）在剛上市的兩個月就賺了二十五萬美金，也是 App store 最早的成功故事之一。

暢銷遊戲。

- 社群媒體：好消息是，Facebook 為遊戲創作者提供了完整的開發者輔助。壞消息是，你的遊戲會和 Zynga、King 和 Pretty Simple 等既有開發者、與育碧和迪士尼互動（Disney Interactive）等傳統發行商競爭。

- 傳統發行商：像美商藝電、索尼電腦娛樂、任天堂和動視等公司。你當然可以帶著很棒的遊戲試玩版登堂入室，但除非你有經紀人或與業務開發專員約定碰面，不然成功的機會便微乎其微。發行商通常喜歡和既有人員或他們自己的開發團隊合作；不過如果你成功參與會議，就需要絕佳的試玩版本或提案簡報（有可能兩者皆要）。

電玩遊戲是難上加難的差事

製作電玩遊戲聽起來或許很好玩，但得下許多苦工。設計和創造一款遊戲，可得花上許多時間精力。即便下了那麼多苦工，看似「必勝」的遊戲可能還是會得到負評或慘澹銷售額。有許多製造良好又好玩的遊戲，儘管得到優秀評價，銷售量卻非常低迷。有時發行商或許無法在遊戲宣傳上投入你覺得它應得的宣傳費，預期銷量也可能會設在遊戲無法達到的標準。但這不全然是發行商的錯，有時團隊成員可能沒有全心投入遊戲，家庭和健康問題也可能會使他們在工作上分心，但願你的主設計師或關鍵團隊成員別在遊戲製作過程中生病或死亡。

■ 當現實帶來影響時

記住這項超重要的重點：

電玩遊戲是人做的

這些事會發生，所以你得奮力一搏，讓它盡可能完善。大多失利的遊戲都是糟糕計畫下的結果。以下是為你製作中的遊戲所準備的疑難排解指引：

- 別對內容過度承諾，導致團隊無法負擔。
- 提前規劃。為團隊成員生病和請假預作準備。準備好面對硬體錯誤、限電或其他技術問題。
- 努力盡快確定設計與內容。為了追求完美而持續改變內容，最終會耗盡團隊的

精力，可能還會害慘你的遊戲。

- 玩家總會找到方式破解你的遊戲，所以務必要用他們會用的方式玩玩看，別只用「既定玩法」來玩遊戲。請做出不尋常行為，並不斷對遊戲施壓，直到它故障。修好它，然後繼續工作。

- 如果你的遊戲做了國際版，請務必考量敏感的文化差異。比方說，《胖公主》的創作者泰坦工作室（Titan Studios）為了讓遊戲在日本上市，必須把長有四根手指的卡通化遊戲角色改成五根手指。[5]

- 小心設計師盲點（designer blinders），當你太深入自己的遊戲時，就可能會發生這種現象。它會導致遊戲創造者認為遊戲太簡單，或是半成品元素「夠好了」。以下是避免設計師盲點的八種方式：

- 想像你是「第一個玩家」。這很難進行，但嘗試想像別人第一次玩你遊戲時的感受。你有給玩家他們在遊玩時所需的所有回饋，也讓他們理解究竟發生了什麼事嗎？你有給他們足夠的刺激感和樂趣嗎？

- 用「一萬英呎觀點」來檢視遊戲，這是種觀察遊戲的客觀角度。使用圖表和大綱等工具，來辨識出設計中的弱點。

- 嘗試破解遊戲。做你通常不會做的事。設計師經常習慣用理所當然的玩法進行遊戲，因此他們忘了玩家可能會用別的方式玩遊戲。用別人的角度來換位。

- 把你的遊戲拿來跟其他遊戲比較。你的遊戲能讓你產生和其他遊戲一樣的感覺嗎？如果沒有，那你喜歡的遊戲中，有哪些要素是你的遊戲缺乏的呢？

- 講述你遊戲的故事。當你玩遊戲時，就在創造遊戲的敘事結構——也就是玩家玩遊戲時會體驗的事件順序。這種敘事結構符合你想要玩家玩遊戲的方式嗎？

- 不斷在各種製作階段對遊戲設計進行疊代。這點超級重要，所以我要用粗體字來確定你不會錯過這點：**對你的遊戲設計進行疊代。疊代。疊代。疊代！**這是什麼意思？這代表為了打磨作品，你得一再一再一再一再一再玩它，並找出問題，再解決那些問題，接著找到新的問題，再解決那些問題；而你玩越多遍，

5　對於為何四根手指的畫面在日本被視為禁忌，至少有三種解釋。第一，斷指（yubitsume）是黑道成員會做的事——截斷無名指的指節處作為懲罰，而遭到傷害的手看起來只剩下四根手指。第二，數字四的日文發音為Shi，同時也代表死亡。四是個不吉利的數字，就像西方文化中的十三。第三，部落民（Burakumin）是種依然會遭遇歧視的社會階級。四指手勢曾用於象徵部落民（因為他們的工作經常和四腿動物有關），因此成為有侮蔑含意的手勢。現代關注部落民的社運團體曾控訴過日本媒體使用了四指手勢。

就會發現更多得解決的問題。但沒有關係，因為到了最後，你就會有比一開始更棒的遊戲了。

- 取得回饋意見。有三種人可以測試：（一）參與這個案子的人，像是團隊成員，（二）朋友和熟知這個案子的人，和（三）和計畫無關的人。你要從這三個群體得到回饋，特別是最後一個，這些人會給你關於遊戲最誠實的感想。但當他們說出某些你可能不想聽的話，別對他們生氣，他們經常沒說錯。如果人們對某些事物的感覺強烈到想抱怨，通常他們抱怨的理由都很合理，你也該處理這點。

- 使用焦點團體。這些人被選來玩你的遊戲，是因為一個特別理由：例如他們喜歡動作遊戲，或每週都會玩一定量時間的遊戲，或是他們可能屬於特定年齡或性別。你通常需要花錢請他們玩你的遊戲並提供意見。得小心幾件事：有時團體中會有個人成為「首領」，這代表這人的意見會比團體中其他人更有分量，他也會主導團體的意見，導致其他團體成員可能無法勇於表達自己的意見，即便那就是他們來此的原因！請確保你問了每個人問題。焦點團體的另一項問題，是如果團體成員收錢提供意見，他們就可能覺得自己得為你的遊戲說些好話。你想要的是誠實，而不是奉承。最後，即使你付錢請人提供意見，並不代表他們說得都對，別全盤接受焦點團體的回饋意見。

- 如果東西沒效就拋棄吧，別太珍惜你的點子，它們隨處可見。但當你捨棄某些點子時，心裡都得留個備用計畫。別把丟棄想法當作習慣。最好提前計畫以便預測問題，以免做白工。做白工代表浪費時間，浪費時間也代表浪費金錢。對開發者而言，時間和金錢都是有限資源。如果你丟掉好點子，情況會比較好，因為那代表你有太多好點子了！你總是可以把它們用在續作中。[6]

每套遊戲都會發生刪減內容的狀況。但你在前置作業時刪得越多，在正式製作時就刪得越少。請確定你刪減內容的原因是合理的，別刪減或改變對諸多遊戲系統有關和有影響的內容，否則你就會自找麻煩了。

6　在我工作的許多工作室裡，S.I.F.S.（把它留給續作〔save it for the sequel〕）這句話很常出現。

▎創發式、垂直性或水平性？

我不想太過深入討論遊戲製作（這種話題可以填滿一整本完全不同的書），但當你開始製作遊戲前，該先考慮要如何打造它。擁有穩固的出擊計畫，長期來說就能避免許多問題。

有些遊戲設計師會使用叫做創發式遊戲玩法（emergent gameplay）的設計概念——如果玩家得到一組遊玩工具和把玩它們的機會，遊戲過程便會「自然發生」。不過，當設計師把創發式遊戲玩法的概念拿來當作遊戲玩法設計不足的辯護藉口，希望玩家能自己「找到樂趣」時，就會出現問題。

我說：「創發性，創發個頭！」我是用這種方式看待遊戲設計的：遊戲設計可以用諸多不同方向演變，遊戲設計師應該像個在奧運中跳鞍馬的體育選手，可以往上移動，可以往兩側移動，也可以以斜角移動。身為遊戲設計師，你該盡可能以更多方向移動你的「設計願景」，想像自己用各種可能的方式玩遊戲，也把遊戲中所有的要素組合起來玩，預測當遊戲中的不同要素與彼此接觸時會發生什麼狀況。聽起來像是不可能的任務，對吧？這個嘛，很有可能會這樣，但如果設計師沒有探索遊戲的深度、廣度與幅度，設計就會出現問題。而一旦不在預料中的事發生，設計師就會稱它為創發式遊戲玩法。但我會說，才沒有偶然的設計這種東西。如果身為設計師的你仰賴「自發性」遊玩來激發遊戲的樂趣，你就是在祈禱老天保佑遊戲會成功，而不是規劃事情讓它成功。設計過程的其中一道環節，便是弄清楚所有遊玩要素會如何協調運作。如果你花時間策畫並思考各種要素如何和彼此產生關聯的話，就能預測那些關係的結

果。漏洞和其他不協調狀況自然會產生不尋常的關係，但你永遠不該用那些矛盾來規畫遊戲設計！

有些團隊會創造出**垂直切片**（vertical slice），作為給發行商看的試玩版本，以及給遊戲其他部分使用的模板。垂直切片是遊戲的某道關卡或橋段，已設計、打磨與潤飾到可玩程度的最高等級。創造垂直切片時，你得從灰盒關卡開始，但與其在此停手，你該繼續開發關卡，直到它在控制、攝影機、視覺效果、遊玩方式、編碼、效果和音效上，都取得最終版本遊戲擁有的最高品質。一般而言，目標是最終遊戲品質的百分之八十。

請問我可以
再來一塊
垂直切片嗎？

僅管經驗豐富的團隊能用僅僅幾個月就製作出垂直切片，但這是非常消耗時間的過程，會導致**趕工時間**（crunch time）——漫長的工作時數對團隊而言很有壓力，他們得努力為遊戲創造、置入和測試內容。其實，任何規畫不佳的製作計畫都會導致趕工時間，無論你在做垂直切片或直接投入製作整套遊戲時都一樣。

我看過許多年輕遊戲設計師認為趕工時間很偉大——他們覺得工時長和熬夜工作代表你確實在乎遊戲。你是在製作遊戲，不是拯救世界，所以別為了做遊戲而犧牲健康、理智和生命。計畫不良經常導致趕工時間，但其他東西也可能造成同種後果。以下是幫助你避免趕工時間的九種方式：

- **時程表**。創造出製作遊戲所需的所有工作的時程表，就能幫助你決定製作遊戲要花多少時間。你知道什麼工具會幫你決定有哪些工作該做嗎？沒錯，就是你的遊戲設計文件。
- **先做困難的東西**。人們經常害怕做困難的東西，可能包括難搞的攝影機系統、

複雜的撞擊系統或繁瑣設計。不過，做困難的工作，就是在解決麻煩事。如果你提早處理困難的部分，就能在製作期的後段處理你知道自己擅長的東西。別拖延困難的事項。

- **允許更動**。你的遊戲設計文件（GDD）會幫助團隊決定該做什麼事，因此把它更新到最新進度十分重要。你不會想讓任何人花時間精力在你不需要的東西上，對吧？

- **下定決心**。如果你不斷改變心意，就不會曉得該做什麼東西。我做過的一套遊戲，曾改變了某個敵人角色十次，那極度浪費時間和精力。做出決定，並堅守立場。

- **溝通**。你可能會認爲爲同一個目標合作的團隊成員，都會想與彼此交談；不過，事情並非總是如此。自尊、意見差異、粗心大意和對做錯事感到的畏懼，都會阻礙製作遊戲的每個人。別害怕和你的團隊溝通，要讓他們知道你願意談談，更重要的是，你也願意傾聽他們的話。

- **別延後會議**。會議不僅冗長有時又很無聊，這毫無疑問，但別延後開會。請準時出席，並設定時間限制。讓會議聚焦在少許主題上，並避免離題，試著讓會議不偏離主題，也不要變成迂迴的說故事大會、叫罵大賽或漫長辯論。可以提供點心讓人們維持體力，也供應紙筆讓人們能記錄點子。

- **預料延遲狀況會發生**。生活中總會發生情況，人們會生病和放假，生活中也會有別的事。生活會阻礙你製作遊戲，請接受阻礙，並繼續前進。

- **規畫進修**。人得花些時間才能學會新事物。美術人員或許得學會新的外掛程式，程式設計師或許得學習寫編碼的新方式。身爲設計師，你總得學習新工具和加強遊戲的新方式。

- **準備好面對錯誤**。人類會犯錯，這一定會發生。你可能會覆蓋掉自己處理了好幾天的文件檔（這發生在我身上過），你給美術人員用來製作模型的圖片可能是錯誤的（我也碰過這種事），或是你可能會編輯到錯誤檔案，還存了檔（你可以猜三次，看看我有沒有遇過）。請讓團隊成員知道你犯了錯，別試圖隱藏，盡力避免錯誤，使用版本控制和其他失效安全機制，並嘗試盡快從錯誤中恢復。

水平分層（horizontal layer）是遊戲製作的另一種方式。團隊成員會同時以灰盒

模式「想出」從頭到尾的各種遊戲元素。當你的團隊創造出灰盒關卡時，只會有粗糙的幾何，而角色動畫資源大多也只是暫時替代工具。紋理、效果和音效等細節此時都尚未出現。當所有遊戲資產受到試玩和批准後，團隊就能進行下一步的「美化」，也能進一步加強遊戲。

現在看起來可能不怎麼樣，但你得想像裡頭有石牆、骷髏頭火炬、裝了尖刺的地洞和哥布林爪牙……

對其他團隊成員（以及發行商和行銷夥伴等等）做出灰盒遊玩過程的簡報時，最困難的事就是運用他們的想像力。別笑！即便在遊戲業這種創意工業中，那種能力依然比你想得還罕見。重點是別讓這些人對你的遊戲產生錯誤想法。請確保手邊有概念圖，能在遊戲出現前協助傳達這些視覺圖的意義。這種類型的疊代過程，讓團隊有機會能摸索遊戲，並探索它有什麼優點。如果從敵人頭上跳走比揍他們一頓好玩，調整遊戲設計去補強遊戲性就還不太遲。

該用什麼製作安可？

如果你的遊戲評價很棒或銷售量絕佳，或是發行商能再付你一次錢的話，你或許就能製作續作。發行商喜歡續作。既然我在開發者和發行商都曾經工作過，我想我對續作的觀點還不錯。像好萊塢一樣，續作是（比較）安全的賭注，因為這類智慧財產權（IP）的實績已獲認可，不需要再對受眾解釋一次：「如果你喜歡第一代，就會超愛第二代！」

　　發行商喜歡安全牌的理由相當好理解，但這做法並非萬無一失。續作看似經常錯失良機，有些團隊會「插手」或急著製作續作，創造出和上一代遊戲相同的作品。其實續作應該被視為「把作品做對」的機會。當你首度製作遊戲時，你會受到好幾個要素限制：你得建立團隊、打造引擎、想出角色的身分和遊戲玩法。接著你得讓整套遊戲順利運作，同時還得讓它變得好玩。然後你會希望使用者會喜歡它並花錢購買。當你完成後，就嘗過困難的部分了——特別是如果你的銷售量高到能產生續作的話。你該用讓遊戲趨向完美的強烈願望來展開前置作業。[7]

　　比方說，完成第一套《王子復仇記》遊戲後，我就帶著清單去找製作人，上頭寫了四十項我覺得沒用、得在續作中修正的東西（讓我開心的是，我達成了其中三十九項要求！）。儘管第一套遊戲賣得比較好，我還是認為第二代是更棒的遊戲。如果我們沒機會做續作的話，就不會有機會做出更好的遊戲了。

　　再說，如果沒有續作，就不會有《超級瑪利歐世界》、《薩爾達傳說 時之笛》、《憤怒鳥星際大戰版》、《樂高蝙蝠俠》或《俠盜獵車手》三部曲了……你懂的。以下是製作電玩遊戲續作的一些建議：

- 利用原版遊戲的「骨幹」，作為續作的遊戲設計基礎。挑出第一套遊戲中的所有優點並強化；選出所有缺點再刪去。這項建議聽起來像常識，但其實並沒有那麼常見——團隊會「合理化」糟糕的相機、控制方式和遊戲機制，因為它們

7　好吧，你很可能永遠無法達到完美，但那是個不錯的目標。不過，這想法也沒幫上《永遠的毀滅公爵》的忙，對吧？

出現在第一套遊戲中。就因為它們在第一套遊戲裡，並不代表它們有那麼好。別害怕刪除沒用的部分，如果成果比第一代好的話，就不會有人抱怨。

- 別讓玩家失望。他們都希望續作中有第一款遊戲的所有好東西，你也不該讓他們失望。比方說，如果玩家熱愛你首套遊戲中的牆面奔跑機制，那自然得把所以牆面奔跑環節留在續作中。別讓玩家得重新獲取或重新購買（這有夠糟糕）他們能在首款遊戲中免費取得的東西。在《王子復仇記2》中，玩家擁有第一代遊戲中的所有主要招式，也會在第二代中獲得新能力。讓馬克西默知道自己在第一代遊戲中學到的一切的話，這才合理！

- 幫遊戲取個「遊戲名稱二」以外的名字。名字對遊戲而言至關重要。給續作一個刺激、神祕又酷炫的名稱，能加強遊戲的劇情，而不只是讓遊戲成為加上數字的產品。

- 總是得引進某種新事物。這看起來或許像是行銷手腕，但務必在包裝盒背面提到遊戲中的五種新東西，最好是能帶來全新體驗的新遊戲概念。還有，嘗試為此系列加入至少一個新主角和反派。要提醒玩家這款續集是全新體驗，而不只是重演舊作。

- ……但也別讓它變得太新。在《王子復仇記2》中，我們沒發現玩家其實想對抗更多超自然敵人，我們反而讓他們打發條生物，於是粉絲並不開心，因為我們偏離了他們在第一代中喜歡的元素。我的朋友專案經理喬治柯林斯（George Collins）建議每款續作都該有「三十／七十」的比例：百分之三十的新元素與點子，以及百分之七十的原版遊戲。這個公式還不錯。

- 如果你有機會做好幾套續作，就有機會作出更多改變。別讓你的系列作變得陳腐，何不嘗試做些截然不同的東西呢？這當然需要發行商和行銷部門的同意，所以很難順利進行。我處理過某些系列的第五代、第八代或甚至是第十六代，有時需要全新的方向才能做出大改變。試試看吧，這對《俠盜列車手》和《絕地要塞》系列都管用！[8]

8　小心，這也可能沒效。沒有什麼事是一定會發生的。

第十八關的普世真理與聰明點子————————————

- 試玩版本＞遊戲設計文件＞提案簡報＞提案大綱。

- 向正確的觀眾做出提案。

- 準備好面對任何技術問題。

- 徹底了解你的遊戲，以回答觀眾提出的任何問題。

- 練習在觀眾面前提案。

- 電玩遊戲是人做的，無論好壞，都得安排「人性因素」。

- 盡可能避免設計師盲點。

- 使用水平分層或垂直切片風格製作方式。挑一個就動手！

- 如果遊戲中有東西不管用，就把它剔除，但嘗試提前規畫，以避免這種問題發生。

- 用負責任的設計目標和詳細生產規畫，來避免趕工時間。

- 別仰賴創發式遊戲玩法來讓遊戲變得有趣。所有良好設計都需要預先規畫。

- 創造續作時，就使用三十／七十法則：重複第一套遊戲中所有優點，並拋棄所有不管用的部分。

- 別讓傳統扼殺你的遊戲。仔細看看第一代遊戲中有什麼需要加強的部分。

- 別讓玩家失望。

Continue?
繼續玩嗎？

▌ 該升級了！

好啦，讓我們來瞧瞧……你想出了些很棒的遊戲點子，寫過一些遊戲設計文件，也燉了點肉醬，還為遊戲做過提案了。

恭喜！你升級了！

和遊戲中一樣的是，你才剛起步而已。現在你該親身體會，製作電玩遊戲是世上最棒的工作。幫我個忙：當你製作自己的遊戲，並在遊戲設計業取得進展時，就把這本書收在背包裡。我希望下次當你碰上問題時，它就能提供幫助，或是能不時供應一點靈感。

最後，永遠都要記得這些非常重要的重點：

- 你只是凡人。你會犯錯，你會經歷質疑，你會用光想法（暫時而已）。當那些事發生時，就別對自己太嚴厲。休息一下。你在做電玩遊戲，不是開心臟手術。如果你今天沒完工的話，也沒人會死。你的健康和精神狀況才是優先要務。

- 永遠都得公平慷慨。有功則賞，當你和人們合作愉快時，就讓他們知道自己做得不錯。討論他們得修正的東西前，先嘗試提到你在他們作品中喜歡的某種元素。當個細心善良的人，不會有害處。這個業界非常小，當你和別人處不好，傳聞就會飛快得傳出去。

- 繼續學習。世界上充滿這麼多特別的東西，天知道有哪些東西能給你製作遊戲的靈感？看本書，上堂課，和別人談話。欣然接受新事物，好點子就會出現！

- 永遠都要玩遊戲──也包括糟糕的遊戲。永遠不要讓人幫你玩遊戲，你得握住手把，才能理解遊戲的感覺和玩法，以及遊戲的好壞。

- 做你所愛的事維生。如果你早上起來時，不會期待白天要做的事的話，你就不該做這件事。請追隨你內心所愛。記好了，沒有很多人能做電玩遊戲維生，所

以好好享受每一刻。

- 只要有餘力，就做出回報。回答粉絲信件，教導較年輕的同事，教堂課，做篇演講或領導討論小組，寫個關於製作遊戲的部落格，或甚至寫本書。你永遠不曉得付出這些會帶給你什麼，但總會是某種好事。

對我來說，確實是這樣。

1 | BONUS LEVEL 1 The One-Sheet Sample
獎勵關卡第一關　單張表樣本

接下來兩頁中的文件，是單張表的樣本範例，用來整理遊戲概念的概述。單頁樣本是非常重要的文件，目的不只是讓團隊與管理人能對計畫的要務和任務「想法一致」，還可以傳給管理、行銷、銷售的夥伴和權利持有人，就算你並沒有在場說明，也能讓他們對你的遊戲感到興奮。

你製作單頁文件時採用的風格，終究還是不會比其中的資訊重要。第一個範例是只有文字的版本，第二個則增加了圖片。無論你要在單頁文件使用哪種格式，關鍵都是讓它篇幅簡短卻又飽含資訊。

每當你談到你的遊戲時，就重申單張表上的重點。當你提出新設計功能，結果團隊成員回答說「那樣不符合單張表裡的內容」，而且他們說得還真沒錯，這時你就會知道單張表裡的概念已經深入他們心中。別生氣，把這樣的回絕當作勝利！（我們設計師得保持心胸開闊！）

臭蟲：屋頂混戰 (遊戲標題)概念概述

iOS／安卓／Kindle （遊戲平台）
目標年齡：八歲以上 （目標客群）
（分級在此——注意，由於娛樂軟體分級委員會不分級「手機」遊戲，因此不需分級）

遊戲大綱：臭蟲是個跳來跳去的執法者，保護矽城市民不受邪惡勢力侵犯。他不曉得的是，沙發犯罪狂**一號玩家**已經用電玩遊戲科技「升級」臭蟲的宿敵，讓他們變成超級強者！臭蟲能跑得夠快、打得夠猛和跳得夠高，擊敗他最歹毒的敵手嗎？只有你能決定！

（包括遊戲故事的開頭、中段和結尾。請寫得簡短精悍。）

遊戲大綱：玩家扮演臭蟲，會在矽城的屋頂上奔跑跳躍，揮拳打擊罪犯和拯救市民，並因此賺到點數。收集足夠的點數，就能放出大招或取得最受歡迎的臭蟲角色的協助，像是優秀隊長、藍虎和艾薇拉。玩家能購買強化道具，收進工作腰帶，用來輔助自己打擊犯罪。使用臭蟲的跳躍靴後，玩家就能跳到空中，躲開危機和突破高度與距離紀錄。小心！超級惡棍魔王會企圖阻止這位跳躍執法者，迫使玩家改變策略以求生存。

（別講太多細節，但得指出遊戲類型、玩家的目標和遊戲元素。）

USP： （獨特賣點(Unique Selling Points)）
· 超級英雄的跳躍遊戲配上無止盡奔跑遊戲
· 把瓦斯彈與蟲咬電擊器等道具收進工作腰帶
· 超過五十種道具和強化道具，讓你能揮出強力打擊
· 召喚吸血蝙蝠和戰鬥少女等英雄前來幫忙
· 對抗臭蟲的可怕敵人，包括盜墓賊、刮除者和妖鬼
· 和你的朋友在「雙人決鬥」模式競爭

（用USP來強調酷炫又獨特的功能，例如遊玩風格、遊戲模式、單人或多人遊戲、科技創新和酷功能。但別使用超過五到七種。）

相似的競品：
《Punch Quest》,《Knightmare Tower》,《Rayman Jungle Run》
（列出成功的、近期的或知名的競品——同時滿足這三個條件的最好。）

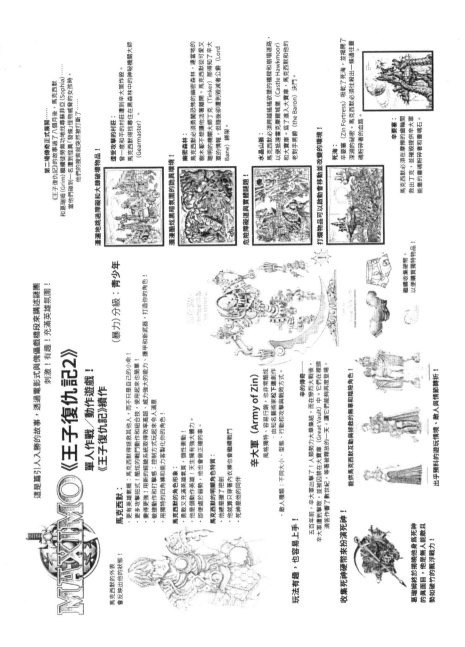

這是篇引人入勝的故事，透過電影式風格與兜攬戲情段來鋪遊謎團！刺激！有趣！充滿英雄氣置！

MAXIMO 《王子復仇記2》

單人作戰／動作遊戲！
《王子復仇記》續作

(暴力) 分級：青少年

馬克西默的外表會反映出他的狀態！

馬克西默：
- 更多英雄挑戰，馬克西默經救救他人，而不只是自己的小命！
- 酷炫的戰鬥動作和組合技，使用起來也很簡單！
- 變得很實用！用新的解謎系統取得改革高超，威力強大的能力，簡單和新武器，打造你的角色！
- 敏捷動作和打鬥系統：控制你的角色和能力各置數化來令人滿意
- 用獨特的四角色和能力各置數化的角色！

馬克西默的角色形象：
- 馬克又充滿英雄氣具，個性衝動！
- 他理還想英雄，也天真樸，但天主意有強大樓力
- 即使處於絕望，他也會做出正確的事！

馬克西默的明顯行為色情事：
- 他就是揮了一把劍
- 他就算只穿著內衣也會繼續戰鬥
- 死神是他的同伴

玩法有趣，也容易上手！

這個蜘蛛終於把他身為死神的畫面目，他是無人能敵且勢如破竹的飄浮戰力！

收集死神便常常來扮演死神！

辛大軍 (Army of Zin)

風格獨特，容易行銷，也非常酷炫！
敵人種類：不同大小、型態、行動！
由知名藝術家配置大寶庫 (Great Vault) 中它們性理開
演出作得了數世世紀，運它們能夠再度登場！

辛的傳說……
五百年前，辛大軍出來了！人類勢力大募集結，而在慘烈大戰後，辛大軍遭到攻擊，並被囚禁在大寶庫 (Great Vault) 中，它們性理開被遺忘的那一天，運它們能夠再度登場！

能供馬克西互動情境與豐富多的武器和關險角色！

出乎預料的遊玩情境，敵人與情節物登場！

第二幅傳奇正式展開……
《王子仇記》的故事過了八個月後，馬克西默和蘇菲姆 (Grim) 繼續這努力前地追尋索亞 (Sophia)……當他們識到一名邪惡搞笑了身為索菲亞的女孩時，他們的搜尋就突然被打斷了……

遭受攻擊的村莊：
曾一度和平的村莊遭到辛大軍作戰。
馬克西默得找就住在黑森林中的神秘機關大師 (Gearmaster)

清速地肢退幽冥暗黑和大陸破壞遺團！

幽冥森林：
馬克西默必須勇闖恐怖的幽冥森林。遠道他的樹木本那不想讓他走進重開。馬克西默知了辛大軍明的機關大師丁克 (Tinker) 那裡知了辛大軍的情報，但隨後卻遭到邪惡公爵 (Lord Bane) 綁架。

酒池磨炫黑暗景觀中的詭異環境！

水晶山道：
馬克西默必須與鴉超強怒爆的機械爭和場道道路，以便道速葛克爭爾城堡 (Castle Hawkmoor) 和大寶庫，營了加入大寶庫，馬克西默和他的老對手男爵 (the Baron) 決鬥。

危險障礙與異體謎題！

死海：
辛要塞 (Zin Fortress) 吸乾了死海，並說明了深遠的祕密。馬克西默必須提供辛大軍救出丁克，並摧毀提供辛大軍魂般的靈魂粉碎者和畫靈石。

打爆物品可以啟動會移動改變的環境！

職職收集硬幣，以便購買覺特物品！

2 | BONUS LEVEL 2　The Ten-Page Design Document Sample
獎勵關卡第二關　十頁書樣本

　　十頁書和**僅有一頁**的單張表不同之處，在於十頁書比較像一組指南，而不是嚴格執行的方針。[1]它比較像「十項要點」而不是十頁文件，但一般而言，你該一頁只講述一個主題。

　　重要的是，你得包含所有主要資訊，文件也得讀起來好懂又刺激。目標是利用這項文件當作你的遊戲設計文件和你提案中的投影片。

1　有點像海盜守則。

第一頁：封面頁

　　盡可能放入圖像、標題（最好是 logo）和你的聯絡資訊、目標平台、目標客群、目標分級和預定發售日期。

第二頁：故事／遊戲概述

講述遊戲大綱（開頭、中段與結尾……），提到設定、角色與衝突。簡述遊戲玩法和玩家能在遊戲中做的酷炫行為。

遊戲故事大綱：臭蟲是個跳來跳去的執法者，保護矽城市民不受邪惡勢力侵犯。他不曉得的是，沙發犯罪狂**一號玩家**已經用電玩遊戲科技「升級」臭蟲的宿敵，讓他們變成超級強者！臭蟲能在這款無止盡奔跑遊戲／跳躍遊戲中跑得夠快、打得夠猛和跳得夠高嗎？

遊戲節奏概述：《臭蟲：屋頂混戰》是款橫向捲軸無盡頭跳躍／奔跑遊戲，故事中的單親爸爸超級英雄臭蟲，在矽城的屋頂上衝刺。使用臭蟲的跳躍靴後，玩家就能跳到空中，躲開危機和突破高度與距離紀錄。玩家揮拳打擊罪犯和拯救市民，可以賺取「碰！」點數。賺夠足夠的「碰！」點數後，就能放出大招或取得最受歡迎的臭蟲角色的協助，像是優秀隊長、藍虎和艾薇拉。小心！超級惡棍魔王會企圖阻止這位跳躍執法者，迫使玩家改變策略以求生存。玩家能擊敗魔王和賺取（或購買）蟲位元，以便將強化道具收進工具腰帶，用來輔助自己永無止盡地對抗犯罪戰爭！玩家能嘗試贏得高分，並將分數上傳到遊戲中心，也可以在「雙人決鬥」模式中與朋友競爭。

臭蟲：屋頂混戰　　　　　　姓名與聯絡資訊　　　　　　日期

第三頁：角色和控制方式

玩家會控制誰？他／她／它的故事是什麼？玩家能對這套遊戲做出什麼獨特或特別的事？玩家會操控不只一個角色嗎？玩家要如何用手把或手指（在觸碰控制的狀況中）做這些事？如果可以的話，就秀出一張控制解說圖。這一頁顯然需要我們提供很多細節，得知道答案！

角色：**暴衝老弟**還是孩子時，就想要長大後成為超級英雄，但一場悲劇性意外導致他受傷，使他必須使用腿部支架和枴杖。暴衝老弟轉向電腦程式設計和網際網路，創造出一套搜尋引擎，以數百萬美金賣出。他利用剛取得的巨富，打造出讓他不只能走路、還能跳得和房子一樣高的跳躍靴，踢擊的力量大到能扭曲鋼鐵和擊碎水泥。他白天照顧女兒艾薇拉，晚上則化身臭蟲，將恐懼送入害怕臭蟲痛咬的罪犯心中！

控制：《臭蟲：屋頂混戰》使用以下的觸碰控制來進行遊戲：

· 臭蟲會持續**奔跑**，不需要玩家出手，但臭蟲一旦受傷或碰上敵人或障礙物的話，就會慢下來。

· **輕壓螢幕左側**以使出上鉤拳。這會讓臭蟲跳過障礙物，並高高跳入空中。升級跳躍靴，就能跳得更高。

· **輕壓螢幕右側**以使出拳擊。毆打敵人以擊敗他們，並收集「碰！」！

· 同時**輕壓螢幕左右**以進行**格擋**。

· **輕壓工作腰帶上的小袋子**，就能使用已裝備的**道具**。在一場遊戲中，玩家最多能裝備四個工作腰帶道具，每個道具都是一次性強化道具。

· 臭蟲會自動收集蟲位元和超級救星強化道具。玩家能把蟲位元花在道具和升級上，超級救星是能幫助臭蟲的一次性優勢——從召喚優秀隊長的毀滅性力量和藍虎的迅爪，到女兒艾薇拉提供的治療輔助都有。

臭蟲：屋頂混戰　　　　　　　　姓名與聯絡資訊　　　　　　　　日期

▌第四頁：遊戲玩法概述

你的遊戲屬於什麼類型？（如果你需要幫忙，就參考獎勵關卡第五關中的遊戲玩法類型。）

遊戲玩法：《臭蟲：屋頂混戰》是款無止盡奔跑遊戲，玩家會在矽城屋頂自動從左跑到右。他會在屋頂上碰到得打倒的罪犯、該拯救的無辜受害者、可收集的蟲位元晶片和擋路的魔王。但動作場面並不限於水平面！臭蟲用他的跳躍靴讓自己跳到大樓側面、閃躲危機和敵人。

《臭蟲：屋頂混戰》中的所有控制方式都爲了觸碰式螢幕而改良。只要輕壓一下，臭蟲就能打擊、跳躍、格擋或使用工具腰帶中的道具。

當臭蟲擊敗壞蛋（從強盜、銀行搶匪到扮裝罪犯都有），玩家就會取得「碰！」點數。當玩家收集到足夠的「碰！」點數時，一位超級惡棍就會攻擊玩家。對我們的英雄而言，不幸的是，所有壞人都取得了一號玩家的高科技升級，讓他們化身爲知名電玩遊戲敵人的全息影像版本。臭蟲得小心謹慎，而如果玩家想存活，就得隨著每場魔王遭遇戰來改變策略。

但臭蟲也有獨門招數。玩家可以收集蟲位元晶片或花費現金，爲臭蟲的工具腰帶購買道具。閃光彈能暫時擊昏敵人，蟲咬電擊器會造成更多傷害，點心能恢復生命值。玩家也能收集超級救星強化道具，召來臭蟲的家人和超級英雄同伴提供幫助——包括能清除螢幕上敵人的藍虎魅靈爪擊、能讓玩家恢復所有生命值的艾薇拉擁抱等等。

《臭蟲：屋頂混戰》中的關卡是程式自動生成，會改變敵人位置、機制、危險物和背景設計，使得遊玩內容對玩家來說新鮮不膩。玩家可以試著突破自己的破關時間的最佳紀錄（然後把成果展示在Game Center和Google Play Games），也可以試著完成超過五十種成就來取得更多蟲位元。

雙人決鬥模式：玩家能在雙人模式中與彼此競爭。在這種非同步遊戲模式中，玩家能輪流「跟蹤」彼此的招式以賺取點數。把這想成H-O-R-S-E遊戲，但有更多打擊、跳躍和超級惡棍！

臭蟲：屋頂混戰　　　　　　姓名與聯絡資訊　　　　　　日期

▋第五頁：遊戲玩法概述（延續前段）

有時你的遊戲實在太棒，因此需要第二頁來描述所有優點！

遊戲世界：矽城的屋頂是個充滿危機的地方（像冒著火花的電纜、搖擺的怪手和危險的高處），這已經夠糟了，它也是殘忍罪犯的避風港，他們在此狩獵無辜民眾。但對矽城市民而言十分幸運的是，臭蟲會巡邏這些屋頂。

這個跳躍執法者跳過不同建築，幫助有需要的人，並盡力對抗犯罪——不管是在鬧區的市區、煙霧繚繞的小印度屋頂，和卡珊德拉大樓的閃爍尖塔。

當遊戲轉向垂直跳躍區時，玩家就會跳過各類危險物，像是掉落的盆栽、大批鴿子和打開的窗戶——有些有罪犯藏匿其中，其他則會顯示出城市生活的有趣片段，以及臭蟲配角的客串片段。

當玩家繼續奔跑時，地點就會隨機變換，以避免場景變得無趣——顏色與光源會改變，向玩家指示他們做出了進展。

臭蟲：屋頂混戰　　　　　　　　姓名與聯絡資訊　　　　　　　　日期

第六頁：遊玩體驗

你該在這裡討論遊戲的整體感覺。玩起來的感覺怎樣？你想傳達哪種情緒或氛圍？要如何講述遊戲的故事？（過場動畫？電影？文字框？）它們何時會出現？（在關卡之間嗎？在遊戲開頭和結尾之間嗎？）

遊戲體驗：在臭蟲遊戲logo後，玩家就會來到開始畫面。玩家會有三種選項：商店、遊玩和雙人決鬥。商店能讓玩家購買蟲位元、力量升級和工具腰帶用的道具；雙人決鬥會展開玩家競爭模式；遊玩則會開始遊戲。

簡短的過場動畫顯示一號玩家在老巢裡發誓要對臭蟲報仇。攝影機拉遠，顯示出他正對臭蟲所有最強大的敵人說話。接著一號玩家按下他戴著的玩家手套上的按鈕，手套就射出一道能量光束，將神祕力量灌注到惡棍身上。畫面切換到在屋頂上奔跑的臭蟲——遊戲由此展開。

《臭蟲：屋頂混戰》的世界和角色不像《蝙蝠俠：阿卡漢起源》般陰沉，但它也並非《Middle Manager of Justice》那種諷刺作品。遊戲的整體感覺和它的世界，來自1970年代和1980年代的經典美國漫畫。儘管超級惡棍穿著改自經典電玩遊戲角色的全息裝甲，但玩家面臨的風險很高，危險也十分寫實。這並不代表遊戲中沒有空間容納幽默。敵人遭到攻擊或大招擊敗時的反應，看或聽起來可以十分滑稽，只要不變得荒唐就好。

《臭蟲：屋頂混戰》中的音樂應該要節奏明快又充滿英雄氣息——無論是交響樂或搖滾樂都一樣。音樂曲調必須聽不膩，即便玩家為了打破距離紀錄而嘗試了一百次。

臭蟲：屋頂混戰　　　　　　　　姓名與聯絡資訊　　　　　　　　日期

第七頁：機制和模式

分解某些酷炫的遊玩機制和遊戲模式。有多人遊戲模式嗎？有小遊戲或微遊戲嗎？寫給我們看吧！

遊戲機制：以下是玩家會碰上的部分危險物、可購買道具和可收集物品。

危險物：即便是超級英雄，屋頂都可能是危險的地方！除了敵人與超級惡棍外，以下是我們的英雄會面對的部分危險物：

閃爍霓虹燈　　可崩塌走道　　掉落花盆

冒煙煙囪頂端　　旋轉空調　　危險鴿群

道具：幸好臭蟲的工具腰帶裡裝滿道具，像是：

- 銅製手套：對敵人造成雙倍傷害
- 煙霧彈
- 閃光彈：暫時擊昏罪犯敵人
- 蟲咬電擊器：電擊壞蛋，賺取雙倍「碰！」點數！
- 靴子加速器：讓臭蟲跳得更遠更高
- 干擾裝置：減低百分之五十的拋射物準確度。
- 晚安瓦斯彈：擊倒整個螢幕上的敵人
- 克維拉連體衣：針對肉搏傷害提供25%保護
- 諾美士紙（Nomex）連體衣：針對投射物傷害提供25%保護
- 點心：補充25%的生命值
- 科技磁鐵：讓蟲位元變得更容易收集

超級幫助：臭蟲能不定期收集到超級幫助圖示。超級幫助圖示會立刻召集臭蟲的家人與盟友。

優秀隊長：超級戰隊的隊長再度搶了臭蟲的風頭，在臭蟲靠近敵人之前，他就會衝上前去攻擊敵人。記得在你錯失「碰！」點數之前趕快收集起來！

藍虎：這位超級戰隊的神祕成員會釋放靈魅老虎寶石的力量，揮出一連串爪擊，對螢幕上所有敵人產生大規模傷害。

吸血蝙蝠：這名午夜復仇者會釋放出蝙蝠群，能在短時間內收集所有「碰！」點數和蟲位元。

戰鬥少女：這位愛國心澎湃的公主使用她的神祕靈盾來保護臭蟲暫時不受到任何傷害。

心靈夫人：心靈控制夫人會催眠螢幕上所有敵人，擊暈他們並讓臭蟲可以輕易擊敗敵人！

艾薇拉：臭蟲的女兒前來給他一個大大的擁抱——能補充玩家所有生命值。

臭蟲：屋頂混戰　　　　　　　　姓名與聯絡資訊　　　　　　　　日期

▋ 第八頁：敵人與魔王

儘管在關於故事與遊戲玩法的頁面中加入敵人描述並沒有問題，但有時你需要讓讀者特別關注某個特別危險的敵人或魔王角色。是什麼讓敵人變得獨特？如果合適的話，玩家會面對哪種魔王？玩家要如何擊敗他們？擊敗他們後，玩家會獲得什麼？

如果你的遊戲中沒有敵人，顯然就不需要本頁。你可以改用本頁來描述遊戲中的衝突。玩家會如何碰上挑戰，又會如何克服挑戰呢？

敵人：臭蟲會在矽城對抗大量不同的罪犯、惡棍和人渣。從揮舞鉛管的混混、帶了一堆炸藥的保險箱竊賊，到拿機槍開火的流氓，臭蟲面臨了艱鉅的任務！

魔王：少了超級惡棍的話，哪算是超級英雄遊戲呢？一號玩家身為機台大魔王，集結了幾位最強大的敵人，以便我們的英雄來場死鬥！

《臭蟲：屋頂混戰》的惡棍成員包括：

- **盜墓賊：**盜墓賊通常搶劫便利商店就滿足了，但現在由於操控了骷髏機器人的全息影像，而獲得了全新的勇氣。臭蟲，小心那兩把機關槍！
- **災禍：**女牛仔罪犯騎乘著一條全息影像馬陸。在它吃掉我們的英雄前，先跳起來痛擊它的多重部位！
- **刮除者：**一號玩家的全息人猿裝強化了刮除者本就強於常人的力量。但那些炸藥桶是哪來的？
- **城堡：**城堡帶著一批外星人入侵者，飛到臭蟲頭頂高處。小心它們拋下炸彈和俯衝攻擊！
- **妖鬼：**邪惡程度正常的妖鬼，得缺乏尊嚴地穿上一號玩家提供的蘑菇公主全息像裝甲。儘管穿著荷葉邊衣裳的食屍鬼罪犯看起來相當荒唐，但他那些瘋狂的蘑菇爪牙一點都不好笑。
- **一號玩家：**沙發犯罪狂把最棒的全息裝甲留給自己——會發射雷射、轟出火箭和心靈控制的腦子大師（Master Brain）！臭蟲能徹底粉碎這個執迷遊戲的超級惡棍的狂熱自尊嗎？

臭蟲：屋頂混戰　　　　　姓名與聯絡資訊　　　　　日期

第九頁：額外資料和可下載內容

玩家能獲取或解鎖什麼額外的酷東西呢？他們能購買額外內容嗎？遊戲要如何在上市初期後繼續生存？玩家有什麼重玩的動機？

額外資料：下載了《臭蟲：屋頂混戰》的玩家，會收到《臭蟲》第一期的數位版本。這本刺激的三十二頁漫畫講述了臭蟲的起源、臭蟲的另外三場冒險，和四份臭蟲盟友和敵人的介紹剖析，和前所未見的美術繪圖。

成就：在每場遊戲中，《臭蟲：屋頂混戰》的玩家能努力贏得三項成就。收集到新成就時，就會取代舊成就。遊戲中有三十個以上的成就，挑戰玩家的技巧、耐力和耐心！

- **粉碎犯罪的人**：擊敗一百名罪犯
- **組合技藝術家**：取得一百次組合技
- **出氣筒**：遭到擊倒一百次
- **格擋大師**：格擋兩百次攻擊
- **終生摯友**：在同一場遊戲中收集六個超級幫助圖示
- **回擊**：將炸藥包丟回原持有者手上
- **碰！點數蒐集大師**：在遊戲中沒錯過任何一個碰！點數。
- **重裝上陣**：購買所有工作腰帶道具。

| 臭蟲：屋頂混戰 | 姓名與聯絡資訊 | 日期 |

第十頁：營利

你的遊戲有經濟系統嗎？要如何賺取額外金錢？有額外的東西可以讓玩家買嗎？

營利計畫：儘管《臭蟲：屋頂混戰》是付費遊戲（1.99美金），玩家依然能進行遊戲內購物。遊戲中沒有艱難門檻，玩家反而能在遊戲中收集並花費兩種貨幣：碰！點數和蟲位元。

碰！：每次玩家擊敗敵人，就能賺取碰！點數。玩家必須輕壓碰！點數，或用強化道具、道具或超級幫手的能力來收集。賺取足夠的碰！點數就能解鎖魔王戰和新道具。

蟲位元：蟲位元是能在遊戲中收集的小型微晶片。玩家也能透過擊敗魔王來賺取蟲位元。使用蟲位元來購買道具、一次性強力加強道具和特殊服裝。玩家能造訪遊戲內商店來購買蟲位元包（以0.99、4.99、9.99和19.99元美金增量）或單次購買蟲咬電擊器（1.99元美金）來在擊敗壞蛋時得到雙倍碰！點數。

臭蟲：屋頂混戰　　　　　姓名與聯絡資訊　　　　　日期

　　總而言之，你要讓十頁書中的內容成爲你和讀者的起始點。它該爲你的遊戲設計文件大綱提供框架，讓你不需從空白頁面開始著手。它該讓讀者感到足夠興奮，而想得知關於更多關於你的遊戲的事。遊戲企畫書便在此登場——它能補齊這些細節。

3 BONUS LEVEL 3 Game Design Document Template

獎勵關卡第三關　遊戲企畫書樣本

　　以下幾頁提供了創作遊戲企畫書（或稱GDD）的樣板，這份樣板偏向動作、冒險、平台、角色扮演或射擊風格的遊戲，不過你可以將這份模板中的大部分元素用在各種遊戲風格中。我只是想給你一個起始點。如果你的遊戲是駕駛遊戲，那你當然得描述車輛，和要如何處理它們，而不只是角色和他／她的招式。

　　創作遊戲企畫書時，別覺得你得填入所有資訊細節，但與其留白，不如準備好大略的設計層面。我會向與我共事的開發者說：列出「稍後決定」，總比什麼都沒說更好。你是在試圖了解計畫的規模，之後隨時都可以回來處理。

　　記好，遊戲設計樣板是個活生生的東西，裡頭的一切都有彈性，也可能因各種因素而改變，從科技限制到生產時間都有可能是原因。

　　最後，這份樣板的功能應該是幫助你起頭的指南，但最重要的是，你的團隊得理解遊戲的主旨，以及該如何動手製作。如果你需要畫圖來讓團隊成員理解玩法，那就畫吧。如果列出每項要點才能幫他們弄清楚玩法，那就改成列點。

▌封面

（在此放進令人浮想連翩的封面圖片）

▌遊戲的名稱

文件版本編號（要維持在最新版！）

由（你的團隊名稱）製作

聯絡人（製作人或主設計師，加上電話號碼）

發行日期

版本編號

頁腳永遠都該有：

版權公司日期　　頁碼　　目前日期

遊戲企畫書大綱

目錄：記得要維持在最新版。

修訂史：用發布日期更新這項資訊，並追蹤是哪個作者爲資料進行更新。

遊戲目標：受衆／計畫書讀者爲何要在乎你的遊戲？把焦點放在五種「盒背」目標上。

- 遊戲的「高概念」：提供關於遊戲的簡短描述。一定得提到遊戲的類型。
- 誰，什麼，如何？
  - 誰：說明這款遊戲是爲什麼客群而製作。是什麼年齡層？娛樂軟體分級委員會的分級是？
  - 什麼：提供遊戲概要。這遊戲的主題是什麼？請放入關於遊戲玩法的簡潔敘述。
  - 如何：解釋遊戲會如何變得很棒。提及「盒背」項目，像是全新或新穎的機制或遊玩功能。
- 解釋這款遊戲是爲哪種平台所製作。有多人遊戲功能嗎？有任何技術需求嗎？
- 簡單描述遊戲玩法類型（匿蹤、戰鬥競技場、駕駛和飛行等等）。

遊戲概述：記得簡短敘述就好，並透過玩法來講述它的架構。加入鋪陳（玩家會如何展開遊戲？）。列出所有地點，以及它們與敘事架構之間的關聯（玩家要如何從某個地點前往下一個地點？）。別忘了終曲（結局是什麼？遊戲結束時，玩家該成爲什麼或做出什麼？）。

- 你要如何闡述故事？用影片嗎？過場動畫？或是遊戲內動畫？

授權人重點與關切事項：列出授權人的所有目標，和處理這些目標的方式。

遊戲控制：概略敘述控制方式。列出玩家會使用的特定招數，但別詳細解說確切招數……先不要。

- 展示具有相對應控制圖示的手把、觸碰式螢幕或鍵盤的圖片。

技術要求：這項資訊要寫得簡短，因為許多這類功能都會收錄在遊戲的技術設計文件（TDD）中。

- 這款遊戲會使用什麼工具？
- 攝影機、物理和魔王等等要如何運作？由程式設計師執行嗎？還是由設計師處理？會寫死嗎？會預先排好劇本嗎？
- 這款遊戲會使用什麼設計工具？列出使用的關卡創作和程式語言工具。
- 有什麼建議的作弊工具？加入關卡控制、無敵能力、攝影機和其他與遊玩有關的作弊方式。
- 處理PC遊戲時，加入段落來說明能執行遊戲的電腦所需的硬體條件。這會列出RAM的容量、最低CPU速度、最低圖像處理能力和必需的周邊設備等等。

遊戲前端：指出首度啟動遊戲時，會出現哪種字幕畫面，包括以下各點：

- 發行商
- 工作室標誌
- 授權人
- 第三方軟體製造商
- 法律畫面

對於吸引模式的描述（如果有的話）：描述遊戲在開始畫面閒置不動時，會顯示哪些遊戲內的資料。

標題／開始畫面：遊戲實際上給人的第一印象是什麼？放入以下要素：

- 標題／開始畫面的圖片，和任何相關動畫與圖形。
- 玩家可選擇的選項清單。
- 儲存／載入檔案：描述如何儲存與載入遊戲檔案，以及為玩家設定的命名規則。
- 玩家自訂選項：涵蓋圖片、音效與音樂和玩家介面的細節。放入一些和選項相關的連結：
  - 影像、音效、音樂和字幕設定；對比工具；不同控制設定（飛機控制和回饋開／關等等）

遊戲流程圖：展示從「標題／開始畫面」到「遊戲結束」的所有畫面要如何與彼此連接。

載入畫面：解釋當遊戲載入時，玩家會看到什麼。有哪些圖片或資訊會出現？

遊戲攝影機：點出任何特定的攝影機類型。

- 會使用哪種攝影機？（第一人稱、第三人稱、強制捲軸式，和鎖定攝影機等等。）
- 攝影機的邏輯系統是什麼？包括下列要點：
  □ 需要獨特攝影機的遊戲特定狀況。
  □ 攝影機疑難排解指南，加上當攝影機碰上問題時的反應範例。

抬頭顯示器系統：描述或描繪出要如何在螢幕上為玩家呈現資訊。加入所有相關畫面的圖片，像是生命值／狀態、力量／燃料、金錢、計時器、地圖、驚嘆號、速度計、生命／繼續、瞄準和「掠食者視角」或子彈時間等特殊觀點。

玩家角色：提供關於玩家角色（如果有的話）的資訊，包括圖片、名稱和與遊戲中其他角色的關係。

玩家指標：列出並詳述玩家角色，並提供與行動、戰鬥、內容相關行動（像是QTE）、生命值、玩家死亡和閒置相關的指標。

玩家技巧：列出玩家的技巧，並提供玩家升級的「科技樹」清單。

玩家物品欄工具（設備、咒語和增強等等）：列出所有工具和物品欄物品，包括玩家會使用的物品，與如何使用它們的方式。描述或描繪物品欄畫面，以及玩家會如何利用物品。

戰鬥：描述或描繪所有戰鬥招式和反應，包括組合技、不同的武器類型（肉搏和遠程）、武器科技樹、射程，以及玩家如何裝備、重新裝彈和改變武器，鎖定方式和瞄準系統。

強化道具／狀態改變器：列出強化道具和狀態改變器。展示圖片並列出它們的效果和使用期限。

生命值（如果有的話）：描述抬頭顯示器如何追蹤生命值，以及玩家會如何損失和補充生命值。描述當生命值低下時玩家要如何得知。

- 不同狀態：描述玩家會遭遇到的所有不同狀態（擊昏、中毒和變成小寶寶等），以及這會如何影響控制。
- 生命（如果有的話）：解釋要如何賺取一條條命，以及當玩家耗盡生命時會發生的事。
- 死亡（如果有的話）：描述死亡時會發生什麼事。列出需要獨特動畫（火焰和溺斃等等）的情況。遊戲結束時會發生什麼事？遊戲結束畫面看起來如何？死亡有懲罰嗎？
- 檢查點：描述遊戲內的檢查點系統。自動儲存系統如何運作？

計分（如果有的話）：為動作分配點數值，並解釋當玩家取得點數時，會發生什麼事。玩家在遊戲中要如何賺取額外獎勵分數（像是連擊或組合技）？

- 排行榜設定：它的外觀如何？有那些數據會受到追蹤？
- 成就：有哪些成就，又要如何獲取？如果可行的話，就列出成就一覽並提供徽章圖片。

獎勵與經濟：描述遊戲的金錢系統，包括要如何賺取、花費和儲存金錢（如果有的話）。列出可購買物品和花費。描述購物介面如何運作。

可收集物品／物品組：提供遊戲中所有物品的清單，包括在哪可以找到它們，以及它們有什麼用。請提供圖片。

載具：會用什麼載具？請提供視覺外觀。載具會如何與世界、敵人和物品等東西互動？要如何控制它？它需要不同的攝影機系統嗎？玩家要如何進入或離開載具？載具有什麼能力？

遊戲進度大綱：提供所有遊戲關卡的概述。在此插入節奏表，展示遊戲過程和故事如何與彼此交織。指出主要元素的介紹，像敵人、魔王、獎勵、物品、謎題或劇情轉折。

世界概述／關卡選擇／導航畫面：提供圖片與控制圖，顯示出玩家該如何確定方向。列出地點以及它們導向的目的地。也提出音效與音樂需求。

通用遊戲機制：列出遊戲中始終會出現的機制。務必放入每種機制的圖片。列出每個平台、傳送門、可破壞物品、危險物、可互動物品和謎題元素，以及玩家要如何與它們互動。

遊戲關卡：列出世界概述中提到的每道關卡，包括名稱、簡短敍述、主要玩法、敵人和關卡中能找到的物品。如果可行的話，就描述關卡與故事間的關聯。加入一份列出每日時間、顏色指引和音樂需求的清單。

一般敵人規則：列出行為類型（巡邏者和飛行者等等）以及 AI 使用的行為類型。描述再生與擊敗參數。列出獎勵規則。

特定關卡敵人：提供敵人的圖片和描述，以及它會在遊戲何處出現。列出所有行動和攻擊模式，以及玩家能擊敗敵人的方式。描述不同類型的敵人的所有攻擊組合或遭遇。描述當敵人遭到擊敗時會發生的事，以及玩家戰勝後會得到的事物。

魔王：提供每個魔王和它所處環境的圖片與描述。描述遭遇戰的過程，以及玩起來的感覺。列出所有動作、攻擊模式和玩家能擊敗魔王的方式。描述擊敗魔王時會發生的事，以及玩家達成目標後會取得的事物。

非玩家角色（NPC）：列出遊戲中的角色，提供描述、圖片和他們會出現的地點。列出他們在整體遊戲中提供的功能。列出他們與哪種獎勵或物品有關。

小遊戲：列出小遊戲的類型，並提供展示每種遊戲類型的繪圖。描述如何遊玩和使用控制方式。列出小遊戲所需的原版遊戲元素與更動版。列出在哪些關卡能找到這些遊戲，它們又會提供哪些獎勵。

營利：描述營利在整個遊戲過程中如何運作。展示購買內容的介面。列出可購買物品與預估花費。

可下載內容：列出 DLC。提供釋出內容的預估時間範圍。

過場動畫：列出過場動畫。提供每段過場動畫的簡短綱要，以及它們出現的時機。

音樂與音效：列出所有音樂需求。描述曲調或每首曲子的感覺。列出在哪些關卡需要音樂，也別忘了標題、暫停和選項畫面，以及片尾名單。

　　其他畫面：描述能從標題畫面進入的這項可解鎖內容。記得加入圖片、音效與音樂和玩家介面細節。可能的畫面包括：

- **人員名單**：包括姓名、工作頭銜、團體照或工作室工作時的圖片。
- **額外資料**：加入畫面圖片，解釋玩家會如何和介面互動並啟動資料（可解鎖物品和彩蛋等等）。
  - 列出所有不同服裝或武器、作弊、美術集錦、影片播放器和特別收錄，像是講評、訪談、刪除資料、紀錄片和烏龍片段。

　　索引：這部分用來放置長長清單，包括玩家動畫、敵人動畫、音效、音樂、過場動畫劇本、遊戲內文字和配音劇本。

4 ｜ BONUS LEVEL 4　The Medium-Sized List of Story Genres

獎勵關卡第四關　故事類型的中等長度清單

故事類型是根據主題區分的虛構作品種類。故事類型有許多，因此我覺得有份清單的話，對於確保你了解它們會很有幫助。

- 冒險：時代劇／瀟灑劍客／海盜
- 冒險：通俗／「陽剛的」動作／探索者／寶藏獵人
- 冒險：生存／災難
- 黑人剝削／刑房
- 不法勾當／劫盜／竊賊
- 卡通／擬人化
- 喜劇：浪漫／誤解
- 喜劇：脫線／粗俗鬧劇
- 犯罪劇／警察
- 紀錄片／娛樂圈
- 教育性
- 情色
- 間諜
- 家庭劇

- 奇幻：童話故事／異世界
- 奇幻：神話（希臘、日本、中國，和北歐等等）
- 奇幻：劍與魔法
- 奇幻：異想
- 黑色電影／犯罪劇／冷硬警探
- 遊戲節目
- 歷史性
- 歷史性：平行世界
- 歷史性：神話
- 歷史性：戰事
- 恐怖：B級片／巨型怪物
- 恐怖：哥德式（鬼魂、吸血鬼、狼人、科學怪人）
- 恐怖：科幻

- 恐怖：砍殺電影
- 恐怖：殭屍／世界末日
- 武術／忍者
- 醫藥劇
- 黑道／幫派
- 音樂劇
- 音樂／搖滾
- 懸疑
- 育成／電子雞
- 政治
- 浪漫戲劇／哥德式
- 學校／青少年戲劇
- 科幻：賽博龐克
- 科幻：入侵
- 科幻：日式／戰隊／巨大機器人
- 科幻：靈異
- 科幻：寫實／太空總署
- 科幻：復古（1960年代）
- 科幻：太空歌劇
- 科幻：蒸氣龐克
- 科幻：時間旅行／平行宇宙
- 科幻：海底
- 運動：奇幻／科幻
- 運動：個人（拳擊、摔角、滑板、單板滑雪、雙板滑雪）
- 運動：奧林匹克
- 運動：競速
- 運動：團隊（美式足球、足球、曲棍球、棒球、籃球等等）
- 超級英雄
- 西部片／義大利式西部片

5 | BONUS LEVEL 5　Game Genres
獎勵關卡第五關　　遊戲類型

　　哈囉～你是從第一關晃到這裡來的嗎？爲了避免你錯過重點，**類型**這個字是用於描述某種東西的類別，但**遊戲類型**是用來描述遊戲玩法類型的字眼。由於有許多遊戲類型，我決定爲你列出一份清單。

　　自從遊戲問世後，電玩遊戲至今已極度多變了。考量到最先出現的三款遊戲，分別是運動遊戲（《雙人網球》）、解謎遊戲（《井字棋》）和對抗式射擊遊戲（《太空戰爭》）！多樣性一直都是讓遊戲變棒的原因，而多年以來，遊戲已經分裂成諸多不同的類型和子類型。在接下來的描述中，我會舉出該類型的範例。

- 動作：這些遊戲需要手眼協調才能玩。動作類型有好幾種子類型：
  - 動作－冒險：這種類型組合特別強調戰鬥、收集物品與使用、解謎和與故事有關的長期目標。例：《薩爾達傳說》系列、《秘境探險》系列、《蝙蝠俠：阿卡漢》系列。
  - 動作－機台：這些遊戲呈現出早期機台遊戲的風格，強調「挑戰玩家的反應時間」的遊戲玩法、計分和簡短的遊玩時間。例：《Kaboom》、《城堡毀滅者》，《歪小子史考特》。
  - 清版動作遊戲（beat 'em up）／砍殺遊戲（hack 'n' slash）：在這些也稱爲亂鬥遊戲（brawlers）的遊戲中，玩家會對抗一波波的敵人，困難度也會隨之增加。例：《雙截龍》、《神手》、《城堡毀滅者》、《歪小子史考特》。
  - 無止盡奔跑遊戲（endless runner）在這些遊戲中，玩家角色會持續奔跑（或是飛行、游泳或駕駛火箭），跨越「永無止盡」的環境。停下來就等於死亡！例：《Canabalt》、《瘋狂噴氣機》、《神殿逃亡》系列。
  - 格鬥：在這些遊戲中，有兩個以上的對手會在競技場舞台中戰鬥。格鬥遊戲和其他動作遊戲的不同點在於玩家控制方式。例：《快打旋風》系列、《劍魂》系列、《真人快打》系列。

- 迷宮：在這些遊戲中，玩家會探索迷宮環境，並收集物品和強化道具，以及避開敵人。例：《小精靈／吃豆人》系列、《貓捉老鼠》、《Marble Go》。

- 平台遊戲：平台遊戲通常會有吉祥物角色蹦跳（或是搖擺或彈跳）越過障礙賽般的環境，其中經常也會包含某種平台，可能也會有射擊與打鬥，可能會有海盜船。平台遊戲一度曾是遊戲中最受歡迎的子類型。例：任天堂的瑪利歐系列（《超級瑪利歐世界》、《瑪利歐64》、《超級瑪利歐銀河》）、《Sly Cooper》系列、《小小大星球》系列、《超級肉肉哥》系列。

- 沙盒：也被稱為「開放世界」遊戲，這些動作遊戲擁有非線性的玩法，內容發生在龐大的遊戲世界。沙盒遊戲提供大量活動，包括駕駛、解謎、射擊和肉搏戰鬥。例：《俠盜獵車手》系列、《黑街聖徒》系列、《樂高漫威超級英雄》、《上古卷軸IV：遺忘之都》、《碧血狂殺》。

- 匿蹤：這些動作遊戲強調躲避敵人，而非正面迎敵。例：《潛龍諜影》系列、《俠盜：暗黑計畫》、《Beat Sneak Bandit》。

- **冒險**：冒險遊戲的重點在於解謎，加上物品收集和物品欄管理。冒險遊戲可以只由文字組成，像是《巨洞冒險》、《銀河便車指南》、《A Mind Forever Voyaging》或《Varicella》；也能使用圖像，像是《冒險》Adventure、《國王密使》、《Leisure Suit Larry》系列和《與狼同行》。

  - 圖像冒險（graphical adventure）：這種子類型讓玩家在不同畫面揭露線索、解謎和尋找方向。例：《迷霧之島》系列、《猴島》系列、《妙探闖通關》系列、《陰屍路：第一季》。

  - 角色扮演遊戲（RPG）：這種子類型改編自《龍與地下城》和泛用無界角色扮演系統（GURPS）。玩家會選擇一個角色職業並透過接受任務、擊敗敵人和尋找寶藏，來強化他們的「數值」。玩家角色能扮演常見職業，像戰士、魔法使用者或盜賊，或是虛構角色。例：《星際大戰：舊共和武士》、《質量效應》系列、《上古卷軸》系列、《自由武力》、《Card Hunter》。

  - 日式角色扮演遊戲（JRPG）：JRPG首度出現於任天堂的紅白機（Famicom）系統，但它們的感覺和傳統RPG截然不同，因此演化出它們獨有的類型。玩家管理一支角色團隊，並透過戰鬥、探索和尋寶來增加他們的「數值」。比起傳統RPG，遊戲中更強調人際關係和故事。例：《寶可夢》系列、《Final

Fantasy》系列、《王國之心》系列、《第二國度》。

- 大型多人線上角色扮演遊戲（MMORPG）這種RPG能在單一環境中支援數百名玩家。MMORPG著名的是玩家對玩家（PVP）玩法、又稱「農」的重複性玩法和別名「副本」的團體戰。例：《魔獸世界》、《DC宇宙Online》、《EVE Online》。

- 生存／恐怖：在這些遊戲中，玩家企圖在資源有限（像是彈藥稀少）的狀況下，在恐怖或生命受威脅的場景下存活。例：《惡靈古堡》系列、《沉默之丘》系列、《失憶症：黑暗後裔》、《青鬼》、《最後生還者》。

- **擴增實境**（augmented reality）：AR遊戲使用周邊設備（像是攝影機和全球定位系統〔GPS〕）來模糊「真實世界」與虛擬遊戲之間的界線。例：《Majestic》、《ARDefender》、《Star Wars Falcon Gunner》、《Zombies》、《Run!》、《平行王國》。

- **教育性**：這些遊戲的主要目的，是在娛樂玩家時教育他們。也被稱為寓教於樂（edutainment）遊戲。教育性遊戲的目標受眾經常是較年輕的玩家。例：《神偷卡門》系列，《Math Blaster》系列，《Typing of the Dead》，《Wolf Quest》系列，《Bot Colony》。

  - 活動：這些教育性遊戲有一些遊戲內容，但主要重點在於非遊戲活動，像是穿衣、著色和閱讀上。例：《JumpStart》系列，《Reader Rabbit》系列，《魔法校車》系列。

  - 腦力訓練：這些遊戲以科學方式設計，使用記憶力和反應時間來加強玩家的心理能力，或是幫助使用者處理心理問題，像是創傷後壓力症候群。例：《腦鍛鍊》、《靈活腦學校》、《T2 Virtual PTSD Experience》、《Nevermind》。

- **生活模擬**（life simulation）此類型類似經營類型，但圍繞在建構人工生命體與培養玩家和它們之間的關係。例：《模擬市民》和《美少女夢工廠》都是生活模擬遊戲。

  - 寵物模擬：寵物模擬因電子雞數位寵物口袋遊戲而走紅。寵物模擬器（又稱虛擬寵物〔virtual pets〕）著重於餵養以及主人寵物之間的關係。例：《EyePet》、《Rat Realm》、《任天狗狗》、《尼奧寵物》、《Hatch》、《Tomogotchi L.i.f.e.》。

- **小遊戲**：小遊戲可以屬於任何類型，但只能玩一小段時間。小遊戲為其他遊戲

類型提供變化，像是《絕命異次元》中的小行星射擊遊戲，或是《超級瑪利歐兄弟 3》中的配卡遊戲。它們經常代替某種活動，像是《生化奇兵》中的破解小遊戲，或《異塵餘生 3》中的撬鎖小遊戲。甚至還有小遊戲合集，像《瑪利歐派對》、《捉猴啦》、《Sonic Shuffle》和《夏日運動大聯盟》。

- 微遊戲：超級短（通常只有幾秒）的小遊戲，玩家有一半的挑戰是在遊戲結束前學會遊玩方式！例：《瓦利歐製造》系列、《Dumb Ways to Die》、《Frobisher Says !》。

- 派對：派對遊戲是特別為了多名玩家所設計，並以競爭性玩法作為基礎。遊戲類型經常是小遊戲。例：《瑪利歐派對》、《Start the Party》、《Spin the Bottle: Bumpie's Party》。

- 謎題：解謎遊戲以邏輯、觀察和完成模式為基礎。它們的玩法包括緩慢而有條不紊的拼圖放置，或快速的手眼協調。例：《俄羅斯方塊》。

  - 隱藏物體：玩家企圖在一片混亂的視覺圖像中找出一連串物體。這是少數幾個使用浪漫故事類型的遊戲之一。例：《Samantha Swift》系列、《寶石翻天樂》系列、《Mystery Case Files》系列、《Mushroom Age》、《Angelica Weaver: Catch Me When You Can》。

  - 繪畫：玩家畫出圖片或單純的線條來進行遊戲。在許多狀況中，玩家甚至會畫出遊戲的機制。例：《描繪人生》系列、《線條騎士》系列、《Draw This!》、《Pixel Press》、《Let's Draw!》。

  - 三消：玩家得消去三個（或更多）圖示以便獲得分數（或金錢之類的）。遊戲方式可以使用計時、有限行動步數，或開放結局。最近，三消遊戲方式被用來當作其他遊戲類型中戰鬥與小遊戲的「代替」機制。例：《Dr. Robotnik's Mean Bean Machine》、《寶石方塊》系列、《Peggle》系列、《PuzzleQuest》系列、《10,000,000》、《Zuma's Revenge》、《糖果傳奇》。

  - 數學謎題：有時玩家需要處理數學問題，其他時候數字則用來指引遊戲玩法。無論如何，不管玩家有沒有發現，他們都在處理數學問題。例：《Addicus》、《Super 7》、《Math Gems》、《Brain Age Express: Math》、《數獨 2 專家版》。

  - 物理遊戲：這些遊戲使用引力、拋物線和流體力學等物理法則來創造遊戲玩

法。例：《奇妙大百科》、《憤怒鳥》、《鱷魚小頑皮愛洗澡》、《割繩子》、《迷宮》、《黏黏世界》。

　□ 文字謎題：玩家使用文字和字母作為遊戲玩法的一部分。有時重點是拚出單字以得分，有時候文字遊戲則會用來啟動其他遊戲機制。例：《Letz》、《塗鴉冒險家》系列、《Words with Friends》、《SpellTower》、《Puzzlejuice》。

- 節奏：在這些遊戲中，玩家會嘗試應對節奏節拍來得分。例：《Parappa the Rapper》、《Tap Tap》、《精英節拍特工》。

　□ 音樂模擬：在這種節奏遊戲中，重點在於演奏樂器。玩這些遊戲經常需要特殊周邊設備。例：《吉他英雄》系列、《歡樂搖搖派對》、《大金剛康加鼓》系列。

　□ 舞蹈模擬：在這種節奏遊戲中，玩家得透過移動身體來對上節拍。這些遊戲總會使用特殊周邊設備來捕捉玩家動作，像是跳舞墊或攝影機。例：《勁爆熱舞》系列、《舞力全開》、《舞動全身》。

　□ 歌唱模擬：在這種節奏遊戲中，玩家得用他們的聲音對上歌曲的旋律。這些遊戲總會使用麥克風周邊設備。例：《SingStar》系列、《搖滾樂團》系列。

- 嚴肅遊戲（serious games）：嚴肅遊戲是為了娛樂以外的目的所設計的。

　□ 廣告遊戲（advergames）：這些遊戲是為了宣傳產品或公司所做。自從雅達利2600（Atari 2600）的時代以來，這種類型就已經出現了，也被用在從速食到寵物飼料（我猜差不多是一樣的東西）等商品上。例：《Chuck Wagon》、《Kool-Aid Man》、《Cool Spot》、《Chex Quest》、《美國陸軍》、《鬼祟王》、《You Vs. Cat》。

　□ 藝術遊戲：這些遊戲具有非常輕量的機制，比起遊戲性，更強調視覺效果與敘事。例：《The Cat and the Coup》、《風之旅人》、《小小煉獄》、《血色桑格雷》系列、《Type:Rider》。

　□ 社會訊息遊戲（social message games）：這些遊戲教育玩家關於社會不公的事，希望改變玩家的觀點。例：《A Force More Powerful》、《Disaffected!》、《Darfor Is Dying》、《Food Force》。

　□ 訓練：這些遊戲是設計來訓練玩家學會操控載具或系統的基本方式。例：《魚叉》、《微軟模擬飛行》、《SimPort》。

　□ 生產力遊戲（productivity games）：在這些遊戲中，玩家會在真實世界中

進行活動，並用遊戲追蹤他們的進度。例：《Epic Win》、《HabitRPG》、《CARROT》。

▫ 目的遊戲（purposes games）：這些遊戲是設計來爲了達成某種成果，像是解開基因序列（《Phylo》）或編排藝術收藏（《Artigo》）。例：《Foldit》、《Google Image Labeler》、《EteRNA》。

• **射擊遊戲**：這些遊戲主要把重心放在對敵人發射拋射物，節奏快速並以考驗玩家反應爲目標。和動作遊戲相同的是，此類型已經經歷演變，涵蓋了多種能以攝影機觀點做區分的子類型。

▫ 第一人稱射擊遊戲：這些射擊遊戲從玩家觀點進行。攝影機的視角較爲緊繃，限制性較大，但比第三人稱射擊遊戲更親歷其境。例：《雷神之鎚》、《最後一戰》系列、《戰慄時空》系列、《絕地要塞》系列、《榮譽勳章》系列、《決勝時刻》系列。

▫ 飛行射擊遊戲（shoot'em up，簡稱shmup）飛行射擊遊戲是機台式的射擊遊戲，玩家得在躲避危險物時射擊大量敵人。玩家在這類遊戲中的虛擬化身通常是載具（像太空船）而非角色。這些遊戲能以數種不同攝影機角度呈現。例：《太空侵略者》、《機器人大戰：2084》、《魂斗羅》系列、《斑鳩》、《東方Project》。

▫ 第三人稱射擊遊戲（TPS）：在這些射擊遊戲中，攝影機會擺在玩家身後，提供對玩家角色和周圍環境的部分或完整視角。儘管視角較寬，遊戲玩法依然著重在射擊上。例：《星際大戰：戰場前線》系列、《戰爭機器》系列、《狂彈風暴》、《絕命異次元2》和《絕命異次元3》。

• **模擬**：此類型著重在創造並管理玩家設計出（或創造出）的世界。在這些元世界中，經常能創造和遊玩其他玩法。許多學者將這種類型稱爲**玩具**（toys），因爲這些遊戲通常除了滿足世界創造者外，沒有獲勝目標。

▫ 建築模擬：玩家能透過收集資源來建造世界、發揮創造力。這些建造世界的遊戲經常具有社群層面。例：《Minecraft》、《樂高宇宙》、《機器磚塊》。

▫ 經營模擬：這種子類型讓玩家擴充房地產、生意或（或多或少）改自現實的地點。當玩家創造出的世界成長時，預先設計好的建築與環境也會演進。例：《模擬城市》系列、《牧場物語》系列、《遊戲發展國》。

▫ 社交模擬：這種子類型經常出現在瀏覽器或手機遊戲中，它讓玩家打造其他玩家能造訪的地點，而其他玩家對該玩家世界能帶來影響——經常是幫忙玩家處理任務。例：《FarmVille》、《Smurf Village》、《The Simpsons: Tapped Out》。

■ **運動**：這些遊戲改編自體育競賽，無論是傳統或極限運動皆然。這些遊戲很常出現一年一度的版本。

▫ 傳統運動：改編自團隊運動，像是棒球、美式足球、曲棍球、足球和籃球，這類遊戲嘗試精準地詮釋「真實世界」的競賽，從授權的真實世界團隊和球員外表都有。這些遊戲的遊玩複雜度從機台式到寫實模擬都有，玩家能從大量招式和玩法中做選擇。例：《勁爆美式足球》系列、《國際足盟大賽》系列、《MLB 2K》系列。

▫ 多重運動：這些遊戲在單款遊戲中提供不同的真實世界運動賽事。遊戲體驗經常較短，感覺起來較像是運動主題小遊戲合輯。例：《Track and Field》、《瑪利歐＆索尼克 AT 奧林匹克運動會》、《Justin Smith's Realistic Summer Games》。

▫ 極限運動：改編自單人運動，像是雙板滑雪、單板滑雪、滑板和衝浪，這些遊戲不一定會嘗試精準重現該運動，且較仰賴機台式控制方式和動作。它們經常找名人運動員擔任玩家在遊戲中的指導員。例：《Skitchin'》、《Tony Hawk》系列、《雪板高手》。

▫ 運動管理：玩家並非在遊戲中進行這些運動，而是管理球員或球隊。例：《FIFA Manager》系列、《NFL Head Coach》系列。

■ **戰略**：從西洋棋到《文明帝國》，思考和計畫是策略遊戲的特徵。它們可在歷史或虛構設定下遊玩。

▫ 即時戰略（real time strategy/RTS）：與回合制遊戲類似，這些快節奏遊戲著重「四X」：擴張（expansion），探索（exploration），開發（exploitation），和殲滅（extermination）。RTS 已成為占多數的戰略子類型。例：《終極動員令》系列、《魔獸爭霸》、《星海爭霸》系列、《戰鎚40000：破曉之戰》系列。

▫ 回合制：這些遊戲的步調較緩慢，讓玩家能夠思考，提供了部署戰略的更多機會。例：《X-Com》系列、《GBA 大戰》系列。

- 塔防：在這些遊戲中，玩家會創造出會自動射出拋射物的「塔」，阻止敵人抵達目的地。玩家經常透過第三人稱視角玩這種遊戲，讓他們能追蹤從不同方向逼近的「怪物」。例：《防禦陣型》、《植物大戰殭屍》系列、《獸人必須死》、《王國保衛戰：前線》。

- 多人線上戰鬥競技場（multiplayer online battle arena/MOBA）：又稱DOTA式玩法，名稱來自第一款MOBA遊戲《遺跡保衛戰》。這種遊戲類型讓兩隊玩家在地域控制上進行拉鋸戰。玩家遭到擊敗後會重生，並在戰役過程升級他們的角色。例：《英雄聯盟》、《超神英雄》、《無限危機》。

- **傳統遊戲**：這些遊戲最初是以別種實體方式出現。

  - 圖版遊戲：這種類型模擬桌上型遊戲。編碼通常都用來執行「乏味」的任務，像是擲骰、管理金錢或資源，或是擔任對手。這些遊戲經常能讓多名玩家一起遊玩。例：《Scrabble》、《地產大亨》、《卡坦島》、《小小世界》、《魔符諭令》。

  - 卡牌遊戲：這些遊戲模擬傳統和主題性卡牌遊戲。例：《接龍》、《Uno》、《WarStorm》、《魔法風雲會》、《皇輿爭霸》、《亡者神抽》、《遊戲王》。

  - 賭場遊戲：這些是你在賭場會碰到的任何遊戲：撲克牌、角子機、俄羅斯輪盤、擲骰子和賓果，甚至是在運動賽事上下注。例：《Hoyle Casino-Games》、《Hollywood Spins》、《Big Fish Casino》、《SportsCasino》、《World Championship Poker》系列。

  - 微縮模型遊戲：這些遊戲複製了微縮模型桌遊，圖像經常用來重現微縮模型的視覺效果。例：《Heroclix Online》、《Sid Meir＇s Ace Patrol》系列、《宇宙荒舟》、《Combat Monsters》。

  - 彈珠台：這些遊戲複製了彈珠台桌的花俏功能。例：《Zen Pinball》、《Pinball Arcade》、《Pinball HD Collection》。

  - 猜題遊戲：在這些遊戲中，玩家會用答題來與彼此競爭。例：《Scene it》系列、《You Don＇t Know Jack》系列、《Buzz!》系列。

- **載具模擬**：在這些遊戲中，玩家模擬了控制或駕駛載具，從跑車到太空船都有。重點在於讓體驗顯得越「真實」越好，或是創造出動作性機台式體驗。其中可能有特技場面，也可能不會有。例：《夜間飆車》、《Rush》系列、《Midnight Club》系列、《Wipeout》系列。

- 賽車：玩家使用機車、空浮器等等載具競速，並加以升級。駕駛遊戲可以是《GTR》系列般的超真實體驗，或是《橫衝直撞》系列等更有動作感的遊戲。例：《跑車浪漫旅》、《NASCAR Racing》、《Wave Race》、《Grand Prix》。

- 卡丁車賽車：比起同類型的賽車遊戲，卡丁車賽車遊戲的體驗更有機台風格。卡通化的駕駛和環境，外觀狂野的卡丁車，和能用於強化表現和攻擊其他玩家的強化道具，都是這種子類型的特徵。例：《瑪利歐賽車》系列、《音速小子漂移》系列、《小小大星球　布娃娃也賽車》。

- 飛行模擬：玩家為了飛行的樂趣而駕駛飛行器，並學習飛行的基本條件，就像在《微軟模擬飛行》中一樣。

- **戰鬥飛行模擬**：玩家對抗 AI 敵人或其他玩家。控制方式可以像機台遊戲般簡單，或是更加複雜，重現真實飛行器或虛構太空船的一切。在《Red Baron》系列、《戰爭雷霆》、《The Jane's Combat Simulations》系列和《空戰奇兵》系列穿越歷史；或在《銀河飛將》系列、《星際大戰：X 戰機》系列、《X》系列、《Freespace》系列中飛進外太空。

6 | BONUS LEVEL 6 The Big List of Environments
獎勵關卡第六關　環境大清單[1]

- 「小」世界（玩家在此被縮小了）
- 下水道
- 大西部城鎮
- 大草原／非洲草原
- 大都會／巨型都會／建築生態學
- 山
- 工廠
- 中世紀村落
- 中式廟宇
- 中國城
- 公園
- 化學工廠
- 天空／雲朵
- 天堂／奧林帕斯
- 太空站／太空港
- 外太空
- 太陽表面
- 木板路
- 水底
- 水族館
- 火山

- 火車站
- 火焰關卡／世界
- 主題公園／水上樂園
- 北極
- 半圓形劇院
- 卡通世界／漫畫書世界
- 古代遺跡
- 史前村落／洞穴
- 外星人船隻
- 外星人的星球
- 巨型世界（可應對到任何主題）
- 市區街道
- 未來城市
- 末日後城市
- 生化機械區域（如《異形》的場景）
- 生物體內／巨型生物頂端
- 冰
- 冰河／冰流
- 印地安保護區／村莊／墓地
- 地下鐵
- 地牢／墓穴

1　多年來我一定做了半打這類清單，所以這對你我來說都很重要！

- 地底世界／地獄
- 沙漠
- 亞特蘭提斯
- 垃圾場
- 房子／公寓
- 河流
- 河灣
- 沼澤
- 玩具店
- 玩具國度
- 知名地標
- 空中／雲朵
- 花園
- 俄國城市／軍事基地
- 城堡
- 屋頂
- 建築工地
- 拱廊
- 政府設施
- 毒販據點
- 洞穴
- 軍事基地／五十一區
- 迪斯可舞廳
- 郊區
- 音樂廳
- 飛船內部
- 飛彈發射井
- 飛機
- 修道院

- 倉庫
- 埃及／埃及墳墓
- 宮殿
- 旅館／客棧
- 核子反應爐
- 海底基地／城市／石窟
- 海洋公園（如「海洋世界」）
- 海面
- 海盜船／城鎮
- 海灘
- 烏托邦
- 神殿
- 祕密巢穴：超級英雄／超級惡棍
- 紐約市
- 荒蕪岩石（小行星或月球）
- 迷宮／樹籬／大型迷宮
- 酒吧／酒館
- 馬雅叢林／神廟
- 馬戲團
- 高速公路
- 鬼屋
- 動物園／野生動物保護區
- 教堂
- 移動中的火車
- 脫衣舞俱樂
- 船／船隻甲板／內部
- 速食餐廳
- 都市
- 博物館

- 堡壘
- 森林
- 無人島
- 童話國度
- 郵輪
- 鄉村
- 園藝迷宮／花園
- 煉油廠
- 葬儀社
- 農場／牧場
- 遊樂場
- 運動競技場
- 道場／神殿
- 電影片場／電視攝影棚
- 電影院
- 嘉年華
- 圖書館
- 墓園
- 實驗室
- 歌劇院
- 漫畫店
- 監獄
- 網路空間／電腦世界（如《Tron》的場景）
- 豪宅
- 銀行

- 劇院舞台
- 廚房
- 廢棄城市
- 摩天大樓
- 潛水艇內部
- 碼頭／海港
- 賭場／拉斯維加斯／大西洋城
- 學校／小學／大學
- 戰場／戰區／無人地
- 樹屋／村莊
- 機場／飛行船港口
- 糖果國度
- 諾克斯堡（Fort Knox）／寶庫
- 辦公室建築
- 餐廳
- 營地
- 購物中心／市集
- 賽道
- 叢林
- 醫院
- 懸崖城市
- 礦坑
- 警察局
- 鐘塔
- 襪子手偶的世界

7 | BONUS LEVEL 7 Mechanics and Hazards
獎勵關卡第七關　機制與危險物

- 上鎖而需要鑰匙的門或寶箱
- 水的危險物
- 火焰或風噴射／大砲擊發的計時謎題
- 可兩段式開啟或破壞的物體
- 可建造結構／使用關卡物品或物品欄謎題碎片的物品
- 可射擊目標／移動目標
- 可破壞物品／可擊碎玻璃／防護盾
- 可搖晃的樹藤／吊架／鍊子
- 可攀爬牆面
- 可攜帶／可投擲物品
- 平衡木
- 生命值／彈藥供給器
- 用於造成傷害的致命平面／尖刺／荊棘／岩漿／通電水源
- 同時執行多重操作：玩家的注意力或資源必須分配給多重機制和目標
- 地板開關／壓力盤
- 多重選擇
- 如果沒有維持動作，用曲柄操作的門就會落下
- 曲柄／幫浦
- 有限招數量
- 行動加速器
- 投擲玩家或物品的投石器
- 沉默／縮小平台
- 往上或往下砸去的危險物
- 拉扳手
- 金錢或經濟機制，像是購買／競標／販賣／投資
- 致命平面／黏性地板／毒氣等讓玩家動作變慢的環境
- 計時炸彈
- 計時器／賽跑
- 計時謎題：等到處於「安全」狀態再移動
- 重複做出某個模式／「我說你做」（Simon says）
- 原因與效果：操作／移動／與單一物體互動；另一個物體以相反方式運作
- 射箭／雷射／機關槍砲台
- 將物體擺放在特定地點／方向
- 強迫玩家不斷移動的捲軸式或移動式環境

- 控制光暗效果的照明裝置
- 推／拉磚塊或物體
- 旋轉的危險物
- 梯子
- 移動平台：水平，垂直，斜角
- 設計為一組的可收集物品
- 開啟或關上門／吊橋
- 傳送門
- 會抓住玩家的物體，需要另一種招式以脫身
- 會倒塌的地板／平台／樓梯
- 溜索／彈性繩
- 滑溜的冰／斜坡／油
- 電梯

- 聚光燈／玩家得使用計時、掩護或喬裝避開的角色
- 遙控角色／物體／機制
- 需要敏捷或解謎的撬鎖／破解機制
- 彈簧／彈跳床／彈跳墊／氣流
- 輸送帶
- 辨識或重複音樂／音效的模式
- 螺旋平台
- 隱藏畫面／環境中的線索／物品欄物品
- 爆炸物體
- 鐘擺／搖擺物體的計時謎題
- 護送：防止目標遭到攻擊／傷害

8 | BONUS LEVEL 8 Enemy Design Template
獎勵關卡第八關　設計敵人的範本

敵人名稱：＿＿＿＿＿＿＿

敵人圖片：（在此插入概念或靈感圖片）

描述：（撰寫關於敵人的簡短描述。敵人的性格和動機是什麼？）

以下清單列舉了必要的動畫，包括：

- 站立
- 閒置狀態
- 嘲諷
- 攻擊（肉搏）
- 攻擊（拋射物）
- 擊打反應
- 死亡動畫
- 勝利動畫

行動模式：（有必要就多增加）

- 招式一：（敵人行動的圖片與描述）
- 招式二：（敵人行動的圖片與描述）

攻擊描述：（有必要就多增加）

- 攻擊一：（肉搏、拋射物、特殊）
- 攻擊二：（肉搏、拋射物、特殊）

敵人遭到擊敗：（玩家要如何擊敗敵人？）

傷害描述：（玩家要如何得知傷害？玩家需要任何特殊視覺效果嗎？）

粒子效果：（攻擊、行動或傷害狀態需要哪些視覺效果？）

拋射物：（有使用的話，就列出攻擊需要哪些拋射物。）

抬頭顯示器元素：（和敵人戰鬥時需要任何額外抬頭顯示器元素嗎？例如QTE圖

示。）

　　音效清單：（為動畫清單配上音效清單。）

　　配音效果清單：（為動畫清單配上配音效果清單。）

　　玩家角色的特殊需求：（有任何該給玩家看的特殊動畫、效果或其他事物嗎？這樣才能讓玩家知道角色遭到敵人攻擊或互動影響時的反應。）

　　玩家獎勵：（玩家擊敗敵人後有什麼獎勵？經驗值？寶物？隨機或特定物品？）

9 | BONUS LEVEL 9 Boss Design Template
獎勵關卡第九關　設計魔王的範本

魔王名稱：＿＿＿＿＿＿

魔王圖片：（在此插入概念或靈感圖片）

描述：（撰寫關於魔王的簡短描述。魔王的性格和動機是什麼？）

以下清單列舉了必要的動畫，包括：

- 站立
- 閒置狀態
- 嘲諷
- 攻擊（肉搏）
- 攻擊（拋射物）
- 擊打反應
- 死亡動畫
- 勝利動畫

行動模式：（有必要就多增加）

- 招式一：（魔王行動的圖片與描述）
- 招式二：（魔王行動的圖片與描述）

攻擊描述：（有必要就多增加）

- 攻擊一：（肉搏、拋射物、特殊）
- 攻擊二：（肉搏、拋射物、特殊）

魔王遭到擊敗：（玩家要如何擊敗魔王？）

傷害描述：（魔王的生命條棒看起來怎麼樣？玩家要如何得知傷害？玩家需要任何特殊視覺效果嗎？）

粒子效果：（攻擊、行動或傷害狀態需要哪些視覺效果？）

拋射物：（有使用的話，就列出攻擊需要哪些拋射物。）

抬頭顯示器元素：（和魔王戰鬥時需要任何額外抬頭顯示器元素嗎？例如QTE圖示。）

音效清單：（為動畫清單配上音效清單。）

配音效果清單：（為動畫清單配上配音效果清單。）

玩家角色的特殊需求：（有任何該給玩家看的特殊動畫、效果或其他事物嗎？這樣才能讓玩家知道角色遭到魔王攻擊或互動影響時的反應。）

玩家獎勵：（玩家擊敗魔王後有什麼獎勵？經驗值？寶物？隨機或特定物品？）

魔王戰競技場

競技場圖片：（插入環境的圖片，可以是概念圖或地圖。）

競技場描述：（撰寫關於環境的簡短描述，以及有什麼戲碼會在那發生。）

關卡元素：（魔王戰需要任何機制、危險物或道具嗎？）

魔王戰配樂：（在此列出配樂，包括對於任何和情境有關的音樂的注記。）

10 ｜ BONUS LEVEL 9 High-Concept Pitch Presentation
獎勵關卡第十關　高概念提案簡報

▌投影片一：標題頁

簡報的開頭請放上能總結遊戲的顯眼圖片和logo。

將簡報日期放在PowerPoint投影片上，如此一來，看你簡報的人就會記得會議何時舉行。

提及作者時，就使用工作室的名稱。記住，沒有人單靠自己就做出遊戲。

放入聯絡資訊，像電子信箱或電話號碼（也可兩個都放）。

投影片二：開發者簡介

　　簡述你們是誰，做過什麼，又做這行多久了。這是展示你的工作室創作過的所有遊戲封面的絕佳場合。

　　但如果你是向同事進行簡報，當然就可以跳過這段投影片。

▌投影片三：遊戲概述

　　這張投影片內有遊戲的基本資料。是哪種遊戲？分級為何？受眾是誰？要花多久才能玩完？

▍投影片四：遊戲故事

玩家角色有誰（如果有的話）？遊戲的故事（如果有的話）或類型是什麼？衝突是什麼？別忘了開頭、中段與結局，或至少停在一個有懸念的地方，讓讀者或觀眾有興趣知道結尾。如果沒有故事，那遊戲的主題是什麼？

▍投影片五：遊戲特色

觀衆／讀者爲何要在乎你的遊戲？

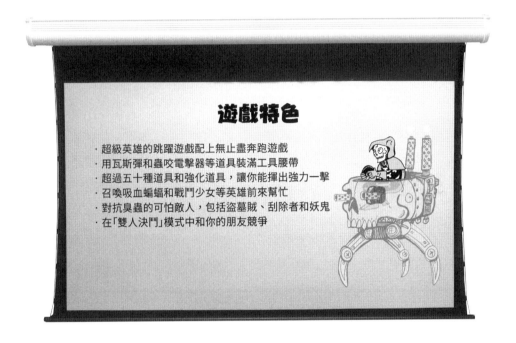

投影片六：玩法概述

　　這張投影片得概述玩法。玩法中的主要行動是什麼？攝影機角度是什麼？玩法在遊戲中要如何增加挑戰？遊戲環境是什麼？遊戲的超酷特色是什麼？有什麼「特點」讓這款遊戲顯得獨特？提到獨特的遊玩模式，你可能會需要好幾張投影片來講述這主題。

▌投影片七：玩法細節

深入探討有趣的玩法細節。在這裡，你的目標是描述遊戲玩起來的感覺。特別用一或多張投影片來描述獨特或酷炫的特色，以便突顯它們會如何影響玩法，並強化體驗。

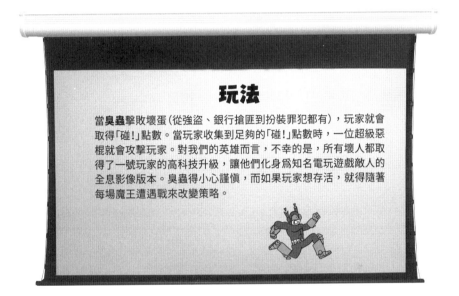

▌投影片八：營利和下載策略

　　你要如何延續遊戲在上市後的壽命？營利模型是什麼？請提出玩家能購買的物品範例，以及購買行為會如何影響遊戲。

▌投影片九：製作明細

　　在此列出製作計畫。你的開發團隊有多大？創作遊戲會花多少時間？要花多少錢才能做出遊戲？

11 | BONUS LEVEL 11 Achievement Unlocked: Exactly Like Making Chili
獎勵關卡第十一關　成就解鎖：就像做辣味燉肉醬

■（六到八人份）

一份430公克的荷美爾火雞肉和斑豆

一罐850公克的黑豆

一罐800公克的剝皮番茄泥

一罐410公克的小番茄泥

四分之一杯特級冷壓橄欖油

一至二根大青椒

一顆大甜洋蔥

450公克火雞絞肉

二分之一茶匙的辣椒粉

二分之一茶匙的蒔蘿

二分之一茶匙的牛至

二分之一茶匙的紅甜椒粉

二分之一茶匙的洋蔥粉

一茶匙的可可粉

一茶匙的勞瑞斯蒜味鹽

一茶匙的檸檬汁

玉米麵包或玉米片或墨西哥薄餅（佐餐）

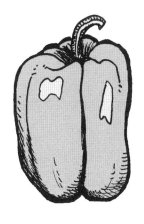

一：將辣椒粉、蒔蘿、牛至、紅甜椒粉、洋蔥粉和可可粉裝在碗中拌勻（這是肉醬調味料），放在一旁備用。

二：打開黑豆罐，倒掉罐內的液體。將豆子放入燉鍋中。

三：打開兩罐番茄泥倒進燉鍋。

四：打開斑豆罐倒進燉鍋，開最小火。

五：青椒切成絲。

六：洋蔥切塊。

七：用大火在平底鍋中炒青椒與洋蔥，加入橄欖油。先放洋蔥，再放青椒，用蒜味鹽和檸檬汁調味。把青椒和洋蔥混合炒熟後，倒入燉鍋（也稱慢燉鍋）。

八：用平底鍋中的剩油來炒火雞。肉變成棕色後，就轉小火並依個人喜好的量加入肉醬調味料攪勻。當辣肉醬徹底包覆肉塊後，倒掉剩油，再將棕色的火雞肉放進燉鍋。

九：用燉鍋開小火燉煮辣肉醬至少四到六小時。燉越久越好。

十：用湯匙將辣豆醬舀入碗中。

十一：辣豆醬塗在玉米麵包、玉米片或熱墨西哥薄餅上最好吃。好好享受吧！

謝詞

關於寫書，我學到的事情是，寫書就跟做電玩遊戲一樣是件辛苦的差事，而且無法獨自完成。如果沒有以下這些人的支持、協助、啟發和感情，我就寫不出《通關升級！》這本書：

■ Brenda Lee Rogers、Evelyn Rogers、Jack Rogers、Noah Stein、David Jaffe、Jeremy Gibson、Jason Weezner、Jackie Kashian、Laddie Ervin、Jeremiah Slackza、Jeff Luke、Andy Ashcraft、Hardy LeBel、Dr. Brett Rogers、Richard Browne、William Anderson、David Siller、Mark Rogers、Eric Williams、George Collins、Scott Frazier、Tommy Tallarico、Joey Kuras、Ian Sedensky、Evan Icenbice、Brian Kaiser、David O'Connor、Jaclyn Rogers、Dr. Christopher Rogers、Patricia Rogers、Anthony Rogers、Aden Goldberg（頭號粉絲）、2008 GDC 選拔委員會、我過去和現在的那群幻想工程師同事、Tracy Fullerton 和南加大互動媒體系、我在南夢宮、卡普空、Sony 和 THQ 時有幸一起共事的同事、Cory Doctorow、我的那群懶熊同夥、John Wiley & Sons 的幾位編輯，包括 Ellie Scott、Sara Shlaer、Polly Thomas、Juliet Booker、Gareth Haman、Katherine Parrett、Chuck Hutchinson，還有最重要的 Chris Webb，他在 2009 年打了那通關鍵電話。

但我最感謝的還是你。如果你是第一次閱讀本書，我希望你覺得讀起來收穫豐富又能啟發自己。如果你以前讀過英文第一版，那我要謝謝你兩次才行！希望你覺得新增的資訊很值得一讀。別忘了試著做做頓肉醬！現在就開始設計些好玩的遊戲吧，我等不及想玩了！

名詞對照表
專有名詞

0～5畫

DualShock 手把　DualShock controller
Flash動畫片段　Flash-animated sequences
QTE（快速反應事件）　quick-time event
S型地雷　bouncing Betty
一次性買斷費用　one-time buy-out fees
人聲反應　vocal reaction
十字捕捉　reticule snapping
三消謎題　match three puzzles
土撥鼠日　Groundhog Day
大型多人線上角色扮演遊戲　MMORPG (massively multi-player online role-playing games)
大型多人線上遊戲　MMO
大亂鬥　free-for-all
子圖場　subfield
子彈時間　bullet time
小遊戲　minigame
中速　medium
互動式影片　interactive movie
公眾領域　public domain
公會　guilds
分鏡插畫家　storyboard artists
反射動作　Reflex
反射動作　reflex
反強化道具　anti-power-ups
反應時間　Reaction Time
反擊　counter
反饋循環　feedback loop
幻想工程師　imagineers
幻想暴力　Fantasy violence
心流路徑　flow channel
心理敵手　mental adversary
文字謎題　word puzzles
日式角色扮演遊戲　JRPG
水平分層　horizontal layer
主要攻擊　primary attack
主要音效　priority sound effects
主旋律　leitmotif
主題　theme
付費遊玩　pay-to-play
充能　charge
卡通暴力　Cartoon violence
可下載內容　downloadable content/DLC
可充填資源　replenishable resources
可解鎖內容　unlockable
布娃娃物理系統　rag doll physics systems
平台　platforms

6～8畫（右欄上接）

平台遊戲　platform game
必殺技　finishing move
打地鼠　Whack-A-Mole
打樁機攻擊　piledriver attack
母帶後期製作　mastering
生存恐怖　survival horror
生命值　health
生命條棒　health bar
生活模擬　life simulation
生產力遊戲　productivity games
用戶／伺服器　client/server
目的遊戲　purposes games

6～8畫

任天堂3DS　Nintendo 3DS
休閒遊戲　casual gaming
光速船　Vectrex
全動態動畫　full-motion animations/FMAs
全動態影像　full motion video/FMV
再生　spawning
再生守點　spawn camping
危險物　hazard
向量繪圖　vector graphics
回合　rounds
地面打擊　ground pound
多人模式　multiplayer mode
多人線上戰鬥競技場　multiplayer online battle arena/MOBA
夸特盧　quatloo
存檔　saves
成就　achievements
收集品　collectible
次類型　sub-genre
死鬥　dead match
灰盒　gray box
百裂腳　Hyakuretsu Kyaku
肉搏攻擊　melee attacks
自由瞄準　free-aiming
自由觀看攝影機　free look camera
自動存檔　autosave
行動強化道具　movement power-ups
位置性格擋　positional block
作弊　cheats
免費增值　freemium
劫盜地圖　marauder's map
即死　instant death
即時戰略　real time strategy/RTS
即時戰略　RTS (Real-time strategy)

巫妖　Lich
快速射擊　quick-fire
快樂原則　pleasure principle
扭動　twitch
扳機鍵　trigger button
技術設計文件　technical design document/TDD
把它留給續作　S.I.F.S./save it for the sequel
投射陰影　drop shadow
抗性　resistances
攻擊矩陣　attack matrix
沙盒　sandbox
角色客製化　character customization
防衛／山丘之王　defend/king of the hill
佩珀爾幻象　pepper ghost
來回刷　scrubbing
固定遠距離作戰　mounted ranged combat
季票DLC　season pass DLC
延遲　lagging
怪異三角形　triangle of weirdness
抬頭顯示器　HUD
拉撐　hoist
拋射物戰鬥　projectile combat
拖拉釋放　pull and release
昔日　Yore
武器升級／交換　weapon upgrade/swap
武器作戰　weapon combat
泛用無界角色扮演系統　GURPS
波動拳　Hadouken
物品收集　item collection
玩家量度　player metrics
玩家對戰　PVP (player versus player)
直立式機台　upright cabinet
知識謎題　knowledge puzzles
社會訊息遊戲　social message games
空中作戰　aerial combat
空中技　launcher
肩部按鈕　shoulder button
近身戰　close battle
長按拖曳　hold and drag
門控機制　gating mechanism
陀螺儀　gyroscope
非玩家角色　NPC (Non-Player Character)

9～10畫

前縮法　foreshortening
垂直切片　vertical slice
威克島　Wake Island
帝國風暴兵　Imperial stormtroopers
後座力反彈　recoil bounce
星盟　the Covenant
砍殺遊戲　hack 'n' slash
突刺　lunge
紀念品　souvenirs

紅白機　Famicom
紅皮書（音效）　Red Book
美格福斯奧德賽　Magnavox Odyssey
美術設計師　game artist
致動器　actuator
訂閱制　subscription
計分　scoring
計時謎題　timing puzzles
負向獎勵　negative reinforcement
負重　encumberance
軌道射擊遊戲　rail shooter
音高　pitch
音樂創作遊戲　music creation games
音樂數位介面　MIDI
風格化　stylized
飛行射擊遊戲　shoot 'em up
飛射　shmup
剛體物理謎題　rigid body physics puzzles
原生動作　natural move
娛樂軟體分級委員會　ESRB
家用機　console
拳擊　punch
捆綁銷售　bundling
格擋　block
浮空技　knock-up
浮空連擊　juggling
特雷門　theremin
破甲　armor break
紋理　texture
紙娃娃　paper doll
脆弱狀態　vulnerable state
航點導航系統　waypoint navigation system
迷你砲　minigun
迷宮探索　dungeon crawl
配音　voice over/VO
配音總監　voice director
骨架綁定模型　rigging model

11～12畫

偵探視界　detective vision
副本　instanced dungeons
副本　raid
動作捕捉　motion capture
動作遊戲　action game
動畫式過場片段　animated cutscene
動態分鏡　animatic
動態危險物　dynamic hazards
動態困難度　dynamic difficulty
動態配樂　dynamic score
動態難度平衡　dynamic difficulty balancing/DDB
動態難度調整　difficulty level adjustment
匿蹤暗殺　stealth kill
區域性音效　local sound effects

基本免費　free-to-play/F2P
專家級龍與地下城怪物圖鑑　AD&D Monster Manual
強化道具　power-up
強制透視　forced-perspective
得分　score
情境相關提示　context-sensitive prompt
捲動鏡頭　scrolling camera
授權人　licensor
掉落物　drops
排行榜　leaderboards
控制方式　control scheme
掩護系統　cover system
斜坡式玩法　ramping gameplay
旋律遊戲　rhythm game
旋繞　swirl
液體物理謎題　liquid physics puzzles
清版動作遊戲　Beat 'em up
異形　Xenomorphs
第一人稱射擊遊戲　first person shooter
第三人稱射擊遊戲　third-person shooter/TPS
第三元素　Third Element
設計師盲點　designer blinders
貨幣混淆　currency obfuscation
連擊　chain
連續技　combat chain
釵　sai
傀儡戲　puppet show
創發式遊戲玩法　emergent gameplay
喜劇幽默　Comic mischief
單張表　one-sheet design
單畫面平台遊戲　single-screen platformer
場地效果　field effect
寓教於樂　edutainment
提案　pitch
提基像　tiki
智慧型炸彈　smart bomb
智慧財產權　IP/intellectual property
無止盡奔跑遊戲　endless runner
焦點團體　focus group
發行商　publisher
短期記憶遊戲　short-term memory game
程式除錯　bug squashing
程式錯誤　bug
等距視角　Isometric view
紫牛名稱　purple cow title
結算畫面　tally screen
街機電玩　arcade game
街機駕駛艙　arcade cockpit
視差捲動　parallax scrolling
視覺謎題　visual puzzles
貿易／競標　trading/auctions
超級戰隊　Super Battalion
鈦戰機　TIE fighter

開放世界結構　open world structure
開關　switches
集中攻擊　focus attack
黑暗探險設施　dark ride

13～15畫

亂鬥遊戲　brawlers
傳統謎題　traditional puzzles
傳達攻擊　telegraphing attacks
傷害值　hit point
嗅覺電影　smell-o-vision
圓栓　stud
微遊戲　microgame
搖搖欲墜　teeter
搶旗子　capture the flag
極道　Yakuza
概念美術設計　concept artist
滑動　swipe
滑動／打滑　sliding/skidding
滑桿　sliding scale
碰撞（機制、效果）　collision
節奏表　beat chart
節奏點擊　timed tap
經濟系統　economic system
聖誕佳節　Smissmas
補血道具　health-up
試玩　play test
試玩版　trial
試玩版遊戲　game demo
試玩員　tester
賈瓦人　Jawa
路徑控制AI　pathing AI
載具作戰　vehicular combat
農　grind/grinding
遊戲企畫書　game design document (GDD)
遊戲多邊形　game polygon
遊戲玩法　gameplay
遊戲設計師／遊戲企畫　Game designer
遊戲結束畫面　Game Over screen
遊戲開發者大會　GDC/Game Developers Conference
遊戲機制　game mechanic
遊戲機制　mechanics
運動控制　motion control
過場動畫　cutscene
道具　pickup
道具　props
雷射劫盜　Laser Raiders
預先算圖　pre-rendered graphics
預告　trailers
預定事件　scripted events
圖板遊戲　board game
圖像冒險　graphical adventure
團隊目標　team objective

團隊死鬥　team death match
墓園騷動　the graveyard hustle
實境角色扮演遊戲　LARPing (live-action role playing)
慢速　slow
漫威漫畫　Marvel Comics
漸進式系統　progressive system
瑪納　mana
瞄準框　reticule
瞄準輔助　aim assist
算圖、渲染　rendering
精靈圖　sprite
綠光計劃　Project Greenlight
網頁代管　web hosting
網路／對等式網路　network/peer-to-peer
網路延遲　latency
網路遊戲中心　LAN gaming centers
蓄力　cook
製作　crafting
趕工時間　crunch time
輕觸後長按　touch and hold
遞減式系統　regressive system
遠距離作戰　ranged combat
嘲諷　taunt
增強　buff/buffing
廣告遊戲　advergames
廣域網路　wide area network/WAN
撐物跳　vault
撥擋　parry
數學謎題　math puzzles
暫時音軌　temp track
暫時配樂　temporary soundtrack
樂趣曲線　fun curve
熱圖　heat maps
鋪瓦　tiled

16畫以上
戰利品　loot
戰爭迷霧　fog of war
戰鬥駕駛艙　battle pods
戰鬥機甲　battlemechs

操縱桿　levers
橡皮筋式調整　rubberbanding
獨特賣點　Unique Selling Points/USP
諾美士紙　Nomex
遲滯　stuttering
錯殺　false kill
靜態鏡頭、靜態視角　static camera
頭頂／側面視角　top-down/side view
龍舌蘭時間　Tequila Time
龜守　turtling
擊打音效　hit sound effect
擊昏　stun
擊倒　knockdown
擊退　knockback/KB
檢查點　checkpoint
檢測半徑　detection radius
營利　monetization
螺旋攻擊　screw attack
謎題　puzzles
點陣繪圖法　raster graphics
點擊　tap
擴增實境　augmented reality, AR
斷奏點擊　staccato pokes
斷指　yubitsume
鎖定系統　lock-on system
雙點　double tap
雞尾酒桌　cocktail table
關卡　level
關鍵影格動畫　key frame animation
難度　difficulty
類比搖桿　analog stick
類型　genre
嚴肅遊戲　serious games
寶物　treasure
寶箱　treasure chest
寶箱怪　chest mimic
競爭類　competitive
競速／駕駛　race/driving
魔王戰　boss battle
邏輯謎題　logic puzzles

遊戲

0~5畫
AR 遊戲組合（任天堂，2011）　AR GAMES
CSR 賽車　CSR Racing
DC 超級英雄 Online　DC Universe Online
GBA 大戰　Advance Wars
ICO 迷霧古城（美國索尼電腦娛樂，2001）　ICO

MIB 星際戰警：外星人來襲　Men in Black: Alien Attack
MIB 星際戰警：外星人來襲　Men In Black: Alien Attack
MLB 2K　Major League Baseball 2K
NBA 嘉年華　NBA Jam
Q 伯特　Q-Bert
X 戰警：金鋼狼　X-Men Origins: Wolverine

絕對武力　Counter-Strike
超人 64　Superman 64
超神英雄　Heroes of Newerth
超級大金剛（任天堂，1994）　Donkey Kong Country
超級六邊形　Super Hexagon
超級肉肉哥　Super Meat Boy
超級星際大戰　Super Star Wars
超級瑪利歐 64（任天堂，1996）　Mario 64
超級瑪利歐世界　Super Mario World
超級瑪利歐兄弟（任天堂，1985）　Super Mario Bros.
超級瑪利歐兄弟 3　Super Mario Bros. 3
超級瑪利歐銀河　Super Mario Galaxy
越南大戰（SNK，1996）　Metal Slug
跑車浪漫旅　Gran Turismo
跑跑卡丁車　KartRider
黃金眼（任天堂，1997）　GoldenEye
黑色洛城　LA Noire
黑街聖徒　Saint's Row
黑暗虛空　Dark Void
黑暗領域（2K Games，2007）　The Darkness

13~15 畫
傳送門（Valve，2007）　Portal
塊魂　Katamari Damacy
塔防遊戲　Tower Defense
塗鴉王國（Taito，2004）　Graffiti Kingdom
塗鴉冒險家　Scribblenauts
塗鴉跳躍　Doodle Jump
微軟模擬飛行　Microsoft Flight Simulator
搖滾樂團　Rock Band
新超級瑪利歐兄弟 Wii（任天堂，2009）　New Super Mario Bros. Wii
暗黑破壞神 III　Diablo III
毀滅戰士（id Software，1993）　Doom
矮人要塞（Tarn Adams，2006）　Slaves to Armok, God of Blood Chapter II: Dwarf Fortress
禁咒的紋章（美國索尼電腦娛樂，2002）　Mark of Kri
節奏天國（任天堂，2008）　Rhythm Heaven
節奏神偷　Sneak Beat Bandit
聖鎧傳說（雅達利，1985）　Gauntlet
腦航員　Psychonauts
腦鍛鍊　Brain Age
跳閃！　Jumping Flash
遊戲王　Yu-Gi-Oh
遊戲發展國　Game Dev Story
雷射超人　Rayman
雷神之鎚　Quake
雷頓教授（任天堂，2007）　Professor Layton
電子浮游生物（任天堂，2005）　Electroplankton
電視鬥士　Smash TV
電腦太空站　Computer Space
電擊博士　Dr. Jolt
頑皮熊　Naughty Bear

嗶噗緞帶（索尼電腦娛樂，1999）　Vib Ribbon
圖坦卡門的挑戰　Challenge of Tutankhamen
奪魂鋸　Saw
實境塔防 2（BulkyPix，2012）　AR Defenders 2
幕府將軍的頭骨　Skulls of the Shogun
榮譽勳章：反攻諾曼第（EA，2002）　Medal of Honor: Allied Assault
槍神　John Woo's Stranglehold
漫威 vs 卡普空　Marvel vs. Capcom
漫威英雄：終極聯盟　Marvel Ultimate Alliance
漫畫英雄 Online（雅達利，2009）　Champions Online
瑪利歐＆索尼克 AT 奧林匹克運動會　Mario and Sonic at the Olympic Games
瑪利歐兄弟（任天堂，1983）　Mario Bros.
瑪利歐派對　Mario Party
瑪利歐與路易吉 RPG（任天堂，2003）　Mario & Luigi: Superstar Saga
瑪利歐賽車　Mario Kart
瑪利歐賽車　Super Mario Kart
瘋狂大賽車（Sega，1986）　Out Run
瘋狂世界（白金工作室，2009）　MadWorld
瘋狂計程車　Crazy Taxi
瘋狂時代　Days of the Tentacle
瘋狂噴氣機　Jetpack Joyride
碧血狂殺　Red Dead Redemption
精兵總動員（美國索尼電腦娛樂，2010）　MAG: Massive Action Game
精英節拍特工　Elite Beat Agents
網路奇兵　System Shock
與狼同行　The Wolf among Us
舞力全開　Just Dance
舞動全身　Dance Central
蜘蛛人 2（動視，2004）　Spider-Man 2
銀河快槍手　Gunstar Heroes
銀河便車指南　The Hitchhiker's Guide to the Galaxy
銀河飛將 3：虎之心（Origins，1994）　Wing Commander III: Heart of the Tiger
魂斗羅　Contra
價格猜猜猜　Price Is Right
劍魂　Soul Calibur
德軍總部　Castle Wolfenstein
德軍總部 3D　Wolfenstein 3D
憤怒鳥　Angry Birds
憤怒鳥星際大戰版 II　Angry Birds Star Wars II
數獨　Sudoku
數獨 2 專家版　Sudoku 2 Pro
暴雨殺機（Quantic Dream，2010）　Heavy Rain
暴風雨（雅達利，1981）　Tempest
樂高印地安納瓊斯大冒險（LucasArts，2008）　LEGO Indiana Jones: The Original Adventures
樂高宇宙　Lego Universe
樂高星際大戰　Lego Star Wars
樂高漫威超級英雄　Lego Marvel Super Heroes

人名

1~5畫

士官長　Master Chief
大老爹　Big Daddy
大衛‧傑飛　Dave Jaffe
大鋼牙　Jaws
丹尼‧比爾森　Danny Bilson
丹尼‧邦頓‧波瑞　Danielle Bunten Burry
丹尼‧葉夫曼　Danny Elfman
尤達　Yoda
巴塞爾‧李德哈特爵士　Sir Basil Liddell Hart
史丹‧李　Stan Lee
史考特‧金　Scott Kim
史蒂芬‧史匹柏　Steven Spielberg
尼爾‧史蒂文森　Neil Stephenson
本庄繁長　Honjo Shigenaga

6~10畫

吉利特‧伯吉斯　Gelett Burgess
吉兒‧范倫廷　Jill Valentine
安迪‧艾許克拉夫　Andy Ashcraft
米哈里‧契克森米哈伊　Mihaly Csikszentmihalyi
艾德‧希姆斯柯克　Ed Heemskerk
亨利‧史密斯　Henry Smith
伯爾納德‧舒茲　Bernard Suits
克里斯‧費洛　Chris Faylor
克拉倫斯‧波狄克　Clarence Boddicker
克雷多斯　Kratos
尚－保羅‧沙特　Jean-Paul Sartre
拉夫‧柯斯特　Raph Koster
拉敏‧修克里札德　Ramin Shokrizade
拉爾夫‧貝爾　Ralph Baer
東尼‧卡農　Tony Cannon
松下進　Susumo Matsushita
林克　Link
法蘭克‧湯瑪斯　Frank Thomas
肯‧萊文　Ken Levine
金‧斯威夫特　Kim Swift
金手指　Goldfinger
雨果‧德瑞斯　Hugo Drax
保羅‧古伊勞　Paul Guirao
保羅‧羅伯森　Paul Robertson
哈迪‧勒貝爾　Hardy LeBel
威廉‧安德森　William Anderson
威爾‧萊特　Will Wright
查爾斯「查克」‧瓊斯　Charles "Chuck" Jones
約瑟夫‧坎伯　Joseph Campbell
約翰‧威廉斯　John Williams
約翰‧羅斯　John Rose
范吉利斯　Vangelis

哥吉拉　Godzilla
哥頓‧蓋柯　Gordon Gecko
席德‧費爾德　Syd Field
恩斯特‧加里‧吉蓋克斯　Enrest Gary Gygax
格雷森‧杭特　Grayson Hunt
泰‧海伊　Tee Hee
泰德‧達布尼　Ted Dabney
班‧考德威爾　Ben Caldwell
「索普」‧麥克塔維什　"Soap" MacTavish
馬克‧勒布朗　Marc LeBlanc
馬克‧賽爾尼　Mark Cerny
馬克西默　Maximo

11~15畫

基斯‧柏剛　Keith Burgun
理查‧蓋瑞特　Richard Garriott
莉亞公主　Princess Leia
傑克‧史帝爾　Jake Steele
傑克‧布萊克　Jack Black
喬治‧柯林斯　George Collins
喬治‧盧卡斯　George Lucas
提姆‧謝弗　Tim Schafer
絕對零度　Sub-Zero
華特‧迪士尼　Walt Disney
馮‧廝殺特　Von Slaughter
奧利‧強斯頓　Ollie Johnston
愛德華‧肯威　Edward Kenway
詹姆斯‧龐德　James Bond
賈斯柏‧朱爾　Jasper Juul
路克‧天行者　Luke Skywalker
道格‧拉森　Doug Larson
達克賽德　Darkseid
達斯‧維德　Darth Vader
雷‧哈利豪森　Ray Harryhausen
劉‧杭特　Lew Hunter
魯布‧戈德堡　Rube Goldberg

16畫以上

諾蘭‧布希內爾　Nolan Bushnell
謝爾蓋‧普羅高菲夫　Sergei Prokofiev
韓索羅　Han Solo
薩爾瓦多博士　Dr. Salvador
羅伯特‧麥基　Robert McKee
羅傑‧狄基　Roger Dickey
魔蠍　Scorpion
蘿拉‧卡芙特　Lara Croft

公司組織名

書籍影視作品

writing
綠野仙蹤　Wizard of Oz
銀翼殺手　Blade Runner
潰雪　Snow Crash
複製人全面進攻　Attack of the Clones

16畫以上
機器戰警　Robocop
駭客任務　The Matrix
魔宮傳奇　Indiana Jones and the Temple of Doom
戀愛夢遊中　The Science of Sleep
驚異狂想曲　The City of Lost Children

著作權資訊

請注意以下角色與作品由下列公司持有版權：

Tennis for Two：這部作品在美國是屬於公有領域。根據美國法典第 17 編第 1 章第 105 條的條款，成爲美國聯邦政府之作品。

Space Invaders © 1978 Taito Corporation

Galaxian © 1979 Namco

Star Wars Arcade © 1983 Atari Inc.

PAC-MANTM & © 1980 NAMCO BANDAI Games Inc.

Space Panic © 1980 Universal

Popeye Arcade © 1982 Nintendo

Pitfall! and Pitfall Harry © 1982 Activision

Dark Castle © 1986 Silicon Beach Software

Donkey Kong and associated characters © 1981 Nintendo

Mario Bros. © 1983 Nintendo

Super Mario Bros., Mario, World 1-1, Super Mario Bros. Theme © 1985 Nintendo

Ghost n' Goblins © 1985 Capcom

Mega Man © 1987 Capcom

Mario 64 © 1996 Nintendo

Crash Bandicoot © 1996 Sony Computer Entertainment

Wizard of Oz and associated characters © 1939 Metro-Goldwyn-Meyer

Monty Python and the Holy Grail and associated characters © 1975

Star Wars and associated characters © 1977 Lucasfilm Ltd

Robocop © 1987–1998 Orion (MGM) Pictures

Maximo vs Army of Zin © 2004 Capcom

Maximo: Ghost to Glory © 2002 Capcom

Team Fortress 2 and associated characters © 2007 Valve Corporation

Laura Croft © 1996 Eidos Interactive

Tomb Raider © 2013 Square Enix

Batman © 2014 DC comics

Resident Evil 2 and associated characters © 1998 Capcom

Army of Two © 2008 Electronic Arts

Ico © 2001 Sony Computer Entertainment

Doom © 1993 id software

Darksiders © 2010 THQ

Syndicate © 1993 Electronic Arts

Supreme Commander © 2007 THQ

better 81

通關升級！

發想創意、構建關卡、設計控制、塑造角色的全方位遊戲設計指南

LEVEL UP! The Guide to Great Video Game Design 2ndEdition

作　　　　者	史考特‧羅傑斯（Scott Rogers）
譯　　　　者	廖晨堯、李函
內 頁 排 版	孫慶維
圖 片 後 製	黃盟雅
責 任 編 輯	楊琇茹
行 銷 企 畫	陳詩韻
總 編 輯	賴淑玲

出 版 者	大家出版／遠足文化事業股份有限公司
發　　　　行	遠足文化事業股份有限公司（讀書共和國出版集團）
	231 新北市新店區民權路 108-2 號 9 樓
電　　　　話	(02) 2218-1417
傳　　　　真	(02) 8667-1065
劃 撥 帳 號	19504465　戶名‧遠足文化事業股份有限公司
法 律 顧 問	華洋法律事務所　蘇文生律師
初 版 一 刷	2023 年 12 月

定　　　　價	950 元
I　S　B　N	978-986-5562-07-6（平裝）
	9786267283530（PDF）
	9786267283547（EPUB）

通關升級！發想創意、構建關卡、設計控制、塑造角色的全方位遊戲
設計指南 / 史考特‧羅傑斯(Scott Rogers) 作 ; 廖晨堯, 李函譯. -- 初版.
-- 新北市 : 大家出版, 遠足文化事業股份有限公司, 2023.12
　　面；　　公分 . -（better；81）
譯自 : Level up! : the guide to great video game design, 2nd ed.
ISBN 978-626-7283-55-4（平裝）
1.CST: 電腦遊戲 2.CST: 電腦程式設計
312.8　　　　　　　　　　　　　　　　　112021480